程序设计语言
编译原理

(第3版)

陈火旺　刘春林
谭庆平　赵克佳　刘　越　编著

国防工业出版社
·北京·

图书在版编目(CIP)数据

程序设计语言编译原理/陈火旺等编著. —3版. —北京:国防工业出版社,2024.1 重印
 ISBN 978-7-118-02207-0

Ⅰ. 程… Ⅱ. 陈… Ⅲ. 编译程序-程序设计 Ⅳ. TP314

中国版本图书馆 CIP 数据核字(1999)第 68630 号

※

国防工业出版社出版发行
(北京市海淀区紫竹院南路 23 号 邮政编码 100048)
三河市腾飞印务有限公司印刷
新华书店经售

*

开本 787×1092 1/16 印张 25 字数 575 千字
2024 年 1 月第 3 版第 67 次印刷 印数 650001—658000 册 定价 49.00 元

(本书如有印装错误,我社负责调换)

国防书店:(010)88540777　　书店传真:(010)88540776
发行业务:(010)88540717　　发行传真:(010)88540762

出 版 说 明

为做好全国电子信息类专业"九五"教材的规划和出版工作，根据国家教委《关于"九五"期间普通高等教育教材建设与改革的意见》和《普通高等教育"九五"国家级重点教材立项、管理办法》，我们组织各有关高等学校、中等专业学校、出版社，各专业教学指导委员会，在总结前四轮规划教材编审、出版工作的基础上，根据当代电子信息科学技术的发展和面向21世纪教学内容和课程体系改革的要求，编制了《1996—2000年全国电子信息类专业教材编审出版规划》。

本轮规划教材是由个人申报，经各学校、出版社推荐，由各专业教学指导委员会评选，并由我部教材办商各专指委、出版社后，审核确定的。本轮规划教材的编制，注意了将教学改革力度较大、有创新精神、特色风格的教材和质量较高、教学适用性较好、需要修订的教材以及教学急需，尚无正式教材的选题优先列入规划。在重点规划本科、专科和中专教材的同时，选择了一批对学科发展具有重要意义，反映学科前沿的选修课、研究生课教材列入规划，以适应高层次专门人才培养的需要。

限于我们的水平和经验，这批教材的编审、出版工作还可能存在不少缺点和不足，希望使用教材的学校、教师、同学和广大读者积极提出批评和建议，以不断提高教材的编写、出版质量，共同为电子信息类专业教材建设服务。

电子工业部教材办公室

前 言

本教材系按电子工业部的《1996—2000年全国电子信息类专业教材编审出版规划》，由全国高校计算机专业教学指导委员会编审、推荐出版。本教材由国防科技大学陈火旺院士担任主编，主审侯文永教授、赵雄芳教授。

本教材的参考学时数80学时，其主要内容包括词法分析、语法分析、属性文法与语法制导翻译、语义分析与中间代码产生、符号表与运行时存储空间组织、优化与目标代码生成、并行编译技术。本书将编译技术的最新发展，例如属性文法、面向对象语言的编译技术、并行编译技术、编译程序自动构造工具等内容系统地融合到教材中。本书的主要例题和习题均以C、Pascal为语言背景，并在一些重要的章节中增加了必要的例题，以帮助读者理解和自学。使用本教材时应注意，在学这门课之前，学生必须预修计算引论（程序设计方法）和高级语言（PASCAL、C或C++），并且最好具有数据结构和离散数学方面的基本知识。

本书是在陈火旺、钱家骅、孙永强三位教授1980年编写的《程序设计语言编译原理》的基础上，结合编译技术的最新研究成果和作者多年的教学经验编写而成的。本书由陈火旺院士确定内容的选取和组织，由刘春林、谭庆平、赵克佳、刘越具体执笔，最后由陈火旺院士定稿。刘春林编写第一、二、四、五、六、七、十章以及十一章部分内容；谭庆平编写第三章；刘越编写第八、九章以及十一章部分内容；赵克佳编写第十二章；翟桂英负责全书文字及图表的录入工作。侯文永教授和赵雄芳教授认真审阅了本书的全部初稿，提出了很多宝贵的意见，在此表示诚挚的感谢。由于编者水平有限，书中难免还存在一些缺点和错误，殷切希望广大读者批评指正。

编 者

目 录

第一章 引论 1
  1.1 什么叫编译程序 1
  1.2 编译过程概述 2
  1.3 编译程序的结构 5
    1.3.1 编译程序总框 5
    1.3.2 表格与表格管理 6
    1.3.3 出错处理 6
    1.3.4 遍 6
    1.3.5 编译前端与后端 7
  1.4 编译程序与程序设计环境 7
  1.5 编译程序的生成 9

第二章 高级语言及其语法描述 12
  2.1 程序语言的定义 12
    2.1.1 语法 12
    2.1.2 语义 13
  2.2 高级语言的一般特性 14
    2.2.1 高级语言的分类 15
    2.2.2 程序结构 15
    2.2.3 数据类型与操作 18
    2.2.4 语句与控制结构 22
  2.3 程序语言的语法描述 25
    2.3.1 上下文无关文法 26
    2.3.2 语法分析树与二义性 31
    2.3.3 形式语言鸟瞰 34
  练习 35

第三章 词法分析 37
  3.1 对于词法分析器的要求 37
    3.1.1 词法分析器的功能和输出形式 37
    3.1.2 词法分析器作为一个独立子程序 38
  3.2 词法分析器的设计 38
    3.2.1 输入、预处理 39
    3.2.2 单词符号的识别:超前搜索 39
    3.2.3 状态转换图 41
    3.2.4 状态转换图的实现 44

3.3 正规表达式与有限自动机 …………………………………………………… 46
　3.3.1 正规式与正规集 ……………………………………………………… 46
　3.3.2 确定有限自动机(DFA) ……………………………………………… 47
　3.3.3 非确定有限自动机(NFA) …………………………………………… 49
　3.3.4 正规文法与有限自动机的等价性 …………………………………… 51
　3.3.5 正规式与有限自动机的等价性 ……………………………………… 53
　3.3.6 确定有限自动机的化简 ……………………………………………… 56
3.4 词法分析器的自动产生 …………………………………………………… 58
　3.4.1 语言 LEX 的一般描述 ………………………………………………… 58
　3.4.2 超前搜索 ……………………………………………………………… 60
　3.4.3 LEX 的实现 …………………………………………………………… 61
练习 ………………………………………………………………………………… 63

第四章 语法分析——自上而下分析 ………………………………………… 66
4.1 语法分析器的功能 ………………………………………………………… 66
4.2 自上而下分析面临的问题 ………………………………………………… 66
4.3 LL(1)分析法 ……………………………………………………………… 68
　4.3.1 左递归的消除 ………………………………………………………… 69
　4.3.2 消除回溯、提左因子 ………………………………………………… 71
　4.3.3 LL(1)分析条件 ……………………………………………………… 71
4.4 递归下降分析程序构造 …………………………………………………… 74
4.5 预测分析程序 ……………………………………………………………… 76
　4.5.1 预测分析程序工作过程 ……………………………………………… 76
　4.5.2 预测分析表的构造 …………………………………………………… 78
4.6 LL(1)分析中的错误处理 ………………………………………………… 80
练习 ………………………………………………………………………………… 81

第五章 语法分析——自下而上分析 ………………………………………… 83
5.1 自下而上分析基本问题 …………………………………………………… 83
　5.1.1 归约 …………………………………………………………………… 83
　5.1.2 规范归约简述 ………………………………………………………… 85
　5.1.3 符号栈的使用与语法树的表示 ……………………………………… 87
5.2 算符优先分析 ……………………………………………………………… 89
　5.2.1 算符优先文法及优先表构造 ………………………………………… 89
　5.2.2 算符优先分析算法 …………………………………………………… 92
　5.2.3 优先函数 ……………………………………………………………… 94
　5.2.4 算符优先分析中的出错处理 ………………………………………… 96
*5.3 LR 分析法 ………………………………………………………………… 98
　5.3.1 LR 分析器 …………………………………………………………… 99
　5.3.2 LR(0)项目集族和 LR(0)分析表的构造 ………………………… 104
　5.3.3 SLR 分析表的构造 ………………………………………………… 110
　5.3.4 规范 LR 分析表的构造 …………………………………………… 114
　5.3.5 LALR 分析表的构造 ……………………………………………… 117

5.3.6　二义文法的应用 ··· 123
　　　5.3.7　LR分析中的出错处理 ··· 126
　5.4　语法分析器的自动产生工具YACC ··· 129
　　练习 ·· 133

第六章　属性文法和语法制导翻译 ·· 136
　6.1　属性文法 ··· 136
　6.2　基于属性文法的处理方法 ·· 139
　　　6.2.1　依赖图 ·· 140
　　　6.2.2　树遍历的属性计算方法 ··· 142
　　　6.2.3　一遍扫描的处理方法 ··· 144
　　　6.2.4　抽象语法树 ··· 144
　6.3　S-属性文法的自下而上计算 ··· 147
　6.4　L-属性文法和自顶向下翻译 ··· 149
　　　6.4.1　翻译模式 ·· 150
　　　6.4.2　自顶向下翻译 ··· 153
　　　6.4.3　递归下降翻译器的设计 ··· 156
　6.5　自下而上计算继承属性 ··· 158
　　　6.5.1　从翻译模式中去掉嵌入在产生式中间的动作 ······························ 158
　　　6.5.2　分析栈中的继承属性 ··· 158
　　　6.5.3　模拟继承属性的计算 ··· 160
　　　6.5.4　用综合属性代替继承属性 ··· 163
　　练习 ·· 164

第七章　语义分析和中间代码产生 ·· 166
　7.1　中间语言 ··· 166
　　　7.1.1　后缀式 ·· 167
　　　7.1.2　图表示法 ·· 167
　　　7.1.3　三地址代码 ··· 169
　7.2　说明语句 ··· 174
　　　7.2.1　过程中的说明语句 ··· 174
　　　7.2.2　保留作用域信息 ·· 175
　　　7.2.3　记录中的域名 ··· 177
　7.3　赋值语句的翻译 ·· 178
　　　7.3.1　简单算术表达式及赋值语句 ·· 178
　　　7.3.2　数组元素的引用 ·· 179
　　　7.3.3　记录中域的引用 ·· 185
　7.4　布尔表达式的翻译 ··· 185
　　　7.4.1　数值表示法 ··· 186
　　　7.4.2　作为条件控制的布尔式翻译 ·· 187
　7.5　控制语句的翻译 ·· 192
　　　7.5.1　控制流语句 ··· 192
　　　7.5.2　标号与goto语句 ··· 196

7.5.3　CASE 语句的翻译 …………………………………………… 197
7.6　过程调用的处理 ……………………………………………………… 200
7.7　类型检查 ……………………………………………………………… 201
7.7.1　类型系统 …………………………………………………… 201
7.7.2　类型检查器的规格说明 …………………………………… 204
7.7.3　函数和运算符的重载 ……………………………………… 207
7.7.4　多态函数 …………………………………………………… 209
练习 ………………………………………………………………………… 217

第八章　符号表

8.1　符号表的组织与作用 ………………………………………………… 221
8.1.1　符号表的作用 ……………………………………………… 221
8.1.2　符号表的组织方式 ………………………………………… 222
8.2　整理与查找 …………………………………………………………… 226
8.2.1　线性表 ……………………………………………………… 226
8.2.2　对折查找与二叉树 ………………………………………… 227
8.2.3　杂凑技术 …………………………………………………… 228
8.3　名字的作用范围 ……………………………………………………… 229
8.3.1　FORTRAN 的符号表组织 ………………………………… 230
8.3.2　Pascal 的符号表组织 ……………………………………… 231
8.4　符号表的内容 ………………………………………………………… 234
练习 ………………………………………………………………………… 236

第九章　运行时存储空间组织

9.1　目标程序运行时的活动 ……………………………………………… 239
9.1.1　过程的活动 ………………………………………………… 239
9.1.2　参数传递 …………………………………………………… 241
9.2　运行时存储器的划分 ………………………………………………… 243
9.2.1　运行时存储器的划分 ……………………………………… 243
9.2.2　活动记录 …………………………………………………… 244
9.2.3　存储分配策略 ……………………………………………… 245
9.3　静态存储分配 ………………………………………………………… 245
9.3.1　数据区 ……………………………………………………… 246
*9.3.2　公用语句的处理 …………………………………………… 247
*9.3.3　等价语句的处理 …………………………………………… 249
*9.3.4　地址分配 …………………………………………………… 251
9.3.5　临时变量的地址分配 ……………………………………… 253
9.4　简单的栈式存储分配 ………………………………………………… 255
9.4.1　C 的活动记录 ……………………………………………… 256
9.4.2　C 的过程调用、过程进入、数组空间分配和过程返回 …… 256
9.5　嵌套过程语言的栈式实现 …………………………………………… 257
9.5.1　非局部名字的访问的实现 ………………………………… 259
9.5.2　参数传递的实现 …………………………………………… 264

 9.6 堆式动态存储分配 ······ 265
  9.6.1 堆式动态存储分配的实现 ······ 266
  9.6.2 隐式存储回收 ······ 268
 练习 ······ 268

第十章 优化 ······ 272

 10.1 概述 ······ 272
 10.2 局部优化 ······ 279
  10.2.1 基本块及流图 ······ 279
  10.2.2 基本块的 DAG 表示及其应用 ······ 281
 10.3 循环优化 ······ 287
  10.3.1 代码外提 ······ 287
  10.3.2 强度削弱 ······ 291
  10.3.3 删除归纳变量 ······ 292
 *10.4 数据流分析 ······ 294
  10.4.1 任意路径数据流分析 ······ 294
  10.4.2 全路径数据流分析 ······ 297
  10.4.3 数据流问题的分类 ······ 299
  10.4.4 其它主要的数据流问题 ······ 299
  10.4.5 利用数据流信息进行全局优化 ······ 301
 练习 ······ 306

第十一章 目标代码生成 ······ 309

 11.1 基本问题 ······ 309
 11.2 目标机器模型 ······ 311
 11.3 一个简单的代码生成器 ······ 312
  11.3.1 待用信息 ······ 314
  11.3.2 寄存器描述和地址描述 ······ 315
  11.3.3 代码生成算法 ······ 315
 11.4 寄存器分配 ······ 317
 11.5 DAG 的目标代码 ······ 321
 11.6 窥孔优化 ······ 324
 练习 ······ 327

第十二章 并行编译基础 ······ 329

 12.1 并行计算机及其编译系统 ······ 329
  12.1.1 向量计算机 ······ 330
  12.1.2 共享存储器多处理机 ······ 331
  12.1.3 分布存储器大规模并行计算机 ······ 335
  12.1.4 并行编译系统的结构 ······ 336
 12.2 基本概念 ······ 339
  12.2.1 向量与向量的次序 ······ 339
  12.2.2 循环模型与索引空间 ······ 340
  12.2.3 输入与输出集合 ······ 342

12.2.4　语句的执行顺序 …………………………………………………… 343
12.3　依赖关系 ……………………………………………………………………… 344
　　12.3.1　依赖关系定义 …………………………………………………… 345
　　12.3.2　语句依赖图 ……………………………………………………… 346
　　12.3.3　依赖距离、依赖方向与依赖层次 ……………………………… 348
12.4　依赖关系问题 ………………………………………………………………… 353
12.5　依赖关系测试 ………………………………………………………………… 356
12.6　循环的向量化与并行化 ……………………………………………………… 364
12.7　循环变换技术 ………………………………………………………………… 369
　　练习 ………………………………………………………………………… 381

参考文献 ……………………………………………………………………………… 386

第一章 引 论

1.1 什么叫编译程序

使用过现代计算机的人都知道,多数用户是应用高级语言来实现他们所需要的计算的。现代计算机系统一般都含有不止一个的高级语言编译程序,对有些高级语言甚至配置了几个不同性能的编译程序,供用户按不同需要进行选择。高级语言编译程序是计算机系统软件最重要的组成部分之一,也是用户最直接关心的工具之一。

在计算机上执行一个高级语言程序一般要分为两步:第一步,用一个编译程序把高级语言翻译成机器语言程序;第二步,运行所得的机器语言程序求得计算结果。

通常所说的**翻译程序**是指这样的一个程序,它能够把某一种语言程序(称为**源语言程序**)转换成另一种语言程序(称为**目标语言程序**),而后者与前者在逻辑上是等价的。如果源语言是诸如 FORTRAN、Pascal、C、Ada、Smalltalk 或 Java 这样的"高级语言",而目标语言是诸如汇编语言或机器语言之类的"低级语言",这样的一个翻译程序就称为**编译程序**。

高级语言程序除了像上面所说的先编译后执行外,有时也可"解释"执行。一个源语言的**解释程序**是这样的程序,它以该语言写的源程序作为输入,但不产生目标程序,而是边解释边执行源程序本身。本书将不对解释程序作专门的讨论。实际上,许多编译程序的构造与实现技术同样适用于解释程序。

根据不同的作用和侧重,编译程序还可进一步分类。专门用于帮助程序开发和调试的编译程序称为**诊断编译程序**(Diagnostic Compiler),着重于提高目标代码效率的编译程序叫**优化编译程序**(Optimizing Compiler)。现在很多编译程序同时提供了调试、优化等多种功能,用户可以通过"开关"进行选择。运行编译程序的计算机称宿主机,运行编译程序所产生目标代码的计算机称**目标机**。如果一个编译程序产生不同于其宿主机的机器代码,则称它为**交叉编译程序**(Cross Compiler)。如果不需重写编译程序中与机器无关的部分就能改变目标机,则称该编译程序为**可变目标编译程序**(Retargetable Compiler)。

世界上第一个编译程序——FORTRAN 编译程序是 20 世纪 50 年代中期研制成功的。当时,人们普遍认为设计和实现编译程序是一件十分困难、令人生畏的事情。经过 40 年的努力,编译理论与技术得到迅速发展,现在已形成了一套比较成熟的、系统化的理论与方法,并且开发出了一些好的编译程序的实现语言、环境与工具。在此基础上设计并实现一个编译程序不再是高不可攀的事情。

本书主要介绍设计和构造编译程序的基本原理和方法。我们不想罗列太多细节性的材料,着重讲一些原理性的东西,但将反映一些最新的进展。

1.2 编译过程概述

编译程序的工作,从输入源程序开始到输出目标程序为止的整个过程,是非常复杂的。但就其过程而言,它与人们进行自然语言之间的翻译有许多相近之处。当我们把一种文字翻译为另一种文字,例如把一段英文翻译为中文时,通常需经下列步骤:

(1) 识别出句子中的一个个单词;
(2) 分析句子的语法结构;
(3) 根据句子的含义进行初步翻译;
(4) 对译文进行修饰;
(5) 写出最后的译文。

类似地,编译程序的工作过程一般也可以划分为五个阶段:词法分析、语法分析、语义分析与中间代码产生、优化、目标代码生成。

第一阶段,**词法分析**。词法分析的任务是:输入源程序,对构成源程序的字符串进行扫描和分解,识别出一个个的单词(亦称单词符号或简称符号),如基本字(begin、end、if、for、while 等)、标识符、常数、算符和界符(标点符号、左右括号等)。例如,对于 Pascal 的循环语句

$$\text{for I}:=1 \text{ to } 100 \text{ do}$$

词法分析的结果是识别出如下的单词符号:

基本字	for
标识符	I
赋值号	:=
整常数	1
基本字	to
整常数	100
基本字	do

这些单词是组成上述 Pascal 语句的基本符号。单词符号是语言的基本组成万分,是人们理解和编写程序的基本要素。识别和理解这些要素无疑也是翻译的基础。如同将英文翻译成中文的情形一样,如果你对英语单词不理解,那就谈不上进行正确的翻译。在词法分析阶段的工作中所依循的是语言的词法规则(或称构词规则)。描述词法规则的有效工具是正规式和有限自动机。

第二阶段,**语法分析**。语法分析的任务是:在词法分析的基础上,根据语言的语法规则,把单词符号串分解成各类语法单位(语法范畴),如"短语"、"子句"、"句子"("语句")、"程序段"和"程序"等。通过语法分析,确定整个输入串是否构成语法上正确的"程序"。语法分析所依循的是语言的语法规则。语法规则通常用上下文无关文法描述。词法分析是一种线性分析,而语法分析是一种层次结构分析。例如,在很多语言中,符号串

$$Z:=X+0.618*Y$$

代表一个"赋值语句",而其中的 X+0.618*Y 代表一个"算术表达式"。因而,语法分析的任务就是识别 X+0.618*Y 为算术表达式,同时,识别上述整个符号串属于赋值语句

这个范畴。

第三阶段,**语义分析与中间代码产生**。这一阶段的任务是:对语法分析所识别出的各类语法范畴,分析其含义,并进行初步翻译(产生中间代码)。这一阶段通常包括两个方面的工作。首先,对每种语法范畴进行静态语义检查,例如,变量是否定义、类型是否正确等等。如果语义正确,则进行另一方面工作,即进行中间代码的翻译。这一阶段所依循的是语言的语义规则。通常使用属性文法描述语义规则。

"翻译"仅仅在这里才开始涉及到。所谓"中间代码"是一种含义明确、便于处理的记号系统,它通常独立于具体的硬件。这种记号系统或者与现代计算机的指令形式有某种程序的接近,或者能够比较容易地把它变换成现代计算机的机器指令。例如,许多编译程序采用了一种与"三地址指令"非常近似的"四元式"作为中间代码。这种四元式的形式是:

| 算符 | 左操作数 | 右操作数 | 结果 |

它的意义是:对"左、右操作数"进行某种运算(由"算符"指明),把运算所得到值作为"结果"保留下来。在采用四元式作为中间代码的情形下,中间代码产生的任务就是按语言的语义规则把各类语法范畴翻译成四元式序列。例如,下面的赋值句

$$Z:=(X+0.418)*Y/W$$

可被翻译为如下的四元式序列:

序号	算符	左操作数	右操作数	结果
(1)	+	X	0.418	T_1
(2)	*	T_1	Y	T_2
(3)	/	T_2	W	Z

其中,T_1 和 T_2 是编译期间引进的临时工作变量;第一个四元式意味着把 X 的值加上 0.418 存放于 T_1 中;第二个四元式指将 T_1 的值和 Y 的值相乘存于 T_2 中;第三个四元式指将 T_2 的值除以 Y 的值留结果于 Z 中。

一般而言,中间代码是一种独立于具体硬件的记号系统。常用的中间代码,除了四元式之外,还在三元式、间接三元式、逆波兰记号和树形表示等等。

第四阶段,**优化**。优化的任务在于对前段产生的中间代码进行加工变换,以期在最后阶段能产生出更为高效(省时间和空间)的目标代码。优化的主要方面有:公共子表达式的提取、循环优化、删除无用代码等等。有时,为了便于"并行运算",还可以对代码进行并行化处理。优化所依循的原则是程序的等价变换规则。例如,如果我们把程序片断

```
for K:=1 to 100 do
    begin
        M:=I+10*K;
        N:=J+10*K
    end
```

的中间代码:

序号	OP	ARG1	ARG2	RESULT	注 解
(1)	:=	1		K	K:=1
(2)	j<	100	K	(9)	若100<K转至第(9)个四元式
(3)	*	10	K	T_1	$T_1:=10*K$;T_1为临时变量
(4)	+	I	T_1	M	$M:=I+T_1$
(5)	*	10	K	T_2	$T_2:=10*k$;T_2为临时变量
(6)	+	J	T_2	N	$N:=J+T_2$
(7)	+	K	1	K	K:=K+1
(8)	j			(2)	转至第(2)个四元式
(9)					

转换成如下的等价代码:

序号	OP	ARG1	ARG2	RESULT	注 解
(1)	:=	I		M	M:=I
(2)	:=	J		N	N:=J
(3)	:=	I		K	K:=1
(4)	j<	100	K	(9)	if(100<k)goto(9)
(5)	+	M	10	M	M:=M+10
(6)	+	N	10	N	N:=N+10
(7)	+	K	1	K	K:=K+1
(8)	j			(4)	goto(4)
(9)					

那么,最终所得的目标程序的执行效率就肯定会提高很多。因为,对于前者,在循环中需做300次加法和200次乘法;对于后者,在循中只需做300次加法。尤其是,在多数硬件中,乘法的时间比加法的时间要长得多。

第五阶段,**目标代码生成**。这一阶段的任务是:把中间代码(或经优化处理之后)变换成特定机器上的低级语言代码。这阶段实现了最后的翻译,它的工作有赖于硬件系统结构和机器指令含义。这阶段工作非常复杂,涉及到硬件系统功能部件的运用,机器指令的选择,各种数据类型变量的存储空间分配,以及寄存器和后援寄存器的调度,等等。如何产生出足以充分发挥硬件效率的目标代码是一件非常不容易的事情。

目标代码的形式可以是绝对指令代码或可重定位的指令代码或汇编指令代码。如目标代码是绝对指令代码,则这种目标代码可立即执行。如果目标代码是汇编指令代码,则需汇编器汇编之后才能运行。必须指出,现代多数实用编译程序所产生的目标代码都是一种可重定位的指令代码。这种目标代码在运行前必须借助于一个连接装配程序把各个目标模块(包括系统提供的库模块)连接在一起,确定程序变量(或常数)在主存中的位置,装入内存中指定的起始地址,使之成为一个可以运行的绝对指令代码程序。

上述编译过程的五个阶段是一种典型的分法。事实上,并非所有编译程序都分成这五阶段。有些编译程序对优化没有什么要求,优化阶段就可省去。在某些情况下,为了加快编译速度,中间代码产生阶段也可以去掉。有些最简单的编译程序是在语法分析的同时产生目标代码。但是,多数实用编译程序的工作过程大致都像上面所说的那五个阶段。

1.3 编译程序的结构

1.3.1 编译程序总框

上述编译过程的五个阶段是编译程序工作时的动态特征。编译程序的结构可以按照这五阶段的任务分模块进行设计。图1.1给出了编译程序总框。

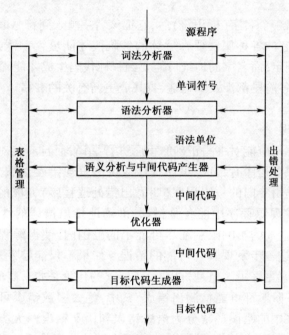

图1.1 编译程序总框

词法分析器,又称**扫描器**,输入源程序,进行词法分析,输出单词符号。

语法分析器,简称**分析器**,对单词符号串进行语法分析(根据语法规则进行推导或归约),识别出各类语法单位,最终判断输入串是否构成语法上正确的"程序"。

语义分析与中间代码产生器,按照语义规则对语法分析器归约出(或推导出)的语法单位进行语义分析并把它们翻译成一定形式的中间代码。

有的编译程序在识别出各类语法单位后,构造并输出一棵表示语法结构的语法树,然后,根据语法树进行语义分析和中间代码产生。还有许多编译程序在识别出语法单位后并不真正构造语法树,而是调用相应的语义子程序。在这种编译程序中,扫描器、分析器和中间代码产生器三者并非是截然分开的,而是相互穿插的。

优化器，对中间代码进行优化处理。

目标代码生成器，把中间代码翻译成目标程序。

除了上述五个功能模块外，一个完整的编译程序还应包括"表格管理"和"出错处理"两部分。

1.3.2 表格与表格管理

编译程序在工作过程中需要保持一系列的表格，以登记源程序的各类信息和编译各阶段的进展状况。合理地设计和使用表格是编译程序构造的一个重要问题。在编译程序使用的表格中，最重要的是**符号表**。它有来登记源程序中出现的每个名字以及名字的各种属性。例如，一个名字是常量名、变量名、还是过程名等等；如果是变量名，它的类型是什么，所占内存是多大、地址是什么等等。通常，编译程序在处理到名字的定义性出现时，要把名字的各种属性填入到符号表中；当处理到名字的使用性出现时，要对名字的属性进行查证。

当扫描器识别出一个名字(标识符)后，它把该名字填入到符号表中。但这时不能完全确定名字的属性，它的各种属性要在后续的各阶段才能填入。例如，名字的类型等要在语义分析时才能确定，而名字的地址可能要到目标代码生成才能确定。

由此可见，编译各阶段都涉及到构造、查找或更新有关的表格。

1.3.3 出错处理

一个编译程序不仅应能对书写正确的程序进行翻译，而且应能对出现在源程序中的错误进行处理。如果源程序有错误，编译程序应设法发现错误，把有关错误信息报告给用户。这部分工作是由专门的一组程序(叫做**出错处理程序**)完成的。一个好的编译程序应能最大限度地发现源程序中的各种错误，准确地指出错误的性质和发生错误的地点，并且能将错误所造成的影响限制在尽可能小的范围内，使得源程序的其余部分能继续被编译下去，以便进一步发现其它可能的错误。如果不仅能够发现错误，而且还能自动校正错误，那当然就更好了。但是，自动校正错误的代价是非常高的。

编译过程的每一阶段都可能检测出错误，其中，绝大多数错误可以在编译的前三阶段检测出来。源程序中的错误通常分为语法错误和语义错误两大类。语法错误是指源程序中不符合语法(或词法)规则的错误，它们可在词法分析或语法分析时检测出来。例如，词法分析阶段能够检测出"非法字符"之类的错误；语法分析阶段能够检测出诸如"括号不匹配"、"缺少;"之类的错误。语义错误是指源程序中不符合语义规则的错误，这些错误一般在语义分析时检测出来，有的语义错误要在运行时才能检测出来。语义错误通常包括：说明错误、作用域错误、类型不一致等等。关于错误检测和处理方法，我们将穿插在有关章节介绍。

1.3.4 遍

前面介绍的编译过程的五个阶段仅仅是逻辑功能上的一种划分。具体实现时，受不同源语言、设计要求、使用对象和计算机条件(如主存容量)的限制，往往将编译程序组织为若干遍(Pass)。所谓"遍"就是对源程序或源程序的中间结果从头到尾扫描一次，并作有关的加工处理,生成新的中间结果或目标程序。通常,每遍的工作由从外存上获得的前一遍的中间结果开始(对于第一遍而言,从外存上获得源程序),完成它所含的有关工作之后,再把结果记录于外存。既可以将几个不同阶段合为一遍,也可以把一个阶段的工作分为若干遍。例如,词法分析这一阶段可以单独作为一遍,但更多的时候是把它与语法分析合并为一遍;为了便于处理,语法分析和语义分析与中间代码产生又常常合为一遍。在优化要求很高时,往往还可把优化阶段分为若干遍来实现。

当一遍中包含若干阶段时,各阶段的工作是穿插进行的。例如,我们可以把词法分析、语法分析及语义分析与中间代码产生这三阶段安排成一遍。这时,语法分析器处于核心位置,当它在识别语法结构而需要下一单词符号时,它就调用词法分析器,一旦识别出一个语法单位时,它就调用中间代码产生器,完成相应的语义分析并产生相应的中间代码。

一个编译程序究竟应分成几遍,如何划分,是与源语言、设计要求、硬件设备等诸因素有关的,因此难于统一划定。遍数多一点有个好处,即整个编译程序的逻辑结构可能清晰一点。但遍数多势必增加输入/输出所消耗的时间。因此,在主存可能的前提下,一般还是遍数尽可能少一点为好。应当注意的是,并不是每种语言都可以用单遍编译程序实现。

1.3.5 编译前端与后端

概念上,我们有时把编译程序划分为**编译前端**和**编译后端**。前端主要由与源语言有关但与目标机无关的那些部分组成。这些部分通常包括词法分析、语法分析、语义分析与中间代码产生,有的代码优化工作也可包括在前端。后端包括编译程序中与目标机有关的那些部分,如与目标机有关的代码优化和目标代码生成等。通常,后端不依赖于源语言而仅仅依赖于中间语言。

可以取编译程序的前端,改写其后端以生成不同目标机上的相同语言的编译程序。如果后端的设计是经过精心考虑的,那么后端的改写将用不了太大工作量,这样就可以实现编译程序的目标机改变。也可以设想将几种源语言编译成相同的中间语言,然后为不同的前端配上相同的后端,这样就可以同一台机器生成不同语言的编译程序。然而,由于不同语言存在某些微妙的区别,因此在这方面所取得的成果还非常有限。

为了实现编译程序可改变目标机,通常需要有一种定义良好的中间语言支持。例如,在著名的 Ada 程序设计环境 APSE 中,使用的是一种称为 Diana 的树形结构的中间语言。一个 Ada 源程序通过前端编译转换为 Diana 中间代码,由编译后端把 Diana 中间代码转换为目标代码。编译前端与不同的编译后端以 Diana 为界面,实现编译程序的目标机改变。

又如,在 Java 语言环境中,为了使编译后的程序从一个平台移到另一个平台执行,Java 定义一种虚拟机代码——Bytecode。只要实际使用的操作平台上实现了执行 Bytecode 的 Java 解释器,这个操作平台就可以执行各种 Java 程序。这就是所谓 Java 语言的操作平台无关性。

1.4 编译程序与程序设计环境

编译程序无疑是实现高级语言的一个最重要的工具。但支持程序设计人员进行程序开发通常还需要一些其它的工具;如**编辑程序**、**连接程序**、**调试工具**等等。编译程序与这些程序设计工具一起构成所谓的**程序设计环境**。

在高级语言发展的早期,这些程序设计工具往往是独立的,缺乏整体性,而且也缺乏对软件开发全生命周期的支持。随着软件技术的不断发展,现在人们越来越倾向于构造**集成化的程序设计环境**。一个集成化的程序设计环境的特点是,它将相互独立的程序设计工具集成起来,以便为程序员提供完整的、一体化的支持,从而进一步提高程序开发效率,改善程序质量。在一个好的集成化程序设计环境中,不仅包含丰富的程序设计工具,而且还支持程序设计方法学,支持程序开发的全生命周期。有代表性的集成化程序设计环境有 Ada 语言程序设计环境 APSE、LISP 语言程序设计环境 INTERLISP 等。广大读者所熟悉的 Turbo Pascal、Turbo C、Visual C++等语言环境也都可认为是集成化的程序设计环境。

下面以 Ada 语言的程序设计环境 APSE 为例,介绍程序设计环境的基本构成和主要工具。

APSE 是一个分层的程序设计环境,如图 1.2 所示。

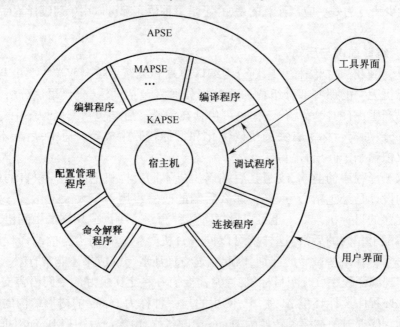

图 1.2 Ada 程序设计环境

最内层(第 0 层)是宿主计算机系统,它包括硬件、宿主操作系统和其它支持软件。

第一层是核心 APSE(KAPSE)。它包括环境数据库、通信及运行时支撑功能等。

第二层,最小 APSE(MAPSE)。它包括了 Ada 程序开发及维护的基本工具,这些工具包括编译程序、编辑程序、连接程序、调度程序、命令解释程序、配置管理程序、美化打印程序、静态分析工具、动态分析工具等等。

第三层,APSE。在 MAPSE 外面再加上更广泛的工具就构成了完整的 APSE。对这一层没有精确规定工具的类型,它通常可以包括面向应用的工具和支持特定程序设计方法的工具等。可以是支持需求分析、设计、实现、维护等软件开发全生命周期的工具。

在一个程序设计环境中,编译程序起着中心的作用。连接程序、高度程序、程序分析等工具的工作直接依赖于编译程序所产生的结果,而其它工具的构造也常常要用到编译的原理、方法和技术。

1.5 编译程序的生成

以前人们构造编译程序大多是用机器语言或汇编语言作工具的。为了充分发挥各种不同硬件系统的效率,为了满足各种不同的具体要求,现在许多人仍然采用这种工具来构造编译程序(或编译程序的"核心"部分)。但是,越来越多的人已经使用高级语言作工具来编译程序。因为,这样可以大大节省程序设计时间,而且所构造出来的编译程序易于阅读、维护和移植。

为了便于说明,我们用一种 T 形图来表示源语言 S、目标语言 T 和编译程序实现语言 I 之间的关系,如图 1.3 所示。

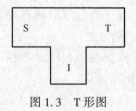

图 1.3 T 形图

如果 A 机器上已有一个用 A 机器代码实现的某高级语言 L_1 的编译程序,则我们可以用 L_1 语言编写另一种高级 L_2 的编译程序,把写好的 L_2 编译程序经过 L_1 编译程序编译后就可得到 A 机器代码实现的 L_2 编译程序,如图 1.4 所示。

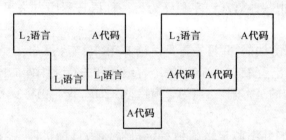

图 1.4 用 L_4 语言编写编译程序

采用一种所谓的"移植"方法,我们可以利用 A 机器上已有的高级语言 L 编写一个能够在 B 机器上运行的高级语言 L 的编译程序。做法是,先用 L 语言编写出在 A 机器上运行的产生 B 机器代码的 L 编译程序源程序,然后把该源程序经过 A 机器上的 L 编译程序编译后得到能在 A 机器上运行的产生 B 机器代码的编译程序,用这个编译程序再一次编译上述编译程序源程序就得到了能在 B 机器上运行的产生 B 机器代码的编译程序。用 T 形图表示为图 1.5 所示。

我们还可以采用"自编译方式"产生编译程序。方法是,先对语言的核心部分构造一个小小的编译程序(可用低级语言实现),再以它为工具构造一个能够编译更多语言成分的较大编译程序。如此扩展下去,就像滚雪球一样,越滚越大,最后形成人们所期望的整

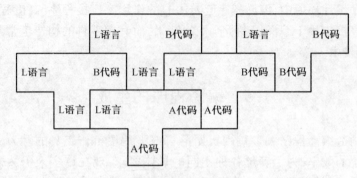

图 1.5 编译程序"移植"

个编译程序。这种通过一系列自展途径而形成编译程序的过程叫做自编译过程。

现在人们已建立了多种编制部分编译程序或整个编译程序的有效工具。有些能用于自动产生扫描器(如 LEX),有些可用于自动产生语法分析器(如 YACC),有些甚至可用来自动产生整个的编译程序。这些构造编译程序的工具称为**编译程序—编译程序、编译程序产生器**或**翻译程序书写系统**,它们是按对源程序和目标语言(或机器)的形式描述(作为输入数据)而自动产生编译程序的。

最后,我们来谈一谈如何学习构造编译程序。要在某一台机器上为某种语言构造一个编译程序,必须掌握下述三方面的内容:

(1) 源语言,对被编译的源语言(如 FORTRAN、Pascal 或 C),要深刻理解其结构(语法)和含义(语义);

(2) 目标语言,假定目标语言是机器语言,那么,就必须搞清楚硬件的系统结构和操作系统的功能;

(3) 编译方法,把一种语言程序翻译为另一种语言程序方法很多,但必须准确地掌握一二。

本课程是讲编译方法的,并且主要是讨论 FORTRAN、Pascal、C 之类强制式语言的编译技术,同时也将介绍一些有关面向对象语言编译和并行化编译的内容。尽管假设读者对这些语言已有一定的基本知识,但为了衔接,第二章,我们仍将复习一下高级语言的基本概念。

在本门课中,我们并不假定以某种特定机器作为目标机器。当需要涉及目标指令时,将采用一些人所共知的假想指令。因此,在学习这门课之前,读者必须具有计算机基本程序设计的知识。

由于编译程序是一个极其复杂的系统,故在讨论中,只好把它肢解开来,一部分一部分地进行研究。因此,在学习过程中应注意前后联系,切忌用静止的、孤立的观点看待问题。作为一门技术课程,学习时务必注意理论联系实际,多做练习,多多实践。要加强实践教学环节,学完这门课后,学生们应能实现一个小编译程序(如 Pascal 语言子集的编译程序)。有关实践方面的讨论,可参阅参考文献46。

本书中所使用的具体算法有些是用文字描述的,有些是用类似 Pascal 的语言表示的。所有这些算法都是原理性和解释性的,而且大多是不完备的(忽略某些次要因素或尚未学到的成分)。因此,并不意味着这些算法可以直接照抄使用。

在着手构造一个编译程序时,需要预先考虑种种具体因素[诸如,系统功能要求(这种要求常常是多方面的)、硬件设备、软件工具等等],特别是必须估量所有这些因素对编译程序构造的影响。虽然这些都是工程实现时应予考虑的细节,但因篇幅所限,不可能涉及太多。

后面,在复习高级语言的基本概念之后,我们将按照1.2节所说的编译过程的各基本阶段,逐步介绍编译程序的构造方法和技术。

第二章 高级语言及其语法描述

本章概述高级程序语言的结构和主要的共同特征,并介绍程序语言的语法描述方法。要学习和构造编译程序,理解和定义高级程序语言是必不可少的。

高级程序语言是用来描述算法和计算机实现这双重目的的。目前,世界上已有的高级语言至少上千种,在较大的范围内得到使用的语言也有几十种甚至上百种。从应用角度看,它们各有不同的侧重面。例如,FORTRAN 宜于数值计算,COBOL 宜于事务处理,PROLOG 适合于人工智能,Ada 适合于大型嵌入式实时处理,SNOBOL 则更利于符号处理。从语言范型来分,高级程序语言可分为强制式语言、作用式语言、基于规则的语言和面向对象语言等。

2.1 程序语言的定义

任何语言实现的基础是语言定义。语言用户把语言定义理解为用户手册,例如语言初等成为的实际含义是什么? 如何有意义地使用它们? 怎样以有意义的方式组合它们? 另一方面,编译程序研制者则对哪些构造允许出现更感兴趣。他们即使一时不能看出某种构造的实际应用,或者判断实现该结构会导致严重的困难,但仍必须严格根据语言的定义实现它。程序设计教科书中的语言描述侧重于语言成分的意义,它常常只讲到语言的一部分,因此,不能把这种描述作为构造编译程序的基础。

一个程序语言是一个记号系统。如同自然语言一样,程序语言主要由**语法**和**语义**两个方面定义。有时,语言定义也包含**语用**信息,语用主要是有关程序设计技术和语言成分的使用方法,它使语言的基本概念与语言的外界(如数学概念或计算机的对象和操作)联系起来。我们在这里重点讨论语法和语义。

2.1.1 语法

任何语言程序都可看成是一定字符集(称为**字母表**)上的一字符串(有限序列)。但是,什么样的字符串才算是一个**合式**的程序呢? 所谓一个语言的语法是指这样的一组规则,用它可以形成和产生一个合式的程序。这些规则的一部分称为**词法规则**,另一部分称为**语法规则**(或产生规则)。

例如,字符串 0.5 * X1+C,通常被看成是常数 0.5、标识符 X1 和 C,以及算符 * 和+所组成的一个表达式。其中常数'0.5',标识符'X1'和'C',算符'*'和'+'称为语言的**单词符号**,而表达式'0.5 * X1+C'称为语言的一个**语法范畴**,或**语法单位**。

语言的单词符号是由词法规则所确定的。词法规则规定了字母表中哪样的字符串是一个单词符号。

一个程序语言只使用一个有限字符集作为字母表。例如 Pascal 的字母表中含有 26 个英文字母 A,B,C,…,X,Y,Z;10 个数字 0,1,…,9;以及 20 个其它字符:空白,+,-,*,/,=,<,>,(,),[,],{,},',,,·,;,:,↑。

单词符号是语言中具有独立意义的最基本结构。例如,'0.5'是一个"实型常数",':='在 Pascal 中是"赋值号"。

词法规则是指单词符号的形成规则。在现今多数程序语言中,单词符号一般包括:各类型的常数、标识符、基本字、算符和界符等。由于单词符号本身很简单,因此形成规则也不复杂。在第三章我们将看到,正规式和有限自动机理论是描述词法结构和进行词法分析的有效工具。

语言的语法规则规定了如何从单词符号形成更大的结构(即语法单位),换言之,语法规则是语法单位的形成规则。一般程序语言的语法单位有:表达式、语句、分程序、函数、过程和程序等等。

如何描述一个程序语言的语法规则呢?描述语法规则一般是很不容易的。但就现今的多数程序语言来说,上下文无关文法仍是一种可取的有效工具。在本书中,有限自动机和上下文无关文法是我们讨论词法分析和语法分析的主要理论基础。

语法单位比单词符号具有更丰富的意义。例如单词符号串'0.5+7.4*14.2'代表一个算术式,具有通常的算术意义。如何定义各种语法单位的含义属于语言的语义问题。

语言的词法规则和语法规则定义了程序的形式结构,是判断输入字符串是否构成一个形式上正确(即合式)程序的依据。

一般而言,程序语言的词法、语法规则并不限定程序的书写格式。但是,某些程序语言要求程序的书写服从一定的格式,如 FORTRAN,所有语句都必须写在每行 80 列的一定位置上。这种要求增加了词法分析的复杂性。现在多数语言倾向于使用自由格式书写法,容许程序员随自己的意愿编排程序格式。这既便于阅读,又可以回避因书写格式不正确而造成的错误。

空白字符是另一个值得注意的问题。有些语言规定,空白字符除了在文字常数中的出现之外,在别的任何地方的出现都是没有意义的。在这种情况下,空白字符可用于编排程序格式,但增加了词法分析的麻烦。在某些语言中,空白字符用作间隔符。它们的出现决定了单词符号的划分。

2.1.2 语义

对于一个语言来说,不仅要给出它的词法、语法规则,而且要定义它的单词符号和语法单位的意义。这就是语义问题。离开语义,语言只不过是一堆符号的集合。在许多语言中有着形式上完全相同的语法单位,但含义却不尽相同。例如在 ALGOL 和 FORTRAN 中,符号串

$$X+F(X)+Y$$

都代表一个"算术表达式",但含义有区别。ALGOL 规定按左结合的规则计算这个表达式的值,FORTRAN 容许使用交换律和结合律来计算其值;ALGOL 容许函数 F(X) 的计值有副作用,但 FORTRAN 禁止对所在的表达式环境产生副作用。又例如,许多语言都具有如下形式的语句:

$$\text{for } i := E_1 \text{ step } E_2 \text{ until } E_3 \text{ do } S$$

但其含义各有不同。对于编译来说,只有了解程序的语义,我们才知道应把它翻译成什么样的目标指令代码。

所谓一个语言的**语义**是指这样的一组规则,使用它可以定义一个程序的意义。这些规则称为**语义规则**。阐明语义要比阐明语法难得多。现在还没有一种公认的形式系统,借助于它可以自动地构造出实用的编译程序。本书将介绍的是目前大多数编译程序普遍采用的一种方法,即基于属性文法的语法制导翻译方法,虽然这还不是一种形式系统,但它还是比较接近形式化的。

一个程序语言的基本功能是描述**数据**和对数据的**运算**。所谓一个**程序**,从本质上来说是描述一定数据的处理过程。在现今的程序语言中,一个程序大体上可视为下面所示的层次结构:

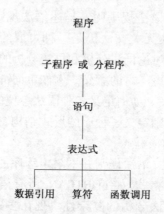

自上而下看上述层次结构:顶端是程序本身,它是一个完整的执行单位。一个程序通常是由若干个子程序或分程序组成的,它们常常含有自己的数据(局部名)。子程序或分程序是由语句组成的。而组成语句的成分则是各种类型的表达式。表达式是描述数据运算的基本结构,它通常含有数据引用、算符和函数调用。

自下而上看上述层次结构:我们希望通过对下层成分的理解来掌握上层成分,从而掌握整个程序。在下节中我们将综述程序语言各层次的结构和意义。

程序语言的每个组成成分都有(抽象时)**逻辑**和计算机**实现**两方面的意义。当从数字上考虑每个组成成分时,我们注重它的逻辑意义。当从计算机这个角度来看时,我们注重它在机内的表示和实现的可能性与效率。例如,一个表示实数的名字,从逻辑上说,可以看成是一个变量或一个可用于保存实数的场所;从计算机实现上说,可看成是一个或若干个相继的存储单元,这些单元的每位都有特殊的解释(如符号位、阶码和尾数),它们能表示一个一定大小和精度的数值。

2.2 高级语言的一般特性

本节将讨论高级程序设计语言最基本的、共有的技术特性。

2.2.1 高级语言的分类

从不同的角度看,对高级程序设计语言有不同的分类方法。如果我们从语言范型分类,当今的大多数程序设计语言可划分为四类。

一、强制式语言

强制式语言(Imperative Languge)也称过程式语言。其特点是命令驱动,面向语句。一个强制式语言程序由一系列的语句组成,每个语句的执行引起若干存储单元中的值的改变。这种语言的语法形式通常具有如下形式:

语句 1;

语句 2;

⋮

语句 n;

许多广为使用的语言,如 FORTRAN、C、Pascal、Ada 等等,属于这类语言。

二、应用式语言

与强制式语言不同的是,**应用式语言**(Applicative Language)更注重程序所表示的功能,而不是一个语句接一个语句地执行。程序的开发过程是从前面已有的函数出发构造出更复杂的函数,对初始数据集进行操作直至最终的函数可以用于从初始数据计算出最终的结果。这种语言通常的语法形式是:

函数 n(⋯函数 2(函数 1(数据))⋯)

因此,这种语言也称函数式语言。LISP 和 ML 属于这种语言。

三、基于规则的语言

基于规则的语言(Rule-based Language)程序的执行过程是:检查一定的条件,当它满足值,则执行适当的动作。最有代表性的基于规则语言是 Prolog,它也称逻辑程序设计语言,因为它的基本允许条件是谓词逻辑表达式。这类语言的语法形式通常为:

条件 1→动作 1

条件 2→动作 2

⋮

条件 n→动作 3

四、面向对象语言

面向对象语言(Object-Oriented Language)如今已成为最流行、最重要的语言。它主要的特征是支持**封装性**、**继承性**和**多态性**等。把复杂的数据和用于这些数据的操作封装在一起,构成对象;对简单对象进行扩充、继承简单对象的特性,从而设计出复杂的对象。通过对象的构造可以使面向对象程序获得强制式语言的有效性,通过作用于规定数据的函数的构造可以获得应用式语言的灵活性和可靠性。

2.2.2 程序结构

一个高级语言程序通常由若干子程序段(过程、函数等)构造,许多语言还引入了类、程序包等更高级的结构。下面我们从 FORTRAN、Rascal、Ada、Java 为例,说明程序结构。

一、FORTRAN

一个 FORTRAN 程序由一个主程序段和若干个(可以是 0 个)辅程序段组成。

```
PROGRAM   MAIN
    ⋮
END
SUBROUTINE   SUB1
    ⋮
END
    ⋮
SUBROUTINE   SUBn
    ⋮
END
```

辅程序段可以是子程序、函数段或数据块。每个程序段由一系列说明句和执行句组成。各段可以独立编译,这对于模块设计甚为方便。

一个 FORTRAN 程序的各个程序段所定义(说明)的各种名字通常是彼此独立的。同一个标识符在不同的程序段中一般都是代表不同的名字,也就是说,代表不同的存储单元,各程序段对它们的引用或赋值是彼此无关的。但是,不同程序段里的同名公用块(Common Block)却代表同一个存储区域(称为公用区,Common Area)。因此,出现在 COMMON 语句中的名字所代表的单元在其它程序段中也可以引用(通过该段中定义在同一个 COMMON 块里的相应单元的名字)。所以说,公用区具有全局性。不出现在 COMMON 中的名字所代表的单元具有局部性。

二、Pascal

Pascal 是一个允许子程序嵌套定义的语言。一个 Pascal 程序可以看作是操作系统调用的一个子程序,而子程序中又可以定义别的子程序。

```
program main
   ⋮
     procedure P1;
      ⋮
        procedure P11;
         ⋮
          begin
           ⋮
          end;
     begin
      ⋮
     end;
     procedure P2;
      ⋮
     begin
```

```
        ⋮
      end;
   begin
    ⋮
   end.
```

Pascal 这种嵌套结构中允许同一标识符在不同的子程序中表示不同的名字。关于名字的作用域的规定是：

（1）一个在子程序 B1 中说明的名字 X 只有 B1 中有效(局部于 B1)。

（2）如果 B2 和 B1 的一个内层子程序且 B2 中对标识符 X 没有新的说明，则原来的名字 X 在 B2 中仍然有效。如果 B2 对 X 重新作了说明，那么，B2 中对 X 的任何引用都是指重新说明过的这个 X。

换言之，标识符 X 的任一出现(除出现在说明句的名表中外)都意味着引用某一说明句所说明的那个 X，此说明句同所出现的 X 共处在一个最小子程序中。这个原则称为"最近嵌套原则"。

三、Ada

在 Ada 中引入了程序包(Package)，它可以把数据和操作代码封装在一起，支持数据抽象。一个程序包分为两部分：

（1）可见的规范说明部分，它定义了程序包外面可以访问的对象。

（2）程序包体，它实际定义程序包的实现细节。

```
package STACKS is
   type ELEM is private;
   type STACK is limited private;
   procedure push(S:in out STACK;E:in ELEM);
   procedure pop(S:in out STACK;E:out ELEM);
    ⋮
end STACKS;
package body STACKS is
   procedure push(S:in out STACK;E:in ELEM);
   begin
   ……实现细节
   end push;
   procedure pop(S:in out STACK;E:out ELEM);
   begin
   ……实现细节
   end pop;
end STACKS;
```

在 Ada 程序包规范说明中，如果一个类型被定义为私有(Private)类型，则它既不允许用户在该程序包外访问此类型，又对用户隐蔽此类型数据结构的具体细节。如果一个类型被定义为受限私有(Limited Private)类型，则对该类型对象的操作仅限于相应程序包规范说明部分说明的那些,连一些私有类型所允许的预定义赋值和测试相等的操作也不允许,以严格限制对该类型对象的访问。

四、Java

Java 是一种面向对象的高级语言,它很重要的方面是类(Class)及继承(Inheritance)的概念,同时支持多态性(Polymorphism)和动态绑定(Dynamic binding)等特性。

```
class Car{
  int color_number;
  int door_number;
  int speed;
    ⋮
  push_break( ){
    ⋮
  }
  Add_oil( ){
    ⋮
  }
}

class Trash_Car extends Car{
  double amount;
  fill_trash( ){
    ⋮
  }
}
```

一个类把有关数据及其操作(方法)封装在一起构成一个抽象数据类型。一个子类继承其父类的所有数据与方法,并且可以加入自己新的定义。

在 Java 中,变量和方法和定义之前可以加入 public、protected、private 等修饰字,以限制其它类的对象对于这些变量数据的存取以及类中方法的使用。如果一个类定义中的变量或方法前面加上 public,那么就表示只要其它类、对象等可以看到这个类的话,它们就可以存取这个变量的数据,或者使用这个方法;如果一个类的变量或方法前面加上 protected,那么只有这个类的子孙类可以直接存取这个变量数据或调用这个方法;如果在变量或方法前面加上 private,那么任何其它的类都不能直接引用这个数据,或调用这个方法。

2.2.3 数据类型与操作

对大多数程序设计语言而言,"数据"这个概念是最基本的。强制式程序设计语言使用一系列的语句修改存储在计算机存储器中的数据值。在这里,变量的概念可以认为是计算机存储地址的抽象。程序设计语言所提供的数据及其操作设施对语言的适用性有很大影响。一个数据类型通常包括以下三种要素:

(1) 用于区别这种类型的数据对象的属性;

(2) 这种类型的数据对象可以具有的值；
(3) 可以作用于这种类型的数据对象的操作。

一、初等数据类型

一个程序语言必须提供一定的初等类型数据成分，并定义对于这些数据成分的运算。有些语言还提供了由初等数据构造复杂数据的手段。不同的语言含有不同的初等数据成分。常见的初等数据类型有：

（1）**数值数据** 如整数、实数、复数以及这些类型的双长（或多倍长）精度数。对它们可施行算术运算（+，-，*，/等）。

（2）**逻辑数据** 多数语言有逻辑型（布尔型）数据，有些甚至有位串型数据。对它们可施行逻辑运算（and，or，not等）。

（3）**字符数据** 有些语言容许有字符型或字符串型的数据，这对于符号处理是必须的。

（4）**指针类型** 指针是这样一种类型的数据，它们的值指向另一些数据。尽管语法上可能不尽相同，但一般的意义是，假定 P 是一个指针，P: = addr(X) 意味着 P 将指向 X，或者说，P 的值将是变量 X 的地址。有些语言中用 P↑ 表示指针 P 的内容。在 P: = addr(X) 的情况下，如令 P↑: = 0.3，则意味着 X 的值为 0.3。

程序语言所涉及的对象不外是数据、函数和过程等等。对于每个这种对象，程序员通常都用一个能反映它的本质的、有助于记忆的名字来表示和称呼它。例如，常常可以看到人们用 WEIGHT 来表示一个代表重量的实型数据，用 INNERPRODUCT 表示一个求内积的过程。在程序语言中各种名字都是用**标识符**表示的。所谓标识符系指由字母或数字组成的以字母为开头的一个字符串。

虽然名字和标识符在形式上往往难于区分，但这两个概念是有本质区别的。例如，对于'PI'，我们有时说它是一个名字，有时又说它是一个标识符。标识符是一个没有意义的字符序列，但名字却有明确的意义和属性。作为标识符的 PI，无非是两个字母的并置，但作为名子的 PI，常常被用来代表圆周率。在高级语言中常用"局部名"、"全局名"之称，但少有"局部标识符"、"全局标识符"之分。

用计算机术语来说，每个名字可看成是代表一个抽象的存储单元，这个单元可含一位、一字节、一字或相继的许多个字。而这个单元的内容则认为是此名字（在某一时刻）的**值**。名字的值就是它所表示的一个具体对象。仅把名字看成代表一定的存储单元还是不够的。我们还必须同时指出它的**属性**。如果不指出名字的属性，它的值就无法理解。例如，设一个名字代表一个 32 位的存储单元，如果不指明属性，那么我们就不知道此单元的内容代表什么，不知道是代表一个整数、一个实数还是一个布尔值。名字的属性通常是由说明语句给出的。

有些名字似乎没有通常意义的值，例如过程名就是如此。但我们可以设想过程名具有某种代表输入-输出关系的"值"。

注意，在许多程序语言中，同一标识符在过程中的不同地点（如不同分程序）可用来代表不同的名字。在程序运行时，同一个名字的不同的时间也可能代表不同的存储单元（在递归的情形下）。反之，同一个存储单元也可能有好几个不同的名字（如 FORTRAN 中出现在 EQUIVALENCE 和 COMMON 语句里的名字）。

一个名字的属性包括**类型和作用域**。名字的类型决定了它能具有什么样的值,值在计算机内的表示方式,以及对它能施加什么运算。名字的作用域规定了它的值的存在范围。例如,一个 Pascal 名的作用域是那个包含此名的说明的过程,只有当这个过程运行时此名字才有对应的存储单元。

在多数的程序语言中,名字的性质是用说明句明确规定的。例如在 Pascal 中,说明句

$$X, \quad Y: \quad real;$$

规定了名字 X、Y 代表实型(简单)变量。即,X 和 Y 各对应有一个标准长度的存储单元,其内容是浮点数,可对它们进行各种算术运算。

在某些语言中,名字的性质有时容许是隐约定的。例如在 FORTRAN 中,对未经说明句明显说明的名字,凡以 I,J,…,N 为首者均认为是代表整型的,否则为实型的。

某些语言既没有说明句也没有隐约定,如 APL 就是这样。在这种语言中,同一标识符在某一行中可能代表一个整型变量,而在另一行中则代表一个实型数组,因此,名字的性质只能在程序运行时"动态"地确定。也就是,"走到哪里,是什么,算什么"。

如果一个名字的性质是通过说明句或隐约定规则而定义的,则称这种性质是"静态"确定的。如果名字的性质只有在程序运行时才能知道,则称这种性质是"动态"确定的(我们以后常用"静态"和"动态"两词。凡编译时可以确定的东西称为"静态"的;凡必须推迟到程序运行时才能确定的东西称为"动态"的)。

对于具有静态性质的名字,编译时应对它们引用的合法性进行检查。例如,假定 I 是整型变量,X 是实型变量,混合加法运算 I+X 在 FORTRAN66 中是不允许的,而在 Pascal 中则是认可的,但必须预先产生把 I 转换成实型量的代码。

对于具有动态性质的名字,应在程序运行时收集和确定它们的性质,并进行必要的类型转换。名字的动态性质对于用户来说是方便的,但对计算机实现来说则其效率较低。

二、数据结构

许多程序语言提供了一种可从初级数据定义复杂(高级)数据的手段。下面我们将概述几种常见的定义方式。

1. 数组

从逻辑上说,一个**数组**是由同一类型数据所组成的某种 n 维矩形结构。沿着每一维的距离称为一个**下标**。每维的下标只能在该维的上、下限之内变动。数组的每个元素是矩形结构中的一个点,它的位置可通过给出每维的下标来确定。

数组的每个元素(也称**下标变量**)是由数组名连同各维的下标值命名的,如 A$[i_1, i_2, \cdots, i_n]$。根据数组的类型,每个数组元素在计算机中占有同样大小的存储空间。如果一个数组所需的存储空间大小在编译时就已知道,则称此数组是一个**确定数组**;否则,称为**可变数组**。

数组的存储表示有多种形式,最简单的一种是把整个数组按行(或按列)存放在一片连续存储区中。一般而言,假定对一个 n 维数组附上一个 n 位数码管显示器,每个管代表一个下标,每管显示的值在相应维的下限与上限之间变动。所谓按行存放意味着,当从数组的第一个元素开始扫描整个数组时,越是后面的下标(数码管)变化得越快。按列存放意味着越是前面的下标变化得越快。

有些程序语言,如 FORTRAN,要求以列为序存放数组;另一些,如 Pascal,通常以行为

序;还有一些则取决于编译程序设计者的意愿。

数组元素的地址计算和数组的存储方式密切相关。关于数组元素的地址计算公式,数据结构教材中有详细的介绍。编译程序要做的工作就是实现地址计算公式,使数组元素得到正确引用。

在编译过程中,当碰到数组说明时,必须把数组的有关信息记录在一个"内情向量"之中,以便以后计算数组元素的地址时引用这些信息。每个数组的内情向量必须包括:维数,各维的上、下限,首地址,以及数组(元素)的类型,等等。

对于确定数组来说,内情向量可登记在编译时的符号表中。对于可变数组,内情向量的一部(或全部)在编译时无法知道,只有在程序运行时才能计算出来。因此,编译程序必须为可变数组设置一定的空间,以便在运行时建立相应的内情向量。不论是对确定数组或可变数组,数组元素的地址计算公式都是一样的。

2. 记录

从逻辑上说,记录结构是由已知类型的数据组合起来的一种结构。例如下面登记(姓名、年龄、婚否)的卡片就是一类简单的记录结构:

NAME	LI MING
AGE	25
MARRIED	NO

每个这种记录结构含有三个分量:第一个分量 NAME 是一个字符串型的数据(或一个字符数组);第二个分量 AGE 是一个整型数据;第三个分量 MARRIED 是一个逻辑型数据。

一个记录结构通常含有若干个分量,每个分量称为记录的一个**栏**(或域 field)。每个分量都是一个确定类型的数据,不同分量的数据类型可以不同。

记录结构是许多程序语言中的一类重要的数据结构。不同语言定义记录结构的方式也有不同。例如,Pascal 语言采用下面形式定义记录:

CARD:record
    NAME:array[1..20]of char;
    AGE:integer;
    MARRIED:boolean
  end;

这个说明句定义了一个记录 CARD。它是一个含有三个分量的记录结构:NAME,字符数组;AGE,整型量;MARRIED,布尔量。

当需要了解或更改某一卡片(如 CARD)的某一栏信息时,一般可采用如下的复合名进行访问:CARD. NAME,CARD. AGE 和 CARD. MARRIED。例如,可使用下面三个语句来填写卡片:

CARD. NAME:='LI MING';
CARD. AGE:=25;
CARD. MARRIED:=false

记录结构最简单的存储表示方式是连续存放。以上述的 CARD 为例,假定:目标机器按字节编址,每个字节存放一个字符;每个机器字包含四个字节,可存放一个整数,整数单元必须从字的边界开始(即地址码为 4 的倍数);每个布尔量用一字节表示。那么,每张卡片(即 CARD 记录)需用 25B。由于整型量 AGE 必须从字的边界开始,因此,每张卡片最好用 28 个字节,也就是 7 个字;NAME 占 5 个字,AGE 占 1 个字,MARRIED 占 1 个字(浪费三个字节的零头)。这样一来 1000 张卡就需要 7000 个字。

记录结构的每个分量(域)所需占用的存储单元(字节)数称为该域的长度。当知道一个记录的地址后,通过每个域的长度就可算出各域的地址。因为我们容易推出每个域相对于记录结构起点的相对数 OFFSET:此域之前各域长度的总和。例如,就 CARD 而言,NAME、AGE 和 MARRIED 的相对数 OFFSET 分别为 0、20 和 24。于是,假定 CARD 的首地址为 a,那么,

CARD·NAME   的地址为   a
CARD·AGE   的地址为   a+20
CARD·MARRIED 的地址为   a+24

3. 字符串、表格、栈和队列

某些语言(如 SNOBOL)把字符串作为一种基本数据类型,串的长度也不加限制。这种数据类型对于符号处理、公式处理是完全必须的。

有些语言(如 LISP)特别适用于描述表格处理,因此表格就成为一种十分重要的数据类型。一个表格本质上是一组记录结构,它的每一栏可以是初等类型数据,也可以是一个指向别的记录结构的指示器。所谓线性表是指一组顺序化的记录结构。

有些语言提供了某种简易的手段,它使程序员可以方便地定义各式各样的栈和队列。有些语言,如 Pascal 虽没有明显地提供栈型的数据结构,但栈却是它的程序数据空间的基本组织形式。

三、抽象数据类型

为了增加程序的可读性和可理解性,提高可维护性,降低软件设计的复杂性,许多的程序设计语言提供了对抽象数据类型的支持。一个抽象数据类型包括:

(1) 数据对象的一个集合;
(2) 作用于这些数据对象的抽象运算的集合;
(3) 这种类型对象的封装,即,除了使用类型中所定义的运算外,用户不能对这些对象进行操作。

在常用的程序设计语言中,Ada 语言通过程序包(Package)提供了数据封装的支持,Smalltalk、C++和 Java 语言则通过类(Class)对抽象数据类型提供支持。

2.2.4 语句与控制结构

除了提供数据的表示、构造及运算设施外,程序设计语言应该有可执行的语句。控制结构定义了语句在其中的执行次序,语言所提供的控制结构的集合对可读和可维护的软件的编写有很大的影响。

一、表达式

一个表达式是由运算量(亦称操作数,即数据引用或函数调用)和算符组成的。例如,算术表达式 X+Y 是由二元(二目)算符'+'和运算量 X、Y(数值数据)组成的。X 和 Y 分

别称为算符+的左、右运算量(左、右操作数)。

在表达式中,一元算符通常写在它的运算量的前面,如-X 和¬B,这种形式称为前缀形;但有些也写在运算量后面,如 P↑(P 为指示器),这种形式称为后缀形。在许多语言中,符号'-'既用来表示一元算符"负"(如-X),又用来表示二元算符"减"(如 X-Y)。

在多数程序语言中,二元算符一般都写在两个运算量中间,如 X+Y,这种形式称为中缀形式。但有的也采用后缀形式,即把算符写在运算量的后面,如把 X+Y 写成 XY+。理论上说还有一种前缀形式,即把算符写在前面,把运算量写在后面,如把 X+Y 写成+XY。

对于多数程序语言来说,表达式的形成规则可概括为:
(1) 变量(包括下标变量)、常数是表达式;
(2) 若 E_1、E_2 为表达式,θ 是一个二元算符,则 $E_1 θ E_2$ 是表达式(一般采用中缀形式);
(3) 若 E 是表达式,θ 为一元算符,则 θE(或 Eθ)是表达式;
(4) 若 E 是表达式,则 (E) 是表达式。

表达式中算符的运算顺序和结合性的约定大多和通常的数学习惯相一致。例如,对于算术表达式的计值过程一般都遵循:先乘除后加减,乘幂更优先。对于同级算符,优先的规则视具体情形而定,可采用先左后右(左结合)或先右后左(右结合)的运算顺序。例如

X+Y*Z	等于 X+(Y*Z)	*优先于+
X-Y-Z	等于(X-Y)-Z	同级优先左结合
X-Y+Z	等于(X-Y)+Z	同级优先左结合
X**Y**Z	等于 X**(Y**Z)	同级优先右结合

多数语言中,算术算符和逻辑算符的优先顺序一般规定如下(自高至低排列,同级算符列于同一行):

乘幂	(** 或 ↑)
一元负	(-)
乘、除	(*,/,÷)
加、减	(+,-)
关系符	(<,=,>,<=,<>,>=)
非	(¬,not 或 ·NOT·)
与	(∧,&,and 或 ·AND·)
或	(∨,|,or 或 ·OR·)
隐含	(⊃ 或 imp)
等值	(≡,~ 或 epui)

FORTRAN 关于算符优先级的规定和上面所列的基本一致。事实上,不同的语言对算符优先级和结合性质的规定各有差异,有的甚至差异很大。例如,APL 规定所有算符都具有相同的优先级并一律服从右结合,于是,X-Y+Z 就意味着 X-(Y+Z)。ALGOL 对于同级优先的算符要求严格服从自左至右运算规则,即左结合。例如 X+Y+Z 必须处理成(X+Y)+Z。FORTRAN 对于满足左、右结合的算符可任取一种结合。例如,A+B+C 可处理成(A+B)+C,也可处理成 A+(B+C);对于满足交换律的算符,左、右运算量的计算

顺序也不加限制,例如 A*B+C*D 也可处理成 C*D+B*A。

算符的代数性质(交换律、结合律和分配律)常常可用来优化目标程序的质量。但必须注意两点:第一,代数性质能引用到什么程度视具体语言的不同而不同。例如,在 ALGOL 中,若把 A*B+C*D 处理成 C*D+B*A,则至少是对 ALGOL 不够忠实。第二,在数学上成立的代数性质在计算机上未必完全成立。交换律在计算机上一般是成立的,但结合律和分配律就未必成立(至少在结果的有效数位上常有差别)。例如,在计算机上,(A+B)+C=A+(B+C)并不普遍成立。因此,在某些语言(如 FORTRAN)中,为了保证运算结果的有效性,程序员应尽量用括号来组织表达式的计值顺序。

某些语言中容许对不同类型的数据进行运算,有些则禁止。例如,0.5+3 是一个正确的 ALGOL 表达式,但在标准 FORTRAN(66)中是不能容忍的。如果容许对不同类型的数据进行运算,那就必须规定运算结果的性质,使得在编译时能够预先产生对运算量进行类型转换的目标代码。

二、语句

不同程序语言含有不同形式和功能的各种语句。从功能上说,语句大体可分执行性语句和说明性语句两大类。说明性语句旨在定义各种不同数据类型的变量或运算。执行性语句旨在描述程序的动作。执行语句又可分赋值句、控制句和输入/输出句。从形式上说,语句还可分为简单句、复合句和分程序等等。

1. 赋值句

不同语言的赋值句有不同的语法结构,但多数语言所定义的语义大体相同。我们考虑下面一个 ALGOL 赋值句

$$A:=B$$

其中,A、B 为变量名。我们知道,每个名字有两方面的特征:一方面它代表一定的存储**单元**,另一方面它又以该单元的内容作为**值**。赋值句 A:=B 的意义是:"把 B 的值送入 A 所代表的单元"。也就是说,在赋值句中,赋值号':='左、右两边的变量名扮演着两种不同的角色。对赋值号右边的 B 我们需要的是它的值;对左边的 A 我们需要的是它所代表的那个存储单元(的地址)。为了区分一个名字的这两种特征,我们把一个名字所代表的那个单元(地址)称为该名的**左值**;把一个名字的值称为该名的**右值**。直观上说,名字的左值指它所代表的存储单元的地址,右值指该单元的内容。

变量(包括下标变量)既持有左值又持有右值。常数和带有算符的表达式一般认为只持有右值。但对于指示器变量,如 P,它的右值 P↑既持有左值又持有右值。出现在赋值号左边的表达式必须持有左值。出现在赋值号右边的表达式只需持有右值。对于在赋值号右边的表达式中出现的任何变量,我们要的是它的右值。但 BLISS 的情形甚为特别,在那里任何单独出现的名字均要其左值,欲使它代表右值,则需在名字之前加一圆点。因此,在 BLISS 中,A←B+4 和 A←·B+4 代表两个不同意义的赋值句。

2. 控制语句

许多语言具有形式上很不相同的控制语句(控制程序的执行顺序),有的即使形式上相同,语义上也可能有很大差别。多数语言中所含的控制语句有:

无条件转移语句

goto L

条件语句
  if B then S
  if B then S_1 else S_2
循环语句
  while B do S
  repeat S unitl B
  for i:=E_1 step E_2 until E_3 do S
过程调用语句
  call $P(X_1,X_2,\cdots,X_n)$
返回语句
  return(E)

重要的是,必须了解这些语句在不同语言中的不同语义。

3. 说明句

说明句旨在定义名字的性质。编译程序把这些性质登记在符号表中,并检查程序中名字的引用和说明是否相一致。许多说明句没有相应的目标代码。但有些说明句,如过程说明和可变数组说明则有相应的目标代码。

4. 简单句和复合句

简单句是指那些不包含其它语句成分的基本句,如赋值句、goto 句等等。

复合句则指那些句中有句的语句。例如,

$$IF(X\cdot EQ\cdot Y)GOTO\quad 15$$

是 FORTRAN 的一个复合句;而

$$if\quad B\quad then\quad S_1\quad else\quad S_2;$$
$$begin\quad S_1;S_2;\cdots;S_n\quad end$$

是 Pascal 中的复合句。

2.3 程序语言的语法描述

对于高级程序设计语言及其编译程序而言,语言的语法定义是非常重要的。本节介绍语法结构的形式描述问题。我们将重点讨论上下文无关文法、语法分析树,以及文法的二义性问题。最后还将对形式语言进行简单概述。

在引入文法定义之前,首先介绍几个概念。

设 Σ 是一个有穷**字母表**,它的每个元素称为一个**符号**。Σ 上的一个**符号串**是指由 Σ 中的符号所构成的一个有穷序列。不包含任何符号的序列称为空字,记为 ε。用 Σ^* 表示 Σ 上的所有符号串的全体,空存 ε 也包括在其中。例如,若 $\Sigma=\{a,b\}$,则 $\Sigma^*=\{\varepsilon,a,b,aa,ab,ba,bb,aaa,\cdots\}$。$\varnothing$ 表示不含任何元素的**空集** $\{\}$。这里要注意 ε、$\{\}$ 和 $\{\varepsilon\}$ 的区别。

Σ^* 的子集 U 和 V 的(连接)积定义为

$$UV=\{\alpha\beta|\alpha\in U\&\beta\in V\}$$

即集合 UV 中的符号串是由 U 和 V 的符号串连接而成的。注意,一般而言,UV≠VU,但 $(UV)W=U(VW)$。V 自身的 n 次**(连接)**积记为

$$V^n = \underbrace{VV \cdots V}_{n}$$

规定 $V^0 = \{\varepsilon\}$。令

$$V^* = V^0 \cup V^1 \cup V^2 \cup V^3 \cup \cdots$$

称 V^* 是 V 的闭包。记 $V^+ = VV^*$，称 V^+ 是 V 的**正则闭包**。

闭包 V^* 中的每个符号串都是由 V 在的**符号串**经有限次连接而成的。

2.3.1 上下文无关文法

文法是描述语言的语法结构的**形式规则**（即语法规则）。这些规则必须是准确的,易于理解的,而且,应当有相当强的描述能力,足以描述各种不同的结构。由这种规则所形成的程序语言应有利于句子分析和翻译,而且,最好能通过这些规则自动产生有效的语法分析程序。

所谓上下文无关文法是这样一种文法,它所定义的语法范畴（或语法单位）是完全独立于这种范畴可能出现的环境的。例如,在程序语言中,当碰到一个算术表达式时,我们完全可以对它"就事论事"进行处理,而不必考虑它所处的上下文。但在自然语言中,一个句子,一个词乃至一个字,它们的语法性质和所处的上下文往往有密切的关系。因此,上下文无关文法当然不宜于描述任何自然语言,但对于现今的程序语言来说,上下文无关文法基本上是够用了。本节,我们将讨论什么是上下文无关文法和上下文无关语言。以后,凡"文法"一词若无特别说明,则均指上下文无关文法。

下面,我们从一个具体英文例句的分析出发,引进有关上下文无关文法的基本概念。比如,我们写了这样一个句子：

He gave me a book.

显然这是一个语法上正确的句子,因为它满足英语中的基本语法规则。如果我们用"→"表示"由…组成"或"定义为",那么,可以有下面语法规则：

〈句子〉→〈主语〉〈谓语〉〈间接宾语〉〈直接宾语〉

〈主语〉→〈代词〉

〈谓语〉→〈动词〉

〈间接宾语〉→〈代词〉

〈直接宾语〉→〈冠词〉〈名词〉

〈代词〉→He

〈代词〉→me

〈冠词〉→a

〈动词〉→gave

〈名词〉→book

把 He gave me a book 与上述规则进行对照,看其中的语法范畴是否处于适当位置,我们得出结论：它是一个语法上正确的句子。说得更确切一点,有了这些规则后,我们就可以推导或产生出上述句子（从〈句子〉出发,反复把上述规则中"→"左边的成分替换成右边的成分）：

$$
\begin{aligned}
\langle\text{句子}\rangle &\Rightarrow \langle\text{主语}\rangle\langle\text{谓语}\rangle\langle\text{间接宾语}\rangle\langle\text{直接宾语}\rangle \\
&\Rightarrow \langle\text{代词}\rangle\langle\text{谓语}\rangle\langle\text{间接宾语}\rangle\langle\text{直接宾语}\rangle \\
&\Rightarrow \text{He}\langle\text{谓语}\rangle\langle\text{间接宾语}\rangle\langle\text{直接宾语}\rangle \\
&\Rightarrow \text{He}\langle\text{动词}\rangle\langle\text{间接宾语}\rangle\langle\text{直接宾语}\rangle \\
&\Rightarrow \text{He gave}\langle\text{间接宾语}\rangle\langle\text{直接宾语}\rangle \\
&\Rightarrow \text{He gave}\langle\text{代词}\rangle\langle\text{直接宾语}\rangle \\
&\Rightarrow \text{He gave me}\langle\text{直接宾语}\rangle \\
&\Rightarrow \text{He gave me}\langle\text{冠词}\rangle\langle\text{名词}\rangle \\
&\Rightarrow \text{He gave me a}\langle\text{名词}\rangle \\
&\Rightarrow \text{He gave me a book}
\end{aligned}
$$

我们可以用一种图示化的方法来表示这种推导,如图 2.1,说明 He gave me a book 是一个语法正确的句子。这种图形表示称为语法分析树。

图 2.1 语法树

上述定义英文句子的规则可以说就是**一个上下文无关文法**。其中,He me,book,gave,a 等,称为终结符号;〈句子〉、〈主语〉、〈谓语〉、〈动词〉、〈代词〉等,称为非终结符号;这个文法最终是要定义〈句子〉的语法结构,所以〈句子〉在这里称为开始符号;〈间接宾语〉→〈冠词〉〈名词〉这种书写形式称为**产生式**。

归纳起来,一个上下文无关文法 G 包括四个组成部分:一组**终结符号**,一组**非终结符号**,一个**开始符号**,以及一组**产生式**。

所谓终结符号乃是组成语言的基本符号,在程序语言中就是以前屡次提到的单词符号,如基本字、标识符、常数、算符和界符等。从语法分析的角度来看,终结符号是一个语言的不可再分的基本符号。

非终结符号(也称语法变量)用来代表语法范畴。例如,"算术表达式"、"布尔表达式"、"赋值句"、"分程序"、"过程"等,它们都是现今程序语言常见的语法范畴。我们也可以说,一个非终结符代表一个一定的语法概念。因此,一个非终结符是一个类(或集合)记号,而不是一个个体记号。例如,"算术表达式"这个非终结符乃代表一定算术式组成的类。因而,也可以说,每个非终结符号表示一定符号串的集合(由终结符号和非终结符号组成的符号串)。

开始符号是一个特殊的非终结符号,它代表所定义的语言中我们最终感兴趣的语法范畴,这个语法范畴通常称为"句子"。但在程序语言中,我们最终感兴趣的是"程序"这个语法范畴,而其它的语法范畴都只不过是构造"程序"的一块块砖石。

产生式(也称产生规则或简称规则)是定义语法范畴的一种书写规则。一个产生式的形式是

$$A \rightarrow \alpha$$

其中,箭头(有时也有::=)左边的 A 是一个非终结符,称为产生式的**左部符号**;箭头右边的 α 是由终结符号或/与非终结符号组成的一符号串,称为产生式的**右部**。我们有时也说,产生式 $A \rightarrow \alpha$ 是关于 A 的一条产生规则。产生式是用来定义语法范畴的。例如,令 i 代表已定义的范畴"变量",那么,产生式

$$算术表达式 \rightarrow i$$

意味着把"算术表达式"这个范畴定义为"变量"。在有的书上,"→"也用"::="表示,这种表示方法也称巴科斯范式。

有时,只用一个产生式并不足以定义一个语法范畴,而需要用好几个产生式。特别是,需要含有递归的产生式。我们再看一个例子。假定要定义一类含+、* 的算术表达式,这个定义可以这样给出:

"变量是一个算术表达式;

若 E_1 和 E_2 是算术表达式,则 E_1+E_2、$E_1 * E_2$ 和 (E_1) 也是算术表达式。"

对于这个定义,若用产生式来描述,则可将它写成:

$$E \rightarrow i$$
$$E \rightarrow E+E$$
$$E \rightarrow E * E$$
$$E \rightarrow (E)$$

其中,E 代表"算术表达式";i 代表"变量"。这四个产生式的全体才定义了上述的加、乘"算术表达式"这一概念。这四个产生式中的后三个都是递归的,也就是说,产生式左部的符号直接在右部出现,用递归方式定义语法范畴是一种非常重要的手段,对此应特别注意。递归性常常并不像上面例子所示的那样直接,后面,我们将会遇到间接递归的例子。

形式上说,一个上下文无关文法 G 是一个四元式 $(V_T, V_N, S, \mathscr{P})$,其中

V_T 是一个非空有限集,它的每个元素称为终结符号;

V_N 是一个非空有限集,它的每个元素称为非终结符号,$V_T \cap V_N = \phi$;

S 是一个非终结符号,称为开始符号;

$\mathscr{P}$ 是一个产生式集合(有限),每个产生式的形式是 $P \rightarrow \alpha$,其中,$P \in V_N, \alpha \in (V_T \cup V_N)^*$。开始符号 S 至少必须在某个产生式的左部出现一次。

注意,为了书写方便,若干个左部相同的产生左,如

$$P \rightarrow \alpha_1$$
$$P \rightarrow \alpha_2$$
$$\vdots$$
$$P \rightarrow \alpha_n$$

可合并为一个,缩写成

$$P \rightarrow \alpha_1 | \alpha_2 | \cdots | \alpha_n$$

其中,每个 α_i 有时也称为是 P 的一个**候选式**。

箭头'→'读为"定义为",直竖'|'读为"或",它们是**元语言符号**。

在后面的讨论中,根据不同情况,我们将用大写字母 A、B、C…或汉语词组(如,算术表达式)代表非终结符号,特别是用小写字母 a、b、c…代表终结符,用 α、β、γ 等代表由终结符和非终结符组成的符号串。为简便起见,当引用具体的文法例子时,仅列出产生式和指出开始符号。

例如,下面是一个上下文无关文法:

$$E \to i | EAE$$
$$A \to + | *$$

其中,E、A 是非终结符,E 是开始符号,而 i、+ 和 * 是终结符。

一个上下文无关文法如何定义一个语言呢?其中心思想是,从文法的开始符号出发,反复连续使用产生式,对非终结符施行替换和展开。例如,我们考虑下面的文法 G

$$E \to E+E | E*E | (E) | i \tag{2.1}$$

基中,唯一的非终结符 E 可以看成是代表一类算术表达式。我们可以从 E 出发,进行一系列的推导,推出种种不同的算术表达式来。例如,根据规则

$$E \to (E)$$

我们可以说:从'E'可直接(一步地)推出'(E)'。与前面一样,我们用'⇒'表示"直接推出",这样,这句话就可表示为

$$E \Rightarrow (E)$$

若对'(E)'中的 E 使用规则 E→E+E,就有

$$(E) \Rightarrow (E+E)$$

即,从'(E)'可直接推出'(E+E)'。把上述这两步合并起来,就有

$$E \Rightarrow (E) \Rightarrow (E+E)$$

再对'(E+E)'中的 E 相继两次使用规则 E→i 之后,我们就有

$$E \Rightarrow (E) \Rightarrow (E+E) \Rightarrow (i+E) \Rightarrow (i+i)$$

我们称这样的一串替换序列是从 E 推出 (i+i) 的一个**推导**。这个推导提供了一个证明,证明 (i+i) 是文法(2.1)所定义的一个算术表达式。注意,推导每前进一步总是引用一条规则(产生式),而符号'⇒'指仅推导一步的意思。

严格地说,我们称 αAβ **直接推出** αγβ,即

$$\alpha A \beta \Rightarrow \alpha \gamma \beta$$

仅当 A→γ 是一个产生式,且 α、β ∈ $(V_T \cup V_N)^*$。如果 $\alpha_1 \Rightarrow \alpha_2 \Rightarrow \cdots \Rightarrow \alpha_n$,则我们称这个序列是从 α_1 至 α_n 的一个**推导**。若存在一个从 α_1 至 α_n 的推导,则称 α_1 可推导出 α_n。我们用 $\alpha_1 \stackrel{+}{\Rightarrow} \alpha_n$ 表示:从 α_1 出发,经一步或若干步,可推导出 α_n。而用 $\alpha_1 \stackrel{*}{\Rightarrow} \alpha_n$ 表示:从 α_1 出发,经 0 步或若干步,可推导出 α_n。换言之,$\alpha \stackrel{*}{\Rightarrow} \beta$ 意味着,或者 α=β,或者 $\alpha \stackrel{+}{\Rightarrow} \beta$。

假定 G 是一个文法,S 是它的开始符号。如果 $S \stackrel{*}{\Rightarrow} \alpha$,则称 α 是一个**句型**。仅含终结符号的句型是一个**句子**。文法 G 所产生的句子的全体是一个**语言**,将它记为 L(G)。

$$L(G) = \{\alpha | S \stackrel{+}{\Rightarrow} \alpha \& \alpha \in V_T^*\}$$

例如,终结符号串 (i*i+i) 是文法(2.1)的一个句子。因为

$$E \Rightarrow (E) \Rightarrow (E+E)$$
$$\Rightarrow (E*E+E) \Rightarrow (i*E+E)$$
$$\Rightarrow (i*i+E) \Rightarrow (i*i+i) \qquad (2.2)$$

是从开始符号 E 至 $(i*i+i)$ 的一个推导。而 E,(E),(E+E),(E*E+E),…,(i*i+i) 都是这个文法的句型。

下面,我们介绍几个简单的文法例子。

例 2.1 考虑一个文法 G_1:

$$S \rightarrow bA$$
$$A \rightarrow aA \mid a$$

它定义了一个什么样的语言呢?

从开始符号 S 出发,我们可以推出如下句子:

$$S \Rightarrow bA \Rightarrow ba$$
$$S \Rightarrow bA \Rightarrow baA \Rightarrow baa$$
$$\vdots$$
$$S \Rightarrow bA \Rightarrow baA \Rightarrow \cdots \Rightarrow ba \cdots a$$

归纳得出从 S 出发可推导出所有以 b 开头后跟一个或任意多个 a 的字符串,所以:

$$L(G_1) = \{ba^n \mid n \geq 1\}$$

例 2.2 考虑文法 G_2:

$$S \rightarrow AB$$
$$A \rightarrow aA \mid a$$
$$B \rightarrow bB \mid b$$

我们可以分析得出:

$$L(G_2) = \{a^m b^n \mid m,n \geq 1\}$$

例 2.3 构造一个文法 G_3 使

$$L(G_3) = \{a^n b^n \mid n \geq 1\}$$

G_3 和 G_2 的区别在于,G_3 的每个句子中 a 和 b 的个数必须相同。我们可以写出文法 G_3:

$$S \rightarrow aSb \mid ab$$

注意,从一个句型到另一句型的推导过程往往不是唯一的。例如,就 $E+E \stackrel{*}{\Rightarrow} i+i$ 而言,下面两个推导都是正确的:

$$E+E \Rightarrow E+i \Rightarrow i+i \qquad (2.3)$$

或

$$E+E \Rightarrow i+E \Rightarrow i+i \qquad (2.4)$$

为了对句子的结构进行确定性的分析,我们往往只考虑最左推导或最右推导。所谓**最左推导**是指:任务一步 $\alpha \Rightarrow \beta$ 都是对 α 中的最左非终结符进行替换的。同样,可定义**最右推导**。例如,文法(2.2)与文法(2.4)都是最左推导,而文法(2.3)则是最右推导。

我们还可以给出句子(i*i+i)的最右推导：
$$E \Rightarrow (E) \Rightarrow (E+E) \Rightarrow (E+i) \Rightarrow (E*E+i) \Rightarrow (E*i+i) \Rightarrow (i*i+i)$$

2.3.2 语法分析树与二义性

前面我们提到过可以用一张图表示一个句型的推导，这种表示称为**语法分析树**，或简称为**语法树**。语法树有助于理解一个句子语法结构的层次。语法树通常表示成一棵倒立的树，根在上，枝叶在下。

语法树的根结由开始符号所标记。随着推导的展开，当某个非终结符被它的某个候选式所替换时，这个非终结符的相应结就产生出下一代新结，候选式中自左至右的每个符号对应一个新结，并用这些符号标记其相应的新结。每个新结和其父结间都有一条连线。在一棵语法树生长过程中的任何时刻，所有那些没有后代的端末结自左至右排列起来就是一个句型。例如，对于文法(2.1)，关于(i*i+i)的推导(2.2)的语法树如图2.2所示。

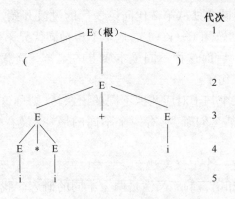

图2.2 语法树

这棵树的根结是第一代的E，它是开始符号。根结有三个儿子，即第二代的'('、E和')'。父子同名在语法树中是常见的事(反映递归性)。这三个兄弟的排次是，'('为老大，E为老二，')'为老三。老大和老三没有后代，是个端末结。老二有三个儿子，它们是第三代的E，'+'和E。第三代的老二'+'没有后代。但老大和老三都有后代。它们就是第四代的E、*、E和i。这里要注意的一点是，语法树并没有反映出生养后代的先后。例如，第三代的老大和老三都有儿子，但它们谁先生儿子呢？不论是老大先生儿子还是老三先生儿子，从图的最终表示来看并没有什么差别。甚至老三生儿子的时间可能在老大生了两个孙子(即第5代的i、i)之后也无妨。

这就是说，一棵语法树表示了一个句型种种可能的(但未必是所有的)不同推导过程，包括最左(最右)推导。这样的一棵语法树是这些不同推导过程的共性抽象，是它们的代表。如果我们坚持使用最左(最右)推导，那么，一棵语法树就完全等价于一个最左(最右)推导，这种等价性包括树的步步成长和推导的步步展开之间的完全一致性。

但是，一个句型是否只对应唯一的一棵语法树呢？也就是，它是否只有唯一的一个最左(最右)推导呢？不尽然。

例如，对于文法(2.1)，关于(i*i+i)就存在一个与(2.2)非常不同的推导：
$$E \Rightarrow (E) \Rightarrow (E*E) \Rightarrow (i*E) \Rightarrow (i*E+E)$$

$$\Rightarrow(i*i+E)\Rightarrow(i*i+i) \tag{2.5}$$

这个推导所对应的语法树不再是图 2.2 而是图 2.3。

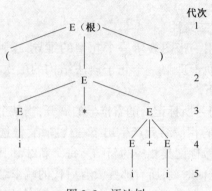

图 2.3　语法树

图 2.2 与图 2.3 的不同之处从第 2 代向第 3 代的过渡开始。对于前者,我们选用规则 E→E+E,而对于后者则选用 E→E*E。这里不再是同代兄弟生儿子的先后次序不同,而是"生什么儿子"不同。后面这种不同是本质上的差异。这意味着我们可以用两种完全不同的办法生成同一个句子。

如果一个文法存在某个句子对应两棵不同的语法树,则称这个文法是二义的。也就是说,若一个文法中存在某个句子,它有两个不同的最左(最右)推导,则这个文法是二义的。

例如,文法(2.1)就是一个二义文法。

注意,文法的二义性和语言的二义性是两个不同的概念。我们可能有两个不同的文法 G 和 G',其中一个是二义的而另一个是无二义的,但是却有 L(G)=L(G'),也就是说,这两个文法所产生的语言是相同的。对于一个程序语言来说,常常希望它的文法是无二义的。因为,我们希望对它的每个语句的分析是唯一的。但是,只要我们能够控制和驾驭文法的二义性,文法二义性的存在并不一定是一件坏事(见第五章)。

人们已经证明,二义性问题是不可判定的。即,不存在一个算法,它能在有限步骤内,确切地判定一个文法是否为二义的。我们所能做的事是为无二义性寻找一组充分条件(当然它们未必都是必要的)。例如,在文法(2.1)中,假若规定了运算符'+'与'*'的优选顺序和结合规则,比方说,让'*'的优先性高于'+',且它们都服从左结合,那么,就可以构造出一个无二义文法:

$$\begin{aligned}
&E\rightarrow T|E+T\\
&T\rightarrow F|T*F\\
&F\rightarrow (E)|i
\end{aligned} \tag{2.6}$$

如果把这个文法中的 E 看作"表达式",把 T 看作"项",把 F 看作"因子",并用这些汉字来代替它们时,那么,这个文法就等价于

表达式→项|表达式+项

项→因子|项*因子

因子→(表达式)|i

在这个文法中,(i*i+i)的最左推导是唯一的,即

表达式⇒项⇒因子⇒(表达式)
$\quad$⇒(表达式+项)⇒(项+项)
$\quad$⇒(项*因子+项)
$\quad$⇒(因子*因子+项)
$\quad$⇒(i*因子+项)
$\quad$⇒(i*i+项)
$\quad$⇒(i*i+因子)
$\quad$⇒(i*i+i) $\hfill$ (2.7)

这个推导所对应的语法树如图2.4所示。

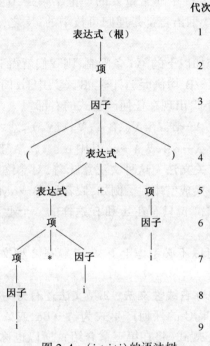

图2.4 (i*i+i)的语法树

最后,作为描述程序语言的上下文无关文法,我们对它有几点小小的限制。

第一,文法中不含任何下面形式的产生式

$$P \rightarrow P$$

因为,这种产生式除了引起二义性外没有任何用处。

第二,每个非终结符P必须都有用处。这一方面意味着,必须存在含P的句型;也就是,从开始符号S出发,存在推导。

$$S \overset{*}{\Rightarrow} \alpha P \beta$$

另一方面意味着,必须存在终结符串 $\gamma \in V_T^*$,使得 $P \overset{+}{\Rightarrow} \gamma$;也就是,对于P不存在永不终结的回路。

我们以后所讨论的文法均假定满足上述两条件。这种文法亦称化简了的文法。

2.3.3 形式语言鸟瞰

自从乔姆斯基(Chomsky)于1956年建立形式语言的描述以来,形式语言的理论发展得很快。这种理论对计算机科学有着深刻的影响,特别是对程序语言的设计、编译方法和计算复杂性等方面更有重大的作用。

乔姆斯基把文法分成四种类型,即0型、1型、2型和3型。0型强于1型,1型强于2型,2型强于3型。这几类文法的差别在于对产生式施加不同的限制。

我们说 $G=(V_T, V_N, S, \mathscr{P})$ 是一个0型文法,如果它的每个产生式

$$\alpha \to \beta$$

是这样的一种结构: $\alpha \in (V_N \cup V_T)^*$ 且至少含有一个非终结符,而 $\beta \in (V_N \cup V_T)^*$。

0型文法也称**短语文法**。一个非常重要的理论结果是,0型文法的能力相当于**图灵**(Turing)机。或者说,任何0型语言都是递归可枚举的;反之,递归可枚举集必定是一个0型语言。

如果对0型文法分别施加以下的第i条限制,则我们就得i型文法:

(1) G的任何产生式 $\alpha \to \beta$ 均满足 $|\alpha| \leq |\beta|$(其中 $|\alpha|$ 和 $|\beta|$ 分别为 α 和 β 的长度);仅仅 $S \to \varepsilon$ 例外,但S不得出现在任何产生式的右部。

(2) G的任何产生式为 $A \to \beta, A \in V_N, \beta \in (V_N \cup V_T)^*$。

(3) G的任何产生式为 $A \to \alpha B$ 或 $A \to \alpha$,其中 $\alpha \in V_T^*$,$A、B \in V_N$。

1型文法也称**上下文有关文法**。这种文法意味着,对非终结符进行替换时务必考虑上下文,并且,一般不允许替换成空串ε。例如,假若 $\alpha A \beta \to \alpha \gamma \beta$ 是1型文G的一个产生式,α 和 β 都不空,则非终结符A只有在 α 和 β 这样的一个上下文环境中才可以把它替换为 γ。

如果非终结符的替换可以不必考虑上下文,这就是2型文法。2型文法也称**上下文无关文法**。

上述形式的3型文法也称**右线性文法**。3型文法还有另一种形式,称**左线性文法**:一个文法G为左线性文法,如果G的任何产生式为 $A \to B\alpha$ 或 $A \to \alpha$,其中 $\alpha \in V_T^*$,$A、B \in V_N$。由于3型文法等价于正规式(将在第三章介绍),所以也称**正规文法**。

正规文法的能力要比上下文无关文法弱得多。例如,任何正规文法都不能产生下面的语言:

$$L_2 = \{a^n b^n | n \geq 1\}$$

可是,这个语言可由下面的上下文无关文法所产生:

$$S \to aSb | ab$$

上下文无关文法对应非确定的下推自动机。这是形式语言中的一条重要定理。事实上,使用下推表(先进后出存区或栈)的有限自动机是分析上下文无关语言的基本手段。当我们在后面研究语法分析时,对此便会有所了解。

上下文无关文法有足够的能力描述现今多数程序设计语言的语法结构。我们已经看到,用它可以描述算术表达式。下面是一个能够产生条件句的文法片断:

语句→if 条件 then 语句

|if 条件 then 语句 else 语句

　　　　|其它语句

这是一个二义文法。例如,下面的语句

$$\text{if } C_1 \text{ then if } C_2 \text{ then } S_1 \text{ else } S_2$$

就对应有两棵不同的语法树。

　　在所有包含条件语句的程序语言中都倾向于规定：else 必须匹配最后那个未得到匹配的 then。按照这个要求,我们可以定义如下一个等价的无二义文法：

语句→匹配句|非匹配句

匹配句→if 条件 then 匹配句 else 匹配句

　　　　|其它语句

非匹配句→if 条件 then 语句

　　　　|if 条件 then 匹配句 else 非匹配句

　　尽管上下文无关文法足以描述多数程序语言的语法,但其能力仍然是很有限的。例如

$$L_{21} = \{a^n b^n c^i \mid i \geq 1, n \geq 1\}$$

是一个上下文无关语言,但却不存在由上下文无关文法能够产生的下面的语言：

$$L_1 = \{a^n b^n c^n \mid n \geq 1\}$$

然而,下面的上下文有关文法将产生这个语言。

$$\begin{array}{ll} S \rightarrow aSBA & AA' \rightarrow AB \\ S \rightarrow abB & bA \rightarrow bb \\ BA \rightarrow BA' & bB \rightarrow bc \\ BA' \rightarrow AA' & cB \rightarrow cc \end{array}$$

又例如：

$$L_0 = \{\alpha c \alpha \mid \alpha \in (a \mid b)^*\}$$

也不是一个上下文无关语言。事实上它也不是一个上下文有关语言。这个语言只有用 0 型文法才能生成。

　　形式语言理论研究各类语言集的许多有趣的性质,这些性质和我们没有直接关系,此处不予赘述。

练　　习

1. 写出下列程序设计语言所采用的输入字母表并进行比较：
(1) Pascal　(2) C　(3) Ada　(4) FORTRAN　(5) Java

2. 关于变量、数组说明,练习 1 中所列的各种语言有何相同或不同之处?

3. 何谓"标识符",何谓"名字",两者的区别是什么?

4. 令 +、* 和 ↑ 代表加、乘和乘幂,按如下的非标准优先级和结合性质的约定,计算 1+1*2↑2*1↑2 的值：

(1) 优先顺序(从高至低)为 +,* 和 ↑,同级优先采用左结合。

(2) 优先顺序为 ↑,+,*,同级优先采用右结合。

5. 对你所熟悉的某种语言中的某种基本数据类型:
（1）描述这种类型数据对象可以包含的值;
（2）确定这种类型的值的存储表示;
（3）定义这种类型的常量的语法表示;
（4）确定对这种类型的数据对象可以进行哪些运算;
（5）对每一种运算,确定它的实现是通过软件仿真还是仅用一条简单的硬件指令?
（6）对这种类型的数据进行运算的合法性是静态确定还是必须动态确定?

6. 令文法 G_6 为

$$N \rightarrow D | ND$$
$$D \rightarrow 0|1|2|3|4|5|6|7|8|9$$

（1）G_6 的语言 $L(G_6)$ 是什么?
（2）给出句子 0127、34 和 568 的最左推导和最右推导。

7. 写一个文法,使其语言是奇数集,且每个奇数不以 0 开头。

8. 令文法为

$$E \rightarrow T | E+T | E-T$$
$$T \rightarrow F | T*F | T/F$$
$$F \rightarrow (E) | i$$

（1）给出 i+i*i、i*(i+i) 的最左推导和最右推导;
（2）给出 i+i+i、i+i*i 和 i-i-i 的语法树。

9. 证明下面的文法是二义的:

$$S \rightarrow iSeS | iS | i$$

10. 把下面文法改写为无二义的:

$$S \rightarrow SS | (S) | (\ )$$

11. 给出下面语言的相应文法

$$L_1 = \{a^n b^n c^i | n \geq 1, i \geq 0\}$$
$$L_2 = \{a^i b^n c^n | n \geq 1, i \geq 0\}$$
$$L_3 = \{a^n b^n a^m b^m | n, m \geq 0\}$$
$$L_4 = \{1^n 0^m 1^m 0^n | n, m \geq 0\}$$

*12. 假定已知语言 $\{a^n b^n c^n | n \geq 1\}$ 不是上下文无关的,请证明上下文无关语言对于交和补这两个运算是不封闭的。（提示:利用练习 11 那两个语言集 L_1 和 L_2 作媒介）

*13. 证明任何上下文无关语言都可由仅含下述三种形式的产生式的文法所产生:

$$A \rightarrow BC$$
$$A \rightarrow a$$
$$S \rightarrow \varepsilon$$

其中,A、B、C、S 为非终结符;S 为开始符号。

*14. 证明:对任何上下文无关文法 G,存在一个正整数 p,使对任何 $\alpha \in L(G)$,若 $|\alpha| \geq p$,则 α 可表示成 xuwvy,使得 $|uwv| \leq p$,$|uv| > 0$,且对任何 $i \geq 0$,$xu^i wv^i y \in L(G)$。

第三章 词法分析

人们理解一篇文章(或一个程序)起码是在单词的级别上来思考的。同样,编译程序也是在单词的级别上来分析和翻译原程序的。词法分析的任务是:从左至右逐个字符地对源程序进行扫描,产生一个个的单词符号,把作为字符串的源程序改造成为单词符号串的中间程序。因此,词法分析是编译的基础。

执行词法分析的程序称为**词法分析器**。这一章将讨论词法分析程序的构造。前一部分讨论手工构造方法,后一部分讨论自动构造方法。

3.1 对于词法分析器的要求

本节首先讨论词法分析器输出的单词符号的一般形式,然后研究词法分析器应如何和语法分析器相衔接。

3.1.1 词法分析器的功能和输出形式

词法分析器的功能是输入源程序,输出单词符号。单词符号是一个程序语言的基本语法符号。程序语言的单词符号一般可分为下列五种。

(1) **关键字** 是由程序语言定义的具有固定意义的标识符。有时称这些标识符为保留字或基本字。例如,Pascal 中的 begin,end,if,while 都是保留字。这些字通常不用作一般标识符。

(2) **标识符** 用来表示各种名字,如变量名、数组名、过程名等等。

(3) **常数** 常数的类型一般有整型、实型、布尔型、文字型等等。例如,100,3.14159,TRUE,'Sample'。

(4) **运算符** 如+、-、*、/等等。

(5) **界符** 如逗号、分号、括号、/*, */等等。

一个程序语言的关键字、运算符和界符都是确定的,一般只有几十个或上百个。而对于标识符或常数的使用通常都不加什么限制。

词法分析器所输出的单词符号常常表示成如下的二元式:

(单词种别,单词符号的属性值)

单词种别通常用整数编码。一个语言的单词符号如何分种,分成几种,怎样编码,是一个技术性的问题。它主要取决于处理上的方便。标识符一般统归为一种。常数则宜按类型(整、实、布尔等)分种。关键字可将其全体视为一种,也可以一字一种。采用一字一种的分法实际处理起来较为方便。运算符可采用一符一种的分法,但也可以把具有一定共性的运算符视为一种。至于界符一般用一符一种的分法。

如果一个种别只含一个单词符号,那么,对于这个单词符号,种别编码就完全代表它自身了。若一个种别含有多个单词符号,那么,对于它的每个单词符号,除了给出种别编码之外,还应给出有关**单词符号的属性信息**。

单词符号的属性是指单词符号的特性或特征。属性值则是反应特性或特征的值。例如,对于某个标识符,常将存放它的有关信息的符号表项的指针作为基属性值;对于某个常数,则将存放它的常数表项的指针作为其属性值。

在本书中,我们假定关键字、运算符和界符都是一符一种。对于它们,词法分析器只给出其种别编码,不给出它自身的值。标识符单列一种。常数按类型分种。

考虑下述 C++代码段:

while(i>=j)i--;

经词法分析器处理后,它将被转换为如下的单词符号序列:

   <while,->
   <(,->
   <id,指向 i 的符号表项的指针>
   <>=,->
   <id,指向 j 的符号表项的指针>
   <),->
   <id,指向 i 的符号表项的指针>
   <--,->
   <;,->

3.1.2 词法分析器作为一个独立子程序

为何将词法分析作为一个独立阶段呢？是否还应该将它安排为独立的一遍呢？

把词法分析安排为一个独立阶段的好处是,它可使整个编译程序的结构更简洁、清晰和条理化。词法分析比语法分析要简单得多,可用更有效的特殊方法和工具进行处理。这里本章后一部分所要讨论的主要问题。

但是,这并不意味着我们也必须把词法分析作为独立的一遍。当然,也可以把词法分析安排成独立的一遍。让它把整个源程序翻译成一连串的单词符号(上述二元式)存放于文件中。待语法分析程序进入工作时再对从文件输进的这些单词符号进行分析。这种做法意味着必须在文件中保存整个源程序的内码形式,这似乎是没有必要的。我们可以把词法分析器安排成一个子程序,每当语法分析器需要一个单词符号时就调用这个子程序。每一次调用,词法分析器就从输入串中识别出一个单词符号,把它交给语法分析器。这样,把词法分析器安排成一个子程序似乎比较自然。在后面的讨论中,我们假定词法分析器是按这种方式进行工作的。

3.2 词法分析器的设计

我们将按照词法分析的任务和作为一个独立子程序的要求来考虑词法分析器的设计。

3.2.1 输入、预处理

词法分析器工作的第一步是**输入**源程序文本。输入串一般是放在一个缓冲区中,这个缓冲区称**输入缓冲区**。词法分析的工作(单词符号的识别)可以直接在这个缓冲区中进行。但在许多情况下,把输入串**预处理**一下,对单词符号的识别工作将是比较方便的。

对于许多程序语言来说,空白符、跳格符、回车符和换行符等编辑性字符除了出现在文字常数中之外,在别处的任何出现都没有意义,而注解部分几乎允许出现在程序中的任何地方。它们不是程序的必要组成部分;它们存在的意义仅仅在于改善程序的易读性和易理解性。对于它们,预处理时可以将其剔掉。

有些语言把空白符(一个或相继数个)用作单词符号之间的间隔,即用作界符。在这种情况下,预处理时可把相继的若干个空白结合成一个。

我们可以设想构造一个**预处理子程序**,它能够完成上面所述的任务。每当词法分析器调用它时,它就处理出一串确定长度(如 120 个字符)的输入字符,并将其装进词法分析器所指定的缓冲区中(称为**扫描缓冲区**)。这样,分析器就可以在此缓冲区中直接进行单词符号的识别,而不必照管其它繁琐事务。

分析器对扫描缓冲区进行扫描时一般用两个指示器,一个指向当前正在识别的单词的开始位置(指向新单词的首字符),另一个用于向前搜索以寻找单词的终点。

不论扫描缓冲区设得多大都不能保证单词符号不会被它的边界所打断。因此,扫描缓冲区最好使用一个如下所示的一分为二的区域:

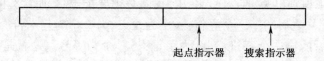

起点指示器　搜索指示器

假定每半区可容 120 个字符,而这两个半区又是互补使用的。如果搜索指示器从单词起点出发搜索到半区的边缘但尚未到达单词的终点,那么就应调用预处理程序,令其把后续的 120 个输入字符装进另半区。我们认定,在搜索指示器对另半区进行扫描的期间内,现行单词的终点必定能够到达。这意味着对标识符和常数的长度实际上必须加以限制(例如,不得多于 120 个字符),否则,即使缓冲区再大也无济于事。

3.2.2 单词符号的识别:超前搜索

词法分析器的结构如图 3.1 所示。当词法分析器调用预处理子程序处理出一串输入字符放进扫描缓冲区之后,分析器就从此缓冲区中逐一识别单词符号。当缓冲区里的字符串被处理完之后,它又调用预处理程序装入新串。

下面我们来介绍单词符号识别的一个简单方法——**超前搜索**。

关键字的识别

像 FORTRAN 这样的语言,关键字不加特殊保护(只要不引起矛盾,用户可以用它们作为普通标识符),关键字和用户自定义的标识符或标号之间没有特殊的界符作间隔。这就使得关键字的识别甚为麻烦。请看下面的例子:

```
1    DO99K=1,10
2    IF(5.EQ.M)I=10
3    DO99K=1.10
4    IF(5)=55
```

这四个语句都是正确的 FORTRAN 语句。语句 1 和 2 分别是 DO 和 IF 语句,它们都是以基本字开头的。语句 3 和 4 是赋值句,它们都是以用户自定义标识符开头的。

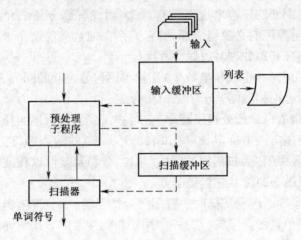

图 3.1   词法分析器

为了从 1、2 中识别出关键字 DO 和 IF,我们必须要能够区别 1、3 和区别 2、4。语句 1、3 的区别在于等号之后的第一个界符:一个为逗点,另一个为句末符。语句 2、4 的主要区别在于右括号后的第一个字符:一个为字母,另一个为等号。这就是说,为了识别 1、2 中的关键字,我们必须超前扫描许多个字符,超前到能够肯定词性的地方为止。对于 1、3 来说,尽管都以'D'和'O'两字母开头,但不能一见'DO'就认定是 DO 语句。我们必须超前扫描,跳过所有的字母和数字,看看是否有等号。如果有,再向前搜索。若下一个界符是逗号,则可以肯定 DO 应为关键字。否则,DO 不构成关键字,它只是用户标识符的头两个字母。所以,为了区别 1 和 3,我们必须超前扫描到等号后的第一个界符处。对于语句 2、4 来说,必须超前扫描到与 IF 后的左括号相对应的那个右括号之后的第一个字符为止。若此字符是字母,则得逻辑 IF。若此字符是数字,则得算术 IF。否则,就应认为是用户自定义标识符 IF。

标识符的识别

多数语言的标识符是字母开头的"字母/数字"串,而且在程序中标识符的出现都后跟着算符或界符。因此标识符的识别大多没有困难。

常数的识别

多数语言算术常数的表示大体相似,对它们的识别也是很直接的。但对于某些语言的常数的识别也需用超前搜索的方法。例如,对于上述 FORTRAN 片断的第 2 句中的 5.EQ.M,只有当超前扫描字母 Q 时才能断定 5 的词性。因为 5.E08 和 5.EQ.M 的头三个字符完全一样。

逻辑(或布尔)常数和用引号括起来的字符串常数都很容易识别。但对 FORTRAN 的文字常数(例如3HABC)的识别却有点麻烦。对3HABC的识别单单依靠形式规则是不够的,而且需要了解"3H"的含义。也就是说,对于这种单词的识别有赖于理解词头的词义。所以,FORTRAN文字常数的识别通常需要特殊处理:当分析器读到尾跟H的无符号整型常数时,必须首先将这个常数的值翻译出来,然后把后续的n个(n为该整型常数的值)字符取出来,作为"字符串常数"输出。

算符和界符的识别

词法分析器应将那些由多个字符复合成的算符和界符(如C++和Java中的++、--、>=等)拼合成一个单词符号。因为这些字符串是不可分的整体,若分划开来,便失去了原来的意义。在这里同样需要超前搜索。

至此为止,如果读者了解某个源语言的词法规则,就应该能够为它设计一个词法分析器。下一节我们要介绍状态转换图,它是一种设计词法分析器的好工具。

3.2.3 状态转换图

使用状态转换图是设计词法分析程序的一种好途径。**转换图**是一张**有限方向图**。在状态转换图中,**结点代表状态**,用圆圈表示。状态之间用箭弧连结。箭弧上的标记(字符)代表在射出结点(即箭弧始结点)状态下可能出现的输入字符或字符类。例如,图3.2(a)表示:在状态1下,若输入字符为X,则读进X,并转换到状态2。若输入字符为Y,则读进Y,并转换到状态3。一张转换图只包含有限个状态(即有限个结点),其中有一个被认为的**初态**,而且实际上至少要有一个**终态**(用双圈表示)。

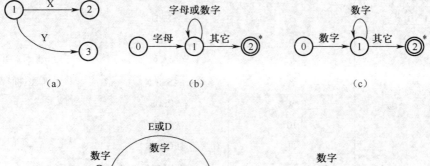

图 3.2 状态转换图
(a)转换图示例;(b)识别标识符的转换图;(c)识别整数的转换图;
(d)识别FORTRAN实型常数的转换图。

一个状态转换图可用于**识别**(或**接受**)一定的字符串。例如,识别标识符的转换图如图3.2(b)所示。其中0为初态,2为终态。这个转换图识别(接受)标识符的过程是:从初态 0 开始,若在状态 0 之下输入字符是一个字母,则读进它,并转入状态 1。在状态 1 之下,若下一个输入字符为字母或数字,则读进它,并重新进入状态 1。一直重复这个过程,直到状态 1 发现输入字符不再是字母或数字时(这个字符也已被读进)就进入状态 2。状态 2 是终态,它意味着到此已识别出一个标识符,识别过程宣告终止。终态结上打个星号 * 意味着多读进了一个不属于标识符部分的字符,应把它退还给输入串。如果在状态 0 时输入字符不为"字母",则意味着识别不出标识符,或者说,这个转换图工作不成功。

又例如,识别整数的转换图如图 3.2(c)所示。其中 0 为被态,2 为终态。

图 3.2(d)是一个识别 FORTRAN 实型常数的转换图。其中 0 为初态,7 为终态。

一个非常重要的事实是,大多数程序语言的单词符号都可以用转换图予以识别。作为一个综合例子,我们来构造一个识别某个简单语言的所有单词符号的转换图。表 3.1 列出了这个小语言的所有单词符号,以及它们的种别编码和内部值。由于直接使用整数编码不利于记忆,故用一些特殊符号来表示种别编码。这些特殊符号全都以 $ 开始。我们甚至可以设想,用于编写词法分析程序的语言允许以 $ 为首的标识符,并可以用宏定义将这些特殊符号和具体的整数值联系起来。

表 3.1 单词符号及内部表示

单词符号	种别编码	助忆符	内码值
DIM	1	$DIM	—
IF	2	$IF	—
DO	3	$DO	—
STOP	4	$STOP	—
END	5	$END	—
标识符	6	$ID	—
常数(整)	7	$INT	内部字符串
=	8	$ASSIGN	标准二进形式
+	9	$PLUS	—
*	10	$STAR	—
**	11	$POWER	—
,	12	$COMMA	—
(	13	$LPAR	—
)	14	$RPAR	—

关于这个例子,有几个重要的限制,这些限制仅仅是为了在现阶段将例子做得简单一点而已。有关的限制是:

首先,所有关键字(如 IF、WHILE 等)都是"保留字"。所谓保留字的意思是,用户不得使用它们作为自己定义的标识符。例如,下面的写法是绝对禁止的:

$$IF(5) = x$$

因为,我们的分析器在识别出 IF 时就认定它是一个关键字。如果不采用保留字的办法,就必须使用超前搜索技术。

其次,由于把关键字作为保留字,故可以把关键字作为一类特殊标识符来处理。也就是说,对于关键字不专设对应的转换图。但把它们(及其种别编码)预先安排在一张表格中(此表叫做保留字表)。当转换图识别出一个标识符时,就去查对这张表,确定它是否为一个关键字。

再次,如果关键字、标识符和常数之间没有确定的运算符或界符作间隔,则必须至少用一个空白符作间隔(此时,空白符不再是完全没有意义的了)。例如,一个条件语句应写为

$$\text{IF} \quad i>0 \quad i=1;$$

而绝对不要写成

$$\text{IFi}>0 \quad i=1;$$

因为对于后者,我们的分析器将无条件地将 IFi 看成一个标识符。

在上述假定下,多数单词符号的识别就不必使用超前搜索技术。图 3.3 是一张识别表 3.1 的单词符号的状态转换图。在图 3.3 中,状态 0 为初态;凡带双圈者均为终态;状态 13 是识别不出单词符号的出错情形。

在上面的例子中我们加了三点限制,虽然这些限制大都可以接受,但这并不意味着使

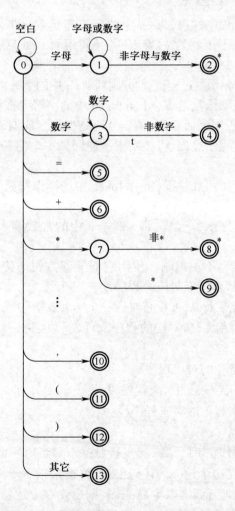

图 3.3　对简单语言进行词法分析的状态转换图

用状态转换图识别单词符号通通都必须加这些限制。例如,对于标准C++而言,我们完全可以使用转换图来描述它的所有单词符号,用不到外加限制。

注意,一个程序语言的所有单词符号的识别也可以用若干张状态转换图予以描述。虽然用一张图就可以了,但用若干张图有时会有助于概念的清晰化。

3.2.4 状态转换图的实现

转换图容易用程序实现。最简单的办法是让每个状态结点对应一小段程序。下面我们将引进一组全局变量和过程,将它们作为实现转换图的基本成分。这些变量和过程是:

(1) ch　　　　　　字符变量,存放最新读进的源程序字符。

(2) strToken　　　字符数组,存放构成单词符号的字符串。

(3) GetChar　　　子程序过程,将下一输入字符读到 ch 中,搜索指示器前移一字符位置。

(4) GetBC　　　　子程序过程,检查 ch 中的字符是否为空白。若是,则调用 GetChar 直至 ch 中进入一个非空白字符。

(5) Concat　　　　子程序过程,将 ch 中的字符连接到 strToken 之后。例如,假定 strToken 原来的值为"AB",而 ch 中存放着'C',经调用 Concat 后,strToken 的值就变为"ABC"。

(6) IsLetter 和 IsDigit 布尔函数过程,它们分别判断 ch 中的字符是否为字母和数字。

(7) Reserve　　　　整型函数过程,对 strToken 中的字符串查找保留字表,若它是一个保留字则返回它的编码,否则反回 0 值(假定 0 不是保留字的编码)。

(8) Retract　　　　子程序过程,将搜索指示器回调一个字符位置,将 ch 置为空白字符。

(9) InsertId　　　　整型函数过程,将 strToken 中的标识符插入符号表,返回符号表指针。

(10) InsertConst　　整型函数过程,将 strToken 中的常数插入常数表,返回常数表指针。

这些函数和子程序过程都不难编制。使用它们能够方便地构造状态转换图的对应程序。一般来说,可让每个状态结点对应一程序段。

对于不含回路的分叉结点来说,可让它对应一个 switch 语句或一组 if…then…else 语句。例如,图 3.4(a)的状态结点 i 所对应的程序段可表示为:

GetChar( );

if (IsLetter( )) {…状态 j 的对应程序段…;}

else if (IsDigit( )) {…状态 k 的对应程序段…;}

else if(ch='/') {…状态 1 的对应程序段…;}

else {… 错误处理 … ;}

当程序执行到达"错误处理"时,意味着现行状态 i 和当前所面临的输入串不匹配。如果后面还有状态图,出现在这个地方的代码应为:将搜索指示器回退一个位置,并令下一个状态图开始工作。如果后面没有其它状态图,则出现在上述位置的代码应进行真正的出错处理,报告源程序含有非法符号,并进行善后处理。

对于含回路的状态结点来说,可让它对应一个由 while 语句和 if 语句构成的程序段。

例如,图 3.4(b)的状态结点 i 所对应的程序段可为:
　　GetChar( );
　　while(IsLetter( ) or IsDigit( ))
　　　　GetChar( );
　　… 状态 j 的对应程序段…

终态结点一般对应一个形如 return(code,value)的语句。其中,code 为单词种别编码;value 或是单词符号的属性值,或无定义。这个 return 意味着从分析器返回到调用者,一般指返回到语法分析器。凡带星号 * 的终态结点意味着多读进了一个不属于现行单词符号的字符,这个字符应予退回,也就是说,必须把搜索指示器回调一字符位置。这项工作由 Retract 过程来完成。

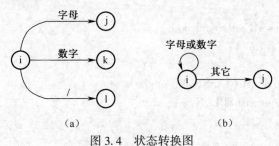

图 3.4　状态转换图
(a)具有不含回路的分叉结点的转换图;
(b)具有含回路的状态结点的转换图。

对于图 3.3 中的状态 2,由于它既是标识符的出口又是关键字的出口,所以,为了弄清楚到底是关键字还是用户自定义的标识符,需要对 strToken 查词保留字表。这项工作由整型函数过程 Reserve 来完成。若此过程工作结果所得的值为 0,则表示 strToken 中的字符串是一个标识符;否则,表示关键字编码。

对于某些状态,若需要将 ch 的内容送进 strToken,则中以调用 Concat。

相应于转换图 3.3 的词法分析器现在可构造如下:
int code,value;
strToken := " ";　　 /* 置 strToken 为空串 */
GetChar( );GetBC( );
if (IsLetter( ))
begin
　　while(IsLetter( ) or IsDigit( ))
　　begin
　　　　Concat( );GetChar( );
　　end
　　Retract( );
　　code := Reserve( );
　　if(code=0)
　　begin
　　　　value := InsertId(strToken);

```
                return($ID,value);
            end
        else
            return(code,-);
    end
    else if(IsDigit( ))
    begin
        while(IsDigit( ))
        begin
            Concat( );GetChar( );
        end
        Retract( );
        value : = InsertConst(strToken);
        return($INT,value);
    end
    else if( ch = ' = ') return($ASSIGN,-);
    else if( ch = ' + ') return($PLUS,-);
    else if( ch = ' * ')
    begin
        GetChar( );
        if ( ch = ' * ') return($POWER,-);
        Retract( );retrun($STAR,-);
    end
    else if( ch = ' ; ') retrun($SEMICOLON,-);
    else if( ch = ' ( ') return($LPAR,-);
    else if( ch = ' ) ') return($RPAR,-);
    else if( ch = ' { ') return($LBRACE,-);
    else if( ch = ' } ') return($RBRACE,-);
    else ProcError( );   /* 错误处理 */
```

3.3 正规表达式与有限自动机

为了更好地使用状态转换图构造词法分析程序,为了讨论词法分析程序的自动生成,需要将上述转换图的概念稍加形式化。由于我们的主要兴趣在于构造词法分析程序,因此,对所述的某些结果不予形式证明。对证明有兴趣的读者请参阅有关文献。

3.3.1 正规式与正规集

对于字母表Σ,我们感兴趣的是它的一些特殊字集,即所谓**正规集**。我们将使用**正规式**这个概念来表示正规集。下面是正规式和正规集的递归定义:

(1) ε 和 ϕ 都是Σ上的正规式,它们所表示的正规集分别为$\{\varepsilon\}$和ϕ;

(2) 任何$a\in\Sigma$,a是Σ上的一个正规式,它所表示的正规集为$\{a\}$;

(3) 假定 U 和 V 都是Σ上的正规式,它们所表示的正规集分别记为 L(U) 和 L(V),那

么,(U|V)、(U·V)和(U)*也都是正规式,它们所表示的正规集分别为 L(U)∪L(V)、L(U)L(V)(连接积)和(L(U))*(闭包)。

仅由有限次使用上述三步骤而得到的表达式才是Σ上的**正规式**。仅由这些正规式所表示的字集才是Σ上的**正规集**。

正规式的运算符"|"读为"或","·"读为"连接","*"读为"闭包"(即,任意有限次的自重复连接)。在不致混淆时,括号可以省去,但规定算符的优先顺序为:先"*",次"·",最后"|"。连接符"·"一般可省略不写。

例 3.1 令 Σ = {a,b},下面是Σ上的正规式和相应的正规集:

正规式   正规集
ba*   Σ上所有以 b 为首后跟任意多个 a 的字。
a(a|b)*   Σ上所有以 a 为首的字。
(a|b)*(aa|bb)(a|b)*   Σ上所有含有两个相继的 a 或两个相继的 b 的字。

例 3.2 令 Σ = {A,B,0,1},则

正规式   正规集
(A|B)(A|B|0|1)*   Σ上的"标识符"的全体。
(0|1)(0|1)*   Σ上的"数"的全体。

若两个正规式所表示的正规集相同,则认为二者**等价**。两个等价的正规式 U 和 V 记为 U=V。例如,b(ab)* = (ba)*b,(a|b)* = (a*b*)*。

令 U、V 和 W 均为正规式,显而易见,下列关系普遍成立:

(1) U|V = V|U (交换律);
(2) U|(V|W) = (U|V)|W (结合律);
(3) U(VW) = (UV)W (结合律);
(4) U(V|W) = UV|UW (分配律)
    (V|W)U = VU|WU;
(5) εU = Uε = U。

3.3.2 确定有限自动机(DFA)

一个**确定有限自动机**(DFA)M 是一个五元式

$$M = (S, \Sigma, \delta, s_0, F)$$

其中

(1) S 是一个有限集,它的每个元素称为一个**状态**。

(2) Σ 是一个有穷**字母表**,它的每个元素称为一个**输入字符**。

(3) δ 是一个从 S×Σ 至 S 的单值部分映射。$\delta(s,a) = s'$ 意味着:当现行状态为 s、输入字符为 a 时,将转换到下一状态 s'。我们称 s' 为 s 的一个后继状态。

(4) $s_0 \in S$,是唯一的**初态**。

(5) $F \subseteq S$,是一个**终态集**(可空)。

显然,一个 DFA 可用一个矩阵表示,该矩阵的行表示状态,列表示输入字符,矩阵元素表示 $\delta(s,a)$ 的值。这个矩阵称为**状态转换矩阵**。例如,有 DFA

$$M = (\{0,1,2,3\}, \{a,b\}, \delta, 0, \{3\})$$

其中 δ 为

$\delta(0,a)=1 \quad \delta(0,b)=2$
$\delta(1,a)=3 \quad \delta(1,b)=2$
$\delta(2,a)=1 \quad \delta(2,b)=3$
$\delta(3,a)=3 \quad \delta(3,b)=3$

它所对应的状态转换矩阵如表 3.2 所列。

表 3.2 状态转换矩阵

状 态	a	b
0	1	2
1	3	2
2	1	3
3	3	3

一个 DFA 也可表示成一张(确定的)**状态转换图**。假定 DFA M 含有 m 个状态和 n 个输入字符,那么,这个图含有 m 个状态结点,每个结点顶多有 n 条箭弧射出和别的结点相连接,每条箭弧用 Σ 中的一个不同输入字符作标记,整张图含有唯一的一个初态结点和若干个(可以是 0 个)终态结点。

对于 Σ* 中的任何字 α,若存在一条从初态结点到某一终态结点的通路,且这条通路上所有弧的标记符连接成的字等于 α,则称 α 可为 DFA M 所识别(**读出**或**接受**)。若 M 的初态结点同时又是终态结点,则空字 ε 可为 M 所识别(或接受)。DFA M 所能识别的字的全体记为 L(M)。

例如,上一例子所定义的 DFA M 相应的状态转换图如图 3.5 所示,它能识别 Σ 上所有含有相继两个 a 或相继两个 b 的字(图中用"a,b"标志的弧实际上是指分别由 a 和 b 标志的两条弧)。

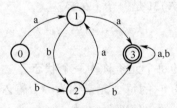

图 3.5 状态转换图

如果一个 DFA M 的输入字母表为 Σ,则我们也称 M 是 Σ 上的一个 DFA。可以证明:Σ 上的一个字集 V⊆Σ* 是正规的,当且仅当存在 Σ 上的 DFA M,使得 V=L(M)。

DFA 的确定性表现在映射 δ:S×Σ→S 是一个单值函数。也就是说,对任何状态 s∈S 和输入符号 a∈Σ,δ(s,a) 唯一地确定了下一状态。从转换图的角度来看,假定字母表 Σ 含有 n 个输入字符,那么,任何一个状态结最多只有 n 条弧射出,而且每条弧以一个不同的输入字符标记。如果也允许 δ 是一个多值涵数,我们就得到非确定自动机的概念。

3.3.3 非确定有限自动机(NFA)

一个非确定有限自动机(NFA)M 是一个五元式

$$M = (S, \Sigma, \delta, S_0, F)$$

其中

(1) S 同 3.3.2 的 1；

(2) Σ 同 3.3.2 的 2；

(3) δ 是一个从 $S \times \Sigma^*$ 到 S 的子集的映照，即

$$\delta: S \times \Sigma^* \to 2^S$$

(4) $S_0 \subseteq S$，是一个非空**初态集**；

(5) $F \subseteq S$，是一个**终态集**(可空)。

显然，一个含有 m 个状态和 n 个输入字符的 NFA 可表示成如下的状态转换图：该图含有 m 个状态结点，每个结点可射出若干条箭弧与别的结点相连接，每条弧用 Σ^* 中的一个字(不一定要不同的字而且可以是空字 ε)作标记(称为输入字)，整张图至少含有一个初态结点以及若干个(可以是 0 个)终态结点。某些结点既可以是初态结点也可以是终态结点。

对于 Σ^* 中的任何一个字 α，若存在一条从某一初态结点到某一终态结点的通路，且这条通路上所有弧的标记字依序连接成的字(忽略那些标记为 ε 的弧)等于 α，则称 α 可为 NFA M 所**识别**(**读出**或**接受**)。若 M 的某些结点既是初态结点又是终态结点，或者存在一条从某个初态结点到某个终态结点的 ε 通路，那么，空字 ε 可为 M 所接受。

例如，图 3.6 就是一个 NFA。这个 NFA 所能识别的也是所有含有相继两个 a 或相继两个 b 的字。

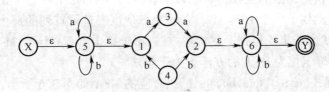

图 3.6 非确定有限自动机

显然，DFA 是 NFA 的特例。但是，对于每个 NFA M 存在一个 DFA M″，使 L(M) = L(M″)。证明过程如下：

(1) 假定 NFA M = <S, Σ, δ, S_0, F>，我们对 M 的状态转换图进行以下改造：

① 引进新的初态结点 X 和终态结点 Y，X, Y ∉ S。

从 X 到 S_0 中任意状态结点连一条 ε 箭弧，从 F 中任意状态结点连一条 ε 箭弧到 Y。

② 对 M 的状态转换图进一步施行图 3.7 所示的替换，其中 k 是新引入的状态。

重复这种分裂过程直至状态转换图中的每条箭弧上的标记或为 ε，或为 Σ 中的单个字母。将最终得到的 NFA 记为 M′，显然 L(M′) = L(M)。

(2) 将 M′进一步变换为 DFA，方法如下：

① 假定 I 的 M′的状态集的子集，定义 I 的 ε 闭包 ε_CLOSURE(I)为：

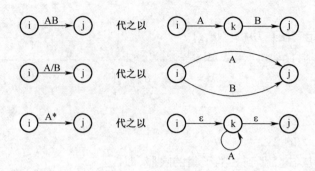

图 3.7 替换规则

(a) 若 q∈I,则 q∈ε_CLOSURE(I);

(b) 若 q∈I,那么从 q 出发经任意条 ε 弧而能到达的任何状态 q′都属于 ε_CLOSURE(I);

② 假定 I 是 M′的状态集的子集,a∈Σ,定义

$$I_a = \varepsilon\_CLOSURE(J)$$

其中,J 是那些可从 I 中的某一状态结点出发经过一条 a 弧而到达的状态结点的全体。

③ 假定 $\Sigma = \{a_1, \cdots, a_k\}$。我们构造一张表,此表的每一行含有 k+1 列。置该表的首行首列为 ε_CLOSURE(X)。一般而言,如果某一行的第一列的状态子集已经确定,例如记为 I,那么,置该行的 i+1 列为 $I_{a_i}(i=1,\cdots,k)$。然后,检查该行上的所有状态子集,看它们是否已在表的第一列中出现,将未曾出现者填入到后面空行的第一列。重复上述过程,直至出现在第 i+1 列($i=1,\cdots,k$)上的所有状态子集均已在第一列上出现。因为 M′的状态子集的个数是有限的,所以上述过程必定在有限步内终止。

现在,我们将构造出来的表视为状态转换表,将其中的每个状态子集视为新的状态。显然,该表唯一地刻划了一个 DFA M″。它的初态是该表首行首列的那个状态,终态是那些含有原终态的状态子集。根据上述构造方法,不难得出:L(M″)= L(M′)= L(M)。

上述把 NFA 确定化为 DFA 的方法称为**子集法**。

例 3.3 正规式 $(a|b)^*(aa|bb)(a|b)^*$ 对应的 NFA 如图 3.6 所示,其中 X 为初态,Y 为终态。按照上述证明过程构造出来的状态转换矩阵见表 3.3。

表 3.3 对应于例 3.3 中正规式的状态转换矩阵

I	I_a	I_b
{X,5,1}	{5,3,1}	{5,4,1}
{5,3,1}	{5,3,1,2,6,Y}	{5,4,1}
{5,4,1}	{5,3,1}	{5,4,1,2,6,Y}
{5,3,1,2,6,Y}	{5,3,1,2,6,Y}	{5,4,1,6,Y}
{5,4,1,6,Y}	{5,3,1,6,Y}	{5,4,1,2,6,Y}
{5,4,1,2,6,Y}	{5,3,1,6,Y}	{5,4,1,2,6,Y}
{5,3,1,6,Y}	{5,3,1,2,6,Y}	{5,4,1,6,Y}

对表3.3中的所有状态子集重新命名,得到表3.4所列的状态转换矩阵。

表3.4 对表3.3中状态子集重新命名后的状态转换矩阵

s	a	b
0	1	2
1	3	2
2	1	5
3	3	4
4	6	5
5	6	5
6	3	4

与表3.4相对应的状态转换图如图3.8所示,其中0为初态,3、4、5和6为终态。显然,图3.6和图3.8所示的有限自动机是等价的。

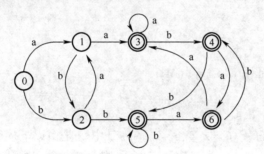

图3.8 未化简的DFA

3.3.4 正规文法与有限自动机的等价性

对于正规文法G和有限自动机M,如果$L(G) = L(M)$,则称G和M是**等价**的。关于正规文法和有限自动机的等价性,有以下结论:

(1) 对每一个右线性正规文法G或左线性正规文法G,都存在一个有限自动机(FA) M,使得$L(M) = L(G)$。

(2) 对每一个FA M,都存在一个右线性正规文法G_R和左线性正规文法G_L,使得$L(M) = L(G_R) = L(G_L)$。

证明1:

(1) 设右线性正规文法$G = <V_T, V_N, S, \mathscr{P}>$。将$V_N$中的每一非终结符号视为状态符号,并增加一个新的终结状态符号$f, f \notin V_N$。

令$M = <V_N \cup \{f\}, V_T, \delta, S, \{f\}>$,其中状态转换函数$\delta$由以下规则定义:

(a) 若对某个$A \in V_N$及$a \in V_T \cup \{\varepsilon\}$,$\mathscr{P}$中有产生式$A \to a$,则令$\delta(A, a) = f$。

(b) 对任意的$A \in V_N$及$a \in V_T \cup \{\varepsilon\}$,设$\mathscr{P}$中左端为A,右端第一符号为a的所有产生

式为

$$A \rightarrow aA_1 | \cdots | aA_k \quad (\text{不包括 } A \rightarrow a),$$

则令 $\delta(A,a) = \{A_1, \cdots, A_k\}$。

显然，上述 M 是一个 NFA。

对于右线性正规文法 G，在 $S \stackrel{+}{\Rightarrow} w$ 的最左推导过程中，利用 $A \rightarrow aB$ 一次就相当于在 M 中从状态 A 经过标记为 a 的箭弧到达状态 B（包括 $a = \varepsilon$ 的情形）。在推导的最后，利用 $A \rightarrow a$ 一次则相当于在 M 中从状态 A 经过标记为 a 的箭弧到达终结状态 f（包括 $a = \varepsilon$ 的情形）。综上，在正规文法 G 中，$S \stackrel{+}{\Rightarrow} w$ 的充要条件是：在 M 中，从状态 S 到状态 f 有一条通路，其上所有箭弧的标记符号依次连接起来恰好等于 w，这就是说，$w \in L(G)$ 当且仅当 $w \in L(M)$，故 $L(G) = L(M)$。

(2) 设左线性正规文法 $G = <V_T, V_N, S, \mathscr{P}>$。将 V_N 中的每一符号视为状态符号，并增加一个初始状态符号 $q_0, q_0 \notin V_N$。

令 $M = <V_N \cup \{q_0\}, V_T, \delta, q_0, \{S\}>$，其中状态转换函数 δ 由以下规则定义：

(a) 若对某个 $A \in V_N$ 及 $a \in V_T \cup \{\varepsilon\}$，$\mathscr{P}$ 中有产生式 $A \rightarrow a$，则令 $\delta(q_0, a) = A$。

(b) 对任意的 $A \in V_N$ 及 $a \in V_T \cup \{\varepsilon\}$，若 $\mathscr{P}$ 中所有右端第一个符号为 A，第二个符号为 a 的产生式为

$$A_1 \rightarrow Aa, \cdots, A_k \rightarrow Aa$$

则令 $\delta(A,a) = \{A_1, \cdots, A_k\}$。

与(1)类似，可以证明 $L(G) = L(M)$。

证明 2：

设 DFA $M = <S, \Sigma, \delta, s_0, F>$

(1) 若 $s_0 \notin F$，我们令 $G_R = <\Sigma, S, s_0, \mathscr{P}>$，其中 $\mathscr{P}$ 是由以下规则定义的产生式集合：对任何 $a \in \Sigma$ 及 $A, B \in S$，若有 $\delta(A,a) = B$，则：

(a) 当 $B \notin F$ 时，令 $A \rightarrow aB$；

(b) 当 $B \in F$ 时，令 $A \rightarrow a | aB$。

对任何 $w \in \Sigma^*$，不妨设 $w = a_1 \cdots a_k$，其中 $a_i \in \Sigma (i = 1, \cdots k)$。若 $s_0 \stackrel{+}{\Rightarrow} w$，则存在一个最左推导：

$$s_0 \Rightarrow a_1 A_1 \Rightarrow a_1 a_2 A_2 \Rightarrow \cdots \Rightarrow a_1 \cdots a_i A_i \Rightarrow a_1 \cdots a_{i+1} A_{i+1} \Rightarrow \cdots \Rightarrow a_1 \cdots a_k$$

因而，在 M 中有一条从 s_0 出发依次经过 $A_1, \cdots, A_{k-1}$ 到达终态的通路，该通路上所有箭弧的标记依次为 $a_1, \cdots, a_k$。反之亦然。所以，$w \in L(G_R)$ 当且仅当 $w \in L(M)$。

现在考虑 $s_0 \in F$ 的情形。因为 $\delta(s_0, \varepsilon) = s_0$，所以 $\varepsilon \in L(M)$。但 ε 不属于上面构造的 G_R 所产生的语言 $L(G_R)$。不难发现，$L(G_R) = L(M) - \{\varepsilon\}$。所以，我们在上述 G_R 中添加新的非终结符号 $s_0', (s_0 \notin S)$ 和产生式 $s_0' \rightarrow s_0 | \varepsilon$，并用 s_0' 代替 s_0 作开始符号。这样修正 G_R 后得到的文法 G_R' 仍是右线性正规文法，并且 $L(G_R') = L(M)$。

(2) 类似于(1)，从 DFA M 出发可构造左线性正规文法 G_L，使得 $L(G_L) = L(M)$

最后，由 DFA 和 NFA 之间的等价性，结论 2 得证。

下面通过例子对前述证明过程进行具体解释。

例 3.4 设 DFA $M = <\{A, B, C, D\}, \{0, 1\}, \delta, A, \{B\}>$。M 的状态转换图如图 3.9(a)

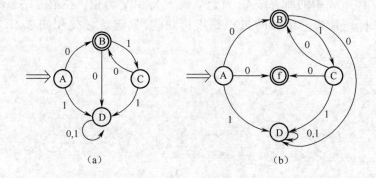

图 3.9 状态转换图
(a)初始的转换图;(b)从等价的右线性正规文法导出的转换图。

所示。不难发现,L(M)=0(10)*。

(1) 根据以上证明过程获得的右线性正规文法为

G_R =<{0,1},{A,B,C,D},A,$\mathscr{P}$>,其中 $\mathscr{P}$ 由下列产生式组成:

    A→0|0B|1D   B→0D|1C
    C→0|0B|1D   D→0D|1D

显然 L(G_R)= L(M)= 0(10)*。

(2) 再从 G_R 出发构造 NFA M 为

M=<{A,B,C,D,f},{0,1},δ′,A,{f}>,M 的状态转换图如图 3.9(b)所示。

显然 L(M)= L(G_R)。

(3) 最后,从 NFA M 出发构造左线性正规文法

G_L=<{0,1},{B,C,D,f},f,$\mathscr{P}'$>,其中 $\mathscr{P}'$ 由下列产生式组成:

    f→0|C0   C→B1
    B→0|C0   D→1|C1|D0|D1|B0

易证 L(G_L)= L(M)。

3.3.5 正规式与有限自动机的等价性

下面我们将证明:

(1) 对任何 FA M,都存在一个正规式 r,使使 L(r)= L(M)。

(2) 对任何正规式 r,都存在一个 FA M,使得 L(M)= L(r)。

上述结论加上 3.3.3 节和 3.3.4 节所证明的结论,说明正规文法、正规式、确定有限自动机和非确定有限自动机在接收语言的能力上是互相等价的。

证明1:

对于Σ上的 NFA M,我们来构造Σ上的正规式 r,使得 L(r)= L(M)。

首先,我们将状态转换图的概念拓广,令每条弧可用正规式作标记。

在 M 的转换图上加进两个结点,一个为 X,另一个为 Y。从 X 用ε弧连接到 M 的所有初态结点;从 M 的所有终态结点用ε弧连接到 Y,从而形成一个新的 NFA,记为 M′,它只有一个初态 X 和一个终态 Y。显然,L(M)= L(M′)。即,这两个 NFA 是等价的。

现在逐步消去 M′中的所有结点,直至只剩下 X 和 Y 为止。在消除结点的过程中,逐步用正规式来标记箭弧。消弧的过程是很直观的,只需反复使用图 3.10 的替换规则即可。

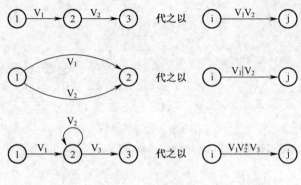

图 3.10 替换规则

证明 2:

对于 Σ 上的正规式 r,我们将构造一个 NFA M,使 L(M) = L(r),并且 M 只有一个终态,而且没有从该终态出发的箭弧。

下面使用关于 r 中运算符数目的归纳法证明上述结论。

(1) 若 r 具有零个运算符,则 r=ε 或 r=φ 或 r=a,其中 a∈Σ。此时图 3.11(a)、(b) 和(c)所示的三个有限自动机显然符合上述要求。

图 3.11 对应于零个运算符的正规式的状态转换图
(a)对应于正规式 ε 的转换图;(b)对应于正规式 φ 的转换图;
(c)对应于正规式 a 的转换图。

(2) 假设结论对于少于 k(k≥1)个运算符的正规式成立。

当 r 中含有 k 个运算符时,r 有三种情形。

情形 1: $r = r_1 | r_2$,r_1,r_2 中运算符个数少于 k。从而,由归纳假设,对 r_i 存在 $M_i = <S_i, \Sigma_i, \delta_i, q_i, \{f_i\}>$,使得 $L(M_i) = L(r_i)$,并且 M_i 没有从终态出发的箭弧(i=1,2)。不妨设 $S_1 \cap S_2 = \phi$,在 $S_1 \cup S_2$ 中加入两个新状态 q_0, f_0。

令 $M = <S_1 \cup S_2 \cup \{q_0, f_0\}, \Sigma_1 \cup \Sigma_2, \delta, q_0, \{f_0\}>$,其中 δ 定义如下:

(a) $\delta(q_0, \varepsilon) = \{q_1, q_2\}$。
(b) $\delta(q, a) = \delta_1(q, a)$,当 $q \in S_1 - \{f_1\}$,$a \in \Sigma_1 \cup \{\varepsilon\}$。
(c) $\delta(q, a) = \delta_2(q, a)$,当 $q \in S_2 - \{f_2\}$,$a \in \Sigma_2 \cup \{\varepsilon\}$。
(d) $\delta(f_1, \varepsilon) = \delta(f_2, \varepsilon) = \{f_0\}$。

M 的状态转换如图 3.12(a)所示。从该图中不难看出,M 中有一条从 q_0 到 f_0 的通路 w,当且仅当在 M_1 中有一条从 q_1 到 f_1 的通路 w 或者在 M_2 中有一条从 q_2 到 f_2 的通路 w,即:

$$L(M) = L(M_1) \cup L(M_2) = L(r_1) \cup L(r_2) = L(r)$$

情形 2：$r = r_1 r_2$。设 M_i 同情形 $1 (i=1,2)$。

令 $M = <S_1 \cup S_2, \Sigma_1 \cup \Sigma_2, \delta, q_2, \{f_2\}>$，其中 δ 定义如下：

(a) $\delta(q, a) = \delta_1(q, a)$，当 $q \in S_1 - \{f_1\}$，$a \in \Sigma_1 \cup \{\varepsilon\}$。

(b) $\delta(q, a) = \delta_2(q, a)$，当 $q \in S_2$，$a \in \Sigma_2 \cup \{\varepsilon\}$。

(c) $\delta(f_1, \varepsilon) = \{q_2\}$。

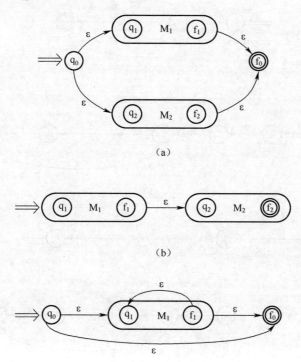

图 3.12　状态转换图的合并
(a)并运算；(b)连接运算；(c)闭包运算。

M 的状态转换如图 3.12(b)所示。从该图同样可推知

$$L(M) = L(M_1) L(M_2) = L(r_1) L(r_2) = L(r)$$

情形 3：$r = r_1^*$。设 M_1 同情形 1。

令 $M = <S_1 \cup \{q_0, f_0\}, \Sigma_1, \delta, q_0, \{f_0\}>$，其中，$q_0, f_0 \notin S_1$，$\delta$ 定义如下：

(a) $\delta(q_0, \varepsilon) = \delta(f_1, \varepsilon) = \{q_1, f_0\}$。

(b) $\delta(q, a) = \delta_1(q, a)$，当 $q \in S_1 - \{f_1\}$，$a \in \Sigma_1 \cup \{\varepsilon\}$。

M 的状态转换如图 3.12(c)所示。M 中任何一条从 q_0 到 f_0 的路径，或者是一条从 q_0 到 f_0 经过标记为 ε 的路径，或者，首先从 q_0 经 ε 标记到达 q_1，在 M_1 中经由标记为 $L(M_1)$ 中的字从 q_1 到 f_1，然后从 f_1 经 ε 标记折回 q_1，再在 M_1 中从 q_1 到达 f_1，如此往返若干次(包括零次)，最后从 f_1 经由标记 ε 到达 f_0。因此，如果在 M 中有一条从 q_0 到 f_0 的通路 w，当且仅当 w 能够写成 $w_1 \cdots w_n$($n=0$ 表示 w 为 ε)，其中 $w_i(L(M_1))$。($i = 1, \cdots, n$)。所以，

$$L(M) = L(M_1)^* = L(r_1)^* = L(r)$$

至此,结论 2 获证。上述证明过程实质上是一个将正规表达式转换为有限自动机的算法。

例 3.5 与正规式 $r_1 = 1^*$, $r_2 = 01^*$, $r^3 = 01^* \mid 1$ 等价的有限自动机分别如图 3.13 (a)、(b)和(c)所示。

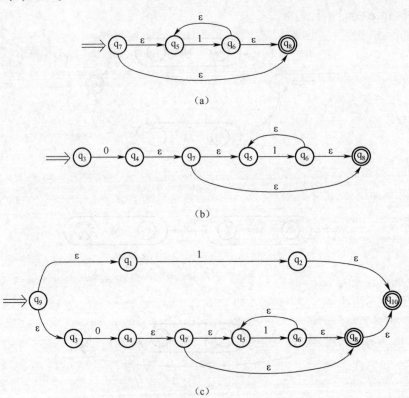

图 3.13 与正规式等价的有限自动机
(a)对应于正规式 1^* 的转换图;(b)对应于正规式 01^* 的转换图;
(c)对应于正规式 $01^* \mid 1$ 的转换图。

3.3.6 确定有限自动机的化简

一个确定有限自动机 M 的化简是指:寻找一个状态数比 M 少的 DFA M′,使得 $L(M) = L(M')$。

假定 s 和 t 是 M 的两个不同状态,我们称 s 和 t 是**等价**的:如果从状态 s 出发能读出某个字 w 而停于终态,那么同样,从 t 出发也能读出同样的字 w 而停于终态;反之,若从 t 出发能读出某个字 w 而停于终态,则从 s 出发也能读出同样的 w 而停于终态。如果 DFA M 的两个状态 s 和 t 不等价,则称这两个状态是**可区别的**。例如,终态与非终态是可区别的。因为,终态能读出空字 ε,非终态则不能读出空字 ε。又例如,图 3.8 中的状态 1 与 2 是可区别的,因为,状态 1 读出 a 而停于终态,状态 2 读出 a 后不到达终态。

一个 DFA M 的状态**最少化**过程旨在将 M 的状态集分割成一些不相交的子集,使得任何不同的两子集中的状态都是可区别的,而同一子集中的任何两个状态都是等价的。最后,在每个子集中选出一个代表,同时消去其它等价状态。

对 M 的状态集 S 进行分划的步骤是:首先,把 S 的终态与非终态分开,分成两个子集,形成基本分划 Π。显然,属于这两个不同子集的状态是可区别的。假定到某个时候 Π 已含 m 个子集,记 $\Pi = \{I^{(1)}, I^{(2)}, \cdots, I^{(m)}\}$,并且属于不同子集的状态是可区别的。检查 Π 中的每个 $I^{(i)}$ 看能否进一步分划。对于某个 $I^{(i)}$,令 $I^{(i)} = \{q_1, q_2, \cdots, q_k\}$,若存在一个输入字符 a 使得 $I_a^{(i)}$(关于 I_a 的定义见 3.3.3)不全包含在现行 Π 的某一子集 $I^{(j)}$ 中,就将 $I^{(i)}$ 一分为二。例如,假定状态 s_1 和 s_2 经 a 弧分别达到状态 t_1 和 t_2,而 t_1 和 t_2 属于现行 Π 的两个不同子集,那就将 $I^{(i)}$ 分成两半,使得一半含有 s_1:

$$I^{(i1)} = \{s | s \in I^{(i)} 且 s 经 a 弧到达 t_1 所在子集中的某状态\}$$

另一半含有 s_2:

$$I^{(i2)} = I^{(i)} - I^{(i1)}$$

由于 t_1 和 t_2 是可区别的,即存在一个字 w,t_1 将读出 w 而停于终态,而 t_2 或读不出 w 或虽然可读出 w 但不到达终态;或情形恰好相反。因而字 aw 将状态 s_1 和 s_2 区别开来。也就是说,$I^{(i1)}$ 中的状态与 $I^{(i2)}$ 中的状态是可区别的。至此我们将 $I^{(i)}$ 分成两半,形成了新的分划。

一般地,若 $I_a^{(i)}$ 落入现行 Π 中 N 个不同子集,则应将 $I^{(i)}$ 划分为 N 个不相交的组,使得每个组 J 和 J_a 都落入 Π 的同一子集,这样形成新的分划。重复上述过程,直到分划中所含的子集数不再增长为止。至此,Π 中的每个子集已不可再分。也就是说,每个子集中的状态是互相等价的,而不同子集中的状态则是可互相区别的。

经上述过程之后,得到一个最后分划 Π。对于这个 Π 中的每一个子集,我们选取子集中的一个状态代表其它状态。例如,假定 $I = \{q_1, \cdots, q_k\}$ 是这样一个子集,我们即可挑选 q_1 代表这个子集。在原来的自动机中,凡导入到 $q_2, \cdots, q_k$ 的弧都改成导入到 q_1。然后,将 $q_2, \cdots, q_k$ 从原来的状态集 S 中删除。若 I 中含有原来的初态,则 q_1 是新初态;若 I 中含有原来的终态,则 q_1 是新终态。可以证明,经如此化简之后得到的 DFA M' 和原来的 M 是等价的,也就是 L(M) = L(M')。若从 M' 中删除所有无用状态(即从初态结开始永远到达不了的那些状态),则 M' 便是最简的(包含最少状态)。

例 3.6 图 3.8 所示的 DFA M 的化简过程是:

首先,把 M 的状态分成两组:终态组 $\{3,4,5,6\}$,非终态组 $\{0,1,2\}$。

其次,考察 $\{3,4,5,6\}$,由于 $\{3,4,5,6\}_a \subset \{3,4,5,6\}$ 和 $\{3,4,5,6\}_b \subset \{3,4,5,6\}$,所以,它不能再分划。

再考察 $\{0,1,2\}$,由于 $\{0,1,2\}_a = \{1,3\}$,它既不包含在 $\{3,4,5,6\}$ 之中也不包含在 $\{0,1,2\}$ 之中,因此,应把 $\{0,1,2\}$ 一分为二。由于状态 1 经 a 弧到达状态 3,而状态 0、2 经 a 弧都到达状态 1,因此,应把 1 分出来,形成 $\{1\}$、$\{0,2\}$。

现在,整个分划中含有三组:$\{3,4,5,6\}$、$\{1\}$ 和 $\{0,2\}$。

由于 $\{0,2\}_b = \{2,5\}$ 未包含在上述三组中的任一组之间,故 $\{0,2\}$ 也就一分为二:$\{0\}$、$\{2\}$。

至此,整个分划含有四组:$\{3,4,5,6\}$、$\{0\}$、$\{1\}$、$\{2\}$。每个组都已不可再分。

最后,令状态 3 代表{3,4,5,6}。把原来到达状态 4、5、6 的弧都导入 3,并删除 4、5、6,这样,就得到图 3.5 所示的化简了的 DFA。

3.4 词法分析器的自动产生

我们现在用正规式描述单词符号,并研究如何从正规式产生识别这些单词符号的词法分析程序。

下面,先介绍一个描述词法分析器的语言 LEX,讨论 LEX 的实现(即研究它的编译器构造),从而,用它来描述和自动产生所需的各种词法分析器。

一个描述词法分析器的 LEX 程序由一组正规式以及与每个正规式相应的一个"动作"(Action)组成。"动作"本身是一小段程序代码,它指出了当按正规式识别出一个单词符号时应采取的行动。将 LEX 程序被编译后所得的结果程序记为 L,其作用就如同一个有限自动机一样,可用来识别和产生单词符号。结果程序含有一张状态转换表和一个控制程序。LEX 及其编译系统的作用如图 3.14 所示。

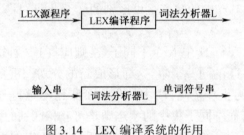

图 3.14 LEX 编译系统的作用

3.4.1 语言 LEX 的一般描述

一个 LEX 源程序主要包括两部分。一部分是**正规定义式**,另一部分是**识别规则**。
如果 Σ 是一个字母表,Σ 上的正规定义式是下述形式的定义序列:

$$d_1 \rightarrow r_1$$
$$d_2 \rightarrow r_2$$
$$\vdots$$
$$d_i \rightarrow r_i$$

其中 d_i 表示不同的名字,每个 r_i 是 $\Sigma \cup \{d_1,\cdots,d_{i-1}\}$ 上的符号所构成的正规式。r_1 中不能含有 $d_i,d_{i+1},\cdots,d_n$,这样,对任何 r_i,可以构成一个 Σ 上的正规表达式,只要反复地将式中出现的名字代之以相应的正规式即可。注意,如果允许 r_i 中出现某些 $d_j, j \geq i$,那么这样替代过程将有可能不终止。

例如,Pascal 标识符的集合可由以下的正规定义式表示:

$$letter \rightarrow A|B|\cdots|Z|a|b|\cdots|z$$
$$digit \rightarrow 0|1|\cdots|9$$
$$id \rightarrow letter(letter|digit)^*$$

又如,Pascal 的无符号数具有 4096,3.1415926,6.18E3,6.18E-3 等形式。它们的集合可由以下的正规定义式表示:

$$digit \rightarrow 0|1|\cdots|9$$
$$digits \rightarrow digit\ digit^*$$
$$fraction \rightarrow .\ digits$$
$$exponent \rightarrow E(+|-|\varepsilon)digits$$
$$num \rightarrow digits(fraction|\varepsilon)(exponent|\varepsilon)$$

LEX 源程序中的**识别规则**是一串如下形式的 LEX 语句:

$$P_1 \qquad \{A_1\}$$
$$P_2 \qquad \{A_2\}$$
$$\vdots \qquad \vdots$$
$$P_m \qquad \{A_m\}$$

其中,每个 P_i 是一个正规式,称为**词形**。P_i 中除了出现 Σ 中的字符外,还可以出现正规定义式左部所定义的任何简名 d_i。即,P_i 是 $\Sigma \cup \{d_1,\cdots,d_n\}$ 上的一个正规式。由于每个 d_i 最终都可化为纯粹 Σ 上的正规式,因此,每个 P_i 也同样如此。每个 A_i 是一小段程序代码,它指出了,在识别出词形为 P_i 的单词之后,词法分析器应采取的动作。这些识别规则完全决定了词法分析器 L 的功能。分析器 L 只能识别具有词形 $P_1,\cdots,P_m$ 的单词符号。

关于描述动作 A_i 的 LEX 语言成分可以有种种不同的选择。下面,在讨论 L 的作用时,将对 A_i 的有关组成成分予以必要的说明和解释。

首先,我们考察由 LEX 所产生的目标程序 L(词法分析器)是如何进行工作的:L 逐一扫描输入串的每个字符,寻找一个最长的子串匹配某个 P_i,将该子串截下来放在一个叫做 TOKEN 的缓冲区中(事实上,这个 TOKEN 也可以只包含一对指示器,它们分别指出这个子串在原输入缓冲区中的始末位置)。然后,L 就调用动作子程序 A_i,当 A_i 工作完后,L 就把所得的单词符号(由种别编码和属性值两部分构成)交给语法分析程序。当 L 重新被调用时就从输入串中继上次截出的位置之后识别下一个单词符号。

可能存在这样的情形,对于现行输入串找不到任何词形 P_i 与之相匹配。在这种情形下,L 应报告输入串含有错误(如非法字符),并进行善后处理。但也可能存在一个最长子串,可以匹配若干个不同的 P_i。在这种二义的情形下,以 LEX 程序中出现在最前面的那个 P_i 为准。换句话说,愈处于前面的 P_i,匹配优先权就愈高(在服从最长匹配的前提下)。

每个词形 P_i 相应的动作 A_i 的基本组成成分是"返回 P_i 的种别编码和属性值"。这可用一个 LEX 过程表示成 return(code,value)。如果 P_i 是"标识符",则 value 为符号表入口指针;若 P_i 是"整型常数",则 value 为常数表入口指针;若 P_i 既不是标识符也不是某种常数,那么,value 便无定义。

下面是一个识别表 3.1 的单词符号的 LEX 程序:

AUXILIARY DEFINITIONS　　　　/* 辅助定义 */
$$letter \rightarrow A|B|\cdots|Z$$
$$digit \rightarrow 0|1|\cdots|9$$

```
RECOGNITION RULES              /* 识别规则 */
1   DIM                        {return(1,-)}
2   IF                         {return(2,-)}
3   DO                         {return(3,-)}
4   STOP                       {return(4,-)}
5   END                        {return(5,-)}
6   letter(letter | digit)*    {return(6,getSymbolTableEntryPoint( ))}
7   digit(digit)*              {return(7,getConstTableEntryPoint( ))}
8   =                          {return(8,-)}
9   +                          {return(9,-)}
10  *                          {return(10,-)}
11  **                         {return(11,-)}
12  ,                          {return(12,-)}
13  '('                        {return(13,-)}
14  ')'                        {return(14,-)}
```

按照这个程序所列的识别规则,当后跟一个空白符的 DIM 被扫描到时,规则 1 和规则 6 都可能对它进行匹配。但由于作为保留字的正规式列在前面,因此,识别的结果将 DIM 作为一个基本字,而不是作为一般的标识符。又例如,当相继的两个星号的第一个被扫描时,因为它不构成所有可能匹配的最长子串,因此,识别的结果是产生代表乘幂符的双星而不是单星。

注意,在形式地定义 LEX 时,务必将组成正规式的运算符,如 | 、*、(、) 等,和 Σ 中可能出现的字符严格区别开来。上述 LEX 程序的规则 6 和 7 中的左、右括号与规则 13 和 14 中的左、右括号显然是完全属于两个不同范畴的符号。为了明确这种区别,规则 13 和 14 中的左、右括号都带上了引号。

3.4.2 超前搜索

在某些语言中,要识别一个单词符号必须超前看若干字符。例如,在标准 FORTRAN 中,空白字符除了出现在文字常数中有意义之外,在别的任何地方出现都是没有意义的。一个众所周知的例子是:

$$DO \quad 501 \quad I = 1.25$$

在碰到小数点之前,我们弄不清楚这是 DO 语句还是一个对标识符 DO501I 进行赋值的赋值语句。为此,我们引进另一个正规式运算符 '/',用它来指出一个单词符号的截取点。于是,关于基本字 DO 的识别规则就可写为

$$DO/(letter | digit)^* = (letter | digit)^*, \{动作\}$$

这意味着要求词法分析器 L 向前扫描到逗点,识别出具有如下词形的输入子串:

$$DO/(letter | digit)^* = (letter | digit)^*$$

在寻找到这种匹配之后,就按识别规则中斜线所指处将输入串截断,取出其前一部分子串(即 DO)作为词法分析器 L 的输出,而将后一部分子串归还给输入串。斜线 '/' 应被当成是正规式的一个"算符",可称它为"截断"算符。因此,并不意味着要求在输入串中有相应的斜线。分析器 L 下次扫描将从 DO 后面的那个字符开始。

对于 FORTRAN 这种语言,对其基本字的识别往往都得超前多看若干个字符。另一例子是关于基本字逻辑 IF 的识别问题,在 FORTRAN 中,语句

$$IF(M) = 322$$

是完全正确的。因此,当我们看到 IF 时,不能立即断定它就是基本字逻辑 IF。要判别它是否是基本字逻辑 IF,就必须看右括号右边是否是一个语句。由于 FORTRAN 的语句都是以字母开头的,因此,等于要看右括号右边的第一个字符是否为字母。于是,识别逻辑 IF 的规则可表示为

$$IF/\text{'}(\text{'}any^*\text{'})\text{'}letter \quad \{动作\}$$

其中,辅助定义名 any 代表 FORTRAN 字母表中任一字符。同样,识别算术 IF 的规则应为

$$IF/\text{'}(\text{'}any^*\text{'})\text{'}digit^+ \quad \{动作\}$$

3.4.3 LEX 的实现

LEX 的编译程序旨在将一个 LEX 源程序改造为一个词法分析器 L,这个词法分析器 L 将像有限自动机那样工作。LEX 程序的编译过程是直观的。首先,对每条识别规则 P_i 构造一个相应的非确定有限自动机 M_i;然后,引进一个新初态 X,通过 ε 弧(如图 3.15 所示),将这些自动机连接成一个新的 NFA;最后,用 3.3.6 节所述的方法将它改造成一个等价的 DFA(必要时,还可以对这个 DFA 进行化简)。

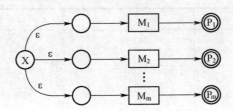

图 3.15　FA 的组装

但是,根据 LEX 程序的要求,在编译时还必须注意以下几点。

首先,在原来的每个 NFA M_i 中都有它自己的一个终态,它指明一个匹配于词形 P_i 的输入子串已被识别到。在等价的 DFA 中,一个状态子集可能包含若干个不同的终态。而且,这个 DFA 的终态(子集)和通常的意义也有所不同。因为,我们要求的是匹配最长的子串,因此,在到达某个终态之后,这个 DFA 应继续工作下去,以便寻找更长的匹配,直到无法继续前进为止(即,到达那样的一个状态,它对所面临的输入字符没有后继状态)。

当到达"无法继续前进"的情形时,就回头检查 DFA 所经历的每个状态子集,从后面逐个向前检查,直到发现某个含有原来的 NFA 终态的子集为止(如果不存在这种子集则认为输入串含有错误)。如果这个子集中含有若干个原来的 NFA 终态,那么,就以那个与最先出现的识别规则相对应的终态为准。

下面的例子有助于将上述思想明确化。假定有如下的一个 LEX 程序(忽略了动作部分):

$$\begin{array}{ll} a & \{\ \} \\ abb & \{\ \} \\ a^*bb^* & \{\ \} \end{array}$$

识别这三个词形的三个 NFA 如图 3.16 所示。将它们合并为一个 NFA 后,得到图 3.17。再将该 NFA 确定化之后得到如表 3.5 所列的 DFA。

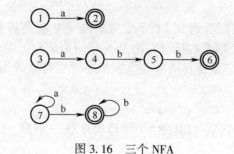

图 3.16 三个 NFA

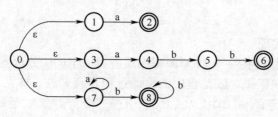

图 3.17 合并后的 NFA

表 3.5 DFA 的转换矩阵表

状 态		a	b	到达终态时所识别的单词
初态	0137	247	8	
终态	247	7	58	a
终态	8	—	8	a^*bb^*
	7	7	8	
终态	58	—	68	a^*bb^*
终态	68	—	8	abb

在这个 DFA 中,初态为 0137,终态有 247、8、58 和 68。在前三个终态子集中各只含原来 NFA 的一个终态(分别为 2、6、8),因此,它们是没有二义的。对于最后一个终态子集 68,其中 6 和 8 都是原来 NFA 的终态,但由于 6 所代表的识别规则列在 8 所代表的规则之前,因此,我们认为子集 68 代表了原先 6 所识别的结果。

现在,假定输入串为 aba…。表 3.5 的 DFA 从初态 0137 开始工作,当它扫描到第一个字符 a 时,进入状态 247。然后,见到 b 又进至状态 58。但 58 对于后面的输入字符 a 没有后继状态,因此,不能继续前进了。至此,这个 DFA "吃进" 两个字符 a 与 b,经历了三个状态——0137、247 和 58。下面,按反序逐一检查它所经历的每个状态,看哪个状态中含有原来 NFA 的终态。首先,检查 58,它恰好含有唯一的一个原 NFA 的终态 8,因此,所识别出的单词 ab 就认为是属于 8 所指的那个词形 a^*bb^*。假若 58 中未含原来的终态,那么,就得把最后吃进的那个字符(b)退还给输入串。同时,检查前一个状态 247。一旦吃进的字符都退还完了,就宣布识别失败。

注意,如果表 3.5 的 DFA 的每个状态(子集)对任何输入字符 a 或 b 都有后继状态,那么,这个DFA的工作就永远没完,到达不了"不能继续前进"的地步。这种情形对现实程序语言是不会发生的,因为,不可能设想有一个可容纳一切输入字符的单词存在。现实中存在的问题是,为了计划缓冲区的大小,单词符号的长度要受限制。具体地说,对标识符和常数的长度要有限制,超出这个限制就认为是错误的。

关于动作 A_i 的处理,那是十分明显的。仅当最终明确所识别出的最长子串是属于 P_i 时,词法分析器才让相应的 A_i 开始工作。

关于正规式中超前搜索'/'的实现问题可作如下处理:当将一个词形 P_i 化成相应的 NFA M_i 时,我们将'/'当作ε,但将射出'/'弧的结标记为"截断结"。这意味着,当最终的DFA用于识别输入串时,我们不要求有一个真正的'/'与之对应。但当含有'/'的词形获得匹配时,必须把截断结以后的字符退还给输入串,而只取截断点前的那部分字符作为单词。

至此,我们简要地描述了 LEX 编译程序如何将 LEX 源程序翻译成一张状态转换表(如表3.5)和一个有关控制程序的基本过程。由于词法分析工作很费时间和空间,因此,对确定化的自动机应进行状态化简。还有,当对 LEX 源程序的识别规则中的词形 P_i 进行展开时,其中那些代表字符类的辅助定义名(如 letter,digit)可以保留不动,就好像它们也是一个"字符"那样。这样,就可为后来的 NFA 或 DFA 的构造节省许多状态。这意味着,当从输入串读入一个字符时,首先要判别它是否属于诸如字母或数字这样的类。

如果大量的关键字都作为正规式列于 LEX 源程序的识别规则之间,那么,状态结点的数目就很大,而且有许多结点非常相似。因此,为了节省内存,对最终所得的状态转换矩阵表应使用一种紧凑的数据表示法。

练　习

1. 编写一个对于 Pascal 源程序的预处理程序。该程序的作用是,每次被调用时都将下一个完整的语句送进扫描缓冲区,去掉注解行,同时要对源程序列表打印。

2. 请给出以下 C++ 程序段中的单词符号及其属性值。

    int CInt：：nMulDiv(int n1, int n2)
    {
        if (n3 = = 0) return 0;
        else return(n1 * n2)/n3;
    }

3. 用类似 C 或 Pascal 的语言编写过程 GetChar, GetBC 和 Concat。
4. 用某种高级语言编写并调试一个完整的词法分析器。
5. 证明 3.3.1 中关于正规式的交换律、结合律等五个关系。
6. 令 A、B 和 C 是任意正规式,证明以下关系成立:

    $A \mid A = A$

    $(A^*)^* = A^*$

    $A^* = \varepsilon \mid AA^*$

    $(AB)^* A = A(BA)^*$

$(A|B)^* = (A^*B^*)^* = (A^*|B^*)^*$

$A = b|aA$ 当且仅当 $A = a^*b$

7. 构造下列正规式相应的 DFA

   $1(0|1)^*101$

   $1(1010^* | 1(010)^*1)^*0$

   $0^*10^*10^*10^*$

   $(00|11)^*((01|10)(00|11)^*(01|10)(00|11)^*)^*$

8. 给出下面正规表达式：

   (1) 以 01 结尾的二进制数串；

   (2) 能被 5 整除的十进制整数；

   (3) 包含奇数个 1 或奇数个 0 的二进制数串；

   (4) 英文字母组成的所有符号串，要求符号串中的字母依照字典序排列；

   (5) 没有重复出现的数字的数字符号串的全体；

   (6) 最多有一个重复出现的数字的数字符号串的全体；

   (7) 不包含子串 abb 的由 a 和 b 组成的符号串的全体。

9. 对下面情况给出 DFA 及正规表达式：

   (1) {0,1}上的含有子串 010 的所有串；

   (2) {0,1}上不含子串 010 的所有串。

10. 一个人带着狼、山羊和白菜在一条河的左岸。有一条船，大小正好能装下这个人和其它三件东西中的一件。人和他的随行物都要过到河的右岸。人每次只能将一件东西摆渡过河。但若人将狼和羊留在同一岸而无人照顾的话，狼将把羊吃掉。类似地，若羊和白菜留下来无人照看，羊将会吃掉白菜。请问是否有可能渡过河去，使得羊和白菜都不被吃掉？如果可能，请用有限自动机写出渡河的方法。

11. 用某种高级语言写出：

    (1) 将正规式变成 NFA 的算法；

    (2) 将 NFA 确定化的算法；

    (3) DFA 状态最少化的算法。

12. 将图 3.18 的(a)和(b)分别确定化和最少化。

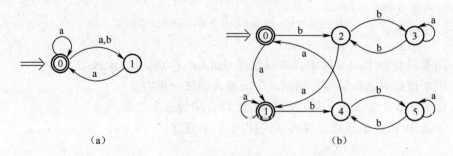

图 3.18 有限自动机

(a)零确定化的有限自动机；(b)需最小化的有限自动机。

13.
(1) 给出描述 C 浮点数的 DFA；
(2) 给出描述 Java 表达式的 DFA。

14. 构造一个 DFA，它接受 $\Sigma = \{0,1\}$ 上所有满足如下条件的字符串：每个 1 都有 0 直接跟在右边。

15. 给定右线性文法 G：

$$S \to 0S \mid 1S \mid 1A \mid 0B$$
$$A \to 1C \mid 1$$
$$B \to 0C \mid 0$$
$$C \to 0C \mid 1C \mid 0 \mid 1$$

求出一个与 G 等价的左线性文法。

*16. 非形式地说明：任何正规集 L 都存在一个非负整数 p，使得 L 中任何长度超过 p 的字都可表示成 $\alpha\beta\gamma$，其中 $0<|\beta|\leq p$（$|\beta|$ 指 β 的长度），而对任何 $i \geq 0$，$\alpha\beta^i\gamma$ 属于 L。

*17. 下面的字集是否为正规集？或写出其正规式，或给出否证。
(1) $L_1 = \{a^n b^n \mid n \geq 0\}$；
(2) $L_2 = \{x \mid x$ 中含有相同个数的 a 和 b$\}$；
(3) $L_3 = \{a^p \mid p$ 为素数$\}$。

18. 假定 L 和 M 都是正规集：
(1) 证明 $L \cup M$、$L \cap M$ 和 $\sim M$（补集）也是正规的；
(2) L' 是 L 中每个字的逆转，证明 L 也是正规的。

19. 写出描述 ANSI C 的单词符号的 LEX 程序。

20. 假定有正规定义式

$$A_0 \to a \mid b$$
$$A_1 \to A_0 A_0$$
$$\vdots$$
$$A_n \to A_{n-1} A_{n-1}$$

考虑词形 A_n
(1) 把 A_n 中所有简名都换掉，最终所得的正规式的长度是多少；
(2) 字集 A_n 的元素是什么？把它们非形式地表示成 n 的函数；
(3) 证明识别 A_n 的 DFA 只需用 $2n+1$ 个状态就足够了。

21. 把 LEX 的"动作"成分加以充实使得可用它来编写语法制导编辑器。

第四章 语法分析——自上而下分析

在第三章,用正规式描述了单词符号的结构,并研究了如何用有限自动机构造词法分析器的问题。由于正规式与正规文法是等价的,它们的描述能力有限,而高级语言的语法结构适合用上下文无关文法描述,因此,我们将上下文无关文法用作语法分析的基础。本章和下一章,我们将介绍编译程序构造中的一些典型的语法分析方法。

4.1 语法分析器的功能

语法分析是编译过程的核心部分。它的任务是在词法分析识别出单词符号串的基础上,分析并判定程序的语法结构是否符合语法规则。语法分析器的编译程序中的地位如图 4.1 所示。

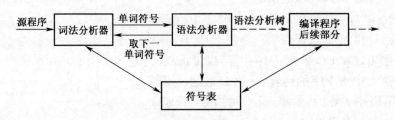

图 4.1 语法分析器在编译程序中的地位

我们知道,语言的语法结构是用上下文无关文法描述的。因此,语法分析器的工作本质上就是按文法的产生式,识别输入符号串是否为一个句子。这里所说的输入串是指由单词符号(文法的终强符)组成的有限序列。对一个文法,当给你一串(终结)符号时,怎样知道它是不是该文法的一个句子("程序")呢?这就要判断,看是否能从文法的开始符号出发推导出这个输入串。或者,从概念上讲,就是要建立一棵与输入串相匹配的语法分析树。

按照语法分析树的建立方法,我们可以粗略地把语法分析办法分成两类,一类是**自上而下分析法**,另一类是**自下而上分析法**。本章主要介绍自上而下分析法,下一章我们将介绍自下而上分析法。

4.2 自上而下分析面临的问题

现在来讨论自上而下的语法分析方法。顾名思义,自上而下就是从文法的开始符号出发,向下推导,推出句子。我们首先将简单地介绍自上而下分析的一般方法。这种方法是带"回溯"的。下一节,将着重讨论一种广为使用的不带回溯的递归子程序(递归下降分析方法。

自上而下分析的主旨是,对任何输入串,试图用一切可能的办法,从文法开始符号(根结)出发,自上而下地为输入串建立一棵语法树。或者说,为输入串寻找一个最左推导。这种分析过程本质上是一种试探过程,是反复使用不同产生式谋求匹配输入串的过程。我们用一个简单例子来说明这种过程。

例 4.1 假定有文法

   (1) S→xAy

   (2) A→ * * | * (4.1)

以及输入串 x * y(记为 α)。为了自上而下构造 α 的语法树,我们首先按文法的开始符号产生根结 S,并让指示器 IP 指向输入串的第一个符号 x。然后,用 S 的规则(此处关于 S 的规则仅有一条)把这棵树发展为

我们希望用 S 的子结从左至右匹配整个输入串 α。首先,此树的最左子结是以终结符 x 为标志的子结,它和输入串的第一个符号相匹配。于是,我们应把 IP 调整为指向下一输入符号 * ,并让第二个子结 A 去进行匹配。非终结符 A 有两个候选,我们试着用它的第一个候选去匹配输入串,于是把语法树发展为

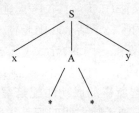

子树 A 的最左子结和 IP 所指的符号 * 相符,然后我们再把 IP 调为指向下一符号并让 A 的第二个子结进入工作。但 A 的第二子结 * 和 IP 当前所指的符号 y 不一致。因此,A 告失败。这意味着 A 的第一个候选此刻不适用于构造 α 的语法树。这时应该回头(**回溯**),看 A 是否还有别的候选。

为了这种回溯,我们一方面应把 A 的第一个候选所发展的子树注销掉,另一方面应把 IP 恢复为进入 A 时的原值,也就是让它重新指向第二个输入符号 * 。现在我们试探 A 的第二个候选,即考虑如下的语法树:

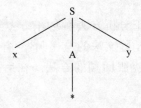

由于子树 A 只有一个子结 * 而且它和 IP 所指的符号相一致,于是,A 完成了匹配任务。在 A 获得匹配后,指示器 IP 应指向下一个未被触及符号 y。

在 S 的第二子结 A 完成匹配后,接着就轮到第三个子结 y 进行工作。由于这个子结和最后一个输入符号相符,于是,我们完成了为 α 构造语法树的任务,证明了 α 是一个句子。

实现这种自上而下的带回溯试探法的一个简单途径是让每个非终结符对应一个递归子程序。每个这种子程序可作为一个布尔过程。一旦发现它的某个候选与输入串相匹配,就用这个候选去扩展语法树,并返回"真"值;否则,保持原来的语法树和 IP 值不变,并返回"假"值。

上述这种自上而下分析法存在许多困难和缺点。

首先,是文法的左递归性问题。一个文法是含有**左递归**的,如果存在非终结符 P

$$P \stackrel{+}{\Rightarrow} P\alpha$$

含有左递归的文法将使上述的自上而下的分析过程陷入无限循环。即,当试图用 P 去匹配输入串时,我们会发现,在没有识别任何输入符号的情况下,又得重新要求 P 去进行新的匹配。因此,使用自上而下分析法必须消除文法的左递归性。

其次,由于回溯,就碰到一大堆麻烦事情。如果我们走了一大段错路,最后必须回头,那么,就应把已经做的一大堆语义工作(指中间代码产生工作和各种表格的薄记工作)推倒重来。这些事情既麻烦又费时间,所以,最好应设法消除回溯。

第三,在上述的自上而下分析过程中,当一个非终结符用某一候选匹配成功时,这种成功可能仅是暂时的。例如,就文法(4.1)而言,考虑输入串 x * * y。若对 A 首先使用第二个候选式,A 将成功地把它的唯一子结 * 匹配于输入串的第二个符号。但 S 的第三个子结 y 与第三个输入符号 * 不匹配。因而,导致了无法识别输入串 x * * y 是一个句子的事实。然而,若 A 首先使用它的第一个候选 * *,则整个输入串即可获得成功分析。这意味着,A 首先使用第二个候选所得的成功匹配是虚假的。由于这种虚假现象,我们需要更复杂的回溯技术。一般说,要消除虚假匹配是很困难的。但若从最长的候选开始匹配,虚假匹配的现象就会减少一些。

第四,当最终报告分析不成功时,我们难于知道输入串中出错的确切位置。

最后,由于带回溯的自上而下分析实际上采用了一种穷尽一切可能的试探法,因此,效率很低,代价极高。严重的低效使得这种分析法只有理论意义,而在实践上价值不大。

后面,我们将集中讨论不带回溯的自上而下分析法。

4.3 LL(1)分析法

我们前面已经说过,自上而下分析方法不允许文法含有任何左递归。为构造不带回溯的自上而下分析算法,首先要消除文法的左递归性,并找出克服回溯的充分必要条件。本节,我们将讨论消除左递归和克服回溯的方法。在后两节,将分别研究递归子程序分析算法及其变种—预测分析法。

4.3.1 左递归的消除

直接消除见诸于产生式中的左递归是比较容易的。假定关于非终结符 P 的规则为

$$P \to P\alpha | \beta$$

其中，β 不以 P 开头，那么，我们可以把 P 的规则改写为如下的非直接左递归形式：

$$P \to \beta P'$$
$$P' \to \alpha P' | \varepsilon \quad (\varepsilon \text{ 为空字})$$

这种形式和原来的形式是等价的，也就是说，从 P 推出的符号串是相同的。

例 4.2 文法

$$E \to E+T | T$$
$$T \to T*F | F$$
$$F \to (E) | i$$

经消去直接左递归后变成：

$$E \to TE'$$
$$E' \to +TE' | \varepsilon$$
$$T \to FT' \quad \quad \quad \quad \quad \quad (4.2)$$
$$T' \to *FT' | \varepsilon$$
$$F \to (E) | i$$

一般而言，假定 P 关于的全部产生式是

$$P \to P\alpha_1 | P\alpha_2 | \cdots | P\alpha_m | \beta_1 | \beta_2 | \cdots | \beta_n$$

其中，每个 α 都不等于 ε，而每个 β 都不以 P 开头，那么，消除 P 的直接左递归性就是把这些规则改写成：

$$P \to \beta_1 P' | \beta_2 P' | \cdots | \beta_n P'$$
$$P' \to \alpha_1 P' | \alpha_2 P' | \cdots | \alpha_m P' | \varepsilon$$

使用这个办法，我们容易把见诸于表面上的所有直接左递归都消除掉，也就是说，把直接左递归都改成直接右递归。但这并不意味着已经消除整个文法的左递归性。例如文法

$$S \to Qc | c$$
$$Q \to Rb | b$$
$$R \to Sa | a \quad \quad \quad \quad \quad (4.3)$$

虽不具有直接左递归，但 S、Q、R 都是左递归的，例如有

$$S \Rightarrow Qc \Rightarrow Rbc \Rightarrow Sabc$$

如何消除一个文法的一切左递归呢？虽然困难不少，但仍有可能。如果一个文法不

含回路(形如 $P \overset{+}{\Rightarrow} P$ 的推导),也不含以 ε 为右部的产生式,那么,执行下述算法将保证消除左递归(但改写后的文法可能含有以 ε 为右部的产生式)。

消除左递归算法:

(1) 把文法 G 的所有非终结符按任一种顺序排列成 $P_1, P_2, \cdots, P_n$;按此顺序执行;

(2) FOR i:=1 TO n DO
    BEGIN
      FOR j:=1 TO i-1 DO
        把形如 $P_i \to P_j \gamma$ 的规则改写成
        $P_i \to \delta_1 \gamma | \delta_2 \gamma | \cdots | \delta_k \gamma$。其中 $P_j \to \delta_1 | \delta_2 | \cdots | \delta_k$ 是关于 P_j 的所有规则;
      消除关于 P_i 规则的直接左递归性
    END

(3) 化简由(2)所得的文法。即去除那些从开始符号出发永远无法到达的非终结符的产生规则。

例 4.3 考虑文法(4.3),令它的非终结符的排序为 R、Q、S。对于 R,不存在直接左递归。把 R 代入到 Q 的有关候选后,我们把 Q 的规则变为

$$Q \to Sab | ab | b$$

现在的 Q 同样不含直接左递归,把它代入到 S 的有关候选后,S 变成

$$S \to Sabc | abc | bc | c$$

经消除了 S 的直接左递归后,我们得到了整个文法为

$$S \to abcS' | bcS' | cS'$$
$$S' \to abcS' | \varepsilon$$
$$Q \to Sab | ab | b$$
$$R \to Sa | a$$

显然,其中关于 Q 和 R 的规则已是多余的。经化简后所得的文法是:

$$S \to abcS' | bcS' | cS'$$
$$S' \to abcS' | \varepsilon \tag{4.4}$$

注意,由于对非终结符排序的不同,最后所得的文法在形式上可能不一样。但不难证明,它们都是等价的。例如,若对文法(4.3)的非终结符排序选为 S、Q、R,那么,最后所得的无左递归文法是:

$$S \to Qc | c$$
$$Q \to Rb | b$$
$$R \to bcaR' | caR' | a\,R' \tag{4.5}$$
$$R' \to bca\,R' | \varepsilon$$

文法(4.4)和文法(4.5)的等价性是显然的。

4.3.2 消除回溯、提左因子

欲构造行之有效的自上而下分析器，必须消除回溯。为了消除回溯就必须保证：对文法的任何非终结符，当要它去匹配输入串时，能够根据它所面临的输入符号准确地指派它的一个候选去执行任务，并且此候选的工作结果应是确信无疑的。也就是说，若此候选获得成功匹配，那么，这种匹配决不会是虚假的；若此候选无法完成匹配任务，则任何其它候选也肯定无法完成。换句话说，假定现在轮到非终结符 A 去执行匹配(或称识别)任务，A 共有 n 个候选 $\alpha_1, \alpha_2, \cdots, \alpha_n$，即 $A \rightarrow \alpha_1 | \alpha_2 | \cdots | \alpha_n$。A 所面临的第一个输入符号为 a，如果 A 能够根据不同的输入符号指派相应的候选 α_i 作为全权代表去执行任务，那就肯定无需回溯了。在这里 A 已不再是让某个候选去试探性地执行任务，而是根据所面临的输入符号 a 准确地指派唯一的一个候选。其次，被指派候选的工作成败完全代表了 A。

我们来看一看，在不得回溯的前提下，对文法有什么要求。前面已经说过，欲实行自上而下分析，文法不得含有左递归。令 G 是一个不含左递归的文法，对 G 的所有非终结符的每个候选 α 定义它的终结首符集 $FIRST(\alpha)$ 为

$$FIRST(\alpha) = \{a | \alpha \overset{*}{\Rightarrow} a\cdots, a \in V_T\}$$

特别是，若 $\alpha \overset{*}{\Rightarrow} \varepsilon$，则规定 $\varepsilon \in FIRST(\alpha)$。换句话说，$FIRST(\alpha)$ 是 α 的所有可能推导的开头终结符或可能的 ε。如果非终结符 A 的所有候选首符集两两不相交，即 A 的任何两个不同候选 α_i 和 α_j。

$$FIRST(\alpha_i) \cap FIRST(\alpha_j) = \phi$$

那么，当要求 A 匹配输入串时，A 就能根据它所面临的第一个输入符号 a，准确地指派某一个候选前去执行任务。这个候选就是那个终结首符集含 a 的 α。

应该指出，许多文法都存在那样的非终结符，它的所有候选的终结首符集并非两两不相交的。例如，通常关于条件句的产生式

  语句→if 条件 then 语句 else 语句
  | if 条件 then 语句

就是这样一种情形。

如何把一个文法改造成任何非终结符的所有候选首符集两两不相交呢？其办法是，**提取公共左因子**。例如，假定关于 A 的规则是

$$A \rightarrow \delta\beta_1 | \delta\beta_2 | \cdots | \delta\beta_n | \gamma_1 | \gamma_2 | \cdots | \gamma_m \quad (其中，每个 \gamma 不以 \delta 开头)$$

那么，可以把这些规则改写成

$$A \rightarrow \delta A' | \gamma_1 | \gamma_2 | \cdots | \gamma_m$$
$$A' \rightarrow \beta_1 | \beta_2 | \cdots | \beta_n$$

经过反复提取左因子，就能够把每个非终结符(包括新引进者)的所有候选首符集变成为两两不相交。我们为此付出的代价是，大量引进新的非终结符和 ε-产生式。

4.3.3 LL(1)分析条件

当一个文法不含左递归，并且满足每个非终结的所有候选首符集两两不相交的条件，

是不是就一定能进行有效的自上而下分析了呢？如果空字ε属于某个非终结符的候选首符集，那么，问题就比较复杂。

例4.4 考虑文法(4.2)，对输入串i+i进行自上而下分析。首先，从开始符号E出发匹配输入串，面临的第一个输入符号为i，由于E只有一个候选TE'，且i属于FIRST(TE')，所以使用E→TE'进行推导。

接下来，要从T出发匹配一部分输入串，面临的输入符号还是i，由于i∈FIRST(FT')，所以用T→FT'进行推导。

再接下来，要从F出发进行匹配，面临输入符号i，由于i∈FIRST(i)，所以用F→i进行推导，使输入串的第一个i得到匹配。

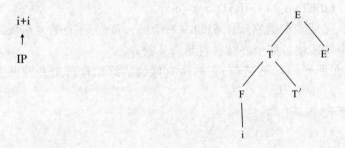

现在，要从T'出发进行匹配，面临的输入符号为+。由于+不属于T'的任一候选式的首符集，但有T'→ε，所以我们不妨让T'自动得到匹配（即T'匹配于空字ε，注意这种情况下，输入符号并不读进）。

最后，我们可得到与i+i相匹配的语法分析树：

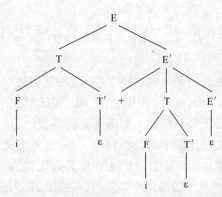

这是不是意味着,当非终结符 A 面临输入符号 a,且 a 不属于 A 的任意候选首符集但 A 的某个候选首符集包含 ε 时,就一定可以使 A 自动匹配?如果我们仔细来考虑一下的话,就不难发现,只有当 a 是允许在文法的某个句型中跟在 A 后面的终结符时,才可能允许 A 自动匹配,否则,a 在这里的出现就是一种语法错误。

假定 S 是文法 G 的开始符号,对于 G 的任何非终结符 A,我们定义

$$\mathrm{FOLLOW}(A) = \{a \mid S \overset{*}{\Rightarrow} \cdots Aa \cdots, a \in V_T\}$$

特别是,若 $S \overset{*}{\Rightarrow} \cdots A$,则规定 # ∈ FOLLOW(A)。换句话说,FOLLOW(A) 是所有句型中出现在紧接 A 之后的终结符或'#'。

因此,当非终结符 A 面临输入符号 a,且 a 不属于 A 的任意候选首符集但 A 的某个候选首符集包含 ε 时,只有当 a ∈ FOLLOW(A),才可能允许 A 自动匹配。

通过上面一系列讨论,我们可以找出满足构造不带回溯的自上而下分析的文法条件。

(1) 文法不含左递归。
(2) 对于文法中每一个非终结符 A 的各个产生式的候选首符集两两不相交。即,若

$$A \rightarrow \alpha_1 \mid \alpha_2 \mid \cdots \mid \alpha_n$$

则 $\quad \mathrm{FIRST}(\alpha_i) \cap \mathrm{FIRST}(\alpha_j) = \phi \quad (i \neq j)$

(3) 对文法中的每个非终结符 A,若它存在某个候选首符集包含 ε,则

$$\mathrm{FIRST}(A) \cap \mathrm{FOLLOW}(A) = \phi$$

如果一个文法 G 满足以上条件,则称该文法 G 为 **LL(1)文法**。

这里,LL(1) 中的第一个 L 表示从左到右扫描输入串,第二个 L 表示最左推导,1 表示分析时每一步只需向前查看一个符号。

对于一个 LL(1) 文法,可以对其输入串进行有效的无回溯的自上而下分析。假定要用非终结符 A 进行匹配,面临的输入符号为 a,A 的所有产生式为

$$A \rightarrow \alpha_1 \mid \alpha_2 \mid \cdots \mid \alpha_n$$

(1) 若 $a \in \mathrm{FIRST}(\alpha_i)$,则指派 α_i 去执行匹配任务。
(2) 若 a 不属于任何一个候选首符集,则:
① 若 ε 属于某个 $\mathrm{FIRST}(\alpha_i)$ 且 $a \in \mathrm{FOLLOW}(A)$,则让 A 与 ε 自动匹配;
② 否则,a 的出现是一种语法错误。

根据 LL(1) 文法的条件,每一步这样的工作都是确信无疑的。

4.4 递归下降分析程序构造

当一个文法满足 LL(1) 条件时,我们就可以为它构造一个不带回溯的自上而下分析程序,这个分析程序是由一组递归过程组成的,每个过程对应文法的一个非终结符。这样的一个分析程序称为**递归下降分析器**。如果用某种高级语言写出所有递归过程,那就可以用这个语言的编译系统来产生整个的分析程序。例如,考虑文法(4.2),它的每个非终结符所对应的递归过程列于图 4.2。其中,ADVANCE 是指把输入串指示器 IP 调至指向下一个输入符号;SYM 是指 IP 当前所指的那个输入符号;ERROR 为出错诊察处理程序。

对于图 4.2 的递归子程序,我们假定在开始工作前,输入串指示器 IP 指向第一个输入符号。当每个子程序工作完毕之后,IP 总是指向下一个未处理的符号。请注意递归子程序 E′,我们知道,关于 E′的规则是

$$E' \to +TE' | \varepsilon$$

即 E′只有两个候选。第一个候选的开头终结符为+,第二个候选为 ε。这就是说,当 E′面临输入符号+时就令第一个候选进入工作,当面临任何其它输入符号时,E′就自动认为获得了匹配(这时,更精确的做法是判断该输入符号是否属于 FOLLOW(E′))。递归过程 E′就是根据这一原则设计的。同理,关于 T′的过程也是如此。

```
        PROCEDURE E;              PROCEDURE T;
        BEGIN                     BEGIN
          T;E′                      F;T′
        END;                      END
        PROCEDURE E′;             PROCEDURE T′;
        IF SYM = ' + ' THEN       IF SYM = ' * ' THEN
        BEGIN                     BEGIN
          ADVANCE;                  ADVANCE;
          T;E′                      F;T′
        END                       END;
    PROCEDURE F;
        IF SYM = ' i ' THEN ADVANCE
        ELSE
                IF SYM = ' ( ' THEN
                  BEGIN
                     ADVANCE;
                     E;
                     IF SYM = ' ) ' THEN ADVANCE
                     ELSE ERROR
                  END
                ELSE ERROR;
```

图 4.2 递归子程序

在前面的上下文无关文法产生式(或称巴科斯范式)中我们只用到了两个元符号"→"和"|"。下面我们扩充几个元语言符号。

(1) 用花括号$\{\alpha\}$表示闭包运算α^*。

(2) 用$\{\alpha\}_n^0$表示α可任意重复0次至n次,$\{\alpha\}_0^0 = \alpha^0 = \varepsilon$。

(3) 用方括号$[\alpha]$表示$\{\alpha\}_1^0$,即表示α的出现可有可无(等价于$\alpha|\varepsilon$)。

引入上述元符号的文法亦称**扩充的巴科斯范式**。

例如,通常的"实数"可定义为

decimal→[sign]integer.{digit}[exponent]

exponent→E[sign]integer

integer→digit{digit}

sign→+ | -

用这种定义系统来描述语法的好处是,直观易懂,便于表示左递归消去和因子提取。对于构造自上而下分析器来说,采用这种定义系统描述文法显然是非常可取的。

例4.5 文法

$$E \to T | E+T$$
$$T \to F | T * F$$
$$F \to i | (E)$$

可表示成

$$E \to T\{+T\}$$
$$F \to F\{*F\}$$
$$F \to i | (E) \quad (4.6)$$

我们也可以用语法图来表示语言的文法,它显得更直观更形象。如文法(4.6)可等价地用图4.3所示的语法图表示。

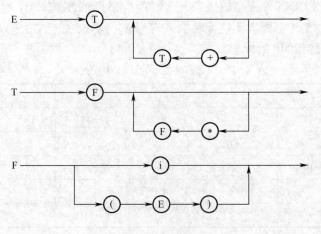

图4.3 语法图

从文法(4.6)或图4.3出发,可构造一组代替图4.2的递归下降分析程序:

    PROCEDURE E;

```
BEGIN
    T;
    WHILE SYM = '+' DO
    BEGIN ADVANCE;T END
END;
PROCEDURE T;
BEGIN
    F;
    WHILE SYM = '*' DO
    BEGIN ADVANCE;F END
END;
PROCEDURE F;
同前,见图 4.2。
```

4.5 预测分析程序

用高级语言的递归过程描述递归下降分析器只有当具有实现这种过程的编译系统时才有实际意义。实现 LL(1) 分析的另一种有效方法是使用一种**分析表**和一个**栈**进行联合控制。我们现在要介绍的**预测分析程序**就是属于这种类型的 LL(1) 分析器。

4.5.1 预测分析程序工作过程

预测分析表是一个 M[A,a] 形式的矩阵。其中,A 为非终结符,a 是终结符或'#'(注意,'#'不是文法的终结符,我们总把它当成输入串的结束符。虽然它不是文法的一部分,但假定它的存在将有助于简化分析算法的描述)。矩阵元素 M[A,a] 中存放着一条关于 A 的产生式,指出当 A 面临输入符号 a 时所应采用的候选。M[A,a] 中也可能存放一个"出错标志",指出 A 根本不该面临输入符号 a。例如,关于文法(4.2)的分析表见表 4.1,其中,空白格均指"出错标志"。

表 4.1 文法(4.2)的 LL(1) 分析表

	i	+	*	(	)	#
E	E→TE′			E→TE′		
E′		E′→+TE′			E′→ε	E′→ε
T	T→FT′			T→FT′		
T′		T′→ε	T′→*FT′		T′→ε	T′→ε
F	F→i			F→(E)		

栈 STACK 用于存放文法符号。分析开始时,栈底先放一个'#',然后,放进文法开始符号。同时,假定输入串之后也总有一个'#',标志输入串结束。

预测分析程序的总控程序在任何时候都是按 STACK 栈顶符号 X 和当前的输入符号

a 行事的,如图 4.4 所示。对于任何(X,a),总控程序每次都执行下述三种可能的动作之一:

(1) 若 X=a='#',则宣布分析成功,停止分析过程。

(2) 若 X=a≠'#',则把 X 从 STACK 栈顶逐出,让 a 指向下一个输入符号。

(3) 若 X 是一个非终结符,则查看分析表 M。若 M[A,a]中存放着关于 X 的一个产生式,那么,首先把 X 逐出 STACK 栈顶,然后,把产生式的右部符号串按反序一一推进 STACK 栈(若右部符号为ε,则意味不推什么东西进栈)。在把产生式的右部符号推进栈的同时应做这个产生式相应的语义动作(目前暂且不管)。若 M[A,a]中存放着"出错标志",则调用出错诊察程序 ERROR。

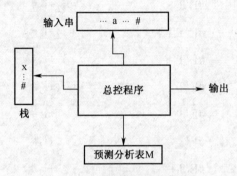

图 4.4 预测分析器模型

预测分析程序的总控程序略微形式一点的描述是:

BEGIN

    首先把'#'然后把文法开始符号推进 STACK 栈;

    把第一个输入符号读进 a;

    FLAG:=TRUE;

    WHILE FLAG DO

      BEGIN

        把 STACK 栈顶符号上托出去并放在 X 中;

        IF $X \in V_T$ THEN

          IF X=a THEN 把下一输入符号读进 a

          ELSE ERROR

        ELSE IF X='#' THEN

            IF X=a THEN FLAG:=FALSE ELSE ERROR

        ELSE IF M[A,a] = {X→$X_1 X_2 \cdots X_k$} THEN

            把 $X_k, X_{k-1}, \cdots, X_1$ 一一推进 STACK 栈

             /*若 $X_1 X_2 \cdots X_k$ =ε,不推什么进栈*/

        ELSE ERROR

      END OF WHILE;

    STOP/*分析成功,过程完毕*/

END

例4.6 对于文法(4.2),输入串为$i_1*i_2+i_3$,利用分析表进行预测分析的步骤为:

步骤	符号栈	输入串	所用产生式
0	#E	$i_1*i_2+i_3$#	
1	#E'T	$i_1*i_2+i_3$#	E→TE'
2	#E'T'F	$i_1*i_2+i_3$#	T→FT'
3	#E'T'i	$i_1*i_2+i_3$#	F→i
4	#E'T'	$*i_2+i_3$#	
5	#E'T'F*	$*i_2+i_3$#	T'→*FT'
6	#E'T'F	i_2+i_3#	
7	#E'T'i	i_2+i_3#	F→i
8	#E'T'	$+i_3$#	
9	#E'	$+i_3$#	T'→ε
10	#E'T+	$+i_3$#	E'→+TE'
11	#E'T	i_3#	
12	#E'T'F	i_3#	T→FT'
13	#E'T'i	i_3#	F→i
14	#E'T'	#	
15	#E'	#	T'→ε
16	#	#	E'→ε

4.5.2 预测分析表的构造

下面,我们介绍对于任给的文法G,如何构造它的预测分析表M[A,a]。为了构造预测分析表M,我们需要先构造与文法G有关的集合FIRST和FOLLOW。

首先,我们来讨论如何对每一个文法符号$X \in V_T \cup V_N$构造FIRST(X)。其办法是,连续使用下面的规则,直至每个集合FIRST不再增大为止。

(1) 若$X \in V_T$,则FIRST(X)={X}。

(2) 若$X \in V_N$,且有产生式X→a…,则把a加入到FIRST(X)中;若X→ε 也是一条产生式,则把ε 也加到FIRST(X)中。

(3) 若X→Y…是一个产生式且$Y \in V_N$,则把FIRST(Y)中的所有非ε -元素都加到FIRST(X)中;若X→$Y_1Y_2…Y_k$是一个产生式,$Y_1,…,Y_{i-1}$都是非终结符,而且,对于任何j,1≤j≤i-1,FIRST(Y_j)都含有ε (即$Y_1…Y_{i-1} \stackrel{*}{\Rightarrow} \varepsilon$),则把FIRST($Y_i$)中的所有非ε -元素都加到FIRST(X)中;特别是,若所有的FIRST(Y_j)均含有ε ,j=1,2,…,k,则把ε 加到FIRST(X)中。

现在,我们能够对文法 G 的任何符号串 $\alpha = X_1X_2\cdots X_n$ 构造集合 $FIRST(\alpha)$。首先,置 $FIRST(\alpha) = FIRST(X_1)\setminus\{\varepsilon\}$;若对任何 $1\leq j\leq i-1, \varepsilon \in FIRST(X_j)$,则把 $FIRST(X_i)\setminus\{\varepsilon\}$加至 $FIRST(\alpha)$中;特别是,若所有的 $FIRST(X_j)$ 均含有 ε,$i\leq j\leq n$,则把 ε 也加至 $FIRST(\alpha)$中。显然,若 $\alpha=\varepsilon$ 则 $FIRST(\alpha)=\{\varepsilon\}$。

对于文法 G 的每个非终结符 A 构造 FOLLOW(A)的办法是,连续使用下面的规则,直至每个 FOLLOW 不再增大为止。

(1) 对于文法的开始符号 S,置#于 FOLLOW(S)中;

(2) 若 $A\to\alpha B$ 是一个产生式,则把 $FIRST(\beta)\setminus\{\varepsilon\}$ 加至 FOLLOW(B)中;

(3) 若 $A\to\alpha B$ 是一个产生式,或 $A\to\alpha B\beta$ 是一个产生式而 $\beta\Rightarrow\varepsilon$(即 $\varepsilon\in FIRST(\beta)$),则把 FOLLOW(A)加至 FOLLOW(B)中。

例 4.7 对于文法(4.2),我们可构造出每个非终结符的 FIRST 和 FOLLOW 集合:

FIRST(E) = { (, i}   FOLLOW(E) = {) , #}
FIRST(E′) = { + , ε }   FOLLOW(E′) = {) , #}
FIRST(T) = { (, i}   FOLLOW(T) = { + ,) , #}
FIRST(T′) = { * , ε }   FOLLOW(T′) = { + ,) , #}
FIRST(F) = { (, i}   FOLLOW(F) = { * , + ,) , #}

在对文法 G 的每个非终结符 A 及其任意候选 α 都构造出 $FIRST(\alpha)$ 和 FOLLOW(A)之后,我们现在可以用它们来构造 G 的分析表 M[A,a]。构造分析表算法的思想背景是很简单的。例如,假定 $A\to\alpha$ 是一个产生式,$a\in FIRST(\alpha)$。那么,当 A 呈现于 STACK 栈之顶且 a 是当前的输入符号时,α 应被当作是 A 唯一合适的全权代表。因此,M[A,a]中应放进产生式 $A\to\alpha$。当 $\alpha=\varepsilon$ 或 $\alpha\overset{+}{\Rightarrow}\varepsilon$ 时,如果当前面临的输入符号 a(可能是终结符或'#')属于 FOLLOW(A),那么,$A\to\alpha$ 就认为已自动得到匹配,因而,应把 $A\to\alpha$ 放在 M[A,a]中,根据这个思想背景,构造分析表 M 的算法是:

(1) 对文法 G 的每个产生式 $A\to\alpha$ 执行第 2 步和第 3 步;

(2) 对每个终结符 $a\in FIRST(\alpha)$,把 $A\to\alpha$ 加到 M[A,a]中;

(3) 若 $\varepsilon\in FIRST(\alpha)$,则对任何 $b\in FOLLOW(A)$ 把 $A\to\alpha$ 加至 M[A,b]中;

(4) 把所有无定义的 M[A,a]标上"出错标志"。

例 4.8 把上述算法应用于文法(4.2)就可得到表 4.1 所示的分析表。因为,FIRST(TE′) = FIRST(T) = {i,(},因此,产生式 E→TE′保证了 M[E,i]和 M[E,(]中持有 E→TE′。产生式 E′→+TE′保证了 M[E′,+]中持有 E′→+TE′。由于 FOLLOW(E′)={) , #},因此,产生式 E′→ε 保证了 M[E′,)]和[E′,#]中持有 E′→ε。

上述算法可应用于任何文法 G 以构造它的分析有 M。但对于某些文法,有些 M[A,a]可能持有若干个产生式,或者说有些 M[A,a]可能是多重定义的。如果 G 是左递归或二义的,那么,M 至少含有一个多重定义入口。因此,消除左递归和提取左因子将有助于获得无多重定义的分析表 M。

可以证明,一个文法 G 的预测分析表 M 不含多重定义入口,当且仅当该文法为 LL(1)的。

4.6 LL(1)分析中的错误处理

我们以预测分析为例。在预测分析过程中,出现了下列两种情况,则说明遇到了语法错误。

(1) 栈顶的终结符与当前的输入符号不匹配。

(2) 非终结符 A 处于栈顶,面临的输入符号为 a,但分析表 M 中的 M[A,a]为空。

发现错误后,要尽快地从错误中恢复过来,使分析能继续进行下去。基本的做法就是跳过输入串中的一些符号直至遇到"同步符号"为止。这种做法的效果有赖于同步符号集的选择。我们可以从以下几个方面考虑同步符号集的选择。

(1) 把 FOLLOW(A)中的所有符号放入非终结符 A 的同步符号集。如果我们跳读一些输入符号直到出现 FOLLOW(A)中的符号,把 A 从栈中弹出,这样就可能使分析继续下去。

(2) 对于非终结符 A 来说,只用 FOLLOW(A)作为它的同步符号集是不够的。例如,如果分号作为语句的结束符(C 语言中就是这样的),那么作为语句开头的关键字就可能不在产生表达式的非终结符的 FOLLOW 集中。这样,在一个赋值语句后少一个分号就可能导致作为下一语句开头的关键字被跳过。

(3) 如果把 FIRST(A)中的符号加入非终结符 A 的同步符号集,那么,当 FIRST(A)中的一个符号在输入中出现时,可以根据 A 恢复语法分析。

(4) 如果一个非终结符产生空串,那么,推导ε的产生式可以作为缺省的情况,这样做可以推迟某些错误检查,但不能导致放弃一个错误。这种方法减少在错误恢复期间必须考虑的非终结符数。

(5) 如果不能匹配栈顶的终结符号,一种简单的想法是弹出栈顶的这个终结符号,并发出一条信息,说明已经插入这个终结符,继续进行语法分析。结果,这种方法使一个单词符号的同步符号集包含所有其它单词符号。

例如,对表 4.1 所列的 LL(1)分析表加入同步符号后,见表 4.2,其中的"synch"表示由相应非终结符的后继符号集得到的同步符号。

表 4.2 加入同步符号的 LL(1)分析表

	i	+	*	(	)	#
E	E→TE'			E→TF'	synch	synch
E'		E'→+TE'			E'→ε	E'→ε
T	T→FT'	synch		T→FT'	synch	synch
T'		T'→ε	T'→*FT'		T'→ε	T'→ε
F	F→i	synch	synch	F→(E)	synch	synch

分析时,若发现 M[A,a]为空,则跳过输入符号 a;若该项为"同步",则弹出栈顶的非终结符;若栈顶的终结符号不匹配输入符号,则弹出栈顶的终结符。

例4.9 表4.3是带有错误恢复的语法分析过程,所分析的输入串为)i*+i。

发现语法错误时,除了使语法分析继续下去之外,还要形成诊断信息,向程序员报告。把关于错误处理的操作放在一个过程 ERROR 里,在分析表的相应空白项填入调用ER—ROR 的入口,以便出错时调用。

以上介绍的出错处理思想不仅适合预测分析方法,而且也适合递归下降分析法。

表4.3 对)id*+i的语法分析与错误处理

分析栈	输入串	附注
#E	)i*+i#	错,跳过)
#E	i*+i#	i∈FIRST(E)
#E′T	i*+i#	
#E′T′F	i*+i#	
#E′T′i	i*+i#	
#E′T′	*+i#	
#E′T′F*	*+i#	
#E′T′F	+i#	错,M[F,+]=synch
#E′T′	+i#	F 已弹出栈
#E′	+i#	
#E′T+	+i#	
#E′T	i#	
#E′T′F	i#	
#E′T′i	i#	
#E′T′	#	
#E	#	
#	#	

练 习

1. 考虑下面文法 G_1:

$$S \to a | \wedge | (T)$$
$$T \to T,S | S$$

(1) 消去 G_1 的左递归。然后,对每个非终结符,写出不带回溯的递归子程序。

(2) 经改写后的文法是否是 LL(1) 的?给出它的预测分析表。

2. 对下面的文法 G:

$$E \to TE'$$
$$E' \to +E | \varepsilon$$
$$T \to +FT'$$
$$T' \to T | \varepsilon$$
$$F \to PF'$$

$F' \rightarrow *F' | \varepsilon$

$P \rightarrow (E) | a | b | \wedge$

(1) 计算这个文法的每个非终结符的 FIRST 和 FOLLOW。

(2) 证明这个文法是 LL(1) 的。

(3) 构造它的预测分析表。

(4) 构造它的递归下降分析程序。

3. 下面文法中,哪些是 LL(1) 的,说明理由。

(1)　　S→Abc

　　　　A→a|ε

　　　　B→b|ε

(2)　　S→Ab

　　　　A→a|B|ε

　　　　B→b|ε

(3)　　S→ABBA

　　　　A→a|ε

　　　　B→b|ε

(4)　　S→aSe|B

　　　　B→bBe|C

　　　　C→cCe|d

4. 对下面文法:

　　Expr→-Expr

　　Expr→(Expr) | Var ExprTail

　　ExprTail→-Expr|ε

　　Var→id VarTail

　　VarTail→(Expr)|ε

(1) 构造 LL(1) 分析表。

(2) 给出对句子 id - -id(id) 的分析过程。

5. 把下面文法改写为 LL(1) 的:

　　Declist→Declist;Decl|Decl

　　Decl→IdList:Type

　　IdList→Idlist,id|id

　　Type→ScalarType|array(ScalarTypeList) of Type

　　ScalarType→id|Bound..Bound

　　Bound→Sign IntLiteral|id

　　Sign→+|-|ε

　　ScalarTypeList→ScalarTypeList,ScalarType|ScalarType

第五章 语法分析——自下而上分析

本章介绍自下而上语法分析方法。所谓自下而上分析法就是从输入串开始,逐步进行**"归约"**,直至归约到文法的开始符号;或者说,从语法树的末端开始,步步向上"归约",直到根结。

5.1 自下而上分析基本问题

我们首先讨论自下而上分析的一些基本思想和基本概念。

5.1.1 归约

我们所讨论的自下而上分析法是一种"移进-归约"法。这种方法的大意是,用一个寄存符号的先进后出栈,把输入符号一个一个地移进到栈里,当栈顶形成某个产生式的一个候选式时,即把栈顶的这一部分替换成(归约为)该产生式的左部符号。

首先考虑下面的例子:

假定文法 G 为

  (1) S→aAcBe

  (2) A→b

  (3) A→Ab

  (4) B→d   (5.1)

我们希望把输入串 abbcde 归约到 S。假定使用下面的归约过程:首先把 a 进栈,然后把 b 进栈,因为 A→b 是一条规则,于是把栈顶的 b 归约成 A;再让第二个 b 进栈,这时栈的最顶端的两个符号 Ab,因 A→Ab 是一条规则,于是又把栈顶的 Ab 归约为 A。此时栈里只有两个符号 aA 了。之后再令 c 进栈,d 进栈,因 B→d 是一条规则,于是把栈顶的 d 归约为 B。最后让 e 进栈,此时,栈里的符号为 aAcBe。最后,用第一条规则将它归约为 S。整个"移进-归约"过程共 10 步,每一步符号栈的变化情形如图 5.1 所示。

在这个归约过程中我们先后在 3、5、8 和 10 这四步中用了(2)、(3)、(4)和(1)等四条规则。也就是,进行了四次归约。每实现一步归约都是把栈顶的一串符号用某个产生式的左部符号来代替。后面我们权且把栈顶上的这样一串符号称为"可归约串",乍看起来,似乎"移进-归约"很简单,其实不然。在上例的第 5 步中,如果不是用规则(3)而是用规则(2)把栈顶的 b 归约为 A,那么,最终就达不到归约到 S 的目的。因而,我们也就无从得知输入串 abbcde 是一个句子。为什么知道在第 5 步要用规则(3)实行归约呢?也就是说,为什么知道此时栈顶的 Ab 形成"可归约串",而 b 不是"可归约串"呢?这就需要精确定义"可归约串"这个直观概念。这是自下而上分析的关键问题。事实上,存在种种不同的方

步骤:	1	2	3	4	5	6	7	8	9	10
动作:	进	进	归	进	归	进	进	归	进	归
	a	b	(2)	b	(3)	c	d	(4)	e	(1)
									e	
							d	B	B	
					b	c	c	c	c	
		b	A	A	A	A	A	A	A	
	a	a	a	a	a	a	a	a	a	S

图 5.1 符号栈的变迁

法刻画"可归约串"。对这个概念的不同定义形成了不同的自下而上分析法。在算符优先分析中,我们用"最左素短语"来刻画"可归约串",在"规范归约"分析中,则用"句柄"来刻画"可归约串"。

语法分析过程可用一棵语法分析树表示出来。在自下而上分析过程中,每一步归约都可以画出一棵子树来,随着归约的完成,这些子树被连成一棵统一的语法分析树。例如,在上例的移进归约过程中,当第 3 步把栈顶的 b 归约为 A 时,我们得到如下的以 A 为根以 b 为端末的子树

当第 5 步把栈顶的 Ab 归约为 A 时,我们把原有的子树 A 和端末 b 连在一起,形成了关于 A 的新子树

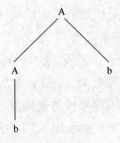

当第 8 步把栈顶的 d 归约为 B 时,我们得到了关于 B 的子树

当第 10 步把栈顶的 aAcBe 归约为 S 时,我们端末 a、子树 A、端末 c、子树 B 和端末 e 自左至右连在一起,形成了关于 S 的子树

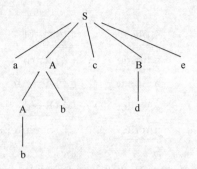

由于 S 是文法的开始符号,归约过程终止。因此,上面关于 S 的子树便是最终的语法分析树。

自下而上分析的中心问题是,怎样判断栈顶的符号串的可归约性,以及如何归约。这是 5.2 节(算符优先分析)和 5.3 节(LR 分析法)将讨论的问题。各种不同的自下而上分析法的一个共同特点是,边输入单词符号(移进符号栈),边归约。也就是在从左到右移进输入串的过程中,一旦发现栈顶呈现可归约串就立即进行归约。这个过程对于编译实现来说是一个十分自然的过程。因为我们不能设想把整个源程序输入完之后,再对它进行归约。

5.1.2 规范归约简述

令 G 是一个文法,S 是文法的开始符号,假定 $\alpha\beta\delta$ 是文法 G 的一个句型,如果有

$$S \stackrel{*}{\Rightarrow} \alpha A \delta \text{ 且 } A \stackrel{*}{\Rightarrow} \beta$$

则称 β 是句型 $\alpha\beta\delta$ 相对于非终结符 A 的**短语**。特别是,如果有

$$A \Rightarrow \beta$$

则称 β 是句型 $\alpha\beta\delta$ 相对于规则 $A \to \beta$ 的**直接短语**,一个句型的最左直接短语称为该句型的**句柄**。

作为"短语"的两个条件均是不可缺少的。仅仅有 $A \stackrel{+}{\Rightarrow} \beta$,未必意味着 β 就是句型 $\alpha\beta\delta$ 的一个短语。因为,还需有 $S \stackrel{*}{\Rightarrow} \alpha A \delta$ 这一条件。

例 5.1 考虑文法

$$E \to T | E+T$$
$$T \to F | T*F$$
$$F \to i | (E) \tag{5.2}$$

的一个句型 $i_1 * i_2 + i_3$,尽管有 $E \stackrel{+}{\Rightarrow} i_2 + i_3$,但是 $i_2 + i_3$ 并不是该句型的一个短语,因为不存在从 E(文法开始符)到 $i_1 * E$ 的推导。但是,$i_1, i_2, i_3, i_1 * i_2$ 和 $i_1 * i_2 + i_3$ 自身都是句型 $i_1 * i_2 + i_3$ 的短语,而且 i_1, i_2 和 i_3 均为直接短语,其中 i_1 是最左直接短语,即句柄。

例 5.2 文法(5.2)的另一句型 $E+T*F+i$ 的短语有 $E+T*F+i, E+T*F, T*F$ 和 i。其中 $T*F$ 和 i 为直接短语,$T*F$ 为句柄。

我们可以用句柄来对句子进行归约。例如,对文法(5.1)的句子 abbcde,如果逐步寻找句柄,并用相应产生式的左部符号去替换,我们就得到如下归约过程(画底线的符号串为句型的句柄):

句型	归约规则
a <u>b</u>bcde	(2) A→b
a <u>Ab</u>cde	(3) A→Ab
aAc <u>d</u>e	(4) B→d
<u>aAcBe</u>	(1) S→aAcBe
S	

显然,这个归约过程与 5.1.1 中所述的移进-归约过程相一致。因为两者都是先后使用(2)、(3)、(4)和(1)这四条规则进行归约的。

稍为精确的一点说,假定 α 是文法 G 的一个句子,我们称序列

$$\alpha_n, \alpha_{n-1}, \cdots, \alpha_0$$

是 α 的一个**规范归约**,如果此序列满足:

(1) $\alpha_n = \alpha$;

(2) α_0 为文法的开始符,即 $\alpha_0 = S$;

(3) 对任何 i, $0 < i \leq n$, α_{i-1} 是从 α_i 经把句柄替换为相应产生式的左部符号而得到的。

容易看到,规范归约是关于 α 的一个最右推导的逆过程。因此,规范归约也称**最左归约**。就上面的例子来说,四步归约先后使用了文法(5.1)和(2)、(3)、(4)和(1)四条产生式。若把产生式的使用顺序倒过来,即,先后次序后(1)、(4)、(3)和(2),那么,我们可得到最右推导

$$S \underset{(1)}{\Rightarrow} aAcBe \underset{(4)}{\Rightarrow} aAcde \underset{(3)}{\Rightarrow} aAbcde \underset{(2)}{\Rightarrow} abbcde$$

在形式语言中,最右推导常被称为**规范推导**。由规范推导所得的句型称为**规范句型**。如果文法 G 是无二义的,那么,规范推导(最右推导)的逆过程必是规范归约(最左归约)。

请注意句柄的"最左"特征,这一点对于移进-归约来说是重要的。因为,句柄的"最左"性和符号栈的栈顶两者是相关的。对于规范句型来说,句柄的后面不会出现非终结符(即,句柄的后面只能出现终结符)。基于这一点,我们可用句柄来刻画移进-归约过程的"可归约串"。因此,规范归约的实质是,在移进过程中,当发现栈顶呈现句柄时就用相应产生式的左部符号进行替换。

为了加深对"句柄"和"归约"这些重要概念的理解,我们使用修剪语法树的办法来进一步阐明自下而上的分析过程。

一语法树的一棵子树,是由该树的某个结(作为子树的根)连同它的所有子孙(如果有的话)组成的。一棵子树的所有端末结自左至右排列起来形成一个相对子树根的短语。一个句型的句柄是这个句型的语法树最左那棵子树端末结的自左至右排列,这棵子树只有(而且必须有)父子两代,没有第三代。例如,句子 abbcde 的语法树为

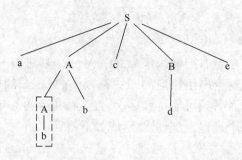

它最左边的两代子树是用虚线勾出的部分。这棵子树的端末结 b 就是句型 abbcde 的句柄。若把这棵子树的端末结都剪去(归约),就得到句型 aAbcde 的语法树

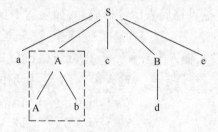

它的最左两代子树是虚线勾出的部分。这棵子树的端末结 A 有 b(连成 Ab)构成句型 aAbcde 句柄。若把这棵子树的端末结都剪去,就得到句型 aAcde 的语法树

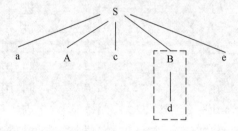

照此办理,当剪到只剩下根结时,就完成了整个归约过程。

至此,我们简单地讨论了"句柄"和"规范归约"这两个基本概念,但并没有解决规范归约的问题,因为我们没有给出寻找句柄的算法。事实上,规范归约的中心问题恰恰是:如何寻找或确定一个句型的句柄。给出了寻找句柄的不同算法就给出了不同的规范归约方法。我们将在 5.3 节进一步讨论这个问题。

5.1.3 符号栈的使用与语法树的表示

栈是语法分析的一种基本数据结构。在解释"移进-归约"的自下而上分析过程时我们就已经提到了符号栈(见图 5.1)。一个"移进-归约"分析器使用了这样的一个符号栈和一个输入缓冲区。今后我们将用一个不属于文法符号的特殊符号'#'作为栈底符,即在分析开始时预先把它推进栈;同时,也用这个符号作为输入串的"结束符",即无条件地将它置在输入串之后,以示输入串的结束。

为了便于把符号栈的内容与输入串的剩余长度作对照,我们最好把图 5.1 的结构左旋 90°。

分析开始时,栈和输入串的初始情形为

	符号栈	输入串
	#	ω#

分析器的工作过程是:自左至右把输入串 ω 的符号——移进符号栈里,一旦发现栈顶形成一个可归约串时,就把这个串用相应的归约符号(在规范归约的情况下用相应产生规则的左部符号)代替。这种替换可能持续多次,直至栈顶不再呈现可归约串为止。然后,就继续移进符号,重复整个过程,直至最终形成如下格局:

	符号栈	输入串
	#S	#

此时,栈里只含#与最终归约符 S(在规范归约的情形下 S 为文法开始符号),而输入串 ω 全被吸收,仅剩下结束符。这种格局表示分析成功,如果达不到这种格局,意味着输入串 ω(源程序)含有语法错误。

例 5.3 对于文法(5.2),输入串 $i_1 * i_2 + i_3$ 的分析(规范归约)步骤可表示如下:

步骤	符号栈	输入串	动作
0	#	$i_1 * i_2 + i_3$#	预备
1	#i_1	$* i_2 + i_3$#	进
2	#F	$* i_2 + i_3$#	归,用 F→i
3	#T	$* i_2 + i_3$#	归,用 T→F
4	#T*	$i_2 + i_3$#	进
5	#T*i_2	$+ i_3$#	进
6	#T*F	$+ i_3$#	归,用 F→i
7	#T	$+ i_3$#	归,用 T→T*F
8	#E	$+ i_3$#	归,用 E→T
9	#E+	i_3#	进
10	#E+i_3	#	进
11	#E+F	#	归,用 F→i
12	#E+T	#	归,用 T→F
13	#E	#	归,用 E→E+T
14	#E	#	接受

这个归约是一个规范归约。最后栈里的符号串是#E,符号 E 是文法的开始符,输入串已被全部吸收。因此,分析成功。

语法分析对符号栈的使用有四类操作:"移进"、"归约"、"接受"和"出错处理"。"移进"指把输入串的一个符号移进栈。"归约"指发现栈顶呈可归约串,并用适当的相应符号去替换这个串(这两个问题都还没有解决)。"接受"指宣布最终分析成功,这个操作可看作是"归约"的一种特殊形式。"出错处理"指发现栈顶的内容与输入串相悖,分析工作无法正常进行,此时需调用出错处理程序进行诊察和校正,并对栈顶的内容和输入符号进行调整。

对于"归约"而言请留心一个非常重要的事实,任何可归约串的出现必在栈顶,不会在栈的内部。对于规范归约而言,这个事实是明显的。由于规范归约是最右推导的逆过程,因此这种归约具有"最左"性，故可归约串必在栈顶，而不会在栈的内部。正因如此，先进后出栈的归约分析中是一种非常有用的数据结构。

如果要实际表示一棵语法分析树的话，一般来说，使用穿线表是比较方便的。这只须对每个进栈符号配上一个指示器就可以了。

当要从输入串移进一个符号 a 入栈时，我们就开辟一项代表端末结 a 的数据结构，让这项数据结构的地址(指示器值)连同 a 本身一起进栈。端末结的数据结构应包括这样一些内容：①儿子个数：0；②关于 a 自身的信息(如单词内部值，现在暂且不管)。

当要把栈顶的 n 个符号，如 $X_1X_2\cdots X_n$ 归约为 A 时，我们就开辟一项代表新结 A 的数据结构。这项数据结构应包含这样一些内容：①儿子个数：n；②指向儿结的 n 个指示器值；③关于 A 自身的其它信息(例如语义信息，我们现在暂且不管)。归约时，把这项数据结构的地址连同 A 本身一起进栈。

最终，当要执行"接受"操作时，我们将发现一棵用穿线表表示的语法树业已形成，代表根结的数据结构的地址和文法的开始符号(在规范归约情况下)一起留在栈中。

用这种方法表示语法树是最直截了当的。当然，也可以用别的或许是更加高效的表示方法。

5.2 算符优先分析

现在，我们来讨论一种简单直观、广为使用的自下而上分析法，叫做**算符优先**分析法。这种方法特别有利于表达式分析，宜于手工实现。算符优先分析过程是自下而上的归约过程，但这种归约未必是严格的最左归约。也就是说，算符优先分析法不是一种规范归约法。

所谓算符优先分析就是定义算符之间(确切地说，终结符之间)的某种优先关系，借助于这种优先关系寻找"可归约串"和进行归约。

我们用下面方法表示任何两个可能相继出现的终结符 a 和 b（它们之间可能插有一个非终结符）的优先关系。这种关系有三种：

    a$\lessdot$b   a 的优先性低于 b
    a$\doteq$b   a 的优先性等于 b
    a$\gtrdot$b   a 的优先性高于 b

注意，这三个关系不同于数学中的'<'，'='和'>'。例如，a$\lessdot$b 并不一定意味着 b$\gtrdot$a，a$\doteq$b 也不一定意味着 b$\doteq$a。

5.2.1 算符优先文法及优先表构造

下面我们将讨论算符优先文法，通过它可以自动产生终结符的优先关系表，并进行有效的算符优先分析。

一个文法，如果它的任一产生式的右部都不含两个相继(并列)的非终结符，即不含如下形式的产生式右部：

$$\cdots QR\cdots$$

则我们称该文法为**算符文法**。

在后面的定义中，a、b 代表任意终结符；P、Q、R 代表任意非终结符；'…' 代表由终结符和非终结符组成的任意序列，包括空字。

假定 G 是一个不含 ε-产生式的算符文法。对于任何一对终结符 a、b，我们说：

(1) $a \doteq b$　当且仅当文法 G 中含有形如 P→…ab…或 P→…aQb…的产生式；

(2) $a \lessdot b$　当且仅当 G 中含有形如 P→…aR…的产生式，而 $R \stackrel{+}{\Rightarrow} b\cdots$ 或 $R \stackrel{+}{\Rightarrow} Qb\cdots$；

(3) $a \gtrdot b$　当且仅当 G 中含有形如 P→…Rb…的产生式，而 $R \stackrel{+}{\Rightarrow} \cdots a$ 或 $R \stackrel{+}{\Rightarrow} \cdots aQ$。

如果一个算符文法 G 中的任何终结符对 (a,b) 至多只满足下述三关系之一：

$$a \doteq b, a \lessdot b, a \gtrdot b$$

则称 G 是一个**算符优先文法**。

例 5.4　考虑下面的文法 G：

(1) E→E+T|T

(2) T→T*F|F　　　　　　　　　　　　　　　　　　　　　　(5.3)

(3) F→P↑F|P

(4) P→(E)|i

根据第 (4) 条规则，我们有 '(' $\doteq$ ')'。从规则 E→E+T 和 $T \stackrel{+}{\Rightarrow} T*F$，我们有 $+\lessdot *$；由 (2) 和 (3) 可得 $*\lessdot \uparrow$。由 (1) E→F+T 和 $E \stackrel{+}{\Rightarrow} E+T$ 可得 $+\gtrdot +$。由 (3) F→P↑F 和 $F \stackrel{+}{\Rightarrow} P\uparrow F$ 可得 $\uparrow \lessdot \uparrow$。由 (4) P→(E) 和

$$E \Rightarrow E+T \Rightarrow T+T \Rightarrow T*F+T \Rightarrow F*F+T \Rightarrow P\uparrow F*F+T \Rightarrow i\uparrow F*F+T$$

我们有 (<+、(<*、(<↑ 和 (<i。总之，按定义，我们可得文法 G 终结符对的优先关系表，该表如表 5.1 所列，因为，对于 G 的任何终结对 (a,b)，至多只有一种关系成立。因此，G 是一个算符优先文法。

表 5.1　优先表

	+	*	↑	i	(	)	#
+	>	<	<	<	<	>	>
*	>	>	<	<	<	>	>
↑	>	>	<	<	<	>	>
i	>	>	>			>	>
(	<	<	<	<	<	$\doteq$	
)	>	>	>			>	>
#	<	<	<	<	<		$\doteq$

在表 5.1 中，'#' 是一个特殊符号，用作句子括号。为统一起见，把它也看成似乎是文法的一个终结符。表中的空白格表示相应终结符偶没有优先关系。例如，文法 G 的任一句型决不许含有…)(…或)i…这样的情形。

现在来研究从算符优先文法 G 构造优先关系表的算法。

通过检查 G 的每个产生式的每个候选式，可找出所有满足 $a \doteq b$ 的终结符对。为了找出所有满足关系<和>的终结符对，我们首先需要对 G 的每个非终结符 P 构造两个集合 FIRSTVT(P) 和 LASTVT(P)：

$$\text{FIRSTVT}(P) = \{a | P \overset{+}{\Rightarrow} a\cdots \text{ 或 } P \Rightarrow Qa\cdots, a \in V_T \text{ 而 } Q \in V_N\}$$

$$\text{LASTVT}(P) = \{a | P \overset{+}{\Rightarrow} \cdots a \text{ 或 } P \overset{+}{\Rightarrow} \cdots aQ, a \in V_T \text{ 而 } Q \in V_N\}$$

有了这两个集合之后,就可以通过检查每个产生式的候选式确定满足关系⋖和⋗的所有终结符对。例如,假定有个产生式的一个候选形为

$$\cdots aP\cdots$$

那么,对任何 $b \in \text{FIRSTVT}(P)$,我们有 a⋖b。类似地,假定有个产生式的一个候选形为

$$\cdots Pb\cdots$$

那么,对任何 $a \in \text{LASTVT}(P)$,我们有 a⋗b。

我们首先讨论构造集合 FIRSTVT(P) 的算法。按其定义,我们可用下面两条规则来构造集合 FIRSTVT(P):

(1) 若有产生式 P→a⋯ 或 P→Qa⋯,则 $a \in \text{FIRSTVT}(P)$;

(2) 若 $a \in \text{FIRSTVT}(Q)$,且有产生式 P→Q⋯,则 $a \in \text{FIRSTVT}(P)$。

我们将建立一个布尔数组 F[P,a],使得 F[P,a] 为真的条件是,当且仅当 $a \in$ FIRSTVT(P)。开始时,按上述的规则(1)对每个数组元素 F[P,a] 赋初值。我们用一个栈 STACK,把所有初值为真的数组元素 F[P,a] 的符号对(P,a)全都放在 STACK 之中。然后,对栈 STACK 施行如下运算。

如果栈 STACK 不空,就将顶项逐出,记此项为(Q,a)。对于每个形如

$$P \rightarrow Q\cdots$$

的产生式,若 F[P,a] 为假,则变其值为真且将(P,a)推进 STACK 栈。

上述过程必须一直重复,直至栈 STACK 拆空为止。

如果把这个算法稍为形式化一点,我们可得如下所示的一个程序(包括一个过程和主程序)。

PROCEDURE INSERT(P,a);
  IF NOT F[P,a] THEN
    BEGIN F[P,a]:=TRUE;把(P,a)下推进 STACK 栈 END;
下面是主程序;
BEGIN
  FOR   每个非终结符 P 和终结符 a DO F[P,a]:=FALSE;
  FOR   每个形如 P→a⋯ 或 P→Qa⋯ 的产生式 DO
      INSERT(P,a);
  WHILE STACK 非空 DO
    BEGIN
      把 STACK 的顶项,记为(Q,a),上托出去;
      FOR 每条形如 P→Q⋯ 的产生式 DO
        INSERT(P,a);
    END OF WHILE;
END

这个算法的工作结果得到一个二维数组 F,从它可得任何非终结符 P 的 FIRSTVT。

$$\text{FIRSTVT}(P) = \{a | F[P,a] = \text{TRUE}\}$$

同理,可构造计算 LASTVT 的算法(留作练习)。

使用每个非终结符 P 的 FIRSTVT(P) 和 LASTVT(P)，我们就能够构造文法 G 的优先表。构造优先表的算法是：

FOR 每条产生式 $P \rightarrow X_1 X_2 \cdots X_n$ DO
    FOR i:=1 TO n-1 DO
      BEGIN
        IF X_i 和 X_{i+1} 均为终结符 THEN 置 $X_i \doteq X_{i+1}$
        IF i≤n-2 且 X_i 和 X_{i+2} 都为终结符
            但 X_{i+1} 为非终结符 THEN 置 $X_i \doteq X_{i+2}$；
        IF X_i 为终结符而 X_{i+1} 为非终结符 THEN
            FOR FIRSTVT(X_{i+1}) 中的每个 a DO
                置 $X_i \lessdot a$;
        IF X_j 为非终结符而 X_{i+1} 为终结符 THEN
            FOR LASTVT(X_j) 中的每个 a DO
                置 $a \gtrdot X_{i+1}$
      END

至此，我们完成了从文法 G 自动构造优先表的算法。虽然，所给出的算法仍是原理性的，但足以作为实现的依据。

5.2.2 算符优先分析算法

下面讨论算符优先文法所产生的语言的分析算法。为了刻画什么是"可归约串"，我们将定义算符优先文法的句型的"最左素短语"这个概念。

考察 5.1.2 节所述"短语"概念的含义。仅仅有 $A \overset{+}{\Rightarrow} \beta$，不一定意味着 β 就是句型 αβδ 的一个短语。因为，还需要 $S \overset{*}{\Rightarrow} \alpha A \delta$ 这一条件。例如，让我们考察文法(5.3)的一个句型 P*P+i，尽管有 $E \overset{+}{\Rightarrow} P+i$，但 P+i 并不是句型 P*P+i 的一个短语，因为不存在从 E（文法开始符）到 P*E 的推导。但是，P*P、i 和 P*P+i 自身都是句型 P*P+i 的短语。

所谓素短语是指这样的一个短语，它至少含有一个终结符，并且，除它自身之外不再含任何更小的素短语。所谓最左素短语是指处于句型最左边的那个素短语。如上例，P*P 和 i 是句型 P*P+i 的素短语，而 P*P 是它的最左素短语。

现在考虑算符优先文法，我们把句型（括在两个#之间）的一般形式写成：

$$\#N_1 a_1 N_2 a_2 \cdots N_n a_n N_{n+1}\# \tag{5.4}$$

其中，每个 a_i 都是终结符，N_i 是可有可无的非终结符。换言之，句型中含有 n 个终结符，任何两个终结符之间顶多只有一个非终结符。必须记住，任何算符文法的句型都具有这种形式。我们可以证明如下定理（证明留给有兴趣的读者作练习）。

一个算符优先文法 G 的任何句型(5.4)的最左素短语是满足如下条件的最左子串 $N_j a_j \cdots N_i a_i N_{i+1}$，

$$a_{j-1} \lessdot a_j$$
$$a_j \doteq a_{j+1}, \cdots, a_{i-1} \doteq a_i$$
$$a_i \gtrdot a_{i+1}$$

根据这个定理，下面我们讨论算符优先分析算法。为了和定理的叙述相适应，我们现在仅使用一个符号栈 S,既用它寄存终结符,也用它寄存非终结符。下面的分析算法是直接根据这个定理构造出来的,其中 k 代表符号栈 S 的使用深度。

```
1     k:=1;    S[k]:='#';
2     REPEAT
3         把下一个输入符号读进 a 中;
4         IF S[k] ∈ V_T THEN j:=k ELSE   j:=k-1;
5         WHILE S[j]⋗a   DO
6             BEGIN
7                 REPEAT
8                     Q:=S[j];
9                     IF S[j-1] ∈ V_T THEN j:=j-1 ELSE j:=j-2
10                UNTIL S[j]⋖Q;
11                把 S[j+1]…S[k] 归约为某个 N;
12                k:=j+1;
13                S[k]:=N
14            END OF WHILE;
15        IF S[j]⋖a OR S[j]≐a THEN
16            BEGIN k:=k+1;S[k]:=a END
17        ELSE ERROR/ * 调用出错诊察程序 */
18    UNTIL a='#'
```

在上述算法的工作过程中,若出现 j 减 1 后的值小于等于 0 时,则意味着输入串有错。在正确的情况下,算法工作完毕时,符号栈 S 应呈现:#N#。

注意,在上述算法的第 11 行中,我们并没有指出应把所找到的最左素短语归约到哪一个非终结符号'N'。N 是指那样一个产生式的左部符号,此产生式的右部和 S[j+1]…S[k] 构成如下一一对应关系:自左至右,终结符对终结符,非终结符对非终结符,而且对应的终结符相同。由于非终结符对归约没有影响,因此,非终结符根本可以不进符号栈 S。

不难看出,算符优先分析一般并不等价于规范归约。由于算符优先分析并未对文法非终结符定义优先关系,所以就无法发现由单个非终结符组成的"可归约串"。也就是说,在算符优先归约过程中,我们无法用那些右部仅含一个非终符的产生式(称为单非产生式,如 P→Q)进行归约。例如,对文法(5.3)的句子 i+i,按算符优先分析法,归约过程是:先把第一个 i 归为 P,然后把第二个 i 也归为 P,最后把 P+P 直接归为 E。在此过程中,单非产生式对归约没有发挥作用。换言之,若按上述的算法步骤一步一步地走,当把输入串的结束符#读进 a 之后,S 栈的内容是#P+P,此时按第 11 步,应把 P+P 归约为 E。

显然,算符优先分析比规范归约要快得多,因为算符优先分析跳过了所有单非产生式所对应的归约步骤。这既是算符优先分析的优点,同时也是它的缺点。因为,忽略非终结符在归约过程中的作用,存在某种危险性,可能导致把本来不成句子的输入串误认为是句子。但这种缺陷容易从技术上加以弥补。

算符优先分析法是一种广为应用、行之有效的方法。这种方法不仅可以方便地用于分析各类表达式,而且就连 ALGOL 60 这样复杂语言,只需对其语法稍加修改,也可以用此法进行语法分析。

5.2.3 优先函数

在实际实现算符优先分析算法时,一般不用表 5.1 这样的优先表,而是用两个优先函数 f 和 g。我们把每个终结符 θ 与两个自然数 f(θ) 和 g(θ) 相应对,使得

$$\begin{aligned} &若\ \theta_1 \lessdot \theta_2 &\text{则}\quad f(\theta_1) < g(\theta_2) \\ &若\ \theta_1 \doteq \theta_2 &\text{则}\quad f(\theta_1) = g(\theta_2) \\ &若\ \theta_1 \gtrdot \theta_2 &\text{则}\quad f(\theta_1) > g(\theta_2) \end{aligned} \qquad (5.5)$$

函数 f 称为入栈优先函数,g 称为比较优先函数。使用优先函数有两方面的优点:便于作比较运算,并且节省存储空间,因为优先关系表占用的存储量比较大。其缺点是,原先不存在优先关系的两个终结符,由于与自然数相对应,变成可比较的了。因而,可能会掩盖输入串的某些错误。但是,我们可以通过检查栈顶符号 θ 和输入符号 a 的具体内容来发现那些原先不可比较的情形。

关于表 5.1 的优先关系所对应的函数可定义为下表。

	+	*	↑	(	)	i	#
f	2	4	5	0	6	6	0
g	1	3	6	7	0	7	0

下面介绍一种从优先关系表构造优先函数的办法。注意,对应一个优先关系表的优先函数 f 和 g 不是唯一的。只要存在一对,就存在无穷多对。也有许多优先关系表不存在对应的优先函数。例如,对于下面的关系表就不存在对应的优先函数 f 和 g。

	a	b
a	$\doteq$	$\gtrdot$
b	$\doteq$	$\doteq$

如果我们假定存在 f 和 g,那就应有

$$f(a) = g(a),\ f(a) > g(b)$$
$$f(b) = g(a),\ f(b) = g(b)$$

从而导致如下的矛盾:

$$f(a) > g(b) = f(b) = g(a) = f(a)$$

如果优先函数存在,那么,从优先表构造优先函数的一个简单方法是:

(1) 对于每个终结符 a(包括#)令其对应两个符号 f_a 和 g_a,画一张以所有符号 f_a 和 g_a 为结点的方向图,如果 $a \gtrdot \doteq b$,那么,就从 f_a 画一箭弧至 g_b;如果 $a \lessdot \doteq b$,就画一条从 g_b 到 f_a 的箭弧。

(2) 对每个结点都赋予一个数,此数等于从该结点出发所能到达结点(包括出发结点自身在内)的个数。赋给 f_a 的数作为 f(a),赋给 g_b 的数作为 g(b)。

(3) 检查所构造出来的函数 f 和 g,看它们同原来的关系表是否有矛盾。如果没有矛盾,则 f 和 g 就是所要的优先函数。如果有矛盾,那么,就不存在优先函数。

现在必须证明:若 $a \doteq b$,则 f(a) = g(b);若 $a \lessdot b$,则 f(a) < g(b);若 $a \gtrdot b$,则 f(a) >

g(b)。第一个关系可从函数的构造直接获得。因为,若 a≐b,则既有从 f_a 到 g_b 的弧,又有从 g_b 到 f_a 的弧。所以,f_a 和 g_b 所能到达的结是全同的。至于 a>b 和 a<b 的情形,只须证明其一。如果 a>b,则有从 f_a 到 g_b 的弧。也就是,g_b 能到达的任何结 f_a 也能到达,因此,f(a)≥g(b)。我们所需证明的是,在这种情况下,f(a)=g(b)不应成立。我们将指出,如果 f(a)=g(b),则根本不存在优先函数。假若 f(a)=g(b),那么必有如下的回路:

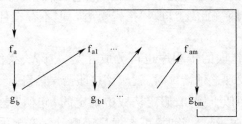

因此有

$$a>b, a_1 \leqslant \doteq b, a_1 \geqslant \doteq b_1, \cdots a_m \geqslant \doteq b_m, a \leqslant \doteq b_m$$

因为对任何优先函数都必须满足(5.5)所规定的条件,而上面的关系恰恰表明,对任何优先函数 f 和 g 来说,必定有

$$f(a) > g(b) \geqslant f(a_1) \geqslant g(b_1) \geqslant \cdots \geqslant f(a_m) \geqslant g(b_m) \geqslant f(a)$$

从而导致 f(a)>f(a),产生矛盾。因此,不存在优先函数 f 和 g。

例 5.5 表 5.1(去掉 i 和 # 两个符号)所对应的方向图如图 5.2 所示。从该图所得的函数 f 和 g 如下:

	+	*	↑	(	)
f	4	6	6	2	9
g	3	5	8	8	2

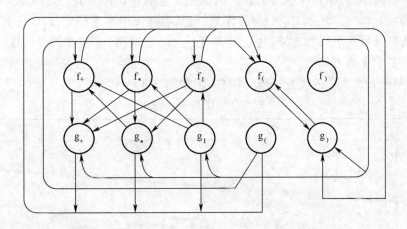

图 5.2 优先函数构造

如前述,使用优先函数有许多优点。因此,凡可能,应尽量使用优先函数。必须指出,对于一般的表达式文法而言,优先函数通常是存在的。

5.2.4 算符优先分析中的出错处理

使用算符优先分析法时,可在两种情况下,发现语法错误:

(1) 若在栈顶终结符号与下一输入符号之间不存在任何优先关系;

(2) 若找到某一"句柄"(此处"句柄"指素短语),但不存在任一产生式,其右部为此"句柄"。

针对上述情况,处理错误的子程序也可分成几类。首先,我们考虑处理类似第 2 种情况错误的子程序。当发现这种情况时,就应该打印错误信息。子程序要确定该"句柄"与哪个产生式的右部最相似。例如,假定从栈中确定的"句柄"是 abc,可是,没有一个产生式,其右部包含 a,b,c 在一起。此时,可考虑是否删除 a,b,c 中的一个。例如,假若有一产生式,其右部为 aAcB,则可给出错误信息:"非法 b";若另有一产生式,其右部为 abdc,则可给出错误信息:"缺少 d"。

注意,在使用算符优先分析法时,非终结符的处理是隐匿的,但是应该在栈中为这些非终结符留有相应的位置。因此,当我们论及"句柄"与某一产生式右部相匹配时,则意味着其相应的终结符是相同的,而非终结符所占位置也是相同的。即使如此,出现在栈中一定位置上的非终结符也不一定是一个正确的非终结符。然后,对一般的表达式使用算符优先处理,不会有很大的问题。

一般而言,当在栈中找到序列 $b_1 b_2 \cdots b_k$,其相邻符号间具有 $\doteq$ 关系,即 $b_1 \doteq b_2 \doteq \cdots \doteq b_k$ 时,如果优先关系表告诉我们具有 $\doteq$ 关系的符号序列只有有限个,则可逐个对它们进行比较。对每一在栈中找到的归约序列 $b_1 b_2 \cdots b_k$,可确定一个最小距离合法产生式的右部 Y。符号序列 $b_1 b_2 \cdots b_k$ 之所以能归约,必须存在某一符号 a(可能为#),使得 $a < b_1$,我们称符号 b_1 为初始。同样,必须存在某一符号 c(可能为#),使得 $b_k > c$,我们称符号 b_k 为结尾。如果我们构造一有向图,其结点代表终结符。从结点 a 至结点 b 有一条边,当且仅当 $a \doteq b$,则所有可能满足 $b_1 \doteq b_2 \doteq \cdots \doteq b_k$ 的符号序列,可从有向图中易于确定,这个序列就是在图中由这些结点符号所形成的通路(也可能只有一个结点通路)。若在图中构成一环路,则意味着无穷多个序列可归约。

例如,考虑表 5.2 中的优先矩阵,其有向图如图 5.3 所示。

表 5.2 优先关系表

	+	*	(	)	i	#
+	>	<	<	>	<	>
*	>	>	<	>	<	>
(	<	<	<	$\doteq$	<	
)	>	>		>		>
i	>	>		>		>
#	<	<	<		<	

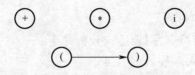

图 5.3 关于 ≡ 的关系图

图中只有一条边,因为只有'('≡')'。初始符号集号{+,∗,i,(}结尾符号集为 {+,∗,i,)},且只有有限个通路,它们分别为:+,∗,i 及(,)。每一通路对应某一产生式右部的那些终结符。因此,校正子程序只须检查介乎其间的非终结符记号。例如,可执行下述工作。

(1) 如+或∗初归约,则检查其两端是否出现非终结符。否则,打印错误信息:"缺表达式"。

(2) 如 i 被归约,则检查其左端或右端是否有非终结符。如果有,则给出信息:"表达式间无运算符联结"。

(3) 如( )被归约,则检查是否在括号间有一非终结符。如果没有,则给出信息:"括号间无表达式"。

若有无穷多个符号序列可以归约,则可使用一个一般的子程序去处理,以确定哪一个产生式右部与该归约序列的距离满足一定的界限(例如限定为 1 或 2)。若存在这样的产生式,则假定以这个产生式为依据,并给出比较具体的错误信息。否则,可给出类似"该语句有错"这样的一般信息。

现在,我们研究栈顶符号与输入符号之间不存在任何优先关系时的错误处理。例如,假定 a 和 b 是栈顶上的两个符号(b 在顶上),c 和 d 为输入符号串中前面两个符号,且 b 和 c 之间不存在任何关系。对此,我们可以采用一般的办法进行处理,即改变、插入或删除符号。如果采用改变或插入符号的办法,必须注意不要造成无穷的重复过程。譬如,不断地在输入端插入符号,但始终不能将栈内的符号序列归约或将符号移入栈顶。例如,若 a⩽c(我们用⩽表示,<或≡),则将 b 从栈顶移去。若 b⩽d,则将 c 删除。另外一种可能是找出某个 e,使得 b⩽e⩽c,并把 e 插入输入端 c 的前面。一般而言,若不能找到单个符号,则也可插入一串符号,使得 b⩽e_1⩽e_2⩽…⩽e_n⩽c,选取的办法视具体情况而定。在优先矩阵中的每一空项中,可填入指示器,指向处理该项错误的子程序。不同的空项,可填同一指示器,也就是用同样的错误处理方法。

例 5.6 表 5.3 所列的优先矩阵是在表 5.2 的空项内填上各种不同的处理错误子程序后的结果,每个处理错误子程序进行如下的工作:

e_1: /∗当表达式以右括号结尾时,调用此程序∗/
　　　　将'('从栈顶移去;
　　　　给出错误信息:非法左括号。

e_2: /∗当 i 或)后跟 i 或(时,调用此程序∗/
　　　　在输入端插入'+';
　　　　给出错误信息:缺少运算符。

e_3: /∗当表达式以右括号开始时,调用此程序∗/

从输入端删除')';
给出错误信息:非法右括号。
e_4:(1)若栈顶有非终结符 E,则表达式分析完毕。
(2)若为空,则在输入端插入 i;
给出错误信息:缺少表达式。

表 5.3 优先关系表(包括出错处理子程序)

	+	*	(	)	i	#
+	>	<	<	>	<	>
*	>	>	<	>	<	>
(	<	<	<	=	<	e_1
)	>	>	e_2	>	e_2	>
i	>	>	e_2	>	e_2	>
#	<	<	<	e_3	<	e_4

最后,我们举例说明前面介绍的这些子程序是如何去处理一串含有错误的符号串的。设表达式 D+E,由于错误输入成为 D+),经过词法分析后,将 i+)送至语法分析器。首先,将 i 移入栈内并进行归约(以 E 代表)。然后,将'+'移入栈内,此时有如下情况:

栈	输入符号串
# E +	)#

由于+>),对'+'进行归约,错误诊察程序发现'+'的右端没有 E,故给出错误信息:"缺表达式"。但它仍进行归约,归约后的情况假设为

栈	输入符号串
# E	)#

因#和')'之间没有任何优先关系,从表 5.3 可以看出,此时应调用 e_3,e_3 将')'删除,并给出错误信息:"非法右括号"。最后进入状态:

栈	输入符号串
# E	#

*5.3 LR 分析法

本节介绍一个有效的自下而上分析技术,它可用于很大一类上下文无关文法的语法分析。这种技术被称做 LR 分析法,这里 L 表示从左到右扫描输入串,R 表示构造一个最右推导的逆过程。

一般地说,大多数用上下文无关文法描述的程序语言都可用 LR 分析器予以识别。

LR分析法比算符优先分析法或其它的"移进-归约"技术更加广泛,而且识别效率并不比它们差。能用 LR 分析器分析的文法类,包含能用 LL(1)分析器分析的全部文法类,LR分析法在自左至右扫描输入串时就能发现其中的任何错误,并能准确地指出出错地点。

这种分析法的一个主要缺点是,若用手工构造分析程序则工作量相当大。因此,必须求助于自动产生这种分析程序的产生器。现在人们已设计出了这样的专用工具,如YACC(我们将在 5.4 节中讨论),使用这种工具可以有效地产生语法分析程序。

下面,我将首先讨论 LR 分析器的工作过程。然后将讨论四种不同分析表的构造方法。第一种,也是最简单的一种,叫做 LR(0)表构造法。这种方法的局限性极大,但它是建立其它较一般的 LR 分析法的基础。第二种,叫做简单 LR(简称 SLR)表构造法。虽然,有一些文法构造不出 SLR 分析表,但是,这是一种比较容易实现又极有使用价值的方法。第三种,叫做规范 LR 表构造法,这种分析表能力最强,能够适用一大类方法,但实现代价过高,或者说,分析表的体积非常大。第四种,叫做向前 LR 表构造法(简称 LALR)。这种分析表的能力介于 SLR 和规范 LR 之间,稍加努力,就可以高效地实现。最后,我们将讨论如何使用二义文法简化语言描述和产生高效能的分析器。

5.3.1 LR 分析器

规范归约(最左归约-最右推导的逆过程)的关键问题是寻找句柄。在一般的"移进-归约"过程中,当一串貌似句柄的符号串呈现于栈顶时,我们有什么方法可以确定它是否为相对于某一产生式的句柄呢? LR 方法的基本思想是,在规范归约过程中,一方面记住已移进和归约出的整个符号串,即记住"历史",另一方面根据所用的产生式推测未来可能碰到的输入符号,即对未来进行"展望"。当一串貌似句柄的符号串呈现于分析栈的顶端时,我们希望能够根据所记载的"历史"和"展望"以及"现实"的输入符号等三方面的材料,来确定栈顶的符号串是否构成相对某一产生式的句柄。

LR 分析法的这种基本思想是很符合哲理的。因而可以想像,这种分析法也必定是非常通用的。正因如此,实现起来也就非常困难。作为归约过程的"历史"材料的积累虽不困难(实际上,这些材料都保存在分析栈中),但是,"展望"材料的汇集却是一件很不容易的事情。这种困难不是理论上的,而是实际实现上的。因为,根据历史推测未来,即使是推测未来的一个符号,也常常存在着非常多的不同可能性。因此,当把"历史"和"展望"材料综合在一起时,复杂性就大大增加。如果简化对"展望"资料的要求,我们就可能获得实际可行的分析算法。

后面所讨论的 LR 方法都是带有一定限制的。

一个 LR 分析器实质上是一个带先进后出存储器(栈)的确定有限状态自动机。我们将把"历史"和"展望"材料综合地抽象成某些"状态"。分析栈(先进后出存储器)用来存放状态。栈里的每个状态概括了从分析开始直到某一归约阶段的全部"历史"和"展望"资料。任何时候,栈顶的状态都代表了整个的历史和已推测出的展望。因此,在任何时候都可从栈顶状态得知你所想了解的一切,而绝对没有必要从底面上翻阅整个栈。LR分析器的每一步工作都是由栈顶状态和现行输入符号所唯一决定的。为了有助于明确归约手续,我们把已归约出的文法符号串也同时放在栈里(显然它们是多余的,因为它们已被概括在"状态"里了)。于是,我们可以把栈的结构看成是:

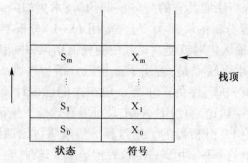

栈的每一项内容包括状态 s 和文法符号 X 两部分。$(s_0,\#)$ 为分析开始前预先放到栈里的初始状态和句子括号。栈顶状态为 s_m，符号串 $X_1X_2\cdots X_m$ 是至今已移进归约出的部分。

LR 分析器模型如图 5.4 所示。

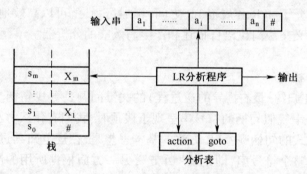

图 5.4　LR 分析器模型

LR 分析器的核心部分是一张**分析表**。这张分析表包括两部分，一是"动作"（ACTION）表，另一是"状态转换"（GOTO）表。它们都是二维数组。ACTION[s,a] 规定了当状态 s 面临输入符号 a 时应采取什么动作。GOTO[s,X] 规定了状态 s 面对文法符号 X（终结符或非终结符）时下一状态是什么。显然，GOTO[s,X] 定义了一个以文法符号为字母表的 DFA。

每一项 ACTION[s,a] 所规定的动作不外是下述四种可能之一。

（1）**移进**　把 (s,a) 的下一状态 s′=GOTO[s,a] 和输入符号 a 推进栈，下一输入符号变成现行输入符号。

（2）**归约**　指用某一产生式 A→β 进行归约。假若 β 的长度为 r，归约的动作是 A，去除栈顶的 r 个项，使状态 s_{m-r} 变成栈顶状态，然后把 (s_{m-r},A) 的下一状态 s′=GOTO$[s_{m-r},A]$ 和文法符号 A 推进栈。归约动作不改变现行输入符号。执行归约动作意味着 $\beta(=X_{m-r+1}\cdots X_m)$ 已呈现于栈顶而且是一个相对于 A 的句柄。

（3）**接受**　宣布分析成功，停止分析器的工作。

（4）**报错**　发现源程序含有错误，调用出错处理程序。

LR 分析器的总控程序本身的工作是非常简单的。它的任何一步只需按栈顶状态 s 和现行输入符号 a 执行 ACTION[s,a] 所规定的动作。不管什么分析表，总控程序都是一样地工作。

一个 LR 分析器的工作过程可看成是栈里的状态序列、已归约串和输入串所构成的

三元式的变化过程。分析开始时的初始三元式为

$$(s_0, \#, a_1a_2\cdots a_n\#)$$

其中,s_0 为分析器的初态;#为句子的左括号;$a_1a_2\cdots a_n$ 为输入串;其后的#为结束符(句子右括号)。分析过程每步的结果可表示为

$$(s_0s_1\cdots s_m, \#X_1X_2\cdots X_m, a_ia_{i+1}\cdots a_n\#)$$

分析器的下一步动作是由栈顶状态 s_m 和现行输入符号 a_i 所唯一决定的。即,执行 ACTION$[s_m, a_i]$ 所规定的动作。经执行每种可能的动作之后,三元式的变化情形是:

(1) 若 ACTION$[s_m, a_i]$ 为移进,且 $s=$GOTO$[s_m, a_i]$,则三元式变成:

$$(s_0s_1\cdots s_ms, \#X_1X_2\cdots X_ma_i, a_{i+1}\cdots a_n\#)$$

(2) 若 ACTION$[s_m a_i]=\{A\to\beta\}$,则按产生式 $A\to\beta$ 进行归约。此时三元式变为

$$(s_0s_1\cdots s_{m-r}s, \#X_1\cdots X_{m-r}A, a_ia_{i+1}\cdots a_n\#)$$

此处 $s=$GOTO$[s_{m-r}, A]$,r 为 β 的长度,$\beta=X_{m-r+1}\cdots X_m$。

(3) 若 ACTION$[s_m, a_i]$ 为"接受",则三元式不再变化,变化过程终止,宣布分析成功。

(4) 若 ACTION$[s_m, a_i]$ 为"报错",则三元式的变化过程终止,报告错误。

一个 LR 分析器的工作过程就是一步一步地变换三元式,直至执行"接受"或"报错"为止。

例如,图 5.5 就是下述文法的一个 LR 分析表:

(1) E→E+T
(2) E→T
(3) T→T * F
(4) T→F
(5) F→(E)
(6) F→i

状态	ACTION(动作)						GOTO(转换)		
	i	+	*	(	)	#	E	T	F
0	s5			s4			1	2	3
1		s6				acc			
2		r2	s7		r2	r2			
3		r4	r4		r4	r4			
4	s5			s4			8	2	3
5		r6	r6		r6	r6			
6	s5			s4				9	3
7	s5			s4					10
8		s6			s11				
9		r1	s7		r1	r1			
10		r3	r3		r3	r3			
11		r5	r5		r5	r5			

图 5.5 LR 分析表

图 5.5 中所引用记号的意义是:

(1) sj　　　　　　把下一状态 j 和现行输入符号 a 移进栈；
(2) rj　　　　　　按第 j 个产生式进行归约；
(3) acc　　　　　 接受；
(4) 空白格　　　　出错标志,报错。

注意,若 a 为终结符,则 GOTO[s,a]的值已列在 ACTION[s,a]的 sj 之中(状态 j)。因此,GOTO 表仅对所有非终结符 A 列出 GOTO[s,A]的值。

例 5.7　利用图 5.5 分析表,假定输入串为 i∗i+i,LR 分析器的工作过程(即,三元式的变化过程)如下：

	状　态	符　号	输入串
(1)	0	#	i∗i+i#
(2)	05	#i	∗i+i#
(3)	03	#F	∗i+i#
(4)	02	#T	∗i+i#
(5)	027	#T∗	i+i#
(6)	0275	#T∗i	+i#
(7)	027 10	#T∗F	+i#
(8)	02	#T	+i#
(9)	01	#E	+i#
(10)	016	#E+	i#
(11)	0165	#E+i	#
(12)	0163	#E+F	#
(13)	0169	#E+T	#
(14)	01	#E	#

对于一个 LR 分析器来说,栈顶状态提供了所需的一切"历史"和"展望"信息。请注意一个非常重要的事实：如果仅由栈的内容和现实的输入符号就可以识别一个句柄,那么,就可以用一个有限自动机自底向上扫描栈的内容和检查现行输入符号来确定呈现于栈顶的句柄是什么(如果形成一个句柄时)。事实上,LR 分析器就是这样的一个有限自动机。只是,因栈顶的状态已概括了整个栈的内容,因此,无需扫描整个栈。栈顶状态就好像已代替我们进行了这种扫描。

LR 文法

我们主要关心的问题是,如何从文法构造 LR 分析表。对于一个文法,如果能够构造一张分析表,使得它的每个入口均是唯一确定的,则我们将把这个文法称为 LR 文法。并非所有上下文无关文法都是 LR 文法。但对于多数程序语言来说,一般都可用 LR 文法描述。直观上说,对于一个 LR 文法,当分析器对输入串进行自左至右扫描时,一旦句柄呈现于栈顶,就能及时对它实行归约。

一个 LR 分析器有时需要"展望"和实际检查未来的 k 个输入符号才能决定应采取什么样的"移进-归约"决策。一般而言,一个文法,如果能用一个每步顶多向前检查 k 个输入符号的 LR 分析器进行分析,则这个文法就称为 LR(k)文法。但对多数的程序语言来说，k=0 或 1 就足够了。因此，我们只考虑 k≤1 的情形。

注意，LR 方法关于识别产生式右部的条件远不像预测法那样严峻。预测法要求每个非终结符的所有候选的首符均不同，预测分析程序认为，一旦看到首符之后就看准了该用哪一个产生式进行推导。但 LR 分析程序只有在看到整个右部所推导的东西之后才认为是看准了归约方向。因此，LR 方法比预测法应该更加一般化。

一些非 LR 结构

我们已经说过，存在不是 LR 的上下文无关文法。直观上说，对于一个文法，如果它的任何"移进–归约"分析器都存在如下的情形：尽管栈的内容和下一个输入符号都已了解，但无法确定是"移进"还是"归约"，或者，无法从几种可能的归约中确定其一，那么，这个文法就是非 LR(1) 的。

LR 文法肯定是无二义的。一个二义文法决不会是 LR 的。例如，假定有个文法其中含有产生式：

$$S \rightarrow iCtS \mid iCtSeS$$

假定有一个自下而上分析器，它正处于如下情形：

栈	输入
…iCtS	e…#

我们无法肯定 iCtS 是否为一句柄，不论在它之下栈所含的内容是什么。此时有两种可能的选择。或者，应该把 iCtS 归约为 S；或者，把 e 移进，期待另一个 S。但我们不知道应该选择哪一个动作。因此，这个文法不是 LR(1) 的。任何二义文法都不是 LR(k) 的，不论 k 多大。

应当指出，LR 分析技术可修改为适用于分析一定的二义文法。例如，上述影射 if_then_else 结构的文法也可用 LR 法进行分析。只是，当出现以上矛盾时，我们规定把 e 移进，而不是直接把 iCtS 归约为 S。这种变通办法是符合现实程序语言的要求的。

再看下面的例子。假定有一个词法分析器，它对任何标识符都送回单词符号 i（不论这个标识符作什么用）。如果我们的语言中过程调用和数组元素引用具有相同的语法结构，则在这种情况下，当以一个诸如 A(I,J) 的结构时，我们不知道它是过程调用还是数组元素引用。但是，由于下标的翻译和实在参数的翻译是不一样的。因此，我们自然会用不同的规则产生实在参数表和下标表。于是，文法的有关部分可能采用如下的产生式：

(1) 语句→i(参数表)

(2) 语句→表达式:=表达式

(3) 参数表→参数表,参数

(4) 参数表→参数

(5) 参数→i

(6) 表达式→i(表达式表)

(7) 表达式→i

(8) 表达式表→表达式表,表达式

(9) 表达式表→表达式

一个以 A(I,J) 开始的语句，对于语法分析器来说，是一串如 i(i,i) 的单词符号，在前三个符号移进栈之后，"移进–归约"分析器就面对如下的情形：

                    栈   输入
                ···i(i   ,i)···#   (5.6)

显然,此时栈顶上的 i 应被归约,但归约成什么呢？如果 A 是过程名,就应该用产生式(5)归约。如果 A 是数组名,则应该用产生式(7)归约。但是栈里的内容并未告诉我们第一个 i 代表什么,要了解这一点只有查询符号表。

一种解决办法是,把产生式(1)中的 i 改为 proci,并且使用一个更机灵的词法分析器,当它识别一个代表过程名的标识符时它就能为我们送来 proci,这意味着让词法分析器代替我们查询符号表。假若采用这种解决办法,当处理 A(I,J)时,语法分析器或将碰到如下情形：

                    栈   输入
                ···proci(i   ,i)···#

或碰到上面(5.6)那种情形。若面对(5.6)的情形,则应该用产生式(7)对栈顶 i 进行归约。若面对后面这种情况,就应该用产生式(5)进行归约。注意,这里的归约动作虽然是仅对栈顶符号 i 进行的,但自顶而下的第三个符号(即 i 或 proci)却决定了它的归约方向。这就是 LR 分析法之能力所在,它能根据栈的内容来指导现行分析。

5.3.2 LR(0)项目集族和 LR(0)分析表的构造

首先讨论一种只概括"历史"资料而不包含推测性"展望"材料的"状态"。我们希望仅由这种简单状态就能识别呈现在栈顶的某些句柄。下面讨论的 LR(0)项目集就是这样一种简单状态。

在讨论 LR 分析法时,需要定义一个重要概念,这就是文法的规范句型"活前缀"。

字的**前缀**是指该字的任意首部。例如,字 abc 的前缀有 ε、a、ab 或 abc。所谓**活前缀**是指规范句型的一个前缀,这种前缀不含句柄之后的任何符号。之所以称为活前缀,是因为在右边增添一些终结符号之后,就可以使它成为一个规范句型。在 LR 分析工作过程中的任何时候,栈里的文法符号(自栈底而上)$X_1 X_2 \cdots X_m$ 应该构成活前缀,把输入串的剩余部分配上之后即应成为规范句型(如果整个输入串确实构成一个句子)。因此,只要输入串的已扫描部分保持可归约成一个活前缀,那就意味着所扫描过的部分没有错误。

对于一个文法 G,我们可以构造一个有限自动机,它能识别 G 的所有活前缀。在这个基础上,我们将讨论如何把这种自动机转变成 LR 分析表。

对于一个文法 G,我们首先要构造一个 NFA,它能识别 G 的所有活前缀。这个 NFA 的每个状态是下面定义的一个"项目"。文法 G 每一个产生式的右部添加一个圆点称为 G 的一个 **LR(0)项目**(简称项目)。例如,产生式 A→XYZ 对应有四个项目：

$$A \to \cdot XYZ$$
$$A \to X \cdot YZ$$
$$A \to XY \cdot Z$$
$$A \to XYZ \cdot$$

但是,产生式 A→ε 只对应一个项目 A→·。在计算机中,每个项目可用一对整数表示,第一个整数代表产生式编号,第二个整数指出圆点的位置。

直观上说,一个项目指明了在分析过程的某时刻我们看到产生式多大一部分。例如,上面四项的第一个项目意味着,我们希望能从后面输入串中看到可以从 XYZ 推出的符号串。第二个项目意味着,我们已经从输入串中看到能从 X 推出的符号串,我们希望能进一步看到可以从 YZ 推出的符号串。

例 5.8 文法
$$S' \rightarrow E$$
$$E \rightarrow aB | bB$$
$$A \rightarrow cA | d$$
$$B \rightarrow cB | d \tag{5.7}$$

这个文法的项目有:

1. $S' \rightarrow \cdot E$
2. $S' \rightarrow E \cdot$
3. $E \rightarrow \cdot aA$
4. $E \rightarrow a \cdot A$
5. $E \rightarrow aA \cdot$
6. $A \rightarrow \cdot cA$
7. $A \rightarrow c \cdot A$
8. $A \rightarrow cA \cdot$
9. $A \rightarrow \cdot d$
10. $A \rightarrow d \cdot$
11. $E \rightarrow \cdot bB$
12. $E \rightarrow b \cdot B$
13. $E \rightarrow bB \cdot$
14. $B \rightarrow \cdot cB$
15. $B \rightarrow c \cdot B$
16. $B \rightarrow cB \cdot$
17. $B \rightarrow \cdot d$
18. $B \rightarrow d \cdot$

我们可以使用这些项目状态构造一个 NFA,用来识别这个文法的所有活前缀。这个文法的开始符号 S' 仅在第一个产生式的左部出现。使用这个事实,我们规定项目 1 为 NFA 的唯一初态。任何状态(项目)均认为是 NFA 的终态(活前缀识别态)。如果状态 i 和 j 出自同一产生式,而且状态 j 的圆点只落后于状态 i 的圆点一个位置,如状态 i 为

$$X \rightarrow X_1 \cdots X_{i-1} \cdot X_i \cdots X_n$$

而状态 j 为

$$X \rightarrow X_1 \cdots X_i \cdot X_{i+1} \cdots X_n$$

那么,就从状态 i 画一条标志为 X_i 的弧到状态 j。假若状态 i 的圆点之后的那个符号为非终结符,如 i 为 $X \rightarrow \alpha \cdot A\beta$,A 为非终结符,那么,就从状态 i 画 ε 弧到所有 $A \rightarrow \cdot \gamma$ 状态(即,所有那些圆点出现在最左边的 A 的项目)。

按照这些规定,就可使用这 18 个状态,构造一个识别文法(5.7)活前缀的 NFA,如图 5.6 所示,图中画双圈者指句柄识别态(即,这个活前缀的后半截含有句柄)。

使用第二章所说的子集方法,我们能够把识别活前缀的 NFA 确定化,使之成为一个以项目集合为状态的 DFA,这个 DFA 就是建立 LR 分析算法的基础。图 5.7 是图 5.6 相应的 DFA。在这个 DFA 中,我们对状态进行了重新编号,并且把每个状态所含的项目都列在其中。

构成识别一个文法活前缀的 DFA 的项目集(状态)的全体称为这个文法的 LR(0) **项目集规范族**。这个规范族提供了建立一类 LR(0) 和 SLR(简单 LR)分析器的基础。

为了便于叙述,我们用一些专门术语来称呼不同的项目。凡圆点在最右端的项目,如 $A \rightarrow \alpha \cdot$,称为一个"归约项目"。对文法的开始符号 S' 的归约项目,如 $S' \rightarrow \alpha \cdot$,称为"接受"项目。显然,"接受"项目是一种特殊的归约项目。形如 $A \rightarrow \alpha \cdot a\beta$ 的项目,其中 a 为终结

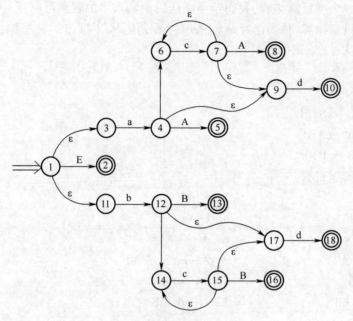

图 5.6 识别活前缀的 NFA

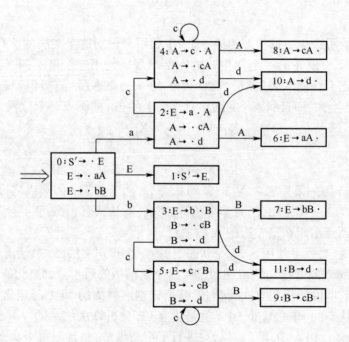

图 5.7 识别前缀的 DFA

符,称为"移进"项目。形如 A→α·Bβ 的项目,其中 B 为非终结符,称为"待约"项目。例如图 5.7 状态 6~11 中所含的项目都是归约项目;状态 1 所含的项目为接受项目;其它状态均含移进和待约项目。

LR(0)项目集规范族的构造

下面我们用第三章所引进的 ε-CLOSURE(闭包)的办法来构造一个文法 G 的 LR(0)

项目集规范族。

为了使"接受"状态易于识别,我们总把文法 G 进行**拓广**。假定文法 G 是一个以 S 为开始符号的文法,我们构造一个 G',它包含了整个 G,但它引进了一个不出现在 G 中的非终结符 S',并加进一个新产生式 S'→S,而这个 S' 是 G' 的开始符号。那么,我们称 G' 是 G 的**拓广文法**。这样,便会有一个仅含项目 S'→S · 的状态,这就是唯一的"接受"态。

假定 I 是文法 G' 的任一项目集,定义和构造 I 的闭包 CLOSURE(I) 的办法是:

(1) I 的任何项目都属于 CLOSURE(I);

(2) 若 A→α · Bβ 属于 CLOSURE(I),那么,对任何关于 B 的产生式 B→γ,项目 B→ · γ 也属于 CLOSURE(I);

(3) 重复执行上述两步骤直至 CLOSURE(I) 不再增大为止。

例 5.9 对于文法(5.7),假若 I={S'→ · E},那么,CLOSURE(I) 所含的项目为:

　　S'→ · E
　　E→ · aA
　　E→ · bB

这就是图 5.7 状态 0 所代表的项目集。

在构造 CLOSURE(I) 时,请注意一个重要的事实,那就是,对任何非终结符 B,若某个圆点在左边的项目 B→ · γ 进入到 CLOSURE(I),则 B 的所有其它圆点在左边的项目 B→ · β 也将进入同一个 CLOSURE 集。因此,在某种情况下,并不需要真正列出 CLOSURE 集里的所有项目 B→ · γ,而只须列出非终结符 B 就可以了。

函数 GO 是一个状态转换函数。GO(I,X) 的第一个变元 I 是一个项目集,第二个变元 X 是一个文法符号。函数值 GO(I,X) 定义为

$$GO(I,X) = CLOSURE(J)$$

其中 J={任何形如 A→αX · β 的项目|A→α · Xβ 属于 I}。

直观上说,若 I 是对某个活前缀 γ 有效的项目集,那么,GO(I,X) 便是对 γX 有效的项目集。

例如,令 I 是图 5.7 的项目集 0:{S'→ · E,E→ · aA,E→ · bB},那么,GO(I,a) 就是该图中的项目集 2:{E→a · A,A→ · cA,A→ · d}。即,我们检查 I 中所有那些圆点之后紧跟着 a 的项目。0 中的第一项目 S'→ · E 和第三项目 E→ · bB 都不是这样的项目。第二项目 E→ · aA 则是这样的项目。我们把这个项目的圆点向右移一位置,得到了项目 E→a · A,于是 J={E→a · A}。然后再对这个 J 求其闭包 CLORURE(J)。

通过函数 CLOSURE 和 GO 很容易构造一个文法 G 的拓广文法 G' 的 LR(0) 项目集规范族。构造算法是:

PROCEDURE ITEMSETS(G');
BEGIN
　　C:={CLOSURE({S'→ · S})};
　　REPEAT
　　　　FOR　C 中的每个项目集 I 和 G' 的每个符号 X DO
　　　　　　IF GO(I,X) 非空且不属于 C　THEN
　　　　　　　　把 GO(I,X) 放入 C 族中
　　UNITL C　不再增大

END

这个算法的工作结果 C 就是文法 G' 的 LR(0) 项目集规范族。

例如,文法(5.7)的 LR(0) 项目集规范族就是如图 5.7 所示的 12 个集合。转换函数 GO 把这些集合联结成一张 DFA 转换图。

如果令集合 0 为 DFA 的初态,那么,图 5.7 的 DFA 就是恰好识别文法(5.7)的全部活前缀的有限自动机。

有效项目

我们希望从识别文法的活前缀的 DFA 建立 LR 分析器(带栈的确定有限状态自动机)。因此,需要研究这个 DFA 的每个项目集(状态)中的项目的不同作用。

我们说项目 $A \rightarrow \beta_1 \cdot \beta_2$ 对活前缀 $\alpha\beta_1$ 是**有效的**,其条件是存在规范推导 $S' \underset{R}{\overset{*}{\Rightarrow}} \alpha A \omega \underset{R}{\Rightarrow} \alpha\beta_1\beta_2\omega$。一般而言,同一项目可能对好几个活前缀都是有效的(当一个项目出现在好几个不同的集合中时便是这种情形)。若归约项目 $A \rightarrow \beta_1 \cdot$ 对活前缀 $\alpha\beta_1$ 是有效的,则它告诉我们应把符号串 β_1 归约为 A,即把活前缀 $\alpha\beta_1$ 变成 αA。若移进项目 $A \rightarrow \beta_1 \cdot \beta_2$ 对活前缀 $\alpha\beta_1$ 是有效的,则它告诉我们,句柄尚未形成,因此,下一步动作应是移进。但是,可能存在这样的情形,对同一活前缀,存在若干项目对它都是有效的,而且告诉我们应做的事情各不相同,互相冲突。这种冲突通过向前多看几个输入符号,或许能够获得解决。我们在下一节将讨论这种情形,当然,对于非 LR 文法,这种冲突有些是绝对无法解决的,不论超前多看几个输入符号也无济于事。

对于每个活前缀,我们可以构造它的有效项目集。实际上,一个活前缀 γ 的有效项目集正是从上述的 DFA 的初态出发,经读出 γ 后而到达的那个项目集(状态)。换言之,在任何时候,分析栈中的活前缀 $X_1 X_2 \cdots X_m$ 的有效项目集正是栈顶状态 S_m 所代表的那个集合。这是 LR 分析理论的一条基本定理。实际上,栈顶的项目集(状态)体现了栈里的一切有用信息-历史。我们不打算对这个定理进行形式证明,而用例子来阐明这个结论。

考虑文法(5.6)及它的活前缀识别自动机,符号串 bc 是一个活前缀,这个 DFA(见图 5.7)在读出这个串后到达状态 5。状态 5 含有三个项目,它们是:

$$B \rightarrow c \cdot B$$
$$B \rightarrow \cdot cB$$
$$B \rightarrow \cdot d$$

下面,我们要说明为什么这个项目集对 bc 是有效的。为了论证这一点,考虑下面三个规范推导:

(1) $S' \Rightarrow E$
    $\Rightarrow bB$
    $\Rightarrow bcB$

(2) $S' \Rightarrow E$
    $\Rightarrow bB$
    $\Rightarrow bcB$
    $\Rightarrow bccB$

(3) $S' \Rightarrow E$

⇒bB
⇒bcB
⇒bcd

第一个推导表明了 B→c·B 的有效性;第二个推导表明了 B→·cB 的有效性;第三个推导表明了 B→·d 的有效性。显然,对于活前缀 bc 不再存在别的有效项目了。

LR(0)分析表的构造

假若一个文法 G 的拓广文法 G′ 的活前缀识别自动机中的每个状态(项目集)不存在下述情况:①既含移进项目又含归约项目;②或者含有多个归约项目,则称 G 是一个 **LR(0)文法**。换言之,LR(0)文法规范族的每个项目集不包含任何冲突项目。

对于 LR(0)文法,我们可直接从它的项目集规范族 C 和活前缀识别自动机的状态转换函数 GO 构造出 LR 分析表。下面是构造 LR(0)分析表的算法。

假定 C={$I_0,I_1,\cdots,I_n$}。前面,我们已习惯用数码表示状态,因此,令每个项目集 I_k 的下标 k 作为分析器的状态。特别是,令那个包含项目 S′→·S 的集合 I_k 的下标 k 为分析器的初态。分析表的 ACTION 子表和 GOTO 子表可按如下方法构造。

(1) 若项目 A→α·aβ 属于 I_k 且 GO(I_k,a)=I_j,a 为终结符,则置 ACTION[k,a] 为"把(j,a)移进栈",简记为"s_j"。

(2) 若项目 A→α·属于 I_k,那么,对任何终结符 a(或结束符#),置 ACTION[k,a] 为"用产生式 A→α 进行归约",简记为"r_j"(假定生产式 A→α 是文法 G′ 的第 j 个产生式)。

(3) 若项目 S′→S·属于 I_k,则置 ACTION[k,#] 为"接受",简记为"acc"。

(4) 若 GO(I_k,A)=I_j,A 为非终结符,则置 GOTO[k,A]=j。

(5) 分析表中凡不能用规则 1 至 4 填入信息的空白格均置上"报错标志"。

由于假定 LR(0)文法规范族的每个项目集不含冲突项目,因此,按上法构造的分析表的每个入口都是唯一的(即,不含多重定义)。我们称如此构造的分析表是一张 **LR(0)表**(见表 5.4)。使用 LR(0)表的分析器叫做一个 **LR(0)分析器**。

表 5.4 LR(0)分析表

状态	ACTION					GOTO		
	a	b	c	d	#	E	A	B
0	s2	s3				1		
1					acc			
2			s4	s10			6	
3			s5	s11				7
4			s4	s10			8	
5			s5	s11				9
6	r1	r1	r1	r1	r1			
7	r2	r2	r2	r2	r2			
8	r3	r3	r3	r3	r3			
9	r5	r5	r5	r5	r5			
10	r4	r4	r4	r4	r4			
11	r6	r6	r6	r6	r6			

例 5.10 文法(5.7)就是一个 LR(0)文法。假定这个文法的各个产生式的编号为:

(0) S′→E
(1) E→aA
(2) E→bB
(3) A→cA
(4) A→d
(5) B→cB
(6) B→d

那么,这个文法的 LR(0) 分析表如表 5.4 所列。

5.3.3 SLR 分析表的构造

上面所说的 LR(0) 文法是一类非常简单的文法。这种文法的活前缀识别自动机的每一个状态(项目集)都不含冲突性的项目。但是,即使是定义算术表达式这样的简单文法也不是 LR(0) 的。因此,本节我们将要研究一种有点简单"展望"材料的 LR 分析法,即 SLR 法。

我们将看到,许多冲突性的动作都可能通过考察有关非终结符的 FOLLOW 集而获解决。例如,假定一个 LR(0) 规范族中含有如下的一个项目集(状态)I:

$$I = \{X \to \alpha \cdot b\beta,$$
$$A \to \alpha \cdot,$$
$$B \to \alpha \cdot\}$$

其中,第一个项目是移进项目;第二、三项目是归约项目。这三个项目告诉我们应做的动作各不相同,互相冲突。第一个项目告诉我们应该把下一个输入符号 b(如果是 b)移进;第二个项目告诉我们应把栈顶的 α 归约为 A;第三个项目则说应把 α 归约为 B。解决冲突的一种简单办法是,分析所有含 A 或 B 的句型,考察句型中可能直接跟在 A 或 B 之后的终结符,也就是说,考察集合 FOLLOW(A) 和 FOLLOW(B)。如果这两个集合不相交,而且都不包含 b,那么,当状态 I 面临任何输入符号 a 时,我们就可以采取如下的"移进-归约"决策:

(1) 若 a=b,则移进;
(2) 若 a∈FOLLOW(A),则用产生式 A→α 进行归约;
(3) 若 a∈FOLLOW(B),则用产生式 B→α 进行归约;
(4) 此外,报错。

一般而言,假定 LR(0) 规范族的一个项目集 I 中含有 m 个移进项目:$A_1 \to \alpha \cdot a_1\beta_1$, $A_2 \to \alpha \cdot a_2\beta_2$, $\cdots$, $A_m \to \alpha \cdot a_m\beta_m$;同时含有 n 个归约项目:$B_1 \to \alpha \cdot$, $B_2 \to \alpha \cdot$, $\cdots$, $B_n \to \alpha \cdot$,如果集合 $\{a_1, \cdots, a_m\}$, FOLLOW(B_1), $\cdots$, FOLLOW(B_n) 两两不相交(包括不得有两个 FOLLOW 集合有#),则隐含在 I 中的动作冲突可通过检查现行输入符号 a 属于上述 n+1 个集合中的哪个集合而获得解决。这就是:

(1) 若 a 是某个 a_i, i=1,2,$\cdots$,m,则移进;
(2) 若 a∈FOLLOW(B_i), i=1,2,$\cdots$,n,则用产生式 $B_i \to \alpha$ 进行归约;
(3) 此外,报错。

冲突性动作的这种解决办法叫做 SLR(1) 解决办法。

例 5.11　考察下面的拓广文法：
(0) $S'\rightarrow E$
(1) $E\rightarrow E+T$
(2) $E\rightarrow T$
(3) $T\rightarrow T*F$
(4) $T\rightarrow F$
(5) $F\rightarrow (E)$
(6) $F\rightarrow i$ （5.8）

这个文法的 LR(0) 项目集规范族为：

I_0:　　$S'\rightarrow \cdot E$
　　　　$E\rightarrow \cdot E+T$
　　　　$E\rightarrow \cdot T$
　　　　$T\rightarrow \cdot T*F$
　　　　$T\rightarrow \cdot F$
　　　　$F\rightarrow \cdot (E)$
　　　　$F\rightarrow \cdot i$

I_1:　　$S'\rightarrow E\cdot$
　　　　$E\rightarrow E\cdot +T$

I_2:　　$E\rightarrow T\cdot$
　　　　$T\rightarrow T\cdot *F$

I_3:　　$T\rightarrow F\cdot$

I_4:　　$F\rightarrow (\cdot E)$
　　　　$E\rightarrow \cdot E+T$
　　　　$E\rightarrow \cdot T$
　　　　$T\rightarrow \cdot T*F$
　　　　$T\rightarrow \cdot F$
　　　　$F\rightarrow \cdot (E)$
　　　　$F\rightarrow \cdot i$

I_5:　　$F\rightarrow i\cdot$

I_6:　　$E\rightarrow E+\cdot T$
　　　　$T\rightarrow \cdot T*F$
　　　　$T\rightarrow \cdot F$
　　　　$F\rightarrow \cdot (F)$
　　　　$F\rightarrow \cdot i$

I_7:　　$T\rightarrow T*\cdot F$
　　　　$F\rightarrow \cdot (E)$
　　　　$F\rightarrow \cdot i$

I_8:　　$F\rightarrow (E\cdot)$
　　　　$E\rightarrow E\cdot +T$

I_9:　　$E\rightarrow E+T\cdot$
　　　　$T\rightarrow T\cdot *F$

I_{10}:　$T\rightarrow T*F\cdot$

I_{11}:　$F\rightarrow (E)\cdot$

关于这些项目集的转换函数 GO 表示成如图 5.8 所示的 DFA。这就是文法（5.8）的活前缀识别自动机。

注意，在这 12 个项目集中，I_1、I_2 和 I_9 都含有"移进-归约"冲突。因为 I_1 中的 $S'\rightarrow E\cdot$ 是"接受"项目，因此，I_1 中的冲突确切地说应是"移进-接受"冲突。不难看到，所有这些冲突都可以用 SLR(1) 办法予以解决。例如，考虑 I_2

$$E\rightarrow T\cdot$$
$$T\rightarrow T\cdot *F$$

由于 FOLLOW(E)={#,),+}，所以，当状态 I_2 面临输入符号为+、)或#时，应使用产生式 $E\rightarrow T$ 进行归约；当面临*时，应实行移进；若面临其它符号则应报错。

对任给的一个文法 G，我们可用如下的办法构造它的 SLR(1) 分析表：首先把 G 拓广为 G′,对 G′构造 LR(0)项目集规范族 C 和活前缀识别自动机的状态转换函数 GO。使用 C 和 GO,然后再按下面的算法构造 G′的 SLR 分析表。

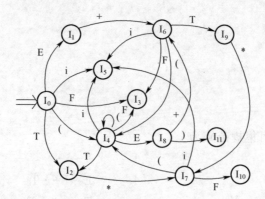

图 5.8　识别活前缀的自动机

假定 $C=\{I_0,I_1,\cdots,I_n\}$,令每个项目集 I_k 的下标 k 为分析器的一个状态,因此,G′的 SLR 分析表含有状态 $0,1,\cdots,n$。令那个含有项目 $S'\to \cdot S$ 的 I_k 的下标为初态。函数 ACTION 和 GOTO 可按如下方法构造:

(1) 若项目 $A\to \cdot \alpha a\beta$ 属于 I_k 且 $GO(I_k,a)=I_j$,a 为终结符,则置 ACTION[k,a]为"把状态 j 和符号 a 移进栈",简记为"sj";

(2) 若项目 $A\to \alpha \cdot$ 属于 I_k,那么,对任何终结符 a,a∈FOLLOW(A),置 ACTION[k,a]为"用产生式 $A\to \alpha$ 进行归约",简记为"rj";其中,假定 $A\to \alpha$ 为文法 G′的第 j 个产生式;

(3) 若项目 $S'\to S\cdot$ 属于 I_k,则置 ACTION[k,#]为"接受",简记为"acc";

(4) 若 $GO(I_k,A)=I_j$,A 为非终结符,则置 GOTO[k,A]=j;

(5) 分析表中凡不能用规则 1 至 4 填入信息的空白格均置上"出错标志"。

按上述算法构造的含有 ACTION 和 GOTO 两部分的分析表,如果每个入口不含多重定义,则称它为文法 G 的一张 **SLR 表**。具有 SLR 表的文法 G 称为一个 **SLR(1) 文法**。数字 1 的意思是,在分析过程中顶多只要向前看一个符号。使用 SLR 表的分析器叫做一个 **SLR 分析器**。

若按上述算法构造的分析表存在多重定义的入口(即含有动作冲突),则说明文法 G 不是 SLR(1)的。在这种情况下,不能用上述算法构造分析器。

例如,让我们构造文法(5.8)的 SLR 分析表。这个文法的规范族 $C=\{I_0,I_1,\cdots,I_{11}\}$,它的活前缀识别自动机见图 5.8。下面我们考虑项目集 I_0:

$S'\to \cdot E$　　　　$T\to \cdot T*F$
$E\to \cdot E+T$　　$T\to \cdot F$
$E\to \cdot T$　　　　$F\to \cdot (E)$
　　　　　　　　　　$F\to \cdot i$

因项目 $F\to \cdot (E)$ 属于 I_0,所以 ACTION[0,(]=s4;同理,项目 $F\to \cdot i$ 使 ACTION[0,i]=s5。

再考虑 I_1:

$S'\to E\cdot$
$E\to E\cdot +T$

第一个项目产生 ACTION[1,#]="接受"；第二个项目使 ACTION[1,+]=s6。

再考虑 I_2：

$E \to T \cdot$

$T \to T \cdot *F$

因 FOLLOW(E)={#,+,)}，所以，第一个项目使得 ACTION[2,#]=ACTION[2,+]=ACTION[2,)]="用 E→T 进行归约"；第二个项目使 ACTION[2,*]=s7。

依此类推，我们可得文法(5.8)如图 5.5 所示的分析表。

每个 SLR(1)文法都是无二义的，但也存在许多无二义文法不是 SLR(1)的。考虑如下文法：

(1) S→L=R

(2) S→R

(3) L→*R

(4) L→i

(5) R→L   (5.9)

这个文法的 LR(0)项目集规范族为：

I_0:　　S'→·S　　　　　　　　R→·L

　　　　S→·L=R　　　　　　L→·*R

　　　　S→·R　　　　　　　L→·i

　　　　S→·*R　　　I_5:　　L→i·

　　　　L→·i　　　　I_6:　　S→L=·R

　　　　R→·L　　　　　　　R→·L

I_1:　　S'→S·　　　　　　　L→·*R

I_2:　　S→L·=R　　　　　　L→·i

　　　　R→L·　　　　I_7:　　L→*R·

I_3:　　S→R·　　　　I_8:　　R→L·

I_4:　　L→*·R　　　　I_9:　　S→L=R·

识别这个文法活前缀的 DFA 见图 5.9。

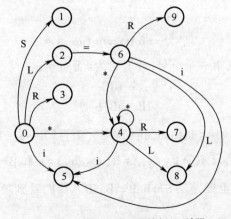

图 5.9　文法(5.9)活前缀识别器

考虑 I_2,第一个项目使 ACTION[2, =]为 s6;第二个项目,由于 FOLLOW(R)含有=(因有 S⇒L=R⇒*R=R),将使 ACTION[2, =]为"用 R→L 归约"。因此,状态 2 当面临输入符号=时,存在"移进-归约"冲突。

文法(5.9)是无二义的。产生这种冲突的原因在于,SLR 分析法未包含足够的"展望"信息,以便当状态 2 面临'='时能用展望信息来决定"移进"和"归约"的取舍。下面两节将讨论功能更强的 LR 分析表。应当记住,即使功能再强的 LR 分析表,仍然存在无二无义文法不能消除其冲突的情况。但对现实的程序设计语言来说,我们可以回避使用这种文法。

5.3.4 规范 LR 分析表的构造

在 SLR 方法中,若项目集 I_k 含有 A→α,那么,在状态 k 时,只要所面临的输入符号 a∈FOLLOW(A),就确定采取"用 A→α 归约"的动作。但是,在某种情况下,当状态 k 呈现于栈顶时,栈里的符号串所构成的活前缀 βα 未必允许把 α 归约为 A,因为可能没有一个规范句型含有前缀 βAa。因此,在这种情况下,用 A→α 进行归约未必有效。

例如,我们再次考虑文法(5.9)的项目集 I_2,当状态 2 呈现于栈顶且面临输入符号=时,由于这个文法不含以 R=为前缀的规范句型,因此不能用 R→L 对栈顶的 L 进行归约。

可以设想让每个状态含有更多的"展望"信息,这些信息将有助于克服动作冲突和排除那种用 A→α 所进行的无效归约。我们可以设想,必要时,对状态进行分裂,使得 LR 分析器的每个状态能够确切地指出,当 α 后跟哪些终结符时才容许把 α 归约为 A。

我们需要重新定义项目,使得每个项目都附带有 κ 个终结符。现在每个项目的一般形式是[A→α·β, $a_1 a_2 \cdots a_k$],此处,A→α·β 是一个 LR(0)项目,每一个 a 都是终结符。这样的一个项目称为一个 **LR(k)项目**。项目中的 $a_1 a_2 \cdots a_k$ 称为它的向前**搜索符串**(或展望串)。向前搜索符串仅对归约项目[A→α·, $a_1 a_2 \cdots a_k$]有意义。对于任何移进或待约项目[A→α·β, $a_1 a_2 \cdots a_k$],β≠ε,搜索符串 $a_1 a_2 \cdots a_k$ 没有作用。归约项目[A→α·, $a_1 a_2 \cdots a_k$]意味着:当它所属的状态呈现在栈顶且后续的 k 个输入符号为 $a_1 a_2 \cdots a_k$ 时,才可以把栈顶上的 α 归约为 A。我们只对 k≤1 的情形感兴趣,因为,对多数程序语言的语法来说,向前搜索(展望)一个符号就多半可以确定"移进"或"归约"。

形式上我们说一个 LR(1)项目[A→α·β, a]对于活前缀 γ 是**有效的**,如果存在规范推导

$$S \underset{R}{\overset{*}{\Rightarrow}} \delta A \omega \underset{R}{\Rightarrow} \delta \alpha \beta \omega$$

其中,①γ=δα;②a 是 ω 的第一个符号,或者 a 为#而 ω 为 ε。

例 5.12 考虑文法: S→BB
                    B→aB|b   (5.10)

它有一个规范推导 $S \underset{R}{\overset{*}{\Rightarrow}} aaBab \underset{R}{\Rightarrow} aaaBab$,我们看到,项目[B→a·B, a]对于活前缀 γ=aaa 是有效的。按上面的定义,只须令 δ=aa、A=B、ω=ab、α=a 和 β=B 即可。

这个文法的另一个规范推导是 $S \underset{R}{\overset{*}{\Rightarrow}} BaB \underset{R}{\Rightarrow} BaaB$。我们看到项目[B→a·B, #]对于活前缀 Baa 是有效的。

构造有效的 LR(1)项目集族的办法本质上和构造 LR(0)项目集规范族的办法是一样

的。类似地,我们也需要两个函数 CLOSURE 和 GO。

假定 I 是一个项目集,它的闭包 CLOSURE(I)可按如下方式构造:

(1) I 的任何项目都属于 CLOSURE(I);

(2) 若项目[A→α·Bβ,a]属于 CLOSURE(I),B→ξ 是一个产生式,那么,对于 FIRST(βa)中的每个终结符 b,如果[B→·ξ,b]原来不在 CLOSURE(I)中,则把它加进去;

(3) 重复执行步骤(2),直至 CLOSURE(I)不再增大为止。

因为,[A→α·Bβ,a]属于对活前缀 γ=δα 有效的项目集意味着存在一个规范推导

$$S \underset{R}{\overset{*}{\Rightarrow}} \delta A aX \underset{R}{\Rightarrow} \delta \alpha B \beta aX$$

因此,若 βaX 可推导出 bω,则对于每个形如 B→ξ 的产生式,我们有 $S \underset{R}{\overset{*}{\Rightarrow}} \gamma Bb\omega \underset{R}{\Rightarrow} \gamma \xi b\omega$,也就是说,[B→·ξ,b] 对 γ 也是有效的。注意,b 可能是从 β 推出的第一个符号,或者,若 β 推出 ε,则 b 就是 a,把这两种可能性结合在一起,我们说 b∈FIRST(βa)。

令 I 是一个项目集,X 是一个文法符号,函数 GO(I,X)定义为

$$GO(I,X) = CLOSURE(J)$$

其中

$$J = \{任何形如[A→\alpha X·\beta,a]的项目 | [A→\alpha·X\beta,a] \in I\}$$

关于文法 G′的 LR(1)项目集族 C 的构造算法是:

BEGIN

    C:={CLOSURE({[S′→·S,#]})};

    REPEAT

        FOR   C 中的每个项目集 I 和 G′的每个符号 X   DO

            IF   GO(I,X)非空且不属于 C,THEN 把 GO(I,X)加入 C 中

    UNTIL C 不再增大

END

例 5.13 (5.10)的拓广文法

(0) S′→S   (2) B→aB

(1) S→BB   (3) B→b

的 LR(1)的项目集 C 和函数 GO 可表示成如图 5.10 的有限自动机。

图 5.10 中形如[A→α·β,a/b]的项目表示[A→α·β,a]和[A→α·β,b]两项目的缩写。

注意 I_3 与 I_6、I_4 与 I_7、I_8 与 I_9 除了向前搜索不同之外,它们的核心部分都是两两相同的。当我们为这个文法构造 LR(0)项目集族时,它们是合二为一的。只是,由于现在加上了搜索符被一分为二了。

现在来讨论从文法的 LR(1)项目集族 C 构造分析表的算法。

假定 C={$I_0,I_1,\cdots,I_n$},令每个 I_k 的下标 k 为分析表的状态。令那个含有[S′→·S,#]的 I_k 的 k 为分析器的初态。动作 ACTION 和状态转换 GOTO 可构造如下:

(1) 若项目[A→α·aβ,b]属于 I_k 且 GO(I_k,a)= I_j,a 为终结符,则置 ACTION[k,a]为"把状态 j 和符号 a 移进栈",简记为"sj"。

(2) 若项目[A→α·,a]属于 I_k,则置 ACTION[k,a]为"用产生式 A→α 归约",简记为"rj";其中假定 A→α 为文法 G′的第 j 个产生式。

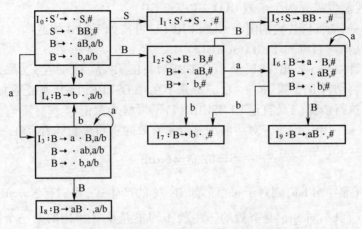

图 5.10 LR(1)项目集和 GO 函数

(3) 若项目[S'→S·,#]属于I_k,则置 ACTION[k,#]为"接受",简记为"acc"。
(4) 若 GO(I_k,A)= I_j,则置 GOTO[k,A]=j。
(5) 分析表中凡不能用规则 1 至 4 填入信息的空白栏均填上"出错标志"。

按上述算法构造的分析表,若不存在多重定义的入口(即,动作冲突)的情形,则称它是文法 G 的一张规范的 LR(1)分析表。使用这种分析表的分析器叫做一个规范的 LR 分析器。具有规范的 LR(1)分析表的文法称为一个 LR(1)文法。

例如,文法(5.10)的规范的 LR(1)分析表如表 5.5 所列。

每个 SLR(1)文法都是 LR(1)文法。一个 SLR(1)文法规范的 LR 分析器比其 SLR 分析器含有更多的状态。文法(5.10)也是一个 SLR(1)文法,它的 SLR 分析器只含七个状态,然而,它的规范 LR 分析器却含有 10 个状态。

表 5.5 规范 LR 分析表

状态	ACTION			GOTO	
	a	b	#	S	B
0	s3	s4		1	2
1			acc		
2	s6	s7			5
3	s3	s4			8
4	r3	r3			
5			r1		
6	s6	s7			9
7			r3		
8	r2	r2			
9			r2		

5.3.5 LALR 分析表的构造

现在来讨论构造分析表的 LALR 方法。这本质上是一种折衷方法。LALR 分析表比规范 LR 分析表要小得多,能力也差一点,但它却能对付一些 SLR 所不能对付的情形。例如,文法(5.9)的情形。

对于同一个文法,LALR 分析表和 SLR 分析表永远具有相同数目的状态。对于 ALGOL 一类语言来说,一般要用几百个状态,但若用规范 LR 分析表,同一类语言,却要用几千个状态。因此,用 SLR 或 LALR 要经济得多。

我们再次考虑文法(5.10),它们的 LR(1)项目集见图 5.10。注意,其中 I_3 与 I_6、I_4 与 I_7、I_8 与 I_9,除了搜索符不同之外是两两相同的。我们来看一看这些貌似相同的项目集的不同作用。例如,考虑 I_4 和 I_7,这两个集合分别仅含有[B→b·,a/b]和[B→b·,#]。注意,文法(5.10)所产生的语言是正规集 a^*ba^*b。假定规范 LR 发析器所面临的输入串为 aa…abaa…b#,分析器把第一组 a 和第一个 b 移进栈后将进入状态 4。如果后续的输入符号为 a 或 b,则此时分析器将使用产生式 B→b 把栈顶的 b 归约为 B。状态 4 的作用在于,若输入串的第一个 b 之后不是 a 或 b 而是#,则它能及时指出发现了错误。当分析器读进输入串的第二个 b 之后进入状态 7,当状态 7 看到句末符#时将用产生式 B→b 归约栈顶的 b。若状态 7 看不到#,将立即报告错误。

现在我们把状态 4 和状态 7 合二为一,变成 I_{47},它仅含有项目[B→b·,a/b#]。把从 I_0、I_3 和 I_6 导入到 I_4 或 I_7 的 b 弧统统改为导入到 I_{47}。状态 I_{47} 的作用是,不论面临的输入符号为 a、b 或#,都用 B→b 归约。注意,状态 I_{47} 无法及时发现输入串中所含的错误。所幸的是,在输入下一个符号之前错误仍将被查找出来。

现在,把上述思想进一步一般化。我们称两个 LR(1)项目集具有相同的心,如果除去搜索符之后,这两个集合是相同的。我们将试图把所有同心的 LR(1)项目集合并为一。我们还将看到一个心就是一个 LR(0)项目集。

由于 GO(I,X)的心仅仅依赖于 I 的心,因此,LR(1)项目集合并后的转换函数 GO 可通过 GO(I,X)自身的合并而得到。即,在合并项目集时用不着同时考虑修改转换函数的问题。动作 ACTION 应进行修改,使得能够反映各被合并的集合的既定动作。

假定有一个 LR(1)文法,即,它的 LR(1)项目集不存在动作冲突,如果我们把同心集合并为一,就可能导致存在冲突。但是这种冲突不会是"移进-归约"冲突。因为,如存在这种冲突,则意味着,面对当前的输入符号 a,有一个项目[A→α·,a]要求采取归约动作,同时又有另一项目[B→β·aγ,b]要求把 a 移进。这两个项目既然同处在合并之后的一个集合中,则意味着,在合并前,必有某个 c 使得[A→α·,a]和[B→β·aγ,b]同处于(合并前的)某一集合中。然而,这一点又意味着,原来的 LR(1)项目集就已存在着"移进-归约"冲突。故同假设不符。因此,同心集的合并不会产生新的"移进-归约"冲突。

但是,同心集的合并有可能产生新的"归约-归约"冲突。例如,考虑文法

(0) S′→S
(1) S→aAd|bBd|aBe|bAe
(2) A→c
(3) B→c

这个文法只产生四个符号串：acd、bcd、ace 和 bce。如果我们构造这个文法的 LR(1)项目集族，那么，将发现不会存在冲突性动作。因而它是一个 LR(1)文法。在它的集族中，对活前缀 ac 有效的项目集为{[A→c·,d],[B→c·,e]}，对 bc 有效的项目集为{[A→c·,e],[B→c·,d]}。这两个集合都不含冲突，它们是同心的。一经合并就变成：{[A→c·,d/e],[B→c·,d/e]}。显然，这是一个含有"归约-归约"冲突的集合。因为，当面临 e 或 d 时，我们不知道该用 A→c 还是用 B→c 进行归约。

下面，我们将给出构造 LALR 分析表的第一个算法。基本思想是，首先构造 LR(1)项目集族，如果它不存在冲突，就把同心集合并在一起。若合并后的集族不存在归约-归约冲突，就按这个集族构造分析表。这个算法的主要步骤是：

1. 构造文法 G 的 LR(1)项目集族 $C=\{I_0,I_1,\cdots,I_n\}$。

2. 把所有的同心集合并在一起，记 $C'=\{J_0,J_1,\cdots,J_m\}$ 为合并后的新族。那个含有项目[S'→·S,#]的 J_k 为分析表的初态。

3. 从 C′构造 ACTION 表：

（1）若[A→α·aβ,b]∈I_k 且 GO(J_k,a)=J_i，a 为终结符，则置 ACTION[k,a]为"sj"。

（2）若[A→α·,a]∈J_k，则置 ACTION[k,a]为"使用 A→α 归约"，简记为"rj"；其中假定 A→α 为文法 G′的第 j 个产生式。

（3）若[S'→S·,#]∈J_k，则置 ACTION[k,#]为"接受"，简记为"acc"。

4. GOTO 表的构造：假定 J_k 是 $I_{i1},I_{i2},\cdots,I_{it}$ 合并后的新集。由于所有这些 I_i 同心，因此，GO(I_{i1},X),GO(I_{i2},X),…,GO(I_{it},X)也具同心。记 J_i 为所有这些 GO 合并后的集。那么，就有 GO(J_k,X)=J_i。于是，若 GO(J_k,A)=J_i，则置 GOTO[k,A]=j。

5. 分析表中凡不能用 3、4 填入信息的空白格均填上"出错标志"。

经上述步骤构造的分析表若不存在冲突，则称它为文法 G 的 LALR 分析表。存在这种分析表的文法称为一个 **LALR(1)文法**。

这个算法的思想虽然简单明确，但实现起来甚费时间和空间。

现在我们再来看一看文法(5.10)的 LR(1)集(见图 5.10)是如何合并的。首先把 3、6、4、7 和 8、9 分别合并成：

I_{36}：[B→a·B,a/b/#]

　　　[B→·aB,a/b/#]

　　　[B→·b,a/b/#]

I_{47}：[B→b·,a/b/#]

I_{89}：[B→aB·,a/b/#]

由合并后的集族所构成的 LALR 分析表如表 5.6 所列。现在我们来看看转换函数 GO 是如何计算的。例如，考虑 GO(I_{36},B)。在原来的 LR(1)项目集族中，GO(I_3,B)=I_8，而 I_8 现在是 I_{89} 的一部分，因此，置 GO(I_{38},B)=I_{89}。又例如，GO(I_2,a)，它指出了在面对 a 执行了 I_2 所规定的移进动作之后的转移方向。这个 GO(I_2,a)出现在 ACTION 表中。原来的 GO(I_2,a)=I_6，因 I_6 是 I_{36} 的一部分，所以现在的 GO(I_2,a)=I_{36}。因此，在分析表中，状态 2 面对 a 的入口填为"s36"，这意味着，移进 a，再把状态 36 置于栈顶。

表 5.6　LALR 分析表

状　态	ACTION			GOTO	
	a	b	#	S	B
0	s36	s47		1	2
1			acc		
2	s36	s47			5
36	s36	s47			89
47	r3	r3	r3		
5			r1		
89	r2	r2	r2		

当输入串为 a*ba*b 时,不论是表 5.5 的 LR 分析器还是表 5.6 的 LALR 分析器,都给出了同样的移进-归约序列。其差别只是状态名不同而已。对于正确的输入串,LR 和 LALR 分析器始终形影相随。

但是,当输入串有错误时,LALR 可能比 LR 多做些不必要的归约,但 LALR 决不会比 LR 移进更多的符号。即,就准确地指出输入串的出错位置这一点而言,LALR 和 LR 是等效的。例如,若输入串为 aab#,则表 5.5 的 LR 分析器把(此处我们把状态栈和符号栈的内容合写在一起)

$$0 \quad a \quad 3 \quad a \quad 3 \quad b \quad 4$$

推进栈后于状态 4 报告错误,因为在表 5.5 中,状态 4 面临#的动作为"出错标志"。然而,对于这同一个输入串,表 5.6 的 LALR 分析器将通过相应的动作,把

$$0 \quad a \quad 36 \quad a \quad 36 \quad b \quad 47$$

推进栈。但状态 47 面临#意味着"用 B→b 归约"。因此,LALR 分析器将把栈的内容改为

$$0 \quad a \quad 36 \quad a \quad 36 \quad B \quad 89$$

而状态 89 面临#的动作是"用 B→aB 归约",因而栈的内容变为

$$0 \quad a \quad 36 \quad B \quad 89$$

再经一次归约后,栈的内容变成

$$0 \quad B \quad 2$$

这个状态 2 在面临#时将给出错误报告。这说明 LALR 在 LR 已发现错误之后,还继续执行一些多余的归约,但决不会执行新的移进。

下面介绍 LALR 项目集构造的另一算法。

对任何方法 G,通过构造它的 LR(1)项目集,合并同心集,最后形成 LALR(1)项目集,这是一个简单明确的算法,但太费存储空间。因为,LR(1)项目集族比 LR(0)项目集族要大得多。我们希望用和构造 LR(0)集族相当的空间构造 LALR(1)集族。

请注意一个非常重要的事实,至今我们所讨论的各种项目集都是以一定项目为核的闭包。如果我们用核代替闭包,则不论哪一种项目集都将大大地缩小它所需要的存储空间。

任何项目集的核是由此集中所有那些圆点不在最左端的项目组成的。唯一例外的是,初态项目集的核含有(而且只含有)项目[S′→·S,#]。

我们必需表明仅仅使用核也能有效地(快速地)构造出分析表。首先,看一看如何从核构造 ACTION 表。令 I 是一个项目集,K 是它的核。我们知道,如果 ACTION[I,a] 为"用 $A\rightarrow\alpha$ 归约"。那么,若 $\alpha\neq\varepsilon$,则项目 $A\rightarrow\alpha\cdot$ 必属于 I 的核。若 $a=\varepsilon$,意味着在 K 中必有某个项目 $[B\rightarrow\beta\cdot C\gamma,b]$,其中 $C\underset{R}{\overset{*}{\Rightarrow}}A\delta$,且 $a\in FIRST(\delta\gamma B)$。但是,对任何 C,满足 $C\underset{R}{\overset{*}{\Rightarrow}}A\delta$ 的所有非终结符 A 是可以预先计算出来的。其次,如果 ACTION[I,a] 为"移进"。则这意味着 K 中有某个项目 $[A\rightarrow\alpha\cdot B\rho,b]$,其中 $B\underset{R}{\overset{*}{\Rightarrow}}a\omega$,且这个推导的最后一步不使用 ε -产生式。但是对每个 B 满足 $B\underset{R}{\overset{*}{\Rightarrow}}a\omega$ 的所有终结符 a 也是可以预先计算出来的。

现在我们来看一看如何通过核构造 GOTO 表。假若 GO(I,X)=J,I 的核为 K,J 的核为 L。显然,若 $[A\rightarrow\alpha\cdot X\rho,a]\in K$,则 $[A\rightarrow\alpha X\cdot\rho,a]\in J$。类似地,如果有某个 $[B\rightarrow\beta\cdot C\gamma,b]\in K$ 且 $C\underset{R}{\overset{*}{\Rightarrow}}A\delta$ 和 $a\in FIRST(\delta\gamma b)$,而 $A\rightarrow X\rho$ 是一个产生式,则 $[A\rightarrow X\cdot\rho,a]\in L$。

如果对每对非终结符 C 和 A 都预先计算出它们是否有关系 $C\underset{R}{\overset{*}{\Rightarrow}}A\delta$(对一定的 δ),那么,从核构造分析表比从闭包构造分析表仅仅是效率上稍差一点而已。

现在我们着手为每个 LR(0) 集核的每个项目都配上一个搜索符集,使得这个核成为一个 LALR(1) 集的核。我们首先要研究搜索符是如何从一个集合 I 传播到另一个集合 GO(I,X) 的。

假定 $B\rightarrow\beta\cdot C\gamma$ 属于 LR(0) 集 I 的核 K,$C\underset{R}{\overset{*}{\Rightarrow}}A\delta$(可能 C=A 而 $\delta=\varepsilon$),而且 $A\rightarrow X\rho$ 是一个产生式,那么,显然,$A\rightarrow X\cdot\rho$ 属于 GO(I,X) 的核。如果所考虑的项目集 I 是 LR(1) 集而不是 LR(0) 集。假定 $[B\rightarrow\beta\cdot C\gamma,b]$ 属于 LR(1) 集 I 的核 K,那么,GO(I,X) 核中 $[A\rightarrow X\cdot\rho,a]$ 里的搜索符 a 是什么呢? 这个 a 的产生有两种可能的途径,其一,由 $C\underset{R}{\overset{*}{\Rightarrow}}A\delta$,若 $a\in FIRST(\delta\gamma)$,则这个 a 和 b 不相干。在这种情况下,我们说 GO(I,X) 核中的 $A\rightarrow X\cdot\rho$ 的搜索符 a 是自生的。其二,若 $\delta\gamma\underset{R}{\overset{*}{\Rightarrow}}\varepsilon$,则这个 a 就是 b。在这种情况下,我们说:I 的核 K 中的 $B\rightarrow\beta\cdot C\gamma$ 把它自己的搜索符 b 传播给 GO(I,X) 核中的 $A\rightarrow X\cdot\rho$。我们有一个简单的算法,它将指出 I 的核 K 中的 LR(1) 项目何时把自己的搜索符传播到 GO(I,X)。

假定 I 是一个 LR(0) 集,K 是它的核。X 是一个文法符号。对于 GO(I,X) 核中的每个项目 $A\rightarrow\alpha X\cdot\rho$,我们要构造它自生的所有搜索符;同时指出,K 中有哪些项目将把它们自己的搜索符传播给 GO(I,X)。这个算法(其中 ⊕ 是一个假搜索符,它用来指示何时出现传播的情形)如下:

PROCEDURE SPONSOR(I,X);

/* I 是一个 LR(0) 集,X 是一个文法符号。
实际上我们并不需要项目集 I 而只需要它的核 K */
FOR I 的核中的每个项目 $B\rightarrow\gamma\cdot\delta$ DO
  BEGIN
    J:=CLOSURE($\{[B\rightarrow\gamma\cdot\delta,⊕]\}$);
    /* 采用对 LR(1) 项目集的求闭包法 */
    IF $[A\rightarrow\alpha\cdot X\rho,a]\in J$ 但 a 不等于 ⊕
        THEN GO(I,X) 核中的 $A\rightarrow\alpha\cdot X\rho,a$ 的搜索符 a 是自生的;
    IF $[A\rightarrow\alpha\cdot X\rho,⊕]\in J$

THEN GO(I,X)核中的 A→α·Xρ 的搜索符ⓐ是从 K 中的 B→γ·δ 传播过来的
END

如何让所有 LR(0)(集)核的每个项目都具作为一个 LALR(1) 项目所应具有的全部搜索符呢？首先，我们知道，LR(0)初态集核的唯一项目 S′→·S 应具有搜索符#。用上述算法，我们可以为每个核的所有项目列出其全部自生搜索符。然后，让这些自生搜索符进行传播，直到不可能再传播为止。有好几种不同的处理传播的技术。在某种意义下，这些不同技术都采取某种方法跟踪"新"的搜索符，它们已到达某一项目集，但尚未向外传播。例如，可以用一个三元式栈来实现这种跟踪。这三个元是：①项目集 I；②I 的核中一个项目 A→α·ρ；③A→α·ρ 在 I 中的一个搜索符 a，对于 a，不论什么 X，它尚未允许传播到任何 GO(I,X)。在下面的算法中将具体地运用这个思想。

对于任何一个含有产生式 S′→S 的拓广文法 G，可用下面的办法构造它的 LALR(1) 项目(核)族。

1. 构造 G 的所有 LR(0)集的核。

2. 使用算法 SPONSOR，对于每个 LR(0)集 I 的核 K 和每个文法符号 X，确定出 GO(I,X)核中每个项目所有自生的搜索符，并确定 GO(I,X)中哪些项目将接收到从 K 中传播过来的搜索符。

3. 传播每个核的自生搜索符，直到无法再传播为止。我们使用一个可容三元式(I, A→α·ρ,a)的栈 STACK，其中 I 是(指示器指向)一个 LR(0)集；A→α·ρ 是 I 核里的一个项目；a 是一个终结符，使得[A→α·ρ,a]属于以 I 为心的那个 LALR(1)集中的一个项目。为了避免同一个三元式两次进栈，使用一个三维数组 ON，使得 ON[I,A→α·ρ,a]为真当且仅当(I,A→α·ρ,a)已在 STACK 之中；或者说，已发现 a 是 I 中的 A→α·ρ 的一个搜索符。我们将使用一个叫 INSERT 的过程，把三元式推进 STACK 中。

下面的 LALR(1)项目集(核)的构造算法(简称"造核算法")将为每个 LR(0)集 I 的核中每个项目 A→α·ρ 构造一个搜索符集，使得该项目配上这个搜索符集后便是那个以 I 为心的 LALR(1)项目集中的一个项目。

BEGIN
(1) FOR 任何 I,A→α·ρ 和 a   DO
         ON[I,A→α·ρ,a]:=FALSE;
(2) STACK:=空；
(3) INSERT(I$_0$,S′→·S,#);
(4) FOR 每个 I,A→α·ρ 和 a,a 是 I 中的 A→α·ρ 的一个自生搜索符   DO
(5)   INSERT(I,A→α·ρ,a);
(6) WHILE   STACK 非空 DO
       BEGIN
(7)   移去 STACK 栈顶的(I,B→γ·δ,a);
(8)   FOR 每个文法符号 X   DO
(9)   FOR   GO(I,X)中每个满足下述条件的 A→α·ρ:I 中的 B→γ·δ
                 把自己的搜索符 a 传播给 GO(I,X)中的 A→α·ρ   DO
                 INSERT(GO(I,X))中的 A→α·ρ
       END OF WHILE

END OF ALGORITHM

上述算法中所引用的过程 INSERT 为：

PROCEDURE INSERT(I, A→α·ρ, a);
    IF NOT ON[I, A→α·ρ, a] THEN
      BEGIN
          把三元式(I, A→α·ρ, a)推进 STACK；
          ON[I, A→α·ρ, a] := TRUE；
          把 a 加到 I 中的项目 A→α·ρ 的搜索符集中
    END OF INSERT

例 5.14 我们考虑文法(5.9)。该文法的 LR(0) 集族见图 5.9。首先注意，仅有两个项目能够产生搜索符。一个是 $S'→·S$，它自然有搜索符 #。造核算法的第(3)行把 $(I_0, S'→·S, \#)$ 推进 STACK。另一个是 $S→·L=R$，它是属于 I_0 的。如果我们按算法 SPONSOR 所做的那样重构 $I_0 = \text{CLOSURE}(\{[S'→·S, ⊕]\})$，那么将发现，'=' 是非核项目 $L→·*R$ 和 $L→·i$ 的一个自生搜索符。从而，'=' 是 I_4 的核中 $L→*·R$ 和 I_5 的核中 $L→i·$ 的一个自生搜索符。按造核算法的第(4)行我们将把 $(I_4, L→*·R, =)$ 和 $(I_5, L→i·, =)$ 推进 STACK。

其次，这个 I_5 中的 $L→i·$ 不会再传播搜索符到 I_5 中的任何其它项目。而且，由于它的圆点已在最右端，所以，也不能把它在 I_5 里的搜索符传播到其它状态的核项目。我们再考虑 $(I_4, L→*·R, =)$，查询由算法 SPONSOR 预先计算好的信息，或者如这个算法所做的那样，重新计算闭包，我们发现，I_4 中的 $L→*·R$ 将把它的搜索符 '=' 传播到 I_7 中的 $L→*R·$、I_8 中的 $R→L·$、I_5 中的 $L→i·$ 和 I_4 中的自身。因而，我们把 $(I_5, R→L·, =)$ 和 $(I_7, L→*R·, =)$ 推进 STACK 栈。而 $(I_5, L→i·, =)$ 或 $(I_4, L→*·R, =)$ 因已在 STACK 中，所以，无须再次进栈。所进栈的这几个项目都不会再传播搜索符，因为圆点都在右端。因此，我们最终发现 $(I_0, S'→·S, \#)$ 呈现于 STACK 顶。I_0 中的 $S'→·S$ 把搜索符 # 传播到 I_2 中的 $S→L·=R$、I_3 中的 $S→R·$、I_2 中的 $R→L·$、I_4 中的 $L→*·R$、I_5 中的 $L→i·$ 和 I_1 中的 $S'→S·$。因此，我们把

$$(I_2, S→L·=R, \#)$$
$$(I_3, S→R·, \#)$$
$$(I_2, R→L·, \#)$$
$$(I_4, L→*·R, \#)$$
$$(I_5, L→i·, \#)$$
$$(I_1, S'→S·, \#)$$

推进 STACK。这其中只有第一和第四两个项目将继续传播搜索符。第一个项目引起 $(I_6, S→L=·R, \#)$ 进栈，第四个项目要求

$$(I_9, S→L=R·, \#)$$
$$(I_8, R→L·, \#)$$

进栈。我们省去了把 $(I_5, L→i·, \#)$ 和 $(I_4, L→*·R, \#)$ 进栈，因为它们已在栈中。$(I_9, S→L=R·, \#)$ 和 $(I_8, R→L·, \#)$ 都不会再传播什么。栈中下一个能传播东西的是 $(I_4, L→*·R, \#)$，它将引起 $(I_7, L→*R·, \#)$ 进栈。最后这个三元式也不会再传播东西，至此栈空。

我们最终得到文法( )的 LALR(1) 集核为:

I_0:	$S'\rightarrow\cdot S,\#$	I_4:	$L\rightarrow*\cdot R,=/\#$
I_1:	$S'\rightarrow S\cdot,\#$	I_5:	$L\rightarrow i\cdot,=/\#$
I_2:	$S\rightarrow L\cdot=R,\#$	I_6:	$S\rightarrow L=\cdot R,\#$
	$R\rightarrow L\cdot,\#$	I_7:	$L\rightarrow*R\cdot,=/\#$
I_3:	$S\rightarrow R\cdot,\#$	I_8:	$R\rightarrow L\cdot,=/\#$
I_9:	$S\rightarrow L=R\cdot,\#$		

注意,文法(5.9)虽然不是一个 SLR(1) 文法,但却是一个 LALR(1) 文法。

造核算法旨在提高执行速率;但占用的空间太多。假定项目集个数为 i(通常有数百个),每个核所含的项目平均为 k 个(估计两个左右),每个核项目平均含有 t 个搜索符(一般约 10 个),那么,数组 ON 和 STACK 的最大深度将分别达 i×k×t 个元素。尽管用位向量来表示搜索符集可以节省一点空间,但占用空间仍然很大。

节省空间的一个办法是用二元式$(I, A\rightarrow\alpha\cdot\rho)$栈,并且不用数组 ON。麻烦的事情是,当把一个二元式$(I, B\rightarrow\gamma\cdot\delta)$从 STACK 移开时(相当于上述造核算法的第(7)行),我们不知道原先是哪个搜索符 a 致使$(I, B\rightarrow\gamma\cdot\delta)$进栈的。因此,只好让 I 中的 $B\rightarrow\gamma\cdot\delta$ 将它今所有的搜索符沿各个 X 传播到 GO(I,X)的核。若 a 被传播到某个 GO(I,X)的核项目 $A\rightarrow\alpha\cdot\rho$,且 a 原来不在 $A\rightarrow\alpha\cdot\rho$ 的搜索符集中,则把$(GO(I,X), A\rightarrow\alpha\cdot\rho)$推进栈。这样,同一个二元式可能在栈中出现多次。但是,二元式所相应的每个搜索至多只要求此二元式进栈一次。因此,一个二元式重复进栈的次数肯定少于该二元式所含的搜索符的个数。实际经验表明,在这种情况下,用队列代替要好一些。因为,对于队列而言,我们可以等待一个二元式在队中出现尽可能多的次数之后再来集中统一处理它们。事实上,这样修改后的算法并不比上述的造核算法慢。有些实际算法既不用栈也不用队列,而是依次创建每个项目集,并把其中的搜索符传播到所有 GO,整个过程一直重复到不存在传播为止。

5.3.6 二义文法的应用

任何二义文法决不是一个 LR 文法,因而也不是 SLR 或 LALR 文法。这是一条定理。但是,某些二义文法是非常有用的。例如,若用下面的文法来描述含有+、*的算术表达式:

$$E\rightarrow E+E | E*E | (E) | i \qquad (5.11)$$

那么,只要对算符+、*赋予优先级和结合规则,这个文法是再简单不过了。这个文法与文法

$$E\rightarrow E+T | T$$
$$T\rightarrow T*F | F$$
$$F\rightarrow (E) | i \qquad (5.12)$$

相比,有两个明显的好处:首先,如需要改变算符的优先级或结合规则无需去改变文法(5.11)自身;其次,文法(5.11)的分析表所包含的状态肯定比文法(5.12)所包含的状态要少得多。因为文法(5.12)中含有单非产生式(右部只含一个单一的非终结符)$E\rightarrow T$ 和 $T\rightarrow F$,这些旨在定义算符优先级和结合规则的产生式要占用不少状态和消耗不少时间。

本节将讨论如何使用 LR 分析法的基本思想,凭借一些其它条件,来分析二义文法所定义的语言。我们以文法(5.11)为例进行讨论。

文法(5.11)的拓广文法 LR(0)项目集规范族如图 5.11 所示。在状态 I_1,存在"接受"和"移进"的冲突。这可用 SLR 的办法予以解决。因为,FOLLOW(E')仅含有#,所以,当面临#时,"接受"是唯一可行的动作。另一方面,只有在面临+和∗时,才要求执行"移进"。

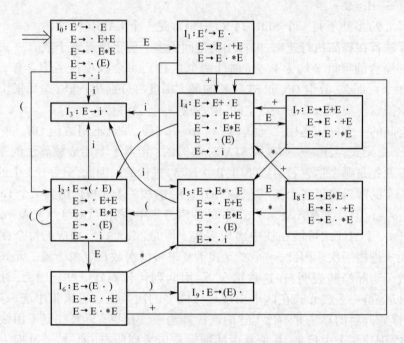

图 5.11 二义文法的 LR(0)项目集

但是,状态 I_7 在面临+或∗时所存在的归约(用 E→E+E)和移进冲突却不是用 SLR 法所能解决的。因为,不论+或∗都属于 FOLLOW(E)。状态 I_8 在面临+或∗时类似地也存在归约(用 E→E∗E)和移进冲突。这些冲突只有借助其它条件才能得到解决。这个条件就是使用关于算符+和∗的优先级和结合规则的有关信息。

让我们考虑输入串 i+i∗i,在处理了 i+i 之后,分析器进入到状态 I_7,这时分析栈的内容为 0E1+4E7,输入串的剩余部分为∗i#。假定∗的优先级高于+,则就应该把∗移进栈,准备先把∗和它的左右操作数 i 归约成表达式 E。图 5.8 的 SLR 分析器就是这样行事的,算符优先分析器也是这样工作的。另一方面,若让+的优先级高于∗,则分析器就应先把 E+E 归约为 E。因此,+和∗的相对优先关系为状态 I_7 和 I_8 解决移进-归约冲突提供了依据。

假定输入串为 i+i+i,在处理了 i+i 之后分析器仍然到达 I_7。这时,栈的内容同样是 0E1+4E7,而输入串的剩余部分为+i#。状态 I_7 面临+号同样存在移进-归约冲突。现在,算符+的结合律告诉我们应该如何来解决这一冲突。如果+服从左结合,那就应首先用 E→E+E 实行归约。如果服从右结合,那就首先执行移进。通常的习惯是采用左结合规则。

总之,若令+服从左结合,则 I_7 面临输入符号+时应采用 E→E+E 归约;若令 * 优先于+,则 I_7 面临 * 时应执行移进。同理,若令 * 服从左结合, * 优先于+,则状态 I_8 面临+或 * 时应采用 E→E * E 进行归约。

例 5.15 采用上述办法我们得到文法(5.11):

(1) E→E+E (3) E→(E)
(2) E→E * E (4) E→i

的 LR 分析表为如表 5.7 所列。

表 5.7 二义文法 LR 分析表

状态	ACTION						GOTO
	i	+	*	(	)	#	B
0	s3			s2			1
1		s4	s5			acc	
2	s3			s2			6
3		r4	r4		r4	r4	
4	s3			s2			7
5	s3			s2			8
6		s4	s5		s9		
7		r1	s5		r1	r1	
8		r2	r2		r2	r2	
9		r3	r3		r3	r3	

例 5.16 作为另一个例子我们考虑影射 if…else…二义结构的文法:

(1) S→iSeS
(2) S→iS
(3) S→a   (5.13)

它的 LR(0) 项目集族如图 5.12 所示。

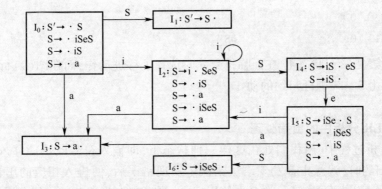

图 5.12 二义 if…then…else 文法的 LR(0) 集

我们返回到 if…then…else 的术语。当 if C then S 呈现于栈顶并面临输入符号 else 地,我们应该执行移进还是执行归约呢?按照通常的习惯,是让 else 与最近的一个 then 相结合,因此,应该执行移进。用文法(5.13)的术语,现在所面临的 e 只是以(呈现于栈顶的符号串)iS 为首的候选的一部分。如果跟在 e 后面的符号不能归约出一个 S,那么,整个输入串就无法最终归约为 S。我们的结论是,状态 I_4 存在的"移进-归约"冲突应采取移进 e 的办法来解决。在借助这个因素之后,我们就可以从图 5.12 的 LR(0)项目集构造出文法(5.13)的拓广文法的 LR 分析表(见表 5.8,注意 FOLLOW(S)={e,#})。

表 5.8 二义 if…then…else 文法的 LR 分析表

状态	ACTION				GOTO
	i	e	a	#	S
0	s2		s3		1
1				acc	
2	s2		s3		4
3		r3		r3	
4		s5		r2	
5	s2		s3		6
6		r1		r1	

例如,假定输入串为 iiaea,整个分析过程如下:

	状态序列	已归约串	输入串
(1)	0	#	iiaea#
(2)	02	#i	iaea#
(3)	022	#ii	aea#
(4)	0223	#iia	ea#
(5)	0224	#iiS	ea#
(6)	02245	#iiSe	a#
(7)	022453	#iiSea	#
(8)	022456	#iiSeS	#
(9)	024	#iS	#
(10)	01	#S	#

注意,在第(5)行,状态 I_4 在面临符号 e 时选择了移进动作;而在图(9)行,状态 I_4 在面临#选择了用 S→iS 进行归约的动作。

5.3.7 LR 分析中的出错处理

在 LR 分析过程中,当我们处在这样一种状态下,即输入符号既不能移入栈顶,栈内元素又不能归约时,就意味着发现语法错误。发现错误后,便进入相应的出错处理子程序。处理的方法分为两类:第一类多半使用插入、删除或修改的办法。如在语句 a[1,2:= 3.14;中插入一个]。如果不可能使用这种办法,则采用第二类办法。第二类处理办法

包括在检查到某一不合适的短语时,它不能与任一非终结符可能推导出的符号串相匹配。如语句

if x>k+2 then go 10 else k is 2;

由于把保留字 goto 误写成 go,校正程序试图改成 goto,但后面还有错误(将':='误为'is'),故放弃将 go 换为 goto。校正子程序在此种情况下,将 go 1 跳过,作为非法语句看待。这种方法企图将含有语法错误的短语局部化。分析程序认定含有错误的符号串是由某一非终结符 A 所推导出的,此时该符号串的一部分已经处理,处理的结果反映在栈顶部一系列状态中,剩下的未处理符号仍在输入串中。分析程序跳过这些剩余符号,直至找到一个符号 a,它能合法地跟在 A 的后面。同时,要把栈顶的内容逐个移去,直至找到某一状态 s,该状态与 A 有一个对应的新状态 GOTO[s,A],并将该新状态下推入栈。这样,分析程序就认为它已找到 A 的某个匹配并已将它局部化,然后恢复正常的分析过程。

利用这种方法,可以以语句为单位进行处理,也可以把跳过的范围缩小。例如,若在'if'后面的表达式中遇到某一错误,分析程序可跳至下一个输入符号'then'而不是';'或'end'。

与算符优先分析方法比较,用 LR 分析方法时,设计特定的出错处理子程序比较容易,因为不会发生不正确的归约。在分析表的每一空项内,可以填入一个指示器,指向特定的出错处理子程序。第一类错误的处理一般采用插入、删除或修改的办法,但要注意,不能从栈内移去任何那种状态,它代表已成功地分析了的程序中的某一成分。

例如,表 5.9 是一张 LR 分析表,它能识别二义文法(5.11)所定义的语言。表中某些状态(如状态 8,9 等)遇到某些输入符号就进行特定的某种归约(如状态 8 为 r2,状态 9 为 r3),这些状态遇到不合法的输入符号时,本应转向对应的出错处理子程序,而现在我们也把它们进行相同的归约,这样就缩减了分解表所占的空间。当然,如果有错,虽然先进行了某些归约,但在移入下一输入符号以前,错误终将被发现,只是发现的时间推迟了。

表 5.9 LR 分析表(包含出错处理子程序)

状 态	ACTION						GOTO
	i	+	*	(	)	#	E
0	s3	e1	e1	s2	e2	e1	1
1	e3	s4	s5	e3	e2	acc	
2	s3	e1	e1	s2	e2	e1	6
3	r4	r4	r4	r4	r4	r4	
4	s3	e1	e1	s2	e2	e1	7
5	s3	e1	e1	s2	e2	e1	8
6	e3	s4	s5	e3	s9	e4	
7	r1	r1	s5	r1	r1	r1	
8	r2	r2	r2	r2	r2	r2	
9	r3	r3	r3	r3	r3	r3	

表 5.9 中各个错误诊察子程序的工作是:

e1:/*   处在状态 0,2,4,5 时,要求输入符号为一运算量的首符,如 i 或左括号。

          当遇到'+'、'*'或'#'等,调用此程序   */

　　　　　　　　将一假i置于栈内,上盖以状态3;
　　　　　　　　给出错误信息:"缺少运算量"。
　　e2:/*　　当处在状态0,1,2,4,5而遇到右括号时,调用此程序　　*/
　　　　　　　　将下一输入符号(右括号)删除;
　　　　　　　　给出错误信息:"右括号不匹配"。
　　e3:/*　　处在状态1或6时,要求输入符号为运算符,但当遇到i或左括号时,调用此程序　　*/
　　　　　　　　将'+'纳入栈顶,上盖以状态4;
　　　　　　　　给出错误信息:"缺少运算符"。
　　e4:/*　　当处在状态6时,要求输入符号为运算符或右括号,但此时遇到#,调用此程序　　*/
　　　　　　　　将')'纳入栈顶,上盖以状态9;
　　　　　　　　给出错误信息:"缺少右括号"。
　　现在,我们假设输入符号串为i+)。采用本方法进行处理,其过程如下:

	状态	已归约串	输入串	附注
(1)	0	#	i+)E	
(2)	03	#i	+)#	
(3)	01	#E	+)#	
(4)	014	#E+	)#	
(5)	014	#E+	#	/*右括号由e2子程序删除*/
(6)	0143	#E+i	#	/*e1子程序将i纳入栈内*/
(7)	0147	#E+E	#	
(8)	01	#E	#	/*分析完毕*/

　　前面讨论的只是很简单的情况。一个可投入实际运行的LR分析程序,需要考虑许多更为复杂的情况。例如,当处在某一状态下遇到各种不合法的符号时,错误诊察子程序需要向前查看几个符号,根据所查看的符号才能确定应采取哪一种处理办法。又如前已述及,分析表中有些状态在遇到不合法的输入符号时,不是立即转到错误诊察子程序,而是进行某些归约,这不仅推迟了发现错误的时间,而且往往会带来一些处理上的困难。试研究下面的一输入符号串:

$$a:=b? \ c];$$

这里以'?'表示在b与c之间有某个错误。如果分析程序遇到'a:=b'而不向前多看几个符号,则它就会把'a:=b'先归约成语句,而后我们就再没有机会通过简单地插入符号'['进行修补了。但是,即使采用向前查看的办法,查看的符号也不能太多,否则会使分析表变得过分庞大。应该找出一种切实可行的办法,使得在确定处理出错办法时能够参考一些语义信息,以便在向前查看几个符号时,可以避免作出有时从语法上看是正确的,然而却是无意义的校正这一情况。例如,语句

$$a[1,2:=3.14;$$

中,标识符'a'是一个数组标识符,这一语义信息将导致插入符号']'。

5.4 语法分析器的自动产生工具 YACC

本节我们介绍一个著名的编译程序自动产生工具 YACC(Yet Another Compiler-Compiler)。它是由 S. C. Johnson 等人在 AT&T 贝尔实验室研制开发的,早期作为 UNIX 操作系统中的一个实用程序。现在 YACC 得到广泛使用,借助于它已构造了许多编译程序。

从字面上理解,YACC 是一个编译程序的编译程序,但严格说它还不是一个编译程序自动产生器,因为它不能产生完整的编译程序。YACC 输入用户提供的语言的语法描述规格说明,基于 LALR 语法分析的原理,自动构造一个该语言的语法分析器(如图 5.13 所示),同时,它还能根据规格说明中给出的语义子程序建立规定的翻译。

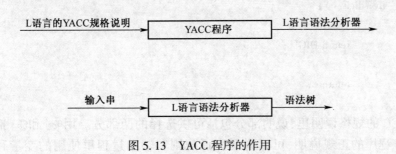

图 5.13 YACC 程序的作用

YACC 规格说明(或称 YACC 源程序)由**说明部分**、**翻译规则**和**辅助过程**三部分组成,其形式如下:

说明部分
%%
翻译规则
%%
辅助过程

下面以构造台式计算器的翻译程序为例,介绍关于 YACC 的规格说明。该台式计算器读一个算术表达式进行求值,然后打印其结果。设算术表达式的文法如下:

$$E \rightarrow E+T \mid T$$
$$T \rightarrow T * F \mid F \quad\quad (5.14)$$
$$F \rightarrow (E) \mid \text{digit}$$

其中,digit 表示 0…9 的数字。根据这一文法写出 YACC 的规格说明如下:

```
%{
#include<ctype.h>
%}
token DIGIT
%%
line      :    expr'\n'        {printf("%d\n"$1);}
          ;
expr      :    expr'+'term     {$$=$1+$3;}
```

```
        |       term
term    :       term'*'factor    {$$=$1*$3;}
        |       factor
        ;
factor  :       '('expr')'       {$$=$2;}
        |       DIGIT
        ;
%%
yylex( ){
        int c;
        c=getchar( );
        if(isdigit(c)){
                yylval=c-'0';
                return DIGIT;
        }
        return c;
}
```

在 YACC 的规格说明里,说明部分包括可供选择的两部分。用%{和%}括起来的部分是 C 语言程序的正规说明,可以说明翻译规则和辅助过程里使用的变量和函数的类型。例中只有一个语句

  # include⟨ctype.h⟩

它将导致 C 预处理器把包含 isdigit 函数说明的头文件⟨ctype.h⟩引入进来。语句

  % token DIGIT

指出 DIGIT 是 token 类型的词汇,供后面两部分引用。

在第一个%%之后是翻译规则,每条规则由文法的产生式和相关的语义动作组成。形如

          左部→候选 1|候选 2|…|候选 n|

的产生式,在 YACC 规格说明里写成

          左部: 候选 1   {语义动作 1}
                | 候选 2   {语义动作 2}
                ……
                | 候选 n   {语义动作 n}
                ;

在 YACC 产生式里,用单引号括起来的单个字符'c'看成是终结符号 c,没括起来并且也没被说明成 token 类型的字母数字串看成是非终结符号。产生式的左部非终结符之后是一个冒号,右部候选式之间可以用竖线分隔。在产生式的末尾,即其所有右部和语义动作之后,用分号表示结束。第一个产生式的左部非终结符看成是文法的开始符号。

YACC 的语义动作是 C 语言的语句序列。在语义动作里,符号$$表示和左部非终结符相关的属性值,$1 表示和产生式右部第一个文法符号(终结符或非终结符)相关的属性值,$3 表示和产生式右部第三个文法符号相关的属性值。由于语义动作都放在产生式

可选右部的末尾,所以,在归约时执行相关的语义动作。这样,可以在每个$i的值都求出之后再求$$的值。在上述的规格说明里,产生式 E→E+T|T 及相关的语义动作表示为

   expr : expr'+'term   {$$=$1+$3;}
      | term
      ;

表示产生式右部非终结符 expr 的属性值加上非终结符 term 的属性值,结果作为左部非终结符 expr 的属性值,从而规定出按照这一产生式进行求值的语义动作。我们省略了第二个产生式候选求值的语义动作;本来这一行的末尾应该设置

            {$$=$1;}

但考虑这样原封不动进行复制的语义动作没有意义,所以省略。在 YACC 源程序中,我们加入了一个新的开始产生式:

      line : expr'\n'{printf("%d\n",$1);}

表示,关于台式计算器的输入是一个算术表达式,其后用一个换行符表示输入结束;与该产生式相关的语义动作

          {printf("%d\n",$1);}

打印关于非终结符 expr 的属性值,即表达式的结果值。

  第二个%%之后是辅助过程,它由一些 C 语言函数组成,其中必须包含名为 yylex 的词法分析器。其它例程,如 error 错误处理例程,可根据需要加入。每次调用函数 yylex( )时,得到一个单词符号,该单词符号包括两部分,一部分是单词种别。单词种别必须在 YACC 源程序中第一部分说明;另一部分是单词自身值,通过 YACC 定义的全程变量 yylval 传递给语法分析器。

  下面我们介绍 YACC 是如何处理二义文法的。

  我们扩充关于台式计算器的规格说明,使之更具应用价值。第一,允许输入几个表达式,每个表达式占一行,并且允许出现空行;第二,表达式中可以出现数而不仅仅是单个数字,算术运算可以有+,-,*,/。这样,表达式的文法可以写成下列形式:

  E→E+E|E-E|E∗E |E/E|(E)|-E|number

  按这一文法写出的 YACC 规格说明如下:

%{
# include⟨ctype.h⟩
# include⟨stdio.h⟩
# define YYSTYPE double /* double type for YACC stack */
%}
token NUMBER
%left'+''-'
%left'*''/'
%right UMINUS
%%
lines : lines expr'\n'   {printf("%g\n",$2);}
   | lines'\n'

```
            |       /* ε */
            ;
expr     :      expr '+' expr           {$$=$1+$3;}
         |      expr '-' expr           {$$=$1-$3;}
         |      expr '*' expr           {$$=$1*$3;}
         |      expr '/' expr           {$$=$1/$3;}
         |      '(' expr ')'            {$$=$2;}
         |      '-' expr %prec UMINUS   {$$=-$2;}
         |      NUMBER
         ;
%%
yylex( ){
    int c;
    while((c=getchar( ))= =' ');
    if((c= ='.'||(isdigit(c))){
        ungetc(c,stdin);
        scanf("%1f",&yylval);
        return NUMBER;
    }
    return c;
}
```

由于上述文法具有二义性，YACC 建立 LALR 分析表时将产生冲突的动作。在这种情况下，YACC 将报告所产生的冲突动作的个数。YACC 可以生成一个辅助文件，其中包含 LR 项目集的核心、冲突的动作和说明如何解决冲突的 LALR 分析表。

如果不另外指明，YACC 将使用下列规则解决语法分析中的动作冲突：

（1）当产生"归约–归约"冲突时，按照规则说明中产生式的排列顺序，选择排在前边的产生式进行归约；

（2）当产生"移进–归约"冲突时，选择执行移进动作。

因为上述省缺规则不是总能满足编译器设计者的要求，因此，YACC 提供了解决"移进–归约"冲突的机制。在说明部分，可以给终结符赋予优先级和结合性。在上述规格说明中

% left '+' '-'

规定+和-具有相同的优先级和左结合性。类似地，用

% right UMINUS

表示 UMINUS（一元-）具有右结合性。此外，用% nonarsoc 可以使二元运算不具有结合性。

单词符号的优先级由它们在同一说明部分中出现的次序决定，越在后，级别越高。因此，在上述规格说明中，UMINUS 比它之前的五个终结符的优先级都高。

由此可见，YACC 解决"移进–归约"冲突的办法是对有冲突的每个产生式以及每个终结符规定优先级和结合性。如果必须在待移的输入符号和待归约产生式 A→α 之间进行选择的话，则：

如果产生式的优先级比 a 高,或如果优先级相同且产生式的结合性为左结合,则 YACC 选择归约；

否则,选择移进。

通常,产生式的优先级被当作与最右边的终结符相同。这在大多数情况下是明智的。例如,给定产生式：

$$E \rightarrow E+E \mid E*E$$

当面临的符号为+时,我们会用 E→E+E 归约,因为产生式右边的+与面临的符号+具有相同的优先级,但具有左相合性。如果面临的符号为 *,我们会选择移进,因为面临的符号 * 比产生式中+的优先级高。

在有的场合下,可以用标志%prec 指定其后的终结符的优先级,例如前述规格说明中产生式

$$expr \quad : \text{'}-\text{'} expr$$

后面的标志%prec UMINUS 使得该产生式中的一元-具有比其它操作符更高的优先级。

练 习

1. 令文法 G_1 为：

$$E \rightarrow E+T \mid T$$
$$T \rightarrow T*F \mid F$$
$$F \rightarrow (E) \mid i$$

证明 E+T*T 是它的一个句型,指出这个句型的所有短语,直接短语和句柄。

2. 考虑下面的表格结构文法 G_2：

$$S \rightarrow a \mid \wedge \mid (T)$$
$$T \rightarrow T, S \mid S$$

(1) 给出(a,(a,a))和(((a,a),∧,(a)),a)的最左和最右推导。

(2) 指出(((a,a),^,(a)),a)的规范归约及每一步的句柄。根据这个规范归约,给出"移进-归约"的过程,并给出它的语法树自下而上的构造过程。

3. (1) 计算练习 2 文法 G_2 的 FIRSTVT 和 LASTVT。

(2) 计算 G_2 的优先关系。G_2 是一个算符优先文法吗?

(3) 计算 G_2 的优先函数。

(4) 给出输入串(a,(a,a))的算符优先分析过程。

4. 存在一种称为简单优先的自下而上分析法,这种分析法不会把错误句子当作为正确句子。一个文法 G,如果它不含ε-产生式,也不含任何右部相同的不同产生式,并且它的任何符号对(X,Y)——X 和 Y 为终结符或非终结符——顶多存在下述三种关系≡、⋗、⋖之一,则称这个文法 G 是一个简单优先文法。这三种关系的定义是：

A. $X \equiv Y$ 当且仅当 G 中含有形如

$$P \rightarrow \cdots XY \cdots \text{的产生式；}$$

B. $X \lessdot Y$ 当且仅当 G 中含有形如

$$P \rightarrow \cdots XQ \cdots \text{的产生式,其中 Q 为非终结符,而且 } Q \overset{+}{\Rightarrow} Y \cdots;$$

C. X≯Y 当且仅当 Y 为文法 G 的终结符,且 G 含有形为 P→…QR…的产生式,使得 $Q \overset{+}{\Rightarrow} \cdots X$ 而 Y∈FIRST(R)。例如,假定有规则 S→(T)和推导 $T \Rightarrow S \Rightarrow a$ 则 S≯)和 a≯)成立。注意,上述 R 可能是终结符也可能是非终结符。

D. 对任何 X,若 $S \overset{+}{\Rightarrow} X \cdots$,则#<X;若 $S \overset{+}{\Rightarrow} \cdots X$ 则 X≯#。

按简单优先文法的定义,回答以下问题:

(1) 构造文法 G_2 的简单优先分析表,辨明它是否为一个简单优先文法?

(2) 下面的文法产生和 $L(G_2)$ 相同的语言,

$$S \rightarrow a | \wedge | (R)$$
$$T \rightarrow S, T | S$$
$$R \rightarrow T$$

验证它的简单优先关系如下表所列:

	R	S	T	a	∧	,	(	)	#
R								≐	
S						≐		≯	
T								≯	
a						≯		≯	≯
∧						≯		≯	≯
,		<	≐	<	<		<		
(	≐	<	<	<	<		<		
)				<	<	≯		≯	≯
#							<		

(3) 按上面的简单优先表构造优先函数。

(4) 证明简单优先文法是无二义的。进一步说,简单优先文法的任何句型 $X_1 X_2 \cdots X_n$ 的句柄是满足条件

$X_{j-1} < X_j \doteq X_{j+1} \doteq \cdots \doteq X_i > X_{i+1}$ 的最左子串 $X_j X_{j+1} \cdots X_i$。

(5) 构造简单优先分析器。

5. 考虑文法

$$S \rightarrow AS | b$$
$$A \rightarrow SA | a$$

(1) 列出这个文法的所有 LR(0)项目。

(2) 构造这个文法的 LR(0)项目集规范族及识别活前缀的 DFA。

(3) 这个文法是 SLR 的吗?若是,构造出它的 SLR 分析表。

(4) 这个文法是 LALR 或 LR(1)的吗?

6. 下面是一个描述 Σ={a b}上的正规式的 LALR 文法(实际上也是 SLR 文法),只不过用'+'代替'|',用^代替ε(空字)。

$$E \rightarrow E + T | T$$

$$T \to TF \mid F$$
$$F \to F* \mid (E) \mid a \mid b \mid \wedge$$

构造这个文法的 LALR 项目集和分析表。

7. 证明下面文法是 SLR(1) 但不是 LR(0) 的。
$$S \to A$$
$$A \to Ab \mid bBa$$
$$B \to aAc \mid a \mid aAb$$

8. 证明下面的文法
$$S \to AaAb \mid BbBa$$
$$A \to \varepsilon$$
$$B \to \varepsilon$$

是 LL(1) 的但不是 SLR(1) 的。

9. 证明下面文法：
$$S \to Aa \mid bAc \mid Bc \mid bBa$$
$$A \to d$$

是 LALR(1) 但不是 SLR(1) 的。

10. 如果我们用下面的二义文法产生正规式
$$E \to E+E \mid EE \mid E* \mid (E) \mid a \mid b \mid \wedge$$

(1) 给出解决二义性的 YACC 说明，按照这个说明能正确地分析正规式。

(2) 按照(1)的说明所规定的解决二义性的准则，构造这个文法的 LALR 分析器。用这个分析器给出 a+ba* 的分析过程，并以此论证这个分析器能够正确地分析正规式。

*11. 考虑文法
$$E \to E+E \mid EE \mid E* \mid (E) \mid a \mid b \mid \wedge \mid W$$
$$W \to aW \mid bW \mid \varepsilon$$

(1) 给出解决二义性的准则，这些准则将使得所有那些含相继两个(或两个以上)a 或相继两个(或两个以上)b 的字符串都分析为 W。

(2) 按照这些准则，构造这个文法的 LALR 分析器。

第六章 属性文法和语法制导翻译

从本章开始,我们介绍有关语义分析及翻译的问题。虽然**形式语义学**(如**指称语义学**、**公理语义学**、**操作语义学**等)的研究已取得了许多重大的进展,但目前在实际应用中比较流行的语义描述和语义处理的方法主要还是属性文法和语法制导翻译方法。

本章中,我们将首先介绍属性文法的基本概念,然后介绍基于属性文法的处理方法,讨论如何在自上而下分析和自下而上分析中实现属性的计算。下一章,我将介绍利用属性文法和语法制导翻译法描述语义分析及中间代码产生的具体问题。

6.1 属 性 文 法

属性文法(也称属性翻译文法)是 Knuth 在 1968 年首先提出的。它是在上下文无关文法的基础上,为每个文法符号(终结符或非终结符)配备若干相关的"值"(称为**属性**)。这些属性代表与文法符号相关信息,例如它的类型、值、代码序列、符号表内容等等。属性与变量一样,可以进行计算和传递。属性加工的过程即是语义处理的过程。对于文法的每个产生式都配备了一组属性的计算规则,称为**语义规则**。

属性通常分为两类:**综合属性**和**继承属性**。简单地说,综合属性用于"自下而上"传递信息,而继承属性用于"自上而下"传递信息。

在一个属性文法中,对应于每个产生式 A→α 都有一套与之相关联的语义规则,每条规则的形式为

$$b:=f(c_1,c_2,\cdots,c_k)$$

这里,f 是一个函数,而且或者

(1) b 是 A 的一个综合属性并且 $c_1,c_2,\cdots,c_k$ 是产生式右边文法符号的属性;或者

(2) b 是产生式右边某个文法符号的一个继承属性并且 $c_1,c_2,\cdots,c_k$ 是 A 或产生式右边任何文法符号的属性。

在两种情况下,我们都说属性 b 依赖于属性 $c_1,c_2,\cdots,c_k$。

要特别强调的是:

(1) 终结符只有综合属性,它们由词法分析器提供;

(2) 非终结符既可有综合属性也可有继承属性,文法开始符号的所有继承属性作为属性计算前的初始值。

一般说来,对出现在产生式右边的继承属性和出现在产生式左边的综合属性都必须提供一个计算规则。属性计算规则中只能使用相应产生式中的文法符号的属性,这有助于在产生式范围内"封装"属性的依赖性。然而,出现在产生式左边的继承属性和出现在产生式右边的综合属性不由所给的产生式的属性计算规则进行计算,它们由其它产生式

的属性规则计算或者由属性计算器的参数提供。

语义规则所描述的工作可以包括属性计算、静态语义检查、符号表操作、代码生成等等。语义规则可能产生副作用(如产生代码),也可能不是变元的严格函数(如某个规则给出可用的下一个数据单元的地址)。这样的语义规则通常写成过程调用或过程段。

例如,考虑非终结符 A,B 和 C,其中,A 有一个继承属性 a 和一个综合属性 b,B 有综合属性 c,C 有继承属性 d。产生式 A→BC 可能有规则

$$C.d := B.c+1$$
$$A.b := A.a+B.c$$

而属性 A.a 和 B.c 在其它地方计算。

作为一个更直观的例子,考虑表 6.1 所列的一个属性文法,它用作台式计算器程序。对每个非终结符 E、T 及 F 都有一个综合属性——称为 val 的整数值。在每个产生式对应的语义规则中,产生式左边的非终结符的属性值 val 是从右边的非终结符的属性值 val 计算出来的。

符号 digit 有一个综合属性 lexval,它的值由词法分析器提供。与产生式 L→En 对应的语义规则仅仅是打印由 E 产生的算术表达式的值的一个过程,我们可以认为这条规则定义了 L 的一个虚属性。

表6.1 一个简单台式计算器的属性文法

产 生 式	语 义 规 则
L→En	print(E.val)
E→E_1+T	E.val := E_1.val+T.val
E→T	E.val := T.val
T→T_1 * F	T.val := T_1.val * F.val
T→F	T.val := F.val
F→(E)	F.val := E.val
F→digit	F.val := digit.lexval

为了区分一个产生式中同一非终结符多次出现,我们对某些非终结符加了下标,以便消除对这些非终结符的属性值引用的二义性。

综合属性

综合属性在实际中被广泛应用。在语法树中,一个结点的综合属性的值由其子结点的属性值确定。因此,通常使用自底向上的方法在每一个结点处使用语义规则计算综合属性的值。仅仅使用综合属性的属性文法称 S-属性文法。在 6.3 节中我们将详细介绍如何修改 LR 分析器以实现基于 LR 文法的 S-属性文法。下面我们给出一个简单例子说明综合属性的使用和计算过程。

例 6.1 表 6.1 定义的属性文法说明了一个台式计算器,该计算器读入一个可含数字、括号和+、*运算符的算术表达式,并打印表达式的值,每个输入行以 n 作为结束。例如,假设表达式为 3 * 5+4,后跟一个换行符 n。则程序打印数值 19。图 6.1 给出了输入串 3 * 5+4n 的带注释的语法树。在语法树的根打印结果,其值为根的第一个子结点 E.val 的值。

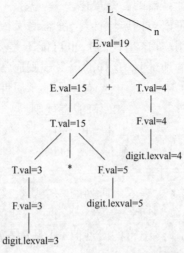

图 6.1 3 * 5+4n 的带注释的语法树

为了说明属性值是如何计算出来的,首先考虑最底最左边的内部结点,它对应于产生式 F→digit,相应的语义规则为 F.val: = digit.lexval,由于这个结点的子结点 digit 的属性 digit.lexval 的值为 3,所以决定了结点 F 的属性 F.val 的值也为 3。同样,在 F.结点的父结点处,属性 T.val 的值也算得为 3。

我们再考虑关于产生式 T→T_1 * F 的结点。这个结点的属性 T.val 的值由下面的语义规则确定:

产生式	语义规则
T→T_1 * F	T.val: = T_1.val×F.val

当我们在这个结点应用语义规则时,从左子结点得到 T_1.val 的值为 3,从右子结点得到 F.val 值为 5,因此,在这个结点中算得 T.val 的值为 15……

最后,包含开始符号 L 的产生式 L→En 对应的语义规则打印出通过 E 得到的表达式的值。

继承属性

在语法树中,一个结点的继承属性由此结点的父结点和/或兄弟结点的某些属性确定。用继承属性来表示程序设计语言结构中的上下文依赖关系很方便。例如,我们可以利用一个继承属性来跟踪一个标识符,看它是出现在赋值号的左边还是右边,以确定是需要这个标识符的地址还是值。尽管我们有可能仅用综合属性来改写一个属性文法,但是使用带有继承属性的属性文法有时更为自然。

在下面的例子中,继承属性在说明中为各种标识符提供类型信息。

例 6.2 在表 6.2 中给出的属性文法中,由非终结符 D 所产生的说明含关键字 int 和 real,后跟一个标识符表。非终结符 T 有一个综合属性 type,它的值由说明中的关键字确定。与产生式 D→TL 相应的语义规则 L.in: = T.type 把说明中的类型赋值给继承属性 L.in。然后,利用语义规则把继承属性 L.in 沿着语法树往下传。与 L 的产生式相应的语义规则调用过程 addtype 把每个标识符的类型填入符号表的相应项中(符号表入口由属性 entry 指明)。

表 6.2　带继承属性 L.in 的属性文法

产　生　式	语　义　规　则
D→TL	L.in: = T.type
T→int	T.type: = integer
T→real	T.type: = real
L→L₁,id	L₁.in: = L.in
	addtype(id.entry, L.in)
L→id	addtype(id.entry, L.in)

图 6.2 给出了句子 real id_1,id_2,id_3 的带注释的语法树。在三个 L 结点中 L.in 的值分别给出了标识符 id_1、id_2、id_3 的类型。为了确定这三个属性值,先求出根的左子结点的属性值 T.type,然后每项向下计算根的右子树的三个 L 结点的属性值 L.in。在每个 L 结点还要调用过程 addtype,往符号表中插入信息,说明本结点的右子结点上的标识符类型为 real。

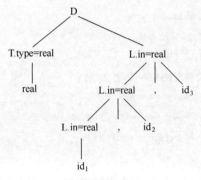

图 6.2　在每个 L 结点都带有继承属性的语法树

6.2　基于属性文法的处理方法

从概念上讲,基于属性文法的处理过程通常是这样的:对单词符号串进行语法分析,构造语法分析树,然后根据需要遍历语法树并在语法树的各结点处按语义规则进行计算(如图 6.3 所示)。

输入串 ──→ 语法树 ──→ 依赖图 ──→ 语义规则计算次序

图 6.3　语法制导翻译概观

这种由源程序的语法结构所驱动的处理办法就是**语法制导翻译法**。语义规则的计算可能产生代码、在符号表中存放信息、给出错误信息或执行任何其它动作。对输入符号串的翻译也就是根据语义规则进行计算的结果。

然而,一个具体的实现并不一定非要按图 6.3 的轮廓不可。在某些情况下可用一遍扫描实现属性文法的语义规则计算。也就是说在语法分析的同时完成语义规则的计算,无须明显地构造语法树或构造属性之间的依赖图。因为单遍实现对于编译效率非常重要,所以这一章的许多部分都是讨论这些特殊情况。有一个重要的子类称为"L-属性文法",对于该类属性文法,不用显式构造语法树就可以实现翻译。

6.2.1 依赖图

如果在一颗语法树中一个结点的属性 b 依赖于属性 c,那么这个结点处计算 b 的语义规则必须在确定 c 的语义规则之后使用。在一棵语法树中的结点的继承属性和综合属性之间的相互依赖关系可以由称作**依赖图**的一个有向图来描述。

在为一棵语法树构造依赖图以前,我们为每一个包含过程调用的语义规则引入一个虚综合属性 b,这样把每一个语义规则都写成

$$b:=f(c_1,c_2,\cdots,c_k)$$

的形式。依赖图中为每一个属性设置一个结点,如果属性 b 依赖于属性 c,则从属性 c 的结点有一条有向边连到属性 b 的结点。更详细地说,对于给定的一棵语法分析树,依赖图是按下面步骤构造出来的:

```
for  语法树中每一结点 n  do
    for  结点 n 的文法符号的每一个属性 a  do
        为 a 在依赖图中建立一个结点;
for 语法树中每一个结点 n  do
    for  结点 n 所用产生式对应的每一个语义规则
        b:=f(c_1,c_2,…,c_k) do
        for  i:=1 to k do
            从 c_i 结点到 b 结点构造一条有向边;
```

例如,假设

$$A.a:=f(X.x,Y.y)$$

是对应于产生式 A→XY 的一个语义规则,这条语义规则确定了依赖于属性 X.x 和 Y.y 的综合属性 A.a。如果在语法树中应用这个产生式,那么在依赖图中会有三个结点 A.a、X.x 和 Y.y。由于 A.a 依赖于 X.x,所以有一条有向边从 X.x 连到 A.a。由于 A.a 也依赖于 Y.y,所以还有一条有向边从 Y.y 连到 A.a。

如果与产生式 A→XY 对应的语义规则还有

$$X.i:=g(A.a,Y.y)$$

那么,图中还应有两条有向边,一条从 A.a 连到 X.i,另一条从 Y.y 连到 X.i,因为 X.i 依赖于 A.a 和 Y.y。

例 6.3 当下面的产生式应用于语法树中时,我们就像图 6.4 所示的那样把有向边加入到依赖图中。

产生式	语义规则
E→E$_1$+E$_2$	E.val:=E$_1$.val+E$_2$.val

依赖图中用・来标志的三个结点分别代表语法树中相应结点的综合属性 E.val、E$_1$.val 和 E$_2$.val。从 E$_1$.val 到 E.val 的有向边表明 E.val 依赖于 E$_1$.val,同样,从 E$_2$.val 到 E.val 的有向边表示 E.val 也依赖于 E$_2$.val。图 6.4 中的虚线表示的是语法树,它不是依赖图中

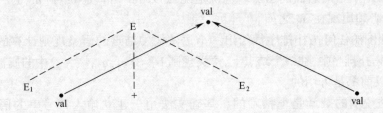

图 6.4　E.val 是从 E_1.val 和 E_2.val 综合得出

的一部分。

例 6.4　图 6.5 表示的是图 6.2 的依赖图。依赖图中的结点由数字来标识,这些数字将在下面用到。从代表 T.type 的结点 4 有一条有向边连到代表 L.in 的结点 5,因为根据产生式 D→TL 的语义规则 L.in:=T.type,可知 L.in 依赖于 T.type。根据 L→L_1,id 的语义规则可知,有两条向下的有向边分别进入结点 7 和 9。每一个与 L 产生式有关的语义规则 addtype(id.entry,L.in) 都产生一个虚属性,结点 6、8 和 10 都是为这些虚属性构造的。

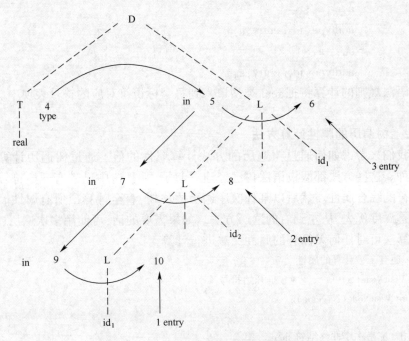

图 6.5　图 6.2 中语法分析树的依赖图

很显然,一条求值规则只有在其各变元值均已求得的情况下才可以使用。但有时候可能会出现一个属性对另一个属性的循环依赖关系。例如,p、c_1、c_2 都是属性,若有如下求值规则 p:=f_1(c_1)、c_1:=f_2(c_2)、c_2:=f_3(p)时,就无法对 p 求值。如果一属性文法不存在属性之间的循环依赖关系,那么称该文法为**良定义的**。为了设计编译程序,我们只处理良定义的属性文法。

下面讨论**属性的计算次序**。

一个有向非循环图的拓扑序是图中结点的任何顺序 $m_1,m_2,\cdots,m_k$,使得边必须是从序列中前面的结点指向后面的结点。也说是说,如果 $m_i \to m_j$ 是 m_i 到 m_j 的一条边,那么在序列中 m_i 必须出现在 m_j 之前。

一个依赖图的任何拓扑排序都给出一个语法树中结点的语义规则计算的有效顺序。这就是说,在拓扑排序中,在一个结点上,语义规则 $b:=f(c_1,c_2,\cdots,c_k)$ 中的属性 $c_1,c_2,\cdots,c_k$ 在计算 b 以前都是可用的。

属性文法说明的翻译是很精确的。基础文法用于建立输入符号串的语法分析树。依赖图如上面讨论的那样建立。从依赖图的拓扑排序中,我们可以得到计算语义规则的顺序。用这个顺序来计算语义规则就得到输入符号串的翻译。

例 6.5 在图 6.5 的依赖图中,每一条边都是从序号较低的结点指向序号较高的结点。因此,依赖图的一个拓扑排序可以从低序号到高序号顺序写出。从这个拓扑排序中我们可以得到下列程序,用 a_n 来代表依赖图中与序号 n 的结点有关的属性:

$$a_4 := real$$
$$a_5 := a_4$$
$$addtype(id_3.entry, a_5);$$
$$a_7 := a_5;$$
$$addtype(id_2.entry, a_7)$$
$$a_9 := a_7$$
$$addtype(id_1.entry, a_9)$$

这些语法规则的计算将把 real 类型填入到每个标识符对应的符号表项中。

6.2.2 树遍历的属性计算方法

现在我们来考虑如何通过树遍历的方法计算属性的值。通过树遍历计算属性值的方法有多种。这些方法都假设语法树已经建立起了,并且树中已带有开始符号的继承属性和终结符的综合属性。然后以某种次序遍历语法树,直至计算出所有属性。最常用的遍历方法是深度优先,从左到右的遍历方法。如果需要的话,可使用多次遍历(或称遍)。

下面算法可对任何无循环的属性文法进行计算。

```
While  还有未被计算的属性  do
        VisitNode(S)         /*S 是开始符号*/
procedure VisitNode(N:Node);
begin
      if  N 是一个非终结符 then
        /*假设它的产生式为 N→X_1···X_m*/
        for i:=1 to m do
          if not X_i ∈ V_T then /* 即 X_i 是非终结符*/
              begin
                  计算 X_i 的所有能够计算的继承属性;
                  VisitNode(X_i)
              end;
      计算 N 的所有能够计算的综合属性
end
```

只要文法的属性是非循环定义的,则每一次扫描至少有一个属性值被计算出来。如果语法树有 n 个结点(因此最多有 O(n)个属性),最坏的情况整个遍历需 O(n^2)时间。

例 6.6 考虑表 6.3 所给的属性的文法 G。其中,S 有继承属性 a,综合属性 b;X 有继承属性 c、综合属性 d;Y 有继承属性 e、综合属性 f;Z 有继承属性 h、综合属性 g。

表 6.3 语义规则中有较复杂的依赖关系

产 生 式	语 义 规 则
S→XYZ	Z.h: = S.a
	X.c: = Z.g
	S.b: = X.d−2
	Y.e: = S.b
X→x	X.d: = 2 ∗ X.c
Y→y	Y.f: = Y.e ∗ 3
Z→z	Z.g: = Z.h+1

假设 S.a 的初始值为 0,则输入串 xyz 的语法树如图 6.6(a)所示。

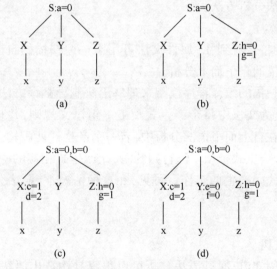

图 6.6 对文法 G 的属性计算步骤
(a)初始状态;(b)对 VisitNode(S)的第一次调用后;(c)对 VisitNode(S)第二次调用后;(d)最终状态。

第一次遍历的执行过程如下:
VisitNode(S)
    X.c 不能计算
    VisitNode(X)
        X.d 不能计算
    Y.e 不能计算
    VisitNode(Y)
        Y.f 不能计算

　　　　Z.h:=0
　　　VisitNode(Z)
　　　　Z.g:=1
　　　S.b 不能计算

第一遍以后,树的状态如图6.6(b)所示。第二次调用VisitNode(S)导致对X.c、X.d和S.b的依次计算,树的状态如图6.6(c)所示。最后第三遍扫描算出Y的两个属性,树的最终状态如图6.6(d)所示。

6.2.3 一遍扫描的处理方法

与树遍历的属性计算方法不同,一遍扫描的处理方法是在语法分析的同时计算属性值,而不是语法分析构造语法树之后进行属性的计算,而且无需构造实际的语法树(如果有必须,当然也可以实际构造)。采用这种处理方法,当一个属性值不再用于计算其它属性值时,编译程序就不必再保留这个属性值。当然,如果需要,也可以把这些语义值存到文件中。

因为一遍扫描的处理方法与语法分析器的相互作用,它与下面两个因素密切相关:
(1) 所采用的语法分析方法;
(2) 属性的计算次序。

后面几节中,我们将会看到,L-属性文法可用于一遍扫描的自上而下分析,而S-属性文法适合于一遍扫描的自下而上分析。

如果按这种一遍扫描的编译程序模型来理解语法制导翻译方法的话,所谓语法制导翻译法,直观上说就是为文法中每个产生式配上一组语义规则,并且在语法分析的同时执行这些语义规则。在自上而下语法分析中,若一个产生式匹配输入串成功,或者,在自下而上分析中,当一个产生式被用于进行归约时,此产生式相应的语义规则就被计算,完成有关的语义分析和代码产生的工作。可见,在这种情况下,语法分析工作和语义规则的计算是穿插进行的。

6.2.4 抽象语法树

从前面的讨论我们知道,通过语法分析可以很容易构造出语法分析树,然后对语法树进行遍历完成属性的计算。因此,语法树可以作为一种合适的中间语言形式。在语法树中去掉那些对翻译不必要的信息,从而获得更有效的源程序中间表示。这种经变换后的语法树称之为**抽象语法树**(Abstract Syntax Tree)。

如产生式 S→if　B　then　S_1　else　S_2 在抽象语法树中表示为

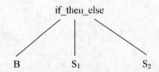

在抽象语法树中,操作符和关键字都不作为叶结点出现,而是把它们作为内部结点,即这些叶结点的父结点。例如,下面是表达式 3*5+4 的抽象语法树:

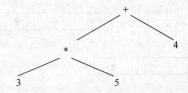

语法制导翻译既可以基于语法分析树,也可以基于抽象语法树进行。两种情况所采用的基本方法是一样的。像在语法分析树一样,在抽象语法树的每个结点上都可带上一定的属性。

下面讨论如何建立表达式的抽象语法树。

建立表达式的抽象语法树与把表达式翻译成后缀形式类似。我们通过为每一个运算分量或运算符号都建立一个结点来为子表达式建立子树。运算符号结点的各子结点分别是表示该运算符号的各个运算分量的子表达式组成的子树的根。

抽象语法树中的每一个结点可以由包含几个域的记录来实现的。在一个运算符号对应的结点中,一个域标识运算符号,其它域包含指向运算分量的结点的指针。运算符号通常叫作这个结点的标号。当我们进行释译时,抽象语法树中的结点可能会用附加的域来存放结点的属性值(或指向属性值的指针)。在这一节中,我们用下面的一些函数来建立表示带有二目算符的表达式的抽象语法树中的结点。每一个函数都返回一个指向新建立结点的指针。

（1）mknode(op,left,right)建立一个运算符号结点,标号是 op,两个域 left 和 right 分别指向左子树和右子树。

（2）mkleaf(id,entry)建立一个标识符结点,标号为 id,一个域 eutry 指向标识符在符号表中的入口。

（3）mkleaf(num,ral)建立一个数结点,标号为 num,一个域 ral 用于存放数的值。

例6.7 下面一系列函数调用建立了表达式 a-4+c 的抽象语法树(见图6.7)。在这个序列中,$p_1,p_2,\cdots,p_5$ 是指向结点的指针,entrya 和 entryc 分别是指向符号表中的标识符 a 和 c 的指针。

(1) p_1:=mkleaf(id,entrya);
(2) p_2:=mkleaf(num,4);
(3) p_3:=mknode('-',p_1,p_2);
(4) p_4:=mkleaf(id,entryc);
(5) p_5:=mknode('+',p_3,p_4)。

这棵抽象语法树是自底向上构造起来的。函数调用 mkleaf(id,entrya) 和 mkleaf(num,4)建立了叶结点 a 和 4,指向这两个结点的指针分别用 p_1 和 p_2 存放。函数调用 mknode('-',p_1,p_2)建立内部结点,它以叶结点 a 和 4 为子结点。再经过两步,p_5 成为指向根结点的左指针。

下面考虑建立抽象语法树的语义规则。

表6.4是一个为包含运算符号+和-的表达式建立抽象语法树的S-属性文法。它利用文法的基本产生式来安排函数 mknode 和 mkleaf 的调用以建立语法树。E 和 T 的综合属性 nptr 是函数调用返回的指针。

146

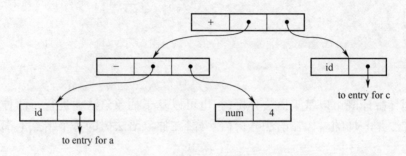

图 6.7 a-4+c 的抽象语法树

表 6.4 为表达式建立抽象语法树的属性文法

产 生 式	语 义 规 则
E→E_1+T	E.nptr：=mknode('+',E_1.nptr,T.nptr)
E→E_1-T	E.nptr：=mknode('-',E_1.nptr,T.nptr)
E→T	E.nptr：=T.nptr
T→(E)	E.nptr：=T.nptr
T→id	T.nptr：=mkleaf(id,id.entry)
T→num	T.nptr：=mkleaf(num,num.val)

例 6.8 一个带注释的语法分析树如图 6.8 所示,它用来描绘表达式 a-4+c 的抽象语法树的构造。语法分析树是用虚线表示的。语法分析树之中的 E 和 T 标识的结点用综合属性 nptr 来保存指向抽象语法树中非终结符号代表的表达式结点的指针。

与产生式 T→id 和 T→num 相对应的语义规则决定了属性 T.nptr 分别表示指向一个

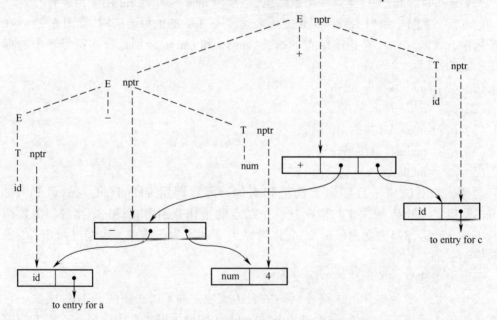

图 6.8 a-4+c 的抽象语法树的构造

标识符和一个数的新的叶结点的指针。属性 id. entry 和 num. val 是词法值，我们假设这些值是由词法分析器提供的。

在图 6.8 中，当一个表达式 E 是一个单个项时，相应于使用产生式 E→T，属性 E. nptr 得到 T. nptr 的值。当与产生式 E→E_1-T 对应的语义规则 E. nptr：= mknode ('-'，E_1. nptr，T. nptr)被引用时，前面的规则已经把 E_1. nptr 和 T. nptr 分别置成指向代表 a 和 4 的叶结点的指针。

为了解释图 6.8，我们应注意，图中下面的由记录组成的树是构成输出的一个"真正的"抽象语法树，而上面的虚线是一个语法分析树，它只是象征性地存在。在后面，我们将讨论一个 S-属性文法是怎样使用自底向上分析器的栈跟踪属性值的方法来简单地实现的。实际上，在这样的实现过程中，建立结点的函数调用顺序与在例 6.7 中顺序相同。

6.3 S-属性文法的自下而上计算

既然我们已经知道了如何用属性文法来说明翻译，现在我们就来研究怎样实现这种翻译器。通过前面的介绍，我们可以知道一个一般的属性文法的翻译器可能是很难建立的，然而有一大类属性文法的翻译器是很容易建立的。这一节我们考虑这样的一类属性文法：**S-属性文法**，它只含有综合属性。下面几节将介绍带有继承属性的属性文法的实现。

综合属性可以在分析输入符号串的同时由自下而上的分析器来计算。分析器可以保存与栈中文法符号有关的综合属性值，每当进行归约时，新的属性值就由栈中正在归约的产生式右边符号的属性值来计算。这一节我们将介绍怎样扩充分析器中的栈来存放这些综合属性值。在 6.5 节中我们将看到这种实现对于某些继承属性的计算也适用。

S-属性文法的翻译器通常可借助于 LR 分析器实现。在 S-属性文法的基础上，LR 分析器可以改造为一个翻译器，在对输入串进行语法分析的同时对属性进行计算。

下面我们讨论分析栈中的综合属性。

在自底向上的分析方法中，我们使用一个栈来存放已经分析过的子树的信息。现在我们可以在分析栈中使用一个附加的域来存放综合属性值。图 6.9 表示的是一个带有一个属性值空间的分析栈的例子。我们假设图中的栈是由一对数组 state 和 val 来实现的。每一个 state 元素都是一个指向 LR(1)分析表的指针（或索引）。（注意，文法符号隐含在 state 中而不需存储在栈中）。然而，如果像第五章中那样把文法符号放入栈中时，那么当第 i 个 state 对应的符号为 A 时，val[i]中就存放语法树中与结点 A 对应的属性值。

state	val
...	...
X	X.x
Y	Y.y
Z	Z.z
...	...

top → 指向 Z 行

图 6.9 带有综合属性域的分析栈

设当前的栈顶由指针 top 指示。我们假设综合属性是刚好在每次归约前计算的。假设语义规则 A.a:=f(X.x,Y.y,Z.z) 是对应于产生式 A→XYZ 的。在把 XYZ 归约成 A 以前,属性 Z.z 的值放在 val[top] 中,Y.y 的值放在 val[top-1] 中,X.x 的值放在 val[top-2] 中。如果一个符号没有综合属性,那么数组 val 中相应的元素就不定义。归约以后,top 值减 2,A 的状态存放在 state[top] 中(也就是 X 的位置),综合属性 A.a 的值存放在 val[top] 中。

例 6.9 我们再考虑一下表 6.5 中台式计算器的属性文法。在自底向上分析输入符号串 3*5+4n 时,图 6.1 中带注释的语法树的综合属性可以由 LR 分析器计算出来。像前面一样,我们假设属性 digit.lexval 的值是由词法分析器产生的,它代表一个数字的数值。当分析器把一个 digit 移入栈的时候,输入的数字应该在 state[top] 中,它的属性值放在 val[top] 中。

表 6.5 用 LR 分析器实现台式计算器

产 生 式	代 码 段
L→En	print(val[top])
E→E_1+T	val[ntop]:=val[top-2]+val[top]
E→T	
T→T_1*F	val[ntop]:=val[top-2]*val[top]
T→F	
F→(E)	val[ntop]:=val[top-1]
F→digit	

我们可以用第五章中的技术来为上述文法构造 LR 分析器。为了计算属性值,我们可以修改分析程序,使其在作相应的归约以前执行表 6.5 所示的代码段。注意,我们可以把属性计算与归约联系起来,因为每一次归约决定着所用的产生式。代码段是将表 6.5 中的语义规则通过用 val 数组中的一个位置来代替规则中的每一个属性而得到的。

代码段中并没有说明如何控制变量 top 和 ntop。当右边带有 r 下符号的产生式被归约时,在执行相应的代码段之前,应将 top-r+1 的值赋给新的栈顶 ntop,在每一个代码段被执行之后,ntop 的值赋给 top。

表 6.6 表示的是分析器在输入 3*5+4n 上的移动序列。在每一次移动后,给出了分析栈中 state 和 val 域的内容。我们仍用相应的文法符号来代替 state 中的状态,而且给出实际的输入数字而不是符号 digit。

表 6.6 翻译输入 3*5+4n 所做的移动

输 入	state	val	用到的产生式
3*5+4n	-	-	
*5+4n	3	3	
*5+4n	F	3	F→digit
*5+4n	T	3	T→F
5+4n	T*	3-	

(续)

输入	state	val	用到的产生式
+4n	T * 5	3-5	
+4n	T * F	3-5	F→digit
+4n	T	15	T→T * F
+4n	E	15	E→T
4n	E+	15-	
n	E+4	15-4	
n	E+F	15-4	F→digit
n	E+T	15-4	T→F
n	E	19	E→E+T
	En	19-	
	L	19	L→En

我们讨论一下在遇到符号 3 时的移动序列。第一步,分析器把符号 digit(它的属性值为 3)的相应状态移入栈中(状态由 3 代表,并且值 3 存放在 val 域中)。第二步,分析器通过产生式 F→digit 进行归约,并执行语义规则 F. val: = digit. lexval。第三步,分析器通过 T→F 进行归约,没有代码段与这个产生式相对应,所以 val 数组没有改变。注意,每次归约后,val 栈顶存放的是归约所用产生式的左边符号的属性值。

在上面描述的实现中,代码段刚好在归约以前执行。归约提供了一个"挂钩",使得代码段中的动作能够与之相联。也就是说,我们可以允许用户把一个语义动作与一个产生式联系起来,这个动作是当利用该产生式进行归约时要被执行的。在下一节中,我们将看到,翻译模式提供了一种描述与分析器相互穿插的动作的方法。在 6.5 节中,我们将看到有很大一类属性文法可以在自底向上的分析过程中实现。

6.4 L-属性文法和自顶向下翻译

在 6.2 节中我们知道,可以通过深度优先的方法对语法树进行遍历,从而计算属性文法的所有属性值。在本节中我们讨论一类属性文法,叫做 L-属性文法,这类属性文法允许我们通过一次遍历就计算出所有属性值。诸如 LL(1) 这种自上而下分析方法的分析过程,从概念上说可以看成是深度优先建立语法树的过程,因此,我们可以在自上而下语法分析的同时实现 L 属性文法的计算。

一个属性文法称为 **L-属性文法**,如果对于每个产生式 $A \to X_1 X_2 \cdots X_n$,其每个语义规则中的每个属性或者是综合属性,或者是 $X_j (1 \leq j \leq n)$ 的一个继承属性且这个继承属性仅依赖于:

(1) 产生式 X_j 的左边符号 $X_1, X_2, \cdots, X_{j-1}$ 的属性;
(2) A 的继承属性。

由上述定义可见,S-属性文法一定是 L-属性文法,因为(1)、(2)限制只用于继承属性。

6.1 节中曾介绍过的例 6.1 和例 6.2 是 L-属性文法。但表 6.7 所定义的属性文法不是 L-属性文法,因为文法符号 Q 的继承属性 Q.i 依赖于它右边的文法符号的属性 R.s。

表 6.7 非 L-属性文法例子

产 生 式	语 义 规 则
A→LM	L.i : = l(A.i)
	M.i : = m(l.s)
A→QR	R.i : = r(A.i)
	Q.i : = q(R.s)
	A.s : = f(Q.s)

6.4.1 翻译模式

属性文法可以看作是关于语言释译的高级规范说明,其中隐去实现细节,使用户从明确说明翻译顺序的工作中解脱出来。下面我们讨论一种适合语法制导翻译的另一种描述形式,称为**翻译模式**(Translation schemes)。翻译模式给出了使用语义规则进行计算的次序,这样就可把某些实现细节表示出来。在翻译模式中,和文法符号相关的属性和语义规则(这里我们也称语义动作),用花括号{ }括起来,插入到产生式右部的合适位置上。这样翻译模式给出了使用语义规则进行计算的顺序。

下面是一个简单的翻译模式例子,它把带加号和减号的中缀表达式翻译成相应的后缀表达式。

E→TR
R→addop T {print(addop.lexeme)} R_1 | ε
T→num   {print(num.val)}

图 6.10 表示的是关于输入串 9-5+2 的语法树,每个语义动作都作为相应产生式左

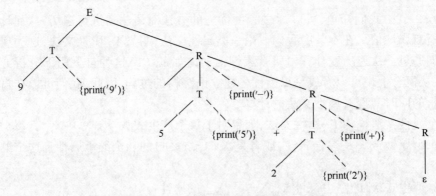

图 6.10 9-5+2 的说明动作的语法分析树

部符号的结点的儿子。这样,把语义动作看作是终结符号,表示在什么时候应该执行哪些动作。为了便于说明,图中用实际的数字和加法运算符代替了单词 num 和 addop。当按深度优先次序执行图 6.10 中的动作后,打印输出 95-2+。

设计翻译模式时,我们必须注意某些限制以保证当某个动作引用一个属性时它必须是有定义的。L-属性文法本身就能确保每个动作不会引用尚未计算出来的属性。

当只需要综合属性时,情况最为简单。在这种情况下,我们可以这样来建立翻译模式:为每一个语义规则建立一个包含赋值的动作,并把这个动作放在相应的产生式右边的末尾。例如,假设有下面的产生式和语义规则:

产生式　　　　　　　　语义规则
T→T_1 * F　　　　　　　T.val : = T_1.val×F.val

我们建立产生式和语义动作:

T→T_1 * F　　　　　　　{T.val : = T_1.val×F.val}

如果既有综合属性又有继承属性,在建立翻译模式时就必须特别小心。

(1) 产生式右边的符号的继承属性必须在这个符号以前的动作中计算出来。
(2) 一个动作不能引用这个动作右边的符号的综合属性。
(3) 产生式左边非终结符的综合属性只有在它所引用的所有属性都计算出来以后才能计算。计算这种属性的动作通常可放在产生式右端的末尾。

后面我们将看到满足这三个条件的翻译模式是如何在一般的自上而下和自下而上分析器中实现的。

下面的翻译模式不满足上述三个条件中的第一个条件:

S→A_1A_2　　{A_1.in : = 1;A_2.in : = 2}
A→a　　　　{print(A.in)}

我们可以看出,按深度优先遍历输入串 aa 的语法树,当要打印第二个产生式里继承属性 A.in 时的值时,该属性还没有定义。也就是说,从 S 开始按深度优先遍历 A_1 和 A_2 子树之前,A_1.in 和 A_2.in 还未赋值。如果计算 A_1.in 和 A_2.in 的值的动作分别被嵌入在产生式 S→A_2A_2 的右部 A_1 和 A_2 之前而不是后面,那么 A.in 在每次执行 Print(A.in) 时已有定义。

通常,给定一个 L-属性文法,可以建立一个满足上述三个条件的翻译模式。下面例子说明这种建立方法。它基于数学格式语言 EQN。给定输入

E sub 1.val

EQN 把 E,1 和 .val 分别按不同的大小放在相关的位置上,如图 6.11 所示。

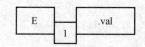

图 6.11　盒子的语法制导安放

例 6.10　按照 EQN 语言的功能,表 6.8 列出了识别输入并进行格式安放的 L-属性文法。文法中,非终结符 B(表示盒子)代表一个公式,产生式 B→BB 代表两个盒子并置,B→B_1 sub B_2 代表 B_2 的大小比 B_1 的小,并且放在下角标的位置。

表 6.8 盒子大小和高度的属性文法

产 生 式	语 义 规 则
S→B	$B.ps := 10$
	$S.ht := B.ht$
B→$B_1 B_2$	$B_1.ps := B.ps$
	$B_2.ps := B.ps$
	$B.ht := \max(B_1.ht, B_2.ht)$
B→B_1 sub B_2	$B_1.ps := B.ps$
	$B_2.ps := \text{shrink}(B.ps)$
	$B.ht := \text{disp}(B_1.ht, B_2.ht)$
B→text	$B.ht := text.h \times B.ps$

继承属性 ps 将影响公式的高度。产生式 B→text 对应的语义规则使得 text 的标准高度乘以 ps 得到 text 的实际高度。关于 text 的属性 h 通过查表获得,由单词 text 所表示的字符给出。当应用产生式 B→B_1B_2 时,B_1 和 B_2 通过复写规则继承 ps 的值。综合属性 B.ht 代表 B 的高度,它取 B_1.ht 和 B_2.ht 的最大值。

当使用产生式 B→B_1 sub B_2 时,函数 shrink 使 B_2.ps 减少 30%。函数 disp 把盒子 B_2 向下放置,并计算 B 的高度。在这里,产生实际排字命令的规则没有给出来。

文法中,唯一的继承属性是非终结符 B 的 ps 属性,每条定义 ps 属性的语义规则只依赖于产生式左边非终结符的继承属性。因此它是一个 L-属性文法。

对于表 6.8 给出的 L-属性文法,我们可以建立相应的翻译模式,如图 6.12 所示。它满足上述的三个条件。为了可读,产生式中每个文法符号都写在单独一行上,相应的动作写在右边。如

$\quad\quad$ S→{B.ps := 10}$\quad$ B $\quad$ {S.ht := B.ht}

写成

$\quad\quad$ S→{B.ps := 10}
$\quad\quad\quad$ B $\quad$ {S.ht := B.ht}

值得注意的是,翻译模式中置继承属性 B_1.ps 和 B_2.ps 值的动作正好出现在产生式右部中 B_1 和 B_2 的前面。

$\quad\quad$ S→{B.ps := 10}
$\quad\quad\quad$ B $\quad$ {S.ht := B.ht}
$\quad\quad$ B→{B_1.ps := B.ps}
$\quad\quad\quad$ B_1 $\quad$ {B_2.ps := B.ps}
$\quad\quad\quad$ B_2 $\quad$ {B.ht := max(B_1.ht, B_2.ht)}
$\quad\quad$ B→{B_1.ps := B.ps}
$\quad\quad\quad$ B_1
$\quad\quad\quad$ sub $\quad$ {B_2.ps := shrink(B.ps)}
$\quad\quad\quad$ B_2 $\quad$ {B.ht := disp(B_1.ht, B_2.ht)}
$\quad\quad$ B→text{B.ht := text.h × B.ps}

图 6.12 从表 6.8 构造出的翻译模式

6.4.2 自顶向下翻译

下面,我们讨论 L-属性文法在自顶向下分析中的实现。为了便于说明动作的顺序和属性计算的顺序,我们用翻译模式进行描述。

在第四章我们知道,为了构造不带回溯的自顶向下语法分析,必须消除文法中的左递归。现在我们把前面讨论过的消除左递归的算法加以扩充,当消除一个翻译模式的基本文法的左递归时同时考虑属性。这种方法适合带综合属性的翻译模式。这样,许多属性文法可以使用自顶向下分析来实现。下面举一个例子。

由于大多数算术运算符号都是左递归的,因此,我们很自然地用左递归文法来产生算术表达式。关于算术表达式的左递归文法相应的翻译模式形式如图 6.13 所示。

$$
\begin{aligned}
&E \rightarrow E_1+T \quad \{E.val := E_1.val+T.val\} \\
&E \rightarrow E_1-T \quad \{E.val := E_1.val-T.val\} \\
&E \rightarrow T \qquad\quad \{E.val := T.val\} \\
&T \rightarrow (E) \qquad \{T.val := E.val\} \\
&T \rightarrow num \quad\;\; \{T.val := num.val\}
\end{aligned}
$$

图 6.13 带左递归的文法的翻译模式

对图 6.13 消除左递归,构造新的翻译模式如图 6.14 所示。新的翻译模式产生的表达式 9-5+2 的带注释的语法树如图 6.15 所示。图中箭头指明了对表达式计算的顺序。

$$
\begin{aligned}
&E \rightarrow T \quad \{R.i := T.val\} \\
&\qquad R \quad \{E.val := R.s\} \\
&R \rightarrow + \\
&\qquad T \quad \{R_1.i := R.i+T.val\} \\
&\qquad R_1 \quad \{R.s := R_1.s\} \\
&R \rightarrow - \\
&\qquad T \quad \{R_1.i := R.i-T.val\} \\
&\qquad R_1 \quad \{R.s := R_1.s\} \\
&R \rightarrow \varepsilon \quad \{R.s := R.i\} \\
&T \rightarrow (\\
&\qquad E \\
&\qquad)\{T.val := E.val\} \\
&T \rightarrow num \quad \{T.val := num.val\}
\end{aligned}
$$

图 6.14 消除左递归后的翻译模式

在图 6.14 中的翻译模式中,每个数都是由 T 产生的,并且 T.val 的值就是由属性 num.val 给出的数的词法值。子表达式 9-5 中的数字 9 是由最左边的 T 生成的,但是减号和 5 是由根的右子结点 R 生成的。继承属性 R.i 从 T.val 得到值 9。计算 9-5 并把结果 4 传递到中间的 R 结点,这是通过产生式中嵌入的下面动作实现:

$$\{R_1.i := R.i-T.val\}$$

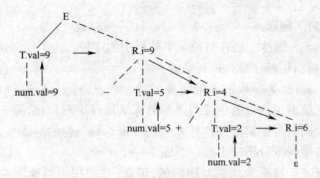

图6.15 计算表达式9-5+2

类似的动作把2加到9-5的值上,在最下面的R结点处产生结果R.i=6。这个结果将成为根结点处E.val的值;R的综合属性s在图6.15中没有表示出来,它用来向上复制这一结果一直到树根。

对于自顶向下分析,我们假设动作是在处于相同位置上的符号被展开(匹配成功)时执行的。例如,图6.14中的第二个产生式中,第一个动作(对$R_1.i$赋值)是在T被完全展开成终结符号后执行的,第二个动作是在R_1被完全展开成终结符号后执行的。正如前面我们所讨论的,一个符号的继承属性必须由出现在这个符号之前的动作来计算,产生式左边非终结符的综合属性必须在它的所依赖的所有属性都计算出来以后才能计算。

下面我们把转换左递归翻译模式的方法推广到一般,以便进行自顶向下分析。

假设我们有下面的翻译模式:

$$A \rightarrow A_1 Y \quad \{A.a := g(A_1.a, Y.y)\}$$
$$A \rightarrow X \quad \{A.a := f(X.x)\} \tag{6.1}$$

它的每个文法符号都有一个综合属性,用小写字母表示,g和f是任意函数。

利用第四章消除左递归的算法,可将其转换成下面的文法:

$$A \rightarrow XR$$
$$R \rightarrow YR | \varepsilon \tag{6.2}$$

再考虑语义动作,翻译模式变为

$$\begin{aligned}
A \rightarrow X &\quad \{R.i := f(X.x)\} \\
R &\quad \{A.a := R.s\} \\
R \rightarrow Y &\quad \{R_1.i := g(R.i, Y.y)\} \\
R_1 &\quad \{R.s := R_1.s\} \\
R \rightarrow \varepsilon &\quad \{R.s := R.i\}
\end{aligned} \tag{6.3}$$

经过转换的翻译模式与图6.14中一样使用R的继承属性i和综合属性s。为了说明为什么翻译模式(6.1)和翻译模式(6.3)的结果是一样的,我们考虑图中两棵带注释的语法树。图6.16(a)中A.a的值是根据翻译模式(6.1)自下而上计算的。图6.16(b)中包含了根据翻译模式(6.3)自上而下计算R.i。最下面的R.i的值不变地传递到上面作为R.s的值,并作为根结点A的A.a值。R.s在图6.16(b)中没有表示出来。

例6.11 如果把构造抽象语法树的属性文法定义(见表6.4)转化成翻译模式,那么关于E的产生式和语义动作就变为:

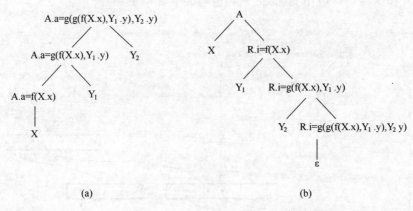

(a)　　　　　　　　　　　　　　(b)

图 6.16　计算属性值的两种方法
(a)自下而上计算属性值;(b)自上而下计算属性值。

$E \rightarrow E_1 + T$　　　　　{E. nptr:=mknode('+', E_1. nptr, T. nptr)}
$E \rightarrow E_1 - T$　　　　　{E. nptr:=mknode('-', E_1. nptr, T. nptr)}
$E \rightarrow T$　　　　　　　{E. nptr:=T. nptr}

当从翻译模式中消除左递归时,非终结符号 E 对应于翻译模式(6.1)中的 A,前面两个产生式中的+T 和-T 对应为 Y;第三个产生式中的 T 对应于 X。翻译模式如图 6.17 所示。有关 T 的产生式和语义动作与表 6.4 中原有定义相似。

```
E→T           {R. i:=T. nptr}
  R           {E. nptr:=R. s}
R→+
   T          {R₁. i:=mknode('+', R. i, T. nptr)}
   R₁         {R. s:=R₁. s}
R→-
   T          {R₁. i:=mknode('-', R. i, T. nptr)}
   R₁         {R. s:=R₁. s}
R→ε           {R. s:=R. i}
T→(
   E
   )          {T. nptr:=E. nptr}
T→id          {T. nptr:=mkleaf(id, id. entry)}
T→num         {T. nptr:=mkleaf(num, num. val)}
```
图 6.17　构造抽象语法树的翻译模式

图 6.18 表示了怎样用图 6.17 中的动作构造 a-4+c 的语法树。代表文法符号的结点的右边是综合属性,左边是继承属性。像例 6.8 中一样,抽象语法树中的叶结点由产生式 T→id 和 T→num 对应的语义动作建立。最左边的 T 结点的属性 T. nptr 指向叶结点 a。指向结点 a 的指针位于产生式 E→TR 中右边的 R 的属性 R. i 得到。

当产生式 R→-TR₁ 在根的右子结点处应用时,R. i 指向结点 a,且 T. nptr 指向结点

4。对于减号和这些指针应用 mknode 来构造与 a-4 相应的结点。

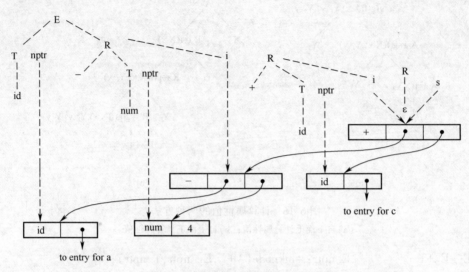

图 6.18 使用继承属性构造语法树

最后,当应用产生式 R→ε 时,R.i 向上指向整个语法树的根结点。或说,整个语法树通过代表 R 的结点的 s 属性返回(图 6.18 中没有表示出来),直到 R.s 的值成为 E.nptr 的值。

6.4.3 递归下降翻译器的设计

在第四章中,我们讨论了自顶向下的递归下降语法发析法,本节我们介绍如何在递归下降分析中实现翻译模式,构造**递归下降翻译器**。

对给定的适合于自顶向下翻译的翻译模式,下面给出设计递归下降翻译器的方法。

1. 对每个非终结符 A 构造一个函数过程,对 A 的每个继承属性设置一个形式参数,函数的返回值为 A 的综合属性(作为记录,或指向记录的一个指针,记录中有若干域,每个属性对应一个域)。为了简单,我们假设每个非终结符只有一个综合属性。A 对应的函数过程中,为出现在 A 的产生式中的每一个文法符号的每一个属性都设置一个局部变量。

2. 非终结符 A 对应的函数过程中,根据当前的输入符号决定使用哪个产生式候选。

3. 每个产生式对应的程序代码中,按照从左到右的次序,对于单词符号(终结符)、非终结符和语义动作分别作以下工作。

(1) 对于带有综合属性 x 的终结符 X,把 x 的值存入为 X.x 设置的变量中。然后产生一个匹配 X 的调用,并继续读入一个输入符号。

(2) 对于每个非终结符 B,产生一个右边带有函数调用的赋值语句 $c = B(h_1, b_2, \cdots, b_k)$,其中,$b_1, b_2, \cdots, b_{l_t}$ 是为 B 的继承属性设置的变量,c 是为 B 的综合属性设置的变量。

(3) 对于语义动作,把动作的代码抄进分析器中,用代表属性的变量来代替对属性的每一次引用。

例 6.12 图 6.17 中的文法是 LL(1) 的,因此适合于自顶向下分析。根据文法非终结符的属性,得到关于非终结符 E、R、T 的函数及其参数的类型,具体如下:

function E:↑AST-node;

```
function   R(in:↑AST-node):↑AST-node;
function   T:↑AST-node;
```
因为 E 和 T 没有继承属性,所以没有参数。

我们把图 6.17 中的两个 R 产生式结合起来使翻译程序更小,新的产生式中用 oddop 代表+和-。

R→oddop
  T {$R_1.i$:=mknode(addop.lexme, R.i,T.nptr)}
  R_1 {R.s:=$R_1.s$}
R→ε {R.s=R.i}

关于产生式 R 的代码以图 6.19 的分析过程为基础。如果输入符号为 addop,则使用产生式 R→addop T R,通过 advance 读入 addop 之后的下一输入符号,然后再调用 T 和 R 的函数。否则,按产生式 R→ε ,该过程什么也不做。

```
procedare R;
begin
    if sym =addop the begin
        advance;T;R
    end
    else begin/ * do nothing */
        end
end;
```
图 6.19 产生式 R→addop TR/ε 的分析过程

在图 6.19 的基础上构造对应 R 的函数过程,如图 6.20 所示。函数中包含计算属性

```
function R(in:↑AST-node):↑AST-node;
    var nptr,i1,s1,s:↑AST-node;
        addoplexeme:char;
begin
    if sym=addop then begin
        /*产生式 R→addop TR*/
        addoplexeme:=lexval;
        advance;
        nptr:=T;
        i1:=mknode(addoplexeme,in,nptr);
        s1:=R(i1)
        s:=s1
    end
    else s:=in;
    return s
end;
```
图 6.20 递归下降构造抽象语法树

的代码。把单词符号 addop 的词法值 lexval 存入 addoplexeme 中；匹配 addop；调用函数 T，把结果存入 nptr 中，变量 i_1 对应于翻译模式中的继承属性 $R_1.i$，S_1 对应于综合属性 $R_1.s$。返回语句在控制离开函数以前返回 s 的值。类似地，我们可构造出 E 和 T 的函数。

6.5 自下而上计算继承属性

这一节中，我们讨论在自下而上的分析过程中实现 L-属性文法的方法。这种方法可以实现任何基于 LL(1) 文法的 L-属性文法，它还可以实现许多(不是所有)基于 LR(1) 文法的 L-属性文法。这种方法是 6.3 节中介绍的自下而上翻译技术的一般化。

6.5.1 从翻译模式中去掉嵌入在产生式中间的动作

在 6.3 节中的自下而上的翻译方法中，要求把所有的语义动作都放在产生式的末尾，而在 6.4 节中的递归下降翻译方法中，我们需要在产生式右部的不同地方嵌入语义动作。下面我们介绍一种转换方法，它可以使所有嵌入的动作都出现在产生式的末尾，这样就可以自下而上处理继承属性。

转换方法是，在基础文法中加入新的产生式，这种产生式的形式为 M→ε，其中 M 为新引入的一个标记非终结符。我们把嵌入在产生式中的每个语义动作用不同的标记非终结符 M 代替，并把这个动作放在产生式 M→ε 的末尾。例如，下面翻译模式

  E→TR
  R→+T{print('+')}R|-T{print('-')}R|ε
  T→num{print(num.val)}

使用标记非终结符号 M 和 N 转换为

  E→TR
  R→+TRM|-TNR|ε
  T→num{print(num.val)}
  M→ε {print('+')}
  N→ε {print('-')}

两个翻译模式中的文法接受相同的语言。通过画出带有表示动作的附加结点的分析树，我们可以看到动作的执行程序也是一样的。在经过转换的翻译模式中，动作都在产生式右端的末尾，因此，可以在自下而上分析过程中产生式右部被归约时执行相应的动作。

6.5.2 分析栈中的继承属性

自下而上分析器对产生式 A→XY 的右部是通过把 X 和 Y 从分析栈中移出并用 A 代替它们。假设 X 有一个综合属性 X.s，按照 6.3 节所介绍的方法我们把它与 X 一起放在分析栈中。

由于 X.s 的值在 Y 以下的子树中的任何归约之前已经放在栈中，这个值可以被 Y 继承。也就是说，如果继承属性 Y.i 是由复写规则 Y.i:=X.s 定义的，则可以在需要 Y.i 值的地方使用 X.s 的值。我们将会看到，在自下而上分析中计算属性值时复写规则起非常重要的作用。下面例子说明复写规则的使用。

假设某翻译模式为：
D→T   {L.in:=T.type}
     L
T→int   {T.type:=integer}
T→real   {T.type:=real}
L→   {L₁.in:=L.in}
     L₁,id   {addtype(id.entry,L.in)}
L→id   {addtype(id.entry,L.in)}

按照这个翻译模式，标识符的类型可以通过继承属性的复写规则来传递。例如，对于输入串

$$\text{int } p,q,r$$

其属性的传递方向如图 6.21 所示。

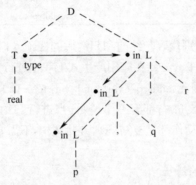

图 6.21 在每个 L 结点 L.in = T.type

我们看看使用 L 产生式时怎样得到属性 T.type 的值。如果我们忽略翻译模式中的语义动作，对上述输入串进行语法分析的过程如表 6.9 所列。为了清楚，我们用文法符号表示栈中该文法符号所对应的状态，用实际的标识符表示 id。

表 6.9 int,p,q,r 的分析过程

输 入 串	状 态	所 用 产 生 式
int p,q,r	-	
p,q,r	int	
p,q,r	T	T→int
,q,r	TP	
,q,r	TL	L→id
q,r	TL,	
,r	TL,q	
,r	TL	L→L,id
r	TL,	
	TL,r	
	TL	L→L,id
	D	D→TL

从表 6.9 可以看出,当 L 的右部被归约时,T 恰好在这个右部的下面。

与 6.3 节一样,我们假设分析栈是由一对数组 state 和 val 来实现的。如果 state[i] 代表符号 X,则 val[i] 存在 X 的综合属性 X.s。在表 6.9 中给出了 state 数组的内容。由于在表 6.9 中,每次 L 的右部被归约时,T 恰好在这个右部的下面,因此这时可以方便地访问到 T.type 的值。

由于 T.type 在栈中相对于栈顶的位置是已知的,我们可以翻译模式中语义动作的实现如表 6.10 所列。

表 6.10 语义动作的实现

产 生 式	代 码 段
D→TL	
T→int	val[ntop] := integer
T→real	val[ntop] := real
L→L,id	addtype(val[top], val[top-3])
L→id	addtype(val[top], val[top-1])

表 6.10 中,top 和 ntop 分别代表归约前和归约后的栈顶入口。由复写规则 L.in := T.type,我们知道在需要 L.in 处引用 T.type。在应用产生式 L→id 进行归约时,id.entry 在 val 栈顶而 T.type 正好在它们的下面。因此,addtype(val[top], val[top-1]) 与 addtype(id.entry, T.type) 相等。同样,由于产生式 L→L,id 右部有三个符号,当进行归约时,T.type 的位置在 val[top-3] 处。注意包含 L.in 的其它动作都是复写规则,它们根本不需要执行。

6.5.3 模拟继承属性的计算

从上节得知,只有根据文法预知属性值在栈中的存放位置时,才能有效地在分析栈中处理属性值。但情况并非总是如此。

我们考虑下面翻译模式:

产生式	语义规则
S→aAC	C.i := A.s
S→bABMC	C.i := A.s
C→c	C.s := g(C.i)

属性 C.i 通过复写规则继承综合属性 A.s 的值。注意在栈中 A 和 C 之间可能有 B 也可能没有 B,当通过 C→c 进行归约时,C.i 的值可能在 val[top-1] 处也可能在 val[top-2] 处,但我们不能确定究竟在哪个位置。为了解决这个问题,我们在上述翻译模式中的第二个产生式右部的 C 的前面插入一个新的标记非终结符 M。修改后的翻译模式如下:

产生式	语义规则
S→aAC	C.i := A.s
S→bABMC	M.i := A.s; C.i := M.s
C→c	C.s := g(C.i)
M→ε	M.s := M.i

如果我们按照产生式 S→bABMC 进行分析,那么 C.i 可通过 M.i 和 M.s 间接地继承 A.s 的值。当应用产生式 M→ε 时,复写规则 M.s := M.i 使得值 M.s = M.i = A.s 正好出

现在分析栈中 C 的子树所占用的那部分栈的前面。于是,当应用 C→c 时,C.i 的值可以在 val[top-1] 处找到,而与是用修改以后的翻译模式中第一个产生式还是第二个产生式无关。图 6.22 给出了修改产生式前后把属性值传递到 C.i 的依赖关系图。

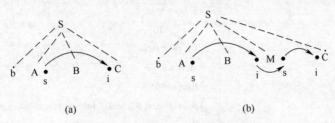

图 6.22　通过标记 M 传递属性值
(a)修改前;(b)修改后。

标记非终结符也可用于模拟不是复写规则的语义规则。例如,考虑

产生式　　　　　语义规则

S→aAC　　　　　C.i:=f(A.s)

这里决定 C.i 的规则不是复写规则,因此 C.i 的值尚未在栈 val 中。但问题仍可通过使用标记非终结符来解决。

产生式　　　　　语义规则

S→aANC　　　　N.i:=A.s;C.i:=N.s

N→ε　　　　　　N.s:=f(N.i)　　　　　　　　　　　　　　(6.4)

标记非终结符 N 通过复写规则继承 A.s 的值。它的综合属性值 N.s 由 f(N.i) 给出;然后 C.i 使用一个复写规则继承这个属性值。当我们对 N→ε 进行归约时,我们在 A.s 处得到 N.i 的值,即在 val[top-1] 处得到 N.i 的值。当我们使用产生式 S→aANC 进行归约时,C.i 的值仍然从 val[top-1] 处得到,因为这个值就是 N.s 的值。实际上,这时我们不需要 C.i;只有在把终结符串归约为 C 时才需要用到它,那时,它的值已和 N 一起安全地存放在栈中。

例 6.13　在 6.4 节中,我们曾经给出了对数学格式语 EQN 进行翻译的属性文法(见表 6.8)。现在我们引入三个标记非终结符 L、M 和 N(如表 6.11 所示),使得当 B 的子树被归约时,继承属性 B.ps 的值在分析栈中的位置是可知的。

使用 L 做初始化工作。表 6.11 中 S 的产生式为 S→LB,因此,当 B 下面的子树被归约时,L 保留在栈中。继承属性 B.ps=L.s 的值 10 通过与产生式 L→ε 对应的规则 L.s=10 进入栈中。

$B→B_1MB_2$ 中的标记非终结符 M 的作用与图 6.22 中 M 的作用一样,它确保值 B.ps 在栈中的位置正好在 B_2 的下面。在产生式 $B→B_1$sub $N B_2$ 中,标记非终结符 N 的用法和式(6.4)中的 N 用法一样。N 通过复写规则 N.i:=B.ps 继承的属性值,是 B_2.ps 要依赖的,并且通过规则 N.s:=shrink(N.i) 综合出了 N.s 的值,也就给出了 B_2.ps=N.s 的值。在归约为 B 时,B.ps 的值在栈中的位置总是在产生式右部的下面。

实现表 6.11 属性文法定义的代码段在表 6.12 中给出。

表 6.12 中的所有继承属性都由复写规则赋值,所以属性文法的实现是通过跟踪它们在 val 栈中的位置获得属性值的。和前面一样,top 和 ntop 分别给出了归约前和归约后的

表6.11 所有继承属性都由复写规则赋值

产 生 式	语 义 规 则
S→LB	B.ps := L.s
	S.ht := B.ht
L→ε	L.ps := 10
B→B_1 M B_2	B_1.ps := B.ps
	M.i := B.ps
	B_2.ps := M.s
	B.ht := max(B_1.ht, B_2.ht)
B→B_1 sub N B_2	B_1.ps := B.ps
	N.i := B.ps
	B_2.ps := N.s
	B.ht := disp(B_1.ht, B_2.ht)
B→text	B.ht := text.h×B_1.ps
M→ε	M.s := M.i
N→ε	N.s := shrink(N.i)

表6.12 表6.11中属性文法定义的实现

产 生 式	代 码 段
S→LB	val[ntop] := val[top]
L→ε	val[ntop] := 10
B→B_1 M B_2	val[ntop] := Max(val[top-2], val[top])
B→B_1 sub N B_2	val[ntop] := disp(val[top-2], val[top])
B→text	val[ntop] := val[top]×val[top-1]
M→ε	val[ntop] := val[top-1]
N→ε	val[ntop] := shrink(val[top-2])

栈顶的下标。

按照前面例子的做法,在必要的时候引进标记非终结符,可以实现在 LR 分析过程中对 L-属性文法进行计算。对于一个给定的 LL(1) 文法引入标记非终结符后,因为每个标记非终结符只有一个产生式,所以文法仍然保持是 LL(1) 文法。任何 LL(1) 文法也是 LR(1) 文法,因此,当标记非终结符加入到 LL(1) 文法时不会产生分析冲突。但对 LR(1) 文法引入标记非终结符之后,不能保证还是 LR(1) 的,因此可能引起分析冲突。

下面,我们给出一种带继承属性的自下而上的分析和翻译方法。对于一个基础文法是 LL(1) 文法的 L-属性文法定义,通过下面方法可以得到一个计算分析栈中所有属性值的分析程序。

为了简单起见,我们假设每一个非终结符 A 都有一个继承属性 A.i,每个文法符号 X 都有一个综合属性 X.s。如果 X 是一个终结符号,那么它的综合属性就是通过词法分析器返回的词法值,这个值将放在 val 栈中的适应位置。

对于每个产生式 A→$X_1 X_2 \cdots X_n$,引入 n 个新的标记非终结符 $M_1, \cdots, M_n$,用产生式 A→

$M_1X_1\cdots M_nX_n$ 代替上面的产生式。综合属性 $X_j.s$ 将放在分析栈中与 X_j 相应的数组 val 的表项中。如果有继承属性 $X_j.i$，把它也放在数组 val 中，但放在与 M_j 相应的项中。一个重要事实是，当我们进行分析时，如果继承属性 $A.i$ 存在的话，它将在数组 val 中紧挨 M_1 位置下面的位置中存放。假设开始符号没有继承属性，那么在开始符号为 A 时，不会有什么问题。但即使有这样的继承属性，我们也可以把它放在栈底的下面。注意，继承属性与标记非终结符 M_j 相联系，属性 $X_j.i$ 总是在 M_j 处计算，而且发生在我们开始做归约到 X_j 的动作以前。上述事实，我们按自下而上分析的归约步数进行归纳，加以说明。

为了说明属性可以在自下而上分析中按预期的那样计算出来，考虑两种情况。首先，如果我们归约到某标记非终结符 M_j，这时，我们知道这个标记非终结符属于哪个产生式 $A \to M_1X_1\cdots M_nX_n$。因此，也就可以知道计算继承属性 $X_j.i$ 所需的任何属性的位置。$A.i$ 在 val[top$-2j+2$]中，$X_1.i$ 在 val[top$-2j+3$]中，$X_1.s$ 在 val[top$-2j+4$]中，$X_2.i$ 在 val[top$-2j+5$]中，等等。因此，我们可以算出 $X_j.i$ 并把它放在 val[top$+1$]处，它作为归约（到 M_j）后的新栈顶。基础文法是 LL(1)的保证了上述性质，否则我们不能保证把ε归约到某个特殊的标记非终结符，因此也就不能确定属性的位置，甚至不知道使用哪个公式。读者可以坚信（或者自己证明一下）每个带有标记非终结符的 LL(1)文法仍然是 LR(1)的。第二种情况是，当我们归约到非标记符号时，比如按 $A \to M_1X_1\cdots M_nX_n$ 进行归约。这时，我们只需计算综合属性 $A.s$，而 $A.i$ 早已计算出来并且已经放在栈中将插入 A 本身的位置的正下面的位置。显然，归约时，计算 $A.s$ 所需的属性在栈中的位置是很容易得到的。

由于标记非终结符可能引起分析冲突，进行下面的简化是有益的。

（1）如果 X_j 没有继承属性，则无需使用标记符 M_j。当然，如果 M_j 被省略，栈中属性的位置会引起变化，但是这种变化可以通过对分析器稍加修改而适应。

（2）如果 $X_1.i$ 存在，但是由复写规则 $X_1.i := A.i$ 计算，则可省略 M_1。因为我们知道 $A.i$ 已经存放在栈中预定的位置，紧挨 X_1 下面，因此这个值也可以作为 $X_1.i$ 使用。

6.5.4 用综合属性代替继承属性

有时，改变基础文法可能避免继承属性。例如，一个 Pascal 的说明由一标识符序列后跟类型组成，如，m,n:integer。这样的说明的文法可由下面形式的产生式构成

$$D \to L:T$$
$$T \to integer | char$$
$$L \to L,id | id$$

因为标识符由 L 产生而类型不在 L 的子树中，我们不能仅仅使用综合属性就把类型与标识符联系起来。事实上，如果非终结符 L 从第一个产生式中它的右边 T 中继承了类型，则我们得到的属性文法就不是 L-属性的，因此，基于这个属性文法的翻译工作不能在语法分析的同时进行。

一个解决的方法是重新构造文法，使类型作为标识符表的最后一个元素：

$$D \to id\ L$$
$$L \to ,id\ L | :T$$
$$T \to integer | char$$

这样，类型可以通过综合属性 L.type 进行传递，当通过 L 产生每个标识符时，它的类

型就可以填入到符号表中。

练 习

1. 按照表6.1所示的属性文法,构造表达式(4*7+1)*2的附注语法树。
2. 对表达式((a)+(b)):
(1) 按照表6.4所示的属性文法构造该表达式的抽象语法树;
(2) 按照图6.17所示的翻译模式,构造该表达式的抽象语法树。
3. 设+运算具有左结合性,试画出下列表达式的DAG图:

$$a+a+(a+a+a+a(a+a+a+a))$$

4. 设+、-、、/运算都具有左结合性,试设计一个属性文法,删除算术表达式中冗余的括弧。例如,若已知表达式为((a*(b+c))*(d))应改写成a*(b+c)*d。
5. 下列文法对整型常数和实型常数施用加法运算符+生成表达式;当两个整型数相加时,结果仍为整型数,否则,结果为实型数:

$$E \rightarrow E+T \mid T$$
$$T \rightarrow num.num \mid num$$

(1) 试给出确定每个子表达式结果类型的属性文法;
(2) 扩充(1)的属性文法,使之把表达式翻译成后缀形式,同时也能确定结果的类型。应该注意使用一元运算符inttoreal把整型数转换成实型数,以便使后缀形如加法运算符的两个操作数具有相同的类型。
6. 扩充表6.8属性文法,除跟踪方块的高度之外,还要跟踪方块的宽度。假定终结符号text具有综合属性w,给出字形的常规宽度。
7. 下列文法由开始符号S产生一个二进制数,令综合属性val给出该数的值:

$$S \rightarrow L.L \mid L$$
$$L \rightarrow LB \mid B$$
$$B \rightarrow 0 \mid 1$$

试设计求S.val的属性文法,其中,已知B的综合属性c,给出由B产生的二进位的结果值。例如,输入101.101时,S.val=5.625,其中第一个二进位的值是4,最后一个二进位的值是0.125。
8. 分别修改习题5之(1)、(2)得到的属性文法,消除其中的左递归。
9. 由下列文法

$$S \rightarrow E$$
$$E \rightarrow E:=E \mid E+E \mid (E) \mid id$$

产生的表达式,其语义如C语言,包含赋值运算。就是说,b:=c是一个表达式,把c的值赋给b;该表达式的右值为c的右值。进而,a:=(b:=c)先把c的值赋给b,然后再赋给a。
(1) 试建立一个属性文法,用非终结符E的继承属性side表示由E生成的表达式出现在赋值运算的左边还是右边,检查表达式的左部是一个左值。
(2) 扩充(1)中的属性文法,产生某种形式的中间代码。

10. 试设计一个翻译模式,检查同一个标识符在标识符表中是否重复出现。

11. 设下列文法生成变量的类型说明:

$$L \rightarrow id\ L$$
$$L \rightarrow , id\ L\ |\ : T$$
$$T \rightarrow integer\ |\ real$$

(1) 构造一个翻译模式,把每个标识符的类型存入符号表;参考例 6.2。

(2) 由(1)得到的翻译模式,构造一个预测翻译器。

12. 下面文法是表 6.8 中基本文法相应的无二义文法。其中括号{ }只是用于对盒子进行分组,它们在翻译过程中被消除。

$$S \rightarrow L$$
$$L \rightarrow LB\ |\ B$$
$$B \rightarrow B\ sub\ F\ |\ F$$
$$F \rightarrow \{L\}\ |\ text$$

(1) 按照上述文法修改表 6.8;

(2) 把(1)的属性文法转换为翻译模式。

13. 设有 L-属性定义,其嵌入文法或者是 LL(1)文法,或者是可以消除二义性而能构造预测分析器的文法。试说明可以把继承属性和综合属性保存在由预测分析表驱动的自顶向下分析器的分析栈中。

第七章 语义分析和中间代码产生

上一章介绍了属性文法和语法制导翻译,本章我们将把上章所介绍的方法和技术应用于语义分析和中间代码产生中。

紧接在词法分析和语法分析之后,编译程序要做的工作就是进行**静态语义检查**和**翻译**。静态语义检查通常包括:

(1) 类型检查。如果操作符作用于不相容的操作数,编译程序必须报告出错信息。

(2) 控制流检查。控制流语句必须使控制转移到合法的地方。例如,在 C 语言中 break 语句使控制跳离包括该语句的最小 while、for 或 switch 语句。如果不存在包括它的这样的语句,则应报错。

(3) 一致性检查。在很多场合要求对象只能被定义一次。例如 Pascal 语言规定同一标识符在一个分程序中只能被说明一次,同一 case 语句的标号不能相同,枚举类型的元素不能重复出现等等。

(4) 相关名字检查。有时,同一名字必须出现两次或多次。例如,Ada 语言程序中,循环或程序块可以有一个名字,它出现在这些结构的开头和结尾,编译程序必须检查这两个地方用的名字是相同的。

其它如名字的作用域分析等也都是静态语义分析的工作。

虽然源程序可以直接翻译为目标语言代码,但是许多编译程序却采用了独立于机器的、复杂性介于源语言和机器语言之间的中间语言。这样做的好处是:

(1) 便于进行与机器无关的代码优化工作;

(2) 使编译程序改变目标机更容易;

(3) 使编译程序的结构在逻辑上更为简单明确。以中间语言为界面,编译前端和后端的接口更清晰。

静态语义检查和中间代码产生在编译程序中的地位如图 7.1 所示。

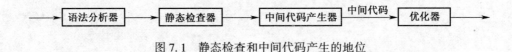

图 7.1 静态检查和中间代码产生的地位

7.1 中间语言

在 6.2.4 节中我们介绍了抽象语法树,它是源程序的中间表示方法之一。在本节中,我们将介绍其它几种常见的**中间语言**形式:后缀式、三地址代码(包括三元式、四元式、间接三元式)、DAG 图表示。其中在本章后面几节中用得最多的是三地址代码。

7.1.1 后缀式

后缀式表示法是波兰逻辑学家卢卡西维奇(Lukasiewicz)发明的一种表示表达式的方法,因此又称**逆波兰表示法**。这种表示法是,把运算量(操作数)写在前面,把算符写在后面(后缀)。例如,把 a+b 写成 ab+,把 a∗b 写成 ab∗。

一个表达式 E 的后缀形式可以如下定义:

(1) 如果 E 是一个变量或常量,则 E 的后缀式是 E 自身。

(2) 如果 E 是 E_1 op E_2 形式的表达式,这里 op 是任何二元操作符,则 E 的后缀式为 $E_1' E_2'$op,这里 E_1' 和 E_2' 分别为 E_1 和 E_2 的后缀式。

(3) 如果 E 是(E_1)形式的表达式,则 E_1 的后缀式就是 E 的后缀式。

这种表示法用不着使用括号。例如,(a+b)∗c 将被表示成 ab+c∗。根据运算量和算符出现的先后位置,以及每个算符的目数,就完全决定了一个表达式的分解。例如

    abc+∗   所代表的表达式是 a∗(b+c)
    ab+cd+∗ 所代表的表达式是 (a+b)∗(c+d)

只要我们知道每个算符的目数,对于后缀式,不论从哪一端进行扫描,都能对它正确进行唯一分解。

把一般表达式翻译为后缀式是很容易的。表 7.1 给出了把表达式翻译为后缀式的语义规则描述,其中 E.code 表示 E 后缀形式,op 表示任意二元操作符,"‖"表示后缀形式的连接。

表 7.1 把表达式翻译成后缀式的语义规则描述

产 生 式	语 义 规 则
E→E_1 op E_2	E.code: = E_1.code ‖ E_2.code ‖ op
E→(E_1)	E.code: = E_1.code
E→id	E.code: = id

后缀表示形式可以从表达式推广到其它语言成分。

7.1.2 图表示法

我们这里所要介绍的**图表示法**包括 DAG 与抽象语法树。

抽象语法树已在前面介绍过。下面介绍一下**无循环有向图**(Directed Acyclic Graph,简称 **DAG**)。与抽象语法树一样,对表达式中的每个子表达式,DAG 中都有一个结点。一个内部结点代表一个操作符,它的孩子代表操作数。两者不同的是,在一个 DAG 中代表公共子表达式的结点具有多个父结点,而在一棵抽象语法树中公共子表达式被表示为重复的子树。例如,表达式 a+a∗(b-c)+(b-c)∗d 的 DAG 如图 7.2 所示。

图 7.2 中叶结点 a 有两个交结点,因为 a 是两个子表达式 a 和 a∗(b-c)的公共子表达式。同样,公共子表达式 b-c 也有两个父结点。

抽象语法树描述源程序的自然层次结构。DAG 也可以描述同样的信息,而且更加紧

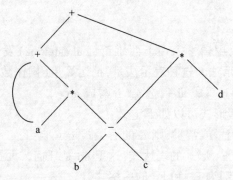

图 7.2 a+a*(b-c)+(b-c)*d 的 DAG

凑,因为它可以标识出公共子表达式。如图 7.3 是赋值语句 a:=b*-c+b*-c 的语法树和 DAG。

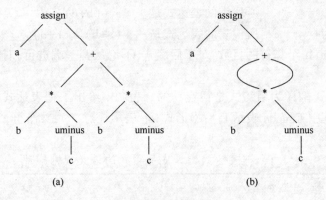

图 7.3 a:=b*-c+b*-c 的图表示法
(a)语法树;(b)DAG。

可以看出,后缀式是抽象语法树的线性表示形式;后缀式是树结点的一个序列,其中的每个结点都是在它的所有子结点之后立即出现的。例如,在图 7.3(a)中的语法树的后缀式是:

a b c uminus * b c uminus * +assign

抽象语法树的边没有显式地出现在后缀式中,这些边可以根据结点出现的次序及表示操作符的结点要求操作数的个数还原出来。

产生赋值语句抽象语法树的属性文法如表 7.2 所列,它是第 6.2 节关于表达式的属性文法的一个扩展。非终结符号 S 产生一个赋值语句。二目算符+和*是从典型语言运算符号集中选出的两个代表。运算符的结合律和优先次序按照通常的规定,这些规定未在文法中体现。根据表 7.2,可以从输入串 a:=b*-c+b*-c 构造出相应的图 7.3(a)的抽象语法树。

若函数 mknode(op,child) 和 mknode(op,left,right) 每当可能时就返回一个指向一个存在的结点的指针,以代替建立新的结点,那么,同样的这个属性文法将生成图 7.3(b)中的 DAG。符号 id 有一个属性 place,它是一个指向符号表中该标识符表项的指针。

在 7.3 节中,我们将介绍如何查找标识符相应的符号表入口。

表7.2 产生赋值语句抽象语法树的属性文法

产 生 式	语 义 规 则
S→id:=E	S.nptr:=mknode('assign',mkleaf(id,id.place),E.nptr)
E→E_1+E_2	E.nptr:=mknode('+',E_1.nptr,E_2.nptr)
E→E_1*E_2	E.nptr:=mknode('*',E_1.nptr,E_2.nptr)
E→-E_1	E.nptr:=mknode('uminus',E_1.nptr)
E→(E_1)	E.nptr:=E_1.nptr
E→id	E.nptr:=mkleaf(id,id.place)

对于图7.3(a)中的抽象语法树,可以有两种表示法,见图7.4。每一个结点用一个记录来表示,该记录包括一个运算符号域和若干个指向子结点的指针域。在图7.4(b)中,把所有的结点安排在一个记录的数组中,结点的位置或索引作为指向地点的指针。从第10号位置上的根结点开始并沿着指针所指的方向进行,抽象语法树中的所有结点都能被访问到。

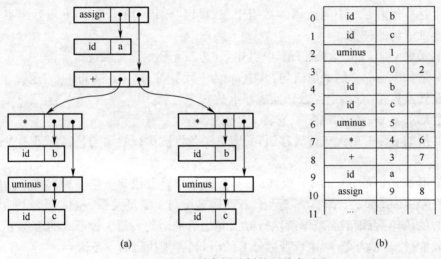

图7.4 图7.3抽象语法树的两种表示法
(a)表示方法之一;(b)表示方法之二。

7.1.3 三地址代码

三地址代码是由下面一般形式的语句构成的序列:

$$x:=y \text{ op } z$$

其中,x、y、z为名字、常数或编译时产生的临时变量;op代表运算符号如定点运算符、浮点运算符、逻辑运算符等等。每个语句的右边只能有一个运算符。例如,源语言表达式x+y*z可以被翻译为如下语句序列:

$$T_1:=y*z$$
$$T_2:=x+T_1$$

其中,T_1,T_2为编译时产生的临时变量。

三地址代码可以看成是抽象语法树或 DAG 的一种线性表示。例如图 7.5 给出了图 7.3 中的抽象语法树和 DAG 分别对应的三地址代码。

之所以称为三地址代码是因为每条语句通常包含三个地址,两个用来表示操作数,一个用来存放结果。对于后面给出的三地址代码中,用户定义的名字在实际实现时将由指向符号表中的相应名字入口的指针所代替。

$T_1 := -c$ 　　　　　　　　　$T_1 := -c$
$T_2 := b * T_1$ 　　　　　　　$T_2 := b * T_1$
$T_3 := -c$ 　　　　　　　　　$T_5 := T_2 + T_2$
$T_4 := b * T_3$ 　　　　　　　$a := T_5$
$T_5 := T_2 + T_4$
$a := T_5$
　　(a)　　　　　　　　　　　　(b)

图 7.5　相应于图 7.3 的树和 DAG 的三地址代码
(a)对于抽象语法树的代码;(b)对于 DAG 的代码。

三地址语句类似于汇编语言代码。语句可以带有符号标号,而且存在各种控制流语句。符号标号代表存放中间代码的数组中三地址代码语句的下标。下面列出本书所使用的三地址语句的种类。

(1) 形如 x := x op z 的赋值语句,其中 op 为二元算术算符或逻辑算符。

(2) 形如 x := op y 的赋值语句,其中 op 为一元算符,如一元减 uminus、逻辑非 not、移位算符及转换算符(如将定点数转换成浮点数)。

(3) 形如 x := y 的复制语句,它将 y 的值赋给 x。

(4) 形如 goto L 的无条件转移语句,即下一条将被执行的语句是带标号 L 的三地址语句。

(5) 形如 if x relop y goto L 或 if a goto L 的条件转移语句。第一种形式语句施用关系运算符号 relop(如<,=,>,=等等)于 x 和 y,若 x 与 y 满足关系 relop,那么下面就执行带标号 L 的语句,否则下面就继续执行 if 语句之后的语句。第二种形式的语句中,a 为布尔变量或常量,若 a 为真,则执行带标号 L 的语句,否则执行后一条语句。

(6) 用于过程调用的语句 param x 和 call p,n 以及返回语句 return y。源程序中的过程调用语句 $p(x_1, x_2, \cdots, x_n)$ 通常产生如下的三地址代码:

　　　　param x_1
　　　　param x_2
　　　　　 $\vdots$
　　　　param x_n
　　　　call p,n

其中 n 表示实参个数。过程返回语句 return y 中 y 为过程返回的一个值。

(7) 形如 x := y[i] 及 x[i] := y 的索引赋值。前者把相对于地址 y 的后面第 i 个单元里的值赋给 x。后者把 y 的值赋给相对于地址 x 后面的第 i 个单元。

(8) 形如 x := &y, x := *y 和 *x := y 的地址和指针赋值。其中第一个赋值语句把 y 的地址赋给 x。这里假定 y 是一个名字,或者是一个临时变量,代表一个具有左值的表达式,例如 A[i,j];并且 x 是一个指针名字或临时变量。也就是说,x 的右值将被赋予对象 y 的左值。第二个赋值语句 x:=*y,假定 y 是一个指针或者是一个其右值为地址的临时变量。此语句执行的结果是把 y 所指示的地址单元里存放的内容赋给 x。第三个赋值语句 *x:=y,将把 x 所指向的对象的右值赋为 y 的右值。

在设计中间代码形式时,运算符的选择是非常重要的。显然,算符种类应足以用来实现源语言中的运算。一个小型算符集合较易于在新的目标机器上实现。然而,用局限的指令集合会使某些源语言运算表示成中间形式时代码加长,从而需要在目标代码生成时做较多的工作以获得高效的代码。

生成三地址代码时,临时变量的名字对应抽象语法树的内部结点。对于产生式 E→E_1+E_2 的左端的非终结符号 E 而言,它的经过计算得出的值往往放到一个新的临时变量 T 中。一般来说,赋值语句 id:=E 的三地址代码包括:对表达式 E 求值并置于变量 T 中,然后进行赋值 id.place:=T。如果一个表达式仅有一单个标识符,例如 y,则由 y 自身保留表达式的值。我们先假设对新的临时变量的引入不加限制,7.3 节再来考虑临时单元的重用。

表 7.3 是为赋值语句生成三地址代码的 S-属性文法定义。如给定输入 a:=b*-c+b*-c,便可产生如图 7.5(a)的代码。非终结符号 S 有综合属性 S.code,它代表赋值语句 S 的三地址代码。非终结符号 E 有如下两个属性:

(1) E.place 表示存放 E 值的名字;
(2) E.code 表示对 E 求值的三地址语句序列。

函数 newtemp 的功能是,每次调用它时,将返回一个不同临时变量名字,如 T_1,T_2,…。

为了方便,我们在表 7.3 中使用 gen(x':='y'+'z)表示生成三地址语句 x:=y+z。代替 x,y 或 z 出现的表达式在传递给 gen 时求值,用单引号括起来的运算符或操作数将保留引号里字面的符号。在实际实现中,三地址语句序列往往是被存放到一个输出文件中,而不是将三地址语句序列置入 code 属性之中。在表 7.3 中可以加进有关控制语句的产生式及语义规则,从而产生控制语句的三地址代码。关于控制语句的翻译我们将在稍后介绍。

表 7.3 对赋值语句产生三地址代码的属性文法

产 生 式	语 义 规 则
S→id:=E	S.code:=E.code ‖ gen(id.place':='E.place);
E→E_1+E_2	E.place:=newtemp;
	E.code:=E_1.code ‖ E_2.code ‖
	gen(E.place':='E_1.place'+'E_2.place);
E→E_1*E_2	E.place:=newtemp;
	E.code:=E_1.code ‖ E_2.code ‖
	gen(E.place':='E_1.place'*'E_2.place);
E→-E_1	E.place:=newtemp;
	E.code:=E_1.code ‖ gen(E.place':='' uminus' E_1.place);
E→(E_1)	E.place:=E_1.place;
	E.code:=E_1.code;
E→id	E.place:=id.place;
	E.code='';

三地址语句可看成中间代码的一种抽象形式。编译程序中,三地址代码语句的具体实现可以用记录表示,记录中包含表示运算符和操作数的域。通常有三种表示方法:四元式、三元式、间接三元式。

1. 四元式

一个**四元式**是一个带有四个域的记录结构,这四个域分别称为 op、arg1、arg2 及 result。域 op 包含一个代表运算符的内部码。三地址语句 x:=y op z 可表示为:将 y 置于 arg1 域,z 置于 arg2 域,x 置于 result 域,:=为算符。带有一元运算符的语句如 x:=-y 或者 x:=y 的表示中不用 arg2。而像 param 这样的运算符仅使用 arg1 域。条件和无条件转移语句将目标标号置于 result 域中。赋值语句 a:=b*-c+b*-c 的四元式表示如表 7.4(a)所示,它们从图 7.5(a)中的三地址代码获得。通常,四元式中的 arg1,arg2 和 result 的内容都是一个指针,此指针指向有关名字的符号表入口。这样,临时变量名也要填入符号表。

表 7.4 三地址语句的四元式、三元式表示

(a) 四元式

	op	arg1	arg2	result
(0)	uminus	c		T_1
(1)	*	b	T_1	T_2
(2)	uminus	c		T_3
(3)	*	b	T_3	T_4
(4)	+	T_2	T_4	T_5
(5)	:=	T_5		a

(b) 三元式

	op	arg1	arg2
(0)	uminus	c	
(1)	*	b	(0)
(2)	uminus	c	
(3)	*	b	(2)
(4)	+	(1)	(3)
(5)	assign	a	(4)

2. 三元式

为了避免把临时变量填入到符号表,我们可以通过计算这个临时变量值的语句的位置来引用这个临时变量。这样表示三地址代码的记录只需三个域:op、arg1 和 arg2,如表 7.4(b)所示。因为用了三个域,所以称之为**三元式**。运算符 op 的两个操作数域 arg1 和 arg2,或者是指向符号表的指针(对程序中定义的名字或常量而言),或者是指向三元式表的指针(对于临时变量而言)。

在表 7.4(b)中,括号内的数表示指向三元式表的某一项的指针,而指向符号表的指针由名字自身表示。在实践中,应该能区分 arg1 或 arg2 中是哪一种指针,是指向符号表还是指向三元式表?表 7.4(b)中,三元式(0)代表-c 的结果,三元式(1)中的(0)指第 0 个三元式的结果,依次类推。

对于一目运算符 op、arg1 和 arg2 只需用其一。我们可随意规定选用一个,如我们在表 7.4(b)中,我们用的是 arg1。对于多目运算运算符,可用若干相继的三元式表示。例如,x[i]:=y 在三元式表中要用两项,如表 7.5(a)所列,而 x:=y[i]表示为两步操作,如表 7.5(b)所列。

表7.5 多目运算的三元式表示

(a)

	op	arg1	arg2
(0)	=[ ]	x	i
(1)	assign	(0)	y

(b)

	op	arg1	arg2
(0)	[ ]=	y	i
(1)	assign	x	(0)

3. 间接三元式

为了便于代码优化处理,有时不直接使用三元式表,而是另设一张指示器(称为间接码表),它将按运算的先后顺序列出有关三元式在三元表中的位置。换句话说就是,我们用一张间接码表辅以三元式表的办法来表示中间代码。这种表示法称为**间接三元式**。

例如,语句

$$X := (A+B) * C;$$
$$Y := D \uparrow (A+B)$$

的间接三元式表示如表7.6所列。

表7.6 间接三元式表示

间接代码		三元式表		
		OP	ARG1	ARG2
(1)	(1)	+	A	B
(2)	(2)	*	(1)	C
(3)	(3)	:=	X	(2)
(4)	(4)	↑	D	(1)
(5)	(5)	:=	Y	(1)

当在代码优化过程中需要调整运算顺序时,只需重新安排间接码表,无需改动三元式表。事实上,改变三元式表是很困难的,因为,许多三元式通过指示器紧密相联系。正因为这一点,我们需要间接三元式。例如151-FORTRAN 所用的中间语言就是间接三元式。

由于另设了间接表,因此,相同的三元式就无需重复填进三元式表中。如上述两个赋值句中均含有子式(A+B),而三元式(+,A,B)则只在表中出现一次。这样,可以节省三元式空间。

对于间接三元式表示,语义规则中应增添产生间接码表的动作,并且在向三元式表填进一个三元式之前,必须先查看一下此式是否已在其中,如已在其中,就无须填入。

我们可以把四元式与三元式和间接三元式作一些比较。四元式之间的联系是通过临时变量实现的。这一点和三元式不同。要更动一张三元表是很困难的,它意味着必须改变其中一系列指示器的值。但要更动四元式表是很容易的,因为调整四元式之间的相对位置并不意味着必须改变其中一系列指示器的值。因此,当需要对中间代码进行优化处理时,四元式比三元式要方便得多。对优化这一点而言,四元式和间接三元式同样方便。

7.2 说明语句

当考查一个过程或分程序的一系列说明语句时,便可为局部于该过程的名字分配存储空间。对每个局部名字,我们都将在符号表中建立相应的表项,并填入有关的信号如类型、在存储器中的相对地址等。相对地址是指对静态数据区基址或活动记录中局部数据区基址的一个偏移量。有关活动记录我们将在第九章详细介绍。

当产生中间代码地址时,对目标机一些情况做到心中有数是有好处的。例如,假定在一个以字节编址的目标机上,整数必须存放在 4 的倍数的地址单元,那么,计算地址时就应以 4 的倍数增加。

7.2.1 过程中的说明语句

在 C、Pascal 及 FORTRAN 等语言的语法中,允许在一个过程中的所有说明语句作为一个组来处理,把它们安排在一所数据区中。从而我们需要一个全程变量如 offset 来跟踪下一个可用的相对地址的位置。

在图 7.6 关于说明语句的翻译模式中,非终结符号 P 产生一系列形如 id:T 的说明语句。在处理第一条说明语句之前,先置 offset 为 0,以后每次遇到一个新的名字,便将该名字填入符号表中并置相对地址为当前 offset 之值,然后使 offset 加上该名字所表示的数据对象的域宽。

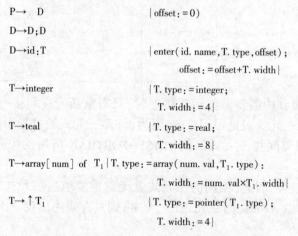

图 7.6 计算说明语句中名字的类型和相对地址

过程 enter(name,type,offest)用来把名字 name 填入到符号表中,并给出此名字的类型 type 及在过程数据区中的相对地址 offset。非终结符号 T 有两个综合属性 T.type 和 T.width,分别表示名字的类型和名字的域宽(即该类型名字所占用的存储单元个数)。在图 7.6 中,假定整数类型域宽为 4;实数域宽为 8;一个数组的域宽可以通过把数组元素数目与一个元素的域宽相乘获得;每个指针类型的域宽假定为 4。

如果把图7.6中的第一条产生式及其语义动作写在一行,则对offset赋初值更明显,如下式所示:

$$P \rightarrow \{\text{offset}:=0\} D \quad (7.1)$$

在6.5节曾谈到产生ε的标记非终结符号,可以用它来重新改写上述产生式以便语义动作均出现在整个产生式的右边。我们可采用标记非终结符号M来重写式(7.1):

$$P \rightarrow M\ D$$
$$M \rightarrow \varepsilon \quad \{\text{offset}:=0\}$$

7.2.2 保留作用域信息

允许嵌套过程的语言,对于每一个过程,其中局部名字的相对地址计算可以采用图7.6的方法。而当遇到一个嵌入的过程说明时,则应当暂停包围此过程的外围过程说明语句的处理。这种方法可以通过在如下的语言中加入有关语义动作来说明。

$$P \rightarrow D$$
$$D \rightarrow D;D\ |\ id:T\ |\ \text{proc}\ id;D;S \quad (7.2)$$

由于我们当前的目标是考虑说明语句,因而对其中产生语句的非终结符号S及产生类型的非终结符号T的产生式我们没有给出。与图7.6中相同,T有两个综合属性type和width。

为简化起见,我们假定对于式(7.2)的语言的每一个过程都有一张独立的符号表。这种符号表可用链表实现。当碰到过程说明 $D \rightarrow \text{proc}\ id;D_1;S$ 时,便创建一张新的符号表,并且把在 D_1 中的所有说明项都填入此符号表内。新表有一个指针指向刚好包围该嵌入过程的外围过程的符号表,由id表示的过程名字作为该外围过程的局部名字。对图7.6处理变量说明的唯一修改是,要告诉enter在哪个符号表填入一项。

例如,图7.7给出了下面程序中五个过程的符号表。过程readarray,exchange和quicksort的符号表有指针指向其外围过程sort的符号表。另一过程partition是在quicksort中被说明,因此,它的符号表有指针指向quicksort的符号表。

在下面的语义规则中用到如下操作。

(1) mktable(previous)创建一张新符号表,并返回指向新表的一个指针。参数previous指向一张先前创建的符号表,譬如刚好包围嵌入过程的外围过程符号表。指针previous之值放在新符号表表头,表头中还可存放一些其它信息如过程嵌套深度等等。我们也可以按过程被说明的顺序对过程编号,并把这一编号填入表头。

(2) enter(table name type offset)在指针table指示的符号表中为名字name建立一个新项,并把类型type相对地址offset填入到该项中。

(3) add width(able with)指针table指示的符号表表头中记录下该表中所有名字占用的总宽度。

(4) enterproc(table nae, newtable)在指针table指示的符号表中为名字为name的过程建立一个新项。参数newtable指向过程name的符号表。

在图7.8中的翻译模式给出了如何在一遍扫描中对数据进行处理,它使用了一个栈tblptr保存各外层过程的符号表指针。

对于图 7.7 所示的符号表,当处理过程 partition 中的说明语句时,栈 tblptr 中将包括指

```
(1)  program sort(input,output)
(2)    var a:array[0..10] of integer;
(3)    x:integer;
(4)    procedure readarray;
(5)      var i:integer;
(6)      begin…a…ent {readarray}
(7)    procedure exchange (i,j: integer);
(8)      begin
(9)        x:=a[i];a[i]:=a[j];a[j]:=x
(10)     end {exchange};
(11)   procedure quicksort (m,n:integer);
(12)     var k,v:integer;
(13)     function partition(y,z:integer):integer;
(14)       var i,j:integer;
(15)       begin…a…
(16)         …v…
(17)         …exchange(i,j);…
(18)       end {partition};
(19)     begin…end {quicksort};
(20) begin…end {sort}.
```

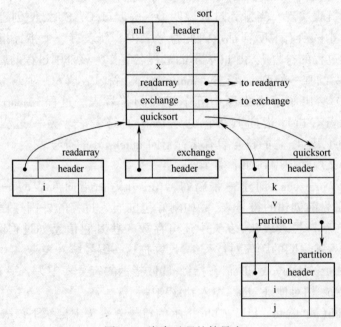

图 7.7 嵌套过程的符号表

向 sort,quicksort 及 partition 的符号表的指针。指向当前符号表的指针在栈顶。另一个栈 offset 存放各嵌套过程的当前相对地址。offset 的栈顶元素为当前被处理过程的下一个局部名字的相对地址。

P→M D	{addwidth(top(tblptr),top(offset));
	pop(tblptr); pop(offset) }
M→ε	{t:=mktable(nil);
	push(t,tblptr);push(0,offset) }
D→D$_1$;D$_2$	
D→proc id;N D$_1$;S	{t:=top(tblptr);
	addwidth(t,top(offset));
	pop(tblptr);opo(offset);
	enterproc(top(tblptr),id.name,t)}
D→id:T	{enter(top(tblptr),id.name,T.type,
	top(offset));
	top(offset):=top(offset)+T.width}
N→ε	{t:=mktable(top(tblptr));
	push(t,tblptr);push(0,offset)}

图 7.8　处理嵌套过程中的说明语句

对于

$$A→B\ C\qquad \{actionA\}$$

所有关于非终结符号 B、C 的语义动作均已先于 actionA 完成。因此,在图 7.8 中将先做与标记非终结符号 M 相应的语义动作。

M 的语义动作把栈 tblptr 初始化为仅含指向最外层作用域的符号表的指针,由 mktable(nil) 创建初始符号表,并把符号表的指针返回给 t;同时还把相对地址 0 压入栈 offset 中。当出现一个过程说明时,非终结符起着类似的作用。它的语义动作使用 mktable(top(tblptr)) 来创建一个新的符号表。这里参数 top(tblptr) 为指向刚好包围此嵌入过程的外围过程符号表的指针。把指向新表的指针压入栈 ablptr 的栈顶,同样把相对地址 0 压入 offset 栈顶。

每遇到一个变量说明 id:T,就把 id 填入在当前符号表中。这时栈 tblptr 保持不变,则栈 offset 的栈顶值增加 T.width。当开始执行产生式 D→proc id;ND$_1$;S 右边的语义动作时,由 D$_1$ 产生的所有名字占用的总宽度便是 offset 的栈顶值,它由过程 addwidth 记录下来;同时,栈 tblptr 及 offset 的栈项值被弹出,我们返回到外层过程中的说明语句继续处理。并在此时把过程的名字 id 填入到其外围过程的符号表中。

7.2.3　记录中的域名

除了基本类型、指针和数组外,下述产生式使非终结符号 T 产生记录类型：

$$T→record\quad D\quad end$$

图 7.9 给出了为记录中的域名建立一张符号表的翻译模式。因为在图 7.8 中过程定义并不影响域宽的计算,因此我们允许过程定义出现在记录中。这样,图 7.9 的 D 与图 7.8 中的 D 意义相同。

当遇到保留字 record 时,与标记非终结符号 L 相应的语义动作为记录中的各域名创建一张新的记录符号表。把指向该表的指针压入栈 tblptr 中,并把相对地址 0 压入栈 offset 中。根据图 7.8 可知,产生式 D→id:T 的语义动作是将域名 id 的有关信息填入此记录的符号表中。当记录的所有域名都被检查过之后,在 offset 的栈顶将存放着记录之内的所有数据对象的总域宽。图 7.9 中 end 之后的语义动作是将 offset 的栈顶的总域宽作为综合属性 T.width 的值。类型 T.type 通过对指向本记录符号表的指针施用类型构造符 record 而得到。在下一节该指针将用来从 T.type 恢复记录中各域的域名、类型及域宽等。有关类型构造符和类型表达式概念将在 7.7 节介绍。

```
T→record LD end        {T.type:=record(top(tblptr));
                        T.width:=top(offset);
                        pop(tblptr);pop(offset)}
L→ε                    {t:=mktable(nil);
                        push(t,tblptr);push(0,offset))}
```

图 7.9 为记录中的域名建立一张符号表

7.3 赋值语句的翻译

在本节中赋值语句中的表达式的类型可以是整型、实型、数组和记录。作为翻译赋值语句为三地址代码的一个部分,我们将讨论如何在符号表中查找名字及如保存取数组和记录的元素。

7.3.1 简单算术表达式及赋值语句

我们在 7.1 节的三地址语句中直接使用了名字,并且将它理解为指向符号表中该名字入口的指针。图 7.10 给出了把简单算术表达式及赋值语句翻译为三地址代码的翻译模式。该释译模式中还说明了如何查找符号表的入口。属性 id.name 表示 id 所代表的名字本身。过程 lookup(id.name) 检查是否在符号表中存在相应此名字的入口。如果有,则返回一个指向该表项的指针,否则,返回 nil 表示没有找到。

在图 7.10 的语义动作中,调用过程 emit 将生成的三地址语句发送到输出文件中,而不是如表 7.3 中那样建造非终结符号的 code 属性。

我们可以重新解释在图 7.10 中的 lookup 操作,若采用最近嵌套作用域规则查找非局部名字,如 Pascal 语言中的那样,此时图 7.10 中的翻译模式仍是可用的。为直观起见,假定赋值语句出现在如下文法形式的上下文环境中:

P→M D
M→ε
D→D;D|id:T|proc id;N D;S
N→ε
(7.3)

如果把这些产生式加到图 7.10 中的文法中,非终结符 P 就变为开始符号。

对于上述文法(7.3)所生成的每一个过程,图 7.8 中的翻译模式都将为之建立一张独立的符号表。而每个这样的符号表表头均有一个指针指向其直接外层过程(见图 7.7 的例子)。当处理构成过程体的语句时,一个指向此过程的符号表的指针出现在栈 tblptr 的顶部。这是由产生式 D→proc id;N D;S 右边的标记非终结符号 N 的语义动作将该指针压入栈中的。

S→id:=E	{p:=lookup(id.name);
	if p≠nil then
	emit(p':='E.place)
	else error}
E→E_1+E_2	{E.place:=newtemp;
	emit(E.place':='E_1.place'+'E_2.place)}
E→E_1 * E_2	{E.place:=newtemp;
	emit(E.place':='E_1.place' * 'E_2.place)}
E→E_1	{E.place:=newtemp;
	emit(E.place':='' uminus'E_1.place)}
E→(E_1)	{E.place:=E_1.place}
E→id	{p:=lookup(id.name);
	if p≠nil then
	E.place:=p
	else error}

图 7.10 产生赋值语句三地址代码的翻译模式

非终结符号 S 的产生式如图 7.10。由 S 所产生的赋值语句中的名字必须或者是在 S 所在的那个过程中已被说明,或者是在某个外层过程中已被说明。当应用到 name 时,新的 lookup 过程先通过 top(tblptr)指针在当前符号表中查找,看是否 name 在表中。若未找到,lookup 就利用当前符号表表头的指针找到该符号表的外围符号表,然后在那里查找名字 name,一直到查找出 name 为止。如果所有外围过程的符号表中均无此 name,则 lookup 返回 nil,表明查找失败。

例如,对于图 7.7 中的符号表,假定过程 partition 中的一条赋值语句正在被处理。操作 lookup(i)将在 partition 的符号表中找到一个入口;因 v 不在这个符号表中,lookup(v)将使用此表表头中的指针继续在外层过程 quicksort 的符号表中查找。

7.3.2 数组元素的引用

我们现在讨论包含数组元素的表达式和赋值句的翻译问题。数组在存储器中的存放方式决定了数组元素的地址计算法,从而也决定了应该产生什么样的中间代码。

若数组 A 的元素存放在一片连续单元里,则可以较容易地访问数组的每个元素。假设数组 A 每个元素宽度为 w,则 A[i]这个元素的起始地址为

$$base+(i-low)\times w \tag{7.4}$$

其中 low 为数组下标的下界并且 base 是分配给数组的相对地址,即 base 为 A 的第一个元素 A[low]的相对地址。

把式(7.4)整理为

$$i \times w + (base - low \times w)$$

则其中子表达式 $C = base - low \times w$ 可以在处理数组说明时计算出来。我们假定 C 值存放在符号表中数组 A 的对应项中,则 A[i] 相对地址可由 $i \times w + C$ 计算出来。

对于多维数组也可作类似处理。一个二维数组,可以按行或按列存放。如对于 2×3 的数组 A,图 7.11 给出了存放方式,图 7.11(a) 是将它按行存放,图 7.11(b) 是将它按列存放。FORTRAN 采用按列存放,Pascal 采用按行存放。

若二维数组 A 按行存放,则可用如下公式计算 $A[i_1, i_2]$ 的相对地址:

$$base + ((i_1 - low_1) \times n_2 + i_1 - low_2) \times w$$

其中,low_1、low_2 分别为 i_1、i_2 的下界;n_2 是 i_2 可取值的个数。即若 $high_2$ 为 i_2 的上界,则 $n_2 = high_2 - low_2 + 1$。假定 i_1、i_2 是编译时唯一尚未知道的值,我们可以重写上述表达式为

$$((i_1 \times n_2) + i_2) \times w + (base - ((low_1 \times n_2) + low_2) \times w) \tag{7.5}$$

后一项子表达式 $(base - ((low_1 \times n_2) + low_2) \times w)$ 的值是可以在编译时确定的。

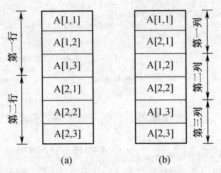

图 7.11 二维数组的存放方式
(a)按行存放;(b)按列存放。

按行或按列存放方式可推广到多维数组。若多维数组 A 按行存放,则越往右边的下标变化越快,像自动计程仪显示数据一样。式(7.5)可推广成如下计算元素 $A[i_1, i_2, \cdots, i_k]$ 相对地址公式:

$$((\cdots i_1 n_2 + i_2) n_3 + i_3) \cdots) n_k + i_k) \times w +$$
$$base - ((\cdots((low_1 n_2 + low_2) n_3 + low_3) \cdots) n_k + low_k) \times w \tag{7.6}$$

假定对任何 j,$n_j = high_j - low_j + 1$ 是确定的,则式(7.6)中子项

$$C = ((\cdots((low_1 n_2 + low_2) n_3 + low_3) \cdots) n_k + low_k) \times w \tag{7.7}$$

可以在编译时计算出来并存放到符号表中数组 A 对应的项里。至于按列存放方式,则最左边下标变化最快。

某些语言允许数组的长度在运行时刻一个过程被调用时动态地确定。有关这种数组在运行时栈中的分配情况,将在第九章中介绍。计算这种数组元素地址的公式与在固定长度数组情况下是同样的,只是上、下界在编译时是未知的。

要生成有关数组引用的代码,其主要问题是把式(7.6)的计算与数组引用的文法联系起来。如果在图 7.10 的文法中 id 出现的地方也允许下面产生式中的 L 出现,则可把数组元素引用加入到赋值语句中。

$$L \rightarrow id[\ Elist\ ] \mid id$$

$$\text{Elist} \to \text{Elist}, E \mid E$$

为了便于语义处理,我们改写上述产生式为

$$L \to \text{Elist} \,]\, \mid \text{id}$$
$$\text{Elist} \to \text{Elist}, E \mid \text{id}[\, E$$

即把数组名字 id 与最左下标表达式 E 相联系,而不是在形成 L 时与 Elist 相联系。其目的是使我们在整个下标表达式串 Elist 的翻译过程中随时都能知道符号表中相应于数组名字 id 的全部信息。对于非终结符号 Elist 引进综合属性 array,用来记录指向符号表中相应数组名字表项的指针。

我们还利用 Elist.ndim 来记录 Elist 中的下标表达式的个数,即维数。函数 limit(array,j) 返回 n_j,即由 array 所指示的数组的第 j 维长度。最后,Elist.place 表示临时变量,用来临时存放由 Elist 中的下标表达式计算出来的值。

一个 Elist 可以产生一个 k-维数组引用 $A[i_1, i_2, \cdots, i_k]$ 的前 m 维下标,并将生成计算下面式子的三地址代码:

$$(\cdots((i_1 n_2 + i_2) n_3 + i_3) \cdots) n_m + i_m \tag{7.8}$$

利用如下的递归公式进行计算:

$$e_1 = i_1, \quad e_m = e_{m-1} \times n_m + i_m \tag{7.9}$$

于是,当 m=k 时将 e_k 乘以元素域宽 w 便可计算出式(7.6)的第一个子项。

描述 L 的左值(即地址)用两个属性 L.place 及 L.offset。如果 L 仅为一个简单名字,L.place 就为指向符号表中相应此名字表项的指针,而 L.offset 为 null,表示这个左值是一个简单的名字而非数组引用。非终结符号 E 的属性 E.place 的意义同图 7.10。

下面考虑在赋值语句中加入数组元素之后的翻译模式,我们将把语义动作加入到如下文法中:

(1) S→L:=E
(2) E→E+E
(3) E→(E)
(4) E→L
(5) L→Elist]
(6) L→id
(7) Elist→Elist,E
(8) Elist→id[E

与没有数组元素时的简单算术表达式的处理一样,在语义动作中由 emit 过程产生三地址代码。

若 L 是一个简单的名字,将生成一般的赋值;否则,若 L 为数组元素引用,则生成对 L 所指示地址的索引赋值:

1. S→L:=E
   {if L.offset=null then /* L 是简单变量 */
       emit(L.place ':=' E.place)
   else emit(L.place '[' L.offset ']' ':=' E.place)}

对于算术表达式的代码完全与图 7.10 相同:

2. E→E$_1$+E$_2$
   {E.place:=newtemp;
   emit(E.place':='E$_1$.place'+'E$_2$.place)}
3. E→(E$_1$)
   {E.place:=E$_1$.place}

当一个数组引用 L 归约到 E 时,我们需要 L 的右值。因此我们使用索引来获得地址 L.place[L.offset]的内容:

4. E→L
   {if L.offset=null then
   E.place:=L.place
   else begin
   E.place:=newtemp;
   emit(E.place':='L.place'['L.offset']')
   end}

L.offset 是一个新的临时变量,存放着 w 与 Elist.place 的值的乘积。因此 L.offset 等价于式(7.6)的第一项:

5. L→Elist]
   {L.place:=newtemp;
   emit(L.place':='Elist.array'-'C);   {C 的定义见式(7.7)}
   L.offset:=newtemp;
   emit(L.offset':='w' * 'Elist.place)}

一个空的 offset 表示一个简单的名字:

6. L→id
   {L.place:=id.place;   L.offset:=null}

每当扫描到下一个下标表达式时,我们应用递归公式(7.9)。在下列语义动作中,Elist1.place 与式(7.7)中的 e_{m-1} 对应,Elist.place 与式(7.9)中的 e_m 对应。注意若 Elist1 有 m−1 个元素,则产生式左部的 Elist 有 m 个元素。

7. Elist→Elist$_1$,E
   {t:=newtemp;
   m:=Elist$_1$.ndim+1;
   emit(t':='Elist$_1$.place' * 'limit(Elist$_1$.array,m));
   emit(t':='t'+'E.place);
   Elist.array:=Elist$_1$.array;
   Elist.place:=t;
   Elist.ndim:=m}

E.place 保存表达式 E 的值,以及当 m=1 时式(7.8)之值。

8. Elist→id [E
   {Elist.place:=E.place;
   Elist.ndim:=1;

Elist.array : = id.place}

例 7.1 设 A 为一个 10×20 的数组,即 n1=10,n2=20,并设 w=4。对赋值语句 x: = A[y,z]的带注释的语法分析树见图 7.12。该赋值语句被翻译成如下三地址语句序列:

$$T_1 := y * 20$$
$$T_1 := T_1 + z$$
$$T_2 := A - 84$$
$$T_3 := 4 * T_1$$
$$T_4 := T_2[T_3]$$
$$x := T_4$$

其中每个变量,我们用它的名字来代替 id.place。

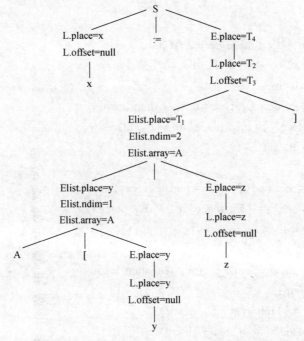

图 7.12 关于 x:=A[y,z]的带注释的分析树

在前面关于算术表达式和赋值语句的翻译中,我们是假定所有的 id 都是同一类型的。实际上,在一个表达式中可能出现各种不同类型的变量或常数。所以,编译程序必须做到:或者拒绝接受某种混合运算,或者产生有关类型转换的指令。

我们现在假定前面有关算术表达式和赋值语句的文法中 id 既可以是实型量也可以是整型量。当两个不同类型的量进行运算时,我们规定首先必须把整型量转换为实型量。在这种混合运算的情况下,每个非终结符的语义值必须增添类型信息。我们用 E.type 表示非终结符 E 的类型属性。E.type 的值或为 real(实型)或为 integer(整型)。于是,对应产生式 E→E_1 op E_2 的语义动作中关于 E.type 的语义规则可定义为:

{if E_1.type = integer and E_2.type = integer
    then E.type : = integer

else E.type:=real}

从而,关于 E→E_1 op E_2 的语义动作应作修改,使得必要时能够产生对运算量进行类型转换的三地址代码。三地址代码

$$x:=inttoreal\ y$$

意味着把整型量 y 转换成实型量,结果放在 y 中。此外,对于运算符应指出相应的类型,说明是定点还是浮点运算。例如假定输入串为

$$x:=y+i*j$$

其中,x、y 为实型;i、j 为整型。这个赋值句产生的三地址代码为

$$T_1:=i\ \ \ int*\ \ \ j$$
$$T_3:=inttoreal\ \ \ T_1$$
$$T_2:=y\ \ \ real+\ \ \ T_3$$
$$x:=T_2$$

其中,int * 和 real+ 分别表示整型乘和实型加。

这样,关于产生式 E→E_1+E_2 的语义动作如下:

{E.place:=newtemp;

if E_1.type=integer and E_2.type=integer then begin
  emit(E.place' := 'E_1.place' int+' E_2.place);
  E.type:=integer
end
else if E_1.type=real and E_2.type=real then begin
  emit(E.place' := 'E_1.place' real+' E_2.place);
  E.type:=real
end
else if E_1.type=integer and E_2.type=real then begin
  u:=newtemp;
  emit(u' := ' 'inttoreal' E_1.place);
  emit(E.place' := 'u' real+' E_2.palce);
  E.type:=real
end
else if E_1.type=real and E_1.type=integer the begin
  u:=newtemp;
  emit(u' := ' 'inttoreal' E_2.place);
  emit(E.place' := 'E_1.place' real+' u);
  E.type:=real
end
else E.type:=type_error}

在上述的语义规则中,非终结符 E 的语义值除了含有 E.place 外还含有 E.type。这两方面的信息都必须保存在翻译栈中。如果运算量的类型增多,那么,语义程序中必须区别的情形也就迅速增多,从而使语义子程序变得累赘不堪。因此,在运算量的类型比较多的

情况下,仔细推敲语义规则就是一件重要的事情。

7.3.3 记录中域的引用

编译器必须将记录中的域的类型和相对地址保持下来。一般说来,把这些信息保存在相应的域名的符号表表项之中。这样做的好处是,可以把用在符号表中查找名字的程序同样用来查找域名。在此意义下,利用上一节图7.9中的语义动作可为每一个记录类型建立一张单独的符号表。如果 t 是一个指向某个记录类型的指针,把类型构造符 record 施于该指针,返回所形成的类型 record(t) 作为属性 T. type 的值。

我们用表达式

$$p\uparrow.info+1$$

翻译指向符号表的指针如何从属性 E. type 中提取出来。从这个表达式我们可以看出 p 是一个指向某个记录的指针,这个记录有一个类型为算术型的域名 info。如果类型像图 7.8 和图 7.9 一样构造,则 p 的类型可以由类型表达式 pointer(record(t)) 给出。于是 p↑ 的类型是 record(t),t 可由此被先取出来。也就是说,域名 info 将可以在 t 所指向的符号表中查找。

7.4 布尔表达式的翻译

在程序设计语言中,布尔表达式有两个基本的作用:一个是用作计算逻辑值;另一个是用作控制流语句如 if-then、if-then-else 和 while-do 等之中的条件表达式。

布尔表达式是用布尔运算符号(and,or,not)作用到布尔变量或关系表达式上而组成的。关系表达式形如 E_1 relop E_2,其中 E_1 和 E_2 是算述表达式,relop 为关系运算符 ($<,\leq,=,\neq,>,\geq$)。

在本节中,我们考虑由下列文法产生的布尔表达式:

$$E \rightarrow E \text{ or } E \mid E \text{ and } E \mid \text{not } E \mid (E) \mid \text{id relop id} \mid \text{id}$$

我们使用 relop 的属性 relop. op 来确定 relop 指的是六个关系运算符中的哪一个。按惯例,我们假定 or 和 and 是左结合的,并且规定 or 的优先级最低,其次是 and,not 的优先级最高。

计算布尔表达式的值通常有两种办法。一种办法是,如同计算算术表达式一样,一步不差地从表达式各部分的值计算出整个表达式的值。例如,按通常的习惯,用数值 1 代表 true,用 0 代表 false,那么,布尔式 1 or(not 0 and 0)or 0 的计算过程是:

$$\begin{aligned}
&1 \text{ or } (\text{not } 0 \text{ and } 0) \text{ or } 0 \\
&= 1 \text{ or } (1 \text{ and } 0) \text{ or } 0 \\
&= 1 \text{ or } 0 \text{ or } 0 \\
&= 1 \text{ or } 0 \\
&= 1
\end{aligned}$$

另一种计算法是采取某种优化措施。例如,假定要计算 A or B,如果计算出 A 的值为 1,那么,B 的值就无须再计算了。因为不管 B 的结果是什么,A or B 的值都为 1。同理,在计算 A and B 时,若发现 A 为 0,则 B 的值也就无需再计算了。这种计算法意味着,我们可以用 if-then-else 来解释 or,and 和 not。也就是

把 A or B 解释成	if A then true else B
把 A and B 解释成	if A then B else false
把 not A 解释成	if A then false else true

上述这两种计算法对于不包含布尔函数调用的式子是没有什么差别的。但是，假若一个布尔式中含有布尔函数调用，并且这种函数调用引起副作用（指对全局量的赋值）时，那么，上述两种计算法未必是等价的。有些程序语言规定，函数过程调用应不影响这个调用所处环境的计值。或者说，函数过程的工作不许产生副作用。在这种规定下，我们可以任选上述的一种方法。

下面我们将分别用这两种方法来讨论如何把布尔表达式翻译成地址代码。

7.4.1 数值表示法

让我们首先考虑用 1 表示真，0 表示假来实现布尔表达式的翻译。用这种方法，布尔表达式将从左到右按类似算术表达式的求值方法来计算。例如，对于布尔表达式：

$$a \text{ or } b \text{ and not } c$$

将被翻译成如下三地址序列：

$T_1 := \text{not } c$

$T_2 := b \text{ and } T_1$

$T_3 := a \text{ or } T_2$

一个形如 a<b 的关系表达式可等价地写成 if a<b then 1 else 0，并可将它翻译成如下三地址语句序列（我们假定语句序号从 100 开始）：

```
100： if a<b goto 103
101： T:=0
102： goto 104
103： T:=1
104：
```

产生布尔表达式的三地址代码的翻译模式见图 7.13。在此翻译模式中，我们假定过

$E \to E_1 \text{ or } E_2$	{E.place:=newtemp; emit(E.place':='E_1.place'or'E_2.place)}
$E \to E_1 \text{ and } E_2$	{E.place:=newtemp; emit(E.place':='E_1.place'and'E_2.place)}
$E \to \text{not } E_1$	{E.place:=newtemp; emit(E.place':=''not'E_1.place)}
$E \to (E_1)$	{E.place:=E_1.place}

$E \to id_1 \text{ relop } id_2$	{E.place:=newtemp;
	 emit('if' id_1.place relop.op id_2.place'goto'nextstat+3);
	 emit(E.place':=''0');
	 emit('goto'nextstat+2);
	 emit(E.place':=''1')}

$E \to id$	{E.place:=id.place}

图 7.13 关于布尔表达式的数值表示法的翻译模式

程 emit 将三地址代码送到输出文件中，nextstat 给出输出序列中下一条三地址语句的地址索引，每产生一条三地址语句后，过程 emit 便把 nextstat 加 1。

例 7.2　根据图 7.13，对布尔表达式 a<b or c<d and e<f 可以生成图 7.14 中的三地址代码。

100：	if a<b goto 103	107：	$T_2 := 1$
101：	$T_1 := 0$	108：	if e<f goto 111
102：	goto 104	109：	$T_3 := 0$
103：	$T_1 := 1$	110：	goto 112
104：	if c<d goto 107	111：	$T_3 := 1$
105：	$T_2 := 0$	112：	$T_4 := T_2$ and T_3
106：	goto 108	113：	$T_5 := T_1$ or T_4

图 7.14　布尔表达式 a<b or c<d and e<f 的翻译

7.4.2　作为条件控制的布尔式翻译

出现在条件语句

$$\text{if E then } S_1 \text{ else } S_2 \qquad (7.10)$$

中的布尔表达式 E，它的作用仅在于控制对 S_1 和 S_2 的选择。只要能够完成这一使命，E 的值就无须最终保留在某个临时单元之中。因此，作为转移条件的布尔式 E，我们可以赋予它两种"出口"。一是"真"出口，出向 S_1；一是"假"出口，出向 S_2。于是，语句(7.10)可翻译成如图 7.15 所示的一般形式。

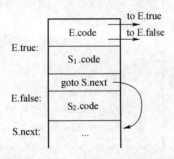

图 7.15　if-then-else 语句的代码结构

对于作为转移条件的布尔式，我们可以把它翻译为一串跳转指令。例如，可把语句

　　　if a>c or b<d then S_1 else S_2

翻译成如下一串三地址代码：

```
        if a>c goto L2
        goto L1
L1:     if b<d goto L2
        goto L3
L2:     （关于 S1 的三地址代码序列）
```

goto Lnext
L_3：　（关于 S_2 的三地址代码序列）
Lnext：

在翻译过程中，我们假定可以用符号标号来标识一条三地址语句，并且假定每次调用函数 newlabel 后都返回一个新的符号标号。

对于一个布尔表达式 E，我们引用两个标号：E.true 是 E 为'真'时控制流转向的标号；E.false 是 E 为'假'时控制流转向的标号。

我们的基本翻译思想如下：

假定 E 形如 a<b，则将生成如下的 E 的代码：

　　if a<b goto E.true
　　goto E.false

假定 E 形如 E_1 or E_2。若 E_1 为真，则立即可知 E 为真，于是 E_1.true 与 E.true 是相同的。若 E_1 为假，则必须对 E_2 求值，因此我们置 E_1.false 为 E_2 的代码的第一条指令的标号。而 E_2 的真、假出口可以分别与 E 的真、假出口相同。类似可考虑形如 E_1 and E_2 的 E 的翻译。至于形如 not E_1 的布尔表达式 E 不必生成新的代码，只要把 E_1 的假、真出口作为 E 的真、假出口即可。表 7.7 是按此方式将布尔表达式译成三地址代码的语义规则。注意 E 的 true 和 false 属性均为继承属性。

表 7.7　产生布尔表达式三地址代码的语义规则

产　生　式	语　义　规　则
E→E_1 or E_2	E_1.true：=E.true; E_1.false：=newlabel; E_2.true：=E.true; E_2.false：=E.false; E.code：=E_1.code ‖ gen(E_1.false':') ‖ E_2.code
E→E_1 and E_2	E_1.true：=newlabel; E_1.false：=E.false; E_2.true：=E.true; E_2.false：=E.false; E.code：=E_1.code ‖ gen(E_1.true':') ‖ E_2.code
E→not E_1	E_1.true：=E.false; E_1.false：=E.true; E.code：=E_1.code
E→(E_1)	E_1.true：=E.true; E_1.false：=E.false; E.code：=E_1.code
E→id_1 relop id_2	E.code：=gen('if' id_1.place relop.op id_2.place 'goto' E.true) ‖ 　　　　gen('goto' E.false)
E→true	E.code：=gen('goto' E.true)
E→false	E.code：=gen('gogo' E.false)

例7.3 考虑如下表达式：

$$a<b \text{ or } c<d \text{ and } e<f$$

假定整个表达式的真假出口已分别置为 Ltrue 和 Lfalse，则按表 7.7 的定义将生成如下的代码：

```
        if a<b goto Ltrue
        goto L₁
L₁:     if c<d goto L₂
        goto Lfalse
L₂:     if e<f goto Ltrue
        goto Lfalse
```

自然，这里的代码是未优化的，有冗余的指令。

实现表 7.7 中的对布尔表达式进行翻译的语义规则的最容易方法是经过两遍扫描。首先，为给定的输入串构造一棵语法树；然后，对语法树进行深度优先遍历，进行语义规则中规定的翻译。下面我们要讨论如何通过一遍扫描来产生布尔表达式的代码。

为了便于讨论，我们假设下面在实现三地址代码时，采用四元式形式实现。把四元式存入一个数组中，数组下标就代表四元式的标号。并且我们约定，在下面讨论中，

| 四元式(jnz,a,-,p) | 表示 | if a goto p |
| 四元式(jrop,x,y,p) | 表示 | if x rop y goto p |

（其中 rop 表示六种关系运算之一）

四元式(j,-,-,p)   表示   goto p

通过一遍扫描来产生布尔表达式和控制流语句的代码的主要问题在于，当生成某些转移语句时我们可能还不知道该语句将要转移到的标号究竟是什么。为了解决这个问题，我们可以在生成形式分支的跳转指令时暂时不确定跳转目标，而建立一个链表，把转向这个目标的跳转指令的标号键入这个链表。一旦目标确定之后再把它填入有关的跳转指令中。这种技术称为回填。

按照这个思想，我们为非终结符 E 赋予两个综合属性 E.truelist 和 E.falselist。它们分别记录布尔表达式 E 所应的四元式中需回填"真"、"假"出口的四元式的标号所构成的链表。具体实现时，我们可以借助于需要回填的跳转四元式的第四区段来构造这种链。例如，假定 E 的四元式中需回填"真"出口的有 p、q 和 r 三个四元式，这三个四元式可连成如下图所示的一条"真"链(truelist)，作为 E.truelist 之值的是链首(r)：

```
(p)   (×,×,×,0)          0 为链末标志
......
(q)   (×,×,×,p)
......
(r)   (×,×,×,q)          地址(r)是 truelist 链之首
```

为了便于处理，需用到下面几个变量或函数(过程)：

（1）变量 nextquad，它指向下一条将要产生但尚未形式的四元式的地址（标号）。nextquad 的初值为 1，每当执行一次 emit 之后，nextquad 将自动增 1。

（2）函数 makelist(i)，它将创建一个仅含 i 的新链表，其中 i 是四元式数组的一个下标（标号）；函数返回指向这个链的指针。

（3）函数 merge(p_1,p_2)，把以 p1 和 p2 为链首的两条链合并为一，作为函数值，回送合并后的链首。

（4）过程 backpatch(p,t)，其功能是完成"回填"，把 p 所链接的每个四元式的第四区段都填为 t。

现在，我们来构造一个翻译模式，使之能在自底向上的分析过程中生成布尔表达式的四元式代码。我们在文法中插入了标记非终结符 M，以便在适当的时候执行一个语义动作，记下下一个将要产生的四元式标号。我们使用的文法如下：

(1) E→ E_1 or M E_2
(2) |E_1 and M E_2
(3) |not E_1
(4) |(E_1)
(5) |id_1 relop id_2
(6) |id
(7) M→ε

按照上面所考虑的一些思想，构造出布尔表达式的翻译模式如下：

(1) E→E_1 or M E_2 {backpatch(E_1.falselist, M.quad);
                                E.truelist:=merge(E_1.truelist, E_2.truelist);
                                  E.falselist:=E_2.falselist}

(2) E→E_1 and M E_2 {backpatch(E_1.truelist, M.quad);
                                  E.truelist:=E_2.truelist;
                                  E.falselist:=merge(E_1.falselist, E_2.falselist)}

(3) E→not E_1 {E.truelist:=E_1.falselist;
                           E.falselist:=E_1.truelist}

(4) E→(E_1)   {E.truelist:=E_1.truelist;
                      E.falselist:=E_1.falselist}

(5) E→id_1 relop id_2 {E.truelist:=makelist(nextquad);
                              E.falselist:=makelist(nextquad+1);
                              emit('j'relop.op ','id_1.place ','id_2.place ',''0');
                              emit('j',-,-,0')}

(6) E→id   {E.truelist:=makelist(nextquad);
                E.falselist:=makelist(nextquad+1);
                emit('jnz ',' id.place ',' - ',' 0');
                emit('j,-,-,0')}

(7) M→ε   {M.quad:=nextquad}

考虑产生 E→E_1 or M E_2。如果 E_1 为真，则 E 也为真。如果 E_1 为假，须进一步检测

E_2。若 E_2 为真则 E 也为真,若 E_2 为假则 E 为假。从而在 E_1.falselist 所指向的表中所表示的那些转移指令的目标标号应为 E_2 的第一条语句的标号。这个目标标号是利用标记非终结符号 M 得到的。属性 M.quad 记录着 E_2.code(E_2 的代码)的第一条语句的标号。对产生式 M→ε,我们有如下的语义动作:

$$\{M.quad:=nextquad\}$$

变量 nextquad 保存着下一条将产生的四元式的标号,即四元式数组的索引。该值在分析完产生式 E→E_1 or M E_2 的其余部分以后用来回填到 E_1.falselist 所指向的链中的指令中。

产生式(5)的语义动作中将生成两条语句:一条是条件转移语句;另一条是无条件转移语句。它们的目标标号均未填写。其中第一条语句的标号放到新构建的由 E.truelist 指向的表中;第二条语句的标号放到新构建的由 E.falselist 指向的表中。

例 7.4 重新考虑表达式 a<b or c<d and e<f。一棵作了注释的分析树如图 7.16 所示。语义动作是在对树的深度优先遍历中完成的。由于所有的语义动作均出现在产生式的右端的终点,因而它们可以在自下而上的语法分析中随着对产生式的归约来完成。

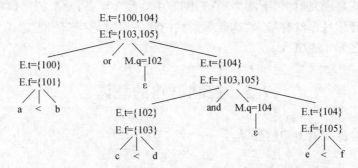

图 7.16 关于 a<b or c<d and e<f 的加了注释的分析树

在利用产生式(5)将 a<b 归约为 E 时,生成如下两个四元式:

100(j<,a,b,0)
101(j,-,-,0)

这里我们假定语句标号从 100 开始。产生式 E→E_1 or M E_2 中的标记非终结符记录下一个将要产生的四元式的标号 nextquad,此时是 102。通过第(5)个产生式把 c<d 归约到 E 产生四元式:

102(j<,c,d,0)
103(j,-,-,0)

我们现在已分析到产生式 E→E_1 and M E_2 中的 E_1。这个产生式中的标记非终结符记录下当前 nexquad 的值,现在为 104。通过产生式(5)把 e<f 归约为 E 时产生四元式:

104(j<,e,f,0)
105(j,-,-,0)

相应的 E 结点处的 E.t={104},E.f{105}。现在让我们对产生式 E→E_1 and M E_2 进行归约。相应的语义动作中有过程调用 backpatch({102},104),其中参数{102}表示一个指针,此指针指向仅包含标号 102 的表,这个表就是那个由 E_1.truelist 所指向的。此次调用将把 104 回填到指令 102 中的目标标号部分(第四区段)。至今生成的六条指令如下:

100(j<,a,b,0)
101(j,-,-,0)
102(j<,c,d,104)
103(j,-,-,0)
104(j<,e,f,0)
105(j,-,-,0)

最后用产生式 E→E_1 or M E_2 进行归约,调用 backpatch({101},102)将上述指令变为:
100(j<,a,b,0)
101(j,-,-,102)
102(j<,c,d,104)
103(j,-,-,0)
104(j<,e,f,0)
105(j,-,-,0)

整个表达式翻译完后,留下两个"真"出口(100 和 104)和两个假出口(103 和 105),这四条指令的转移目标没有填入,这要等到编译到一定时刻当布尔表达式为真作什么为假作什么确定之后才能填入。

7.5 控制语句的翻译

我们下面讨论控制语句的翻译。

7.5.1 控制流语句

现在我们考虑 if-then,if-then-else,while-do 语句的翻译。文法如下:

S→if E then S_1
 | if E then S_1 else S_2
 | while E do S_1

其中 E 为布尔表达式。

与上一节一样,我们先讨论对这些语句进行翻译的一般的语义规则。然后讨论如何通过一遍扫描产生上述语句的代码,给出相应的翻译模式。

关于这三条语句的代码结构如图 7.17 所示。条件语句 S 的语义规则允许控制从 S 的代码 S.code 之内转移到紧接 S.code 之后的那一条三地址指令。但是,有时此条紧接 S.code 之后的指令是一条无条件转移指令,它转移到标号为 L 的指令。通过使用继承属性 S.next 可以避免上述连续转移的情况发生,而从 S.code 之内直接转移到标号为 L 的指令。S.next 之值是一个标号,它指出继 S 的代码之后将被执行的第一条三地址指令。

在翻译 if-then 语句 S→if E then S_1 时,我们建立了一个新的标号 E.true,并且用它来标识 S_1 的代码的第一条指令,如图 7.17(a)所示。表 7.8 给出了一个属性文法。在 E 的代码中将有这样的转移指令:若 E 为真则转称到 E.true,并且若 E 为假则转移到 S.next。因此我们置 E.false 为 S.next。

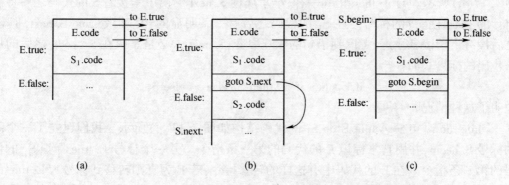

图 7.17 关于 if-then, if-then-else 和 while-do 语句的代码结构
(a) if-then; (b) if-then-else; (c) while-do。

表 7.8 控制流语句的属性文法

产　生　式	语　义　规　则
S→if E then S_1	E.true := newlabel;
	E.flase := S.next;
	S_1.next := S.next;
	S.code := E.code ‖
	gen(E.true':') ‖ S_1.code
S→if E then S_1 else S_2	E.true := newlabel;
	E.false := newlabel;
	S_1.next := S.next;
	S_2.next := S.next;
	S.code := E.code ‖
	gen(E.true':') ‖ S_1.code ‖
	gen('goto' S.next) ‖
	gen(E.false':') ‖ S_2.code
S→while E do S_1	S.begin := newlabel;
	E.true := newlabel;
	E.false := S.next;
	S_1.next := S.begin;
	S.code := gen(S.begin':') ‖ E.code ‖
	gen(E.true':') ‖ S_1.code ‖
	gen('goto' S.begin)

在翻译 if-then-else 语句 S→if E then S_1 else S_2 时,布尔表达式 E 的代码中有这样的转移指令:若 E 为真则转移到 S_1 的第一条指令,若 E 为假则转移到 S_2 的第一条指令。如

图 7.17(b)所示。与 if-then 语句一样,继承属性 S.next 给出了紧接着 S 的代码之后将被执行的三地址指令的标号。在 S_1 的代码之后有一条明显的转移指令 goto S.next,但 S_2 之后没有。请读者注意,考虑到语句的相互嵌套,S.next 未必是紧跟在 S_2.code 之后的那条代码的标号。如:

$$\text{if } E_1 \text{ then if } E_2 \text{ then } S_1 \text{ else } S_2 \text{ else } S_3$$

说明了这种情况。

while-do 语句 $S \rightarrow$ while E do S_1 的代码结构如图 7.17(c)所示。我们建立了一个新的标号 S.begin,并用它来标识 E 的代码的第一条指令。另一个标号 E.true 标识 S_1 的代码的第一条指令。在 E 的代码中有这样的转移指令:若 E 为真则转移到标号为 E.true 的语句,若 E 为假则转移到 S.next。同前面一样,我们置 E.false 为 S.next。在 S_1 的代码之后我们放上指令 goto S.begin,用来控制转移到此布尔表达式的代码的开始位置。注意,我们置 S_1.next 为标号 S.begin,这样在 S_1.code 之内的转出指令就能直接转移到 S.begin。

例 7.5 考虑如下语句:
```
while a<b do
    if c<d then
        x:=y+z
    else
        x:=y-z
```
根据上述属性文法和赋值语句的翻译模式,将生成下列代码:

L_1:　　　　if a<b goto L_2
　　　　　　goto Lnext
L_2:　　　　if c<d goto L_3
　　　　　　goto L_4
L_3:　　　　T_1:=y+z
　　　　　　x:=T_1
　　　　　　goto L_1
L_4:　　　　T_2:=y-z
　　　　　　x:=T_2
　　　　　　goto L_1
Lnext:

现在,我们来看如何使用回填技术通过一遍扫描翻译控制流语句。我们考虑下面文法对应的翻译模式。

(1)　S→if E then S
(2)　　|if E then S else S
(3)　　|while E do S
(4)　　|begin L end
(5)　　|A
(6)　L→L;S

(7) |S

这里,S 表示语句;L 表示语句表;A 为赋值语句;E 为一个布尔表达式。实际上还应有一些其它的产生式如生成赋值语句的产生式,然而这里所给出的已足够用来说明翻译控制流语句的技术。

与 7.4 节讨论布尔表达式的翻译时一样,我们仍然采用四元式来实现三地址代码,用到的有关变量、函数、过程也与 7.4 节一样。

非终结符号 E 有两个属性 E.truelist 和 E.falselist。同样,表示语句的 S 和表示语句表的 L 也分别需要一个未填写目标标号而在以后需要回填的转移指令的链。这些链表分别由属性 L.nextlist 和 S.nextlist 指示。指针 S.nextlist(L.nextlist)指向一个转移指令链表。表中相应的指令将控制流转移到紧接语句 S(L)之后要执行的代码处。

如图 7.17(c)所示关于产生式 S→while E do S_1 的代码结构中,标号 S.begin 和 E.true 分别标记整个语句 S 的代码的头一条指令和其中的循环体 S_1 的代码的头一条指令。因此,在下面产生式中引入了标记非终结符 M,以记录这些位置的四元式标号:

$$S \rightarrow while\ M_1\ E\ do\ M_2\ S_1$$

M 的产生式为 M→ε,其语义动作是把下一条四元式的标号赋给属性 M.quad。当 while 语句中 S_1 的代码执行完毕以后,控制流转向 S 语句的开始处。因此,当归约 while M_1 E do M_2 S_1 为 S 时,回填表 S_1.nextlist 中所有相应的转移指令的目标标号为 M.quad。自然,需要在 S_1 的代码之后增加一条转移到 E 的代码的开始位置的目标指令。另外,回填表 E.truelist 中相应的转移指令的目标标号为 M_2.quad,即 S_1 的代码的开始位置。

考虑条件语句 if E then S_1 else S_2 的代码生成,执行完 S_1 的代码后,应跳过 S_2 的代码。因此,在 S_1 的代码之后应有一条无条件转移指令。用一个标记非终结符 N 来生成这么一条跳转指令,N 的产生式为 N→ε,它具有属性 N.nextlist,它是一个链,链中包含由 N 的语义动作所产生的跳转指令的标号。根据以上讨论,我们给出修改后的文法的翻译模式:

(1) S→if E then M_1 S_1 N else M_2 S_2
    {backpatch(E.truelist,M_1.quad);
    backpatch(E.falselist,M_2.quad);
    S.nextlist:=merge(S_1.nextlist,N.nextlist,S_2.nextlist)}

对 E 为真的那些四元式(即 E.truelist 所链的那些四元式)需回填为 M_1.quad,即 S_1 的第一条四元式的标号。同样,对 E 为假的那些四元式,需回填 S_2 的第一条四元式的标号。链表 S.nextlist 中包含跳出 S_1、S_2 的转移指令和 N 生成的转移指令。

(2) N→ε   {N.nextlist:=makelist(nextquad);
        emit('j,-,-,-')}

(3) M→ε   {M.quad:=nextquad}

(4) S→if E then M S_1 {backpatch(E.truelist,M.quad);
    S.nextlist:=merge(E.falselist,S_1.nextlist)}

(5) S→while M_1 E do M_2 S_1 {backpatch(S_1.nextlist,M_1.quad);
    backpatch(E.truelist,M_2.quad);
    S.nextlist:=E.falselist
    emit('j,-,-,'M_1.quad)}

(6) S→begin L end   {S.nextlist:=L.nextlist}
(7) S→A   {S.nextlist:=makelist()}

这里,我们将 S.nextlist 初始化为空表

(8) L→L$_1$;M S   {backpatch(L$_1$.nextlist,M.quad);
                            L.nextlist:=S.nextlist}

按执行顺序而言,在 L$_1$ 之后的语句应是 S 的开始。因此,表 L$_1$.nextlist 中相应的转移指令的目标标号应被回填为 M.quad,即 S 的代码的开始位置。

(9) L→S   {L.nextlist:=S.nextlist}

要注意的是,在上述语义规则中除了(2)和(5)以外,均未生成新的四元式。所有其它代码将由与赋值语句和表达式相连的语义规则产生。所谓控制流程,即在适当的时候进行回填,以使赋值和布尔表达式的求值得到合适的连接。

例 7.6 按照上述的语义动作,加上前述关于赋值句和布尔表达式的翻译法,语句

$$\text{while}(a<b)\,\text{do}$$
$$\text{if}(c<d)\,\text{then}\ x:=y+z;$$

将被翻译成如下的一串四元式:

100 (j<,a,b,102)
101 (j,-,-,107)
102 (j<,c,d,104)
103 (j,-,-,100)
104 (+,y,z,T)
105 (:=,T,-,x)
106 (j,-,-,100)
107

7.5.2 标号与 goto 语句

很多语句都保留了标号和 goto 语句作为最基本的程序设计语言成分。一个带标号的语句形式是

$$L:S;$$

当这种语句被处理之后,标号 L 称为"定义了"的。也就是,在符号表中,标号 L 的"地址"栏将登记上语句 S 的第一个四元式的地址(编号)。

如果 goto L 是一个向后转移的语句,那么,当编译程序碰到这个语句时,L 必是已定义了的。通过对 L 查找符号表获得它的定义地址 p,编译程序可立即产生出相应于这个 goto L 的四元式(j,-,-,p)。

如果 goto L 是一个向前转移的语句,也就是说,标号 L 尚未定义,那么,若 L 是第一个出现,则把它填进符号表中并标志上"未定义"。由于 L 尚未定义,对 goto L 我们只能产生一个不完全的四元式(j,-,-,-),它的转移目标须待 L 定义时再回填进去。在这种情况下,必须把所有那些以 L 为转移目标的四元式的地址全都记录下来,以便一旦 L 定义时就可对这些四元式进行回填。一种做法是采用如图 7.18 所示的结链办法,把所有以 L

为转移目标的四元式串在一起。链的首地址放在符号表中 L 的"地址"栏中。建链的方法是:若 goto L 中的标号 L 尚未在符号表中出现,则把 L 填入表中,置 L 的"定义否"标志为"未",把 nextquad 填进 L 的地址栏中作为新链头,然后,产生四元式(j,-,-,0),其中 0 为链末标志。若 L 已在符号表中出现(但"定义否"标志为"未"),则把它的地址栏中的编号(记为 q)取出,把 nextquad 填进该栏作新链头,然后,产生四元式(j,-,-,q)。

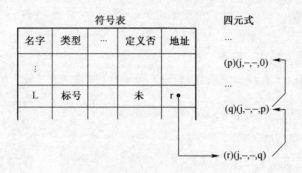

图 7.18　未定义标号的引用链

一旦标号 L 定义时,我们将根据这条链回填那些待填转移目标的四元式。一般而言,假定用下面的产生式来定义带标号语句

$$S \rightarrow \text{label } S$$
$$\text{label} \rightarrow i:$$

那么,当用 label→i:进行归纳时,应做如下的语义动作:

(1) 若 i 所指的标识符(假定为 L)不在符号表中,则把它填入,置"类型"为"标号","定义否"为"已","地址"为 nextquad。

(2) 若 L 已在符号表中但"类型"不为"标号"或"定义否"为"已",则报告出错。

(3) 若 L 已在符号表中,则把标志"未"改为"已",然后,把地址栏中的链头(记为 q)取出,同时把 nextquad 填在其中,最后,执行 backpatch(q,nextquad)。

7.5.3　CASE 语句的翻译

许多程序语言中含有种种不同形式的分叉语句(case 语句或 switch 语句),这里讨论的分叉语句假定具有如下形式的语法结构:

```
        case   E   of
C₁:             S₁;
C₂:             S₂;
…
Cₙ₋₁:           Sₙ₋₁;
otherwise:      Sₙ
        end
```

这里 E 是一个表达式,称为选择子。E 通常是一个整型表达式或字符(char)型变量。每个 Ci 的值为常数,S_i 是语句。case 语句的语义是:若 E 的值等于某个 C_i,则执行 S_i(i=1,

$2,\cdots,n-1$),否则执行 S_n。当某个 S_i 执行完之后,整个 case 语句也就执行完了。语句中的 otherwise 称为"此外"值。

case 语句有种种不同的实现方法。如果分叉情形不太多,如只有 10 个左右,那么,可以把它翻译成如下的一连串条件转移语句:

对 E 求值的代码,结果存入 T 中

L_1: if $T \neq C_1$ goto L_2
　　　S_1 的代码
　　　goto next

L_2: if $T \neq C_2$ goto L_3
　　　S_2 的代码
　　　goto next

L_3:
…

L_{n-1}: if $T \neq C_{n-1}$ goto L_n
　　　　S_{n-1} 的代码
　　　　goto next

L_n: S_n 的代码

next:

还可以采用另一种更紧凑的实现方法。这种办法是,形成一张包含 n 项的开关表。此表的每一项含有两栏数据,第一栏为 C_i 的值,第二栏为 C_i 的对应语句 S_i 的地址;但最后一项的第一栏将包含运行时选择子 E 的现行值,第二栏含 S_n 的地址。编译程序将构造这样的一张开关表,产生出把选择子 E 值传送到该表末项第一栏的指令组,并构造一个对 E 值查找开关表的循环程序。在运行时,这个循环程序就对 E 值查找开关表,当 E 匹配上某个 C_i 时就转去执行相应的 S_i。若不存在 C_i 与 E 匹配,则末项自动配上(因末项第一栏所记录的正是 E 值自身),于是便执行"此外"语句 S_n。注意,如果 S_i 不是转移指令,那么在 S_i 之后应产生一条无条件转移指令,以便把程序控制引导到整个 case 语句之后的地方。

如果 case 句的分叉情形比较多,例如 10 个以上,那最好建立一个杂凑表,此表的每一项都包含某个 C_i 的值和对应的 S_i 地址($i=1,2,\cdots,n-1$)。如果按 E 的杂凑地址找不到与 E 匹配的 C_i,则意味着必须执行"此外"句 S_n。

常常存在一种特殊情形:选择子 E 值变化范围较小,如从 0 至 127,而在这区间中只有少数几个值不被选为 C_i。在这种情形下,可以建立一个含 128 个元素的数组 $B[0:127]$,每个元素 $B[C_i]$ 中存放着 S_i 的地址。对于不被选为 C_i 的每个整数 J,令 $B[J]$ 中存放着"此外"句 S_i 的地址。使用这种办法实现分叉语句可以说是最高效的了。

下面讨论分叉语句的一种翻译法,这种翻译法便于语法分析制导实现。假定它的中间码将采取如下的一种比较一般的形式:

关于把 E 计值在临时单元 T 中的中间码
　　　　goto test

L_1:　　　　关于 S_1 的中间码
　　　　　　goto next
L_2:　　　　关于 S_2 的中间码
　　　　　　goto next
　　⋮
L_{n-1}:　　关于 S_{n-1} 的中间码
　　　　　　goto next
L_n:　　　　关于 S_n 的中间码
　　　　　　goto next
test:　　　　if $T=C_1$ goto L_1
　　　　　　if $T=C_2$ goto L_2
　　　　　　⋮
　　　　　　if $T=C_{n-1}$ goto L_{n-1}
　　　　　　goto L_n
next:

由于把条件转移语句统统安排的末尾,因此,在最后的目标代码产生阶段,就易于产生较高质量的目标指令。例如,可以产生对同一个值(T)实行多次测试的转移指令序列。

产生上述中间码的过程大致是:当见到基本字 case 时,就产生标号 test、next 和一个临时单元 T。然后,按通常办法产生计算 E 值并把计算结果放在 T 中的四元式(即按赋值句 T:=E 产生四元式序列)。在处理 E 后见到 of 时,就是生成一个 goto test 的四元式,然后,设置一个空队列 queue。

当碰到 C_i:(注意 C_i 是常数)时,产生一个标号 L_i,把它连同 nextquad 填进符号表,然后,把(C_i, P_i)排在 queue 的末端。这里,P_i 是 L_i 在符号表中的位置(注意,这个 queue 是属于现行 case 句的,在嵌套的情况下,对不同层的 case 句,当然要有不同的 queue)。在这之后,就按通常的办法产生语句 S_i 的四元式。要注意的是,在 S 的四元式之后要有一个 goto next 的四元式。

当 case 句的结尾词 end 到达时,就应着手产生以 test 为标号的 n 个条件转移语句的四元式。通过逐项读出 queue 的内容,即可形成如下的四元式序列:

(case, C_1, P_1, -)/ * 所有 P_i 均为标号 L_i 在符号表中的位置 */
(case, C_2, P_2, -)
　⋮
(case, C_{n-1}, P_{-1}, -)
(case, T, P_n, -)
(label, next, -, -)

其中,T 是存放选择子 E 值的临时单元名。每个四元式(case, C_i, P_i, -)实际代表一个条件语句

$$\text{if } T=C_i \text{ goto } L_i$$

我们这里之所以用 case 作为四元式的操作码,乃是希望目标代码产生器能对它进行优化

处理。最后,这组四元式也可以看成是一张开关表的雏型。其中,末端的四元式(label, next,-,-)将告诉代码产生器,它现在可以视不同情况产生实现多向转移的目标指令组了。换句话说,上述的这种中间代码形式为目标代码产生器提供了最终产生目标指令的灵活性。

7.6 过程调用的处理

过程是程序设计语言中最常用的一种结构。我们这节所讨论的也包括函数,实际上函数可以看作是返回结果值的过程。

考虑过程调用文法如下:

(1) S→call id(Elist)
(2) Elist→Elist,E
(3) Elist→E

过程调用的实质是把程序控制转移到子程序(过程段)。在转子之前必须用某种办法把实在参数的信息传递给被调用的子程序,并且应该告诉子程序在它工作完毕后返回到什么地方。现在计算机的转子指令大多在实现转移的同时就把返回地址(转子指令之后的那个单元地址)放在某个寄存器或内存单元之中。因此,在返回方面并没有什么需要特殊考虑的问题。关于传递实在参数信息方面有种种不同的处理方法。我们这里只讨论最简单的一种,即传递实在参数地址(传地址)的处理方式。

如果实在参数是一个变量或数组元素,那么,就直接传递它的地址。如果实在参数是其它表达式,如 A+B 或 2,那么,就先把它的值计算出来并存放在某个临时单元 T 中,然后传送 T 的地址。所有实在参数的地址应存放在被调用的子程序能够取得到的地方。在被调用的子程序(过程)中,相应每个形式参数都有一个单元(称为形式单元)用来存放相应的实在参数的地址。在子程序段中对形式参数的任何引用都当作是对形式单元的间接访问。当通过转子指令进入子程序后,子程序段的第一步工作就是把实在参数的地址取到对应的形式单元中,然后,再开始执行本段中的语句。

传递实在参数地址的一个简单办法是,把实在参数的地址逐一放在转子指令的前面。例如,过程调用

$$\text{CALL S(A+B,Z)}$$

将被翻译成:

  计算 A+B 置于 T 中的代码 /* T:=A+B */
  par T /* 第一个实在参数地址 */
  par Z /* 第二个实在参数地址 */
  call S /* 转子指令 */

当通过执行转子指令 call 而进入子程序 S 之后,S 就可根据返回地址(假定为 k,它是 call 后面的那条指令地址)寻找到存放实在参数地址的单元(分别为 k-3 和 k-2)。

根据上述关于过程调用的目标结构,我们现在来讨论如何产生反映这种结构的代码。为了在处理实在参数串的过程中记住每个实在参数的地址,以便最后把它们排列在 call 指令之前,需要把这些地址存放起来。用来存放这些地址的一个方便的数据结构是队列,

一个先进先出表。我们将赋予产生式 Elist→Elist, E 的语义动作是:将表达式 E 的存放地址 E. place 放入队列 queue 中。产生式 S→call id(Elist) 的语义动作是:对队列 queue 中的每一项生成一条 param 语句,并让这些语句接在对参数表达式求值的那些语句之后。对参数表达式求值的语句已在将它们归约为 E 时产生。下面的翻译模式体现了上述思想。

1. S→call id(Elist)
   {for 队列 queue 中的每一项 p do
   emit('param' p);
   emit('call' id. place)}

S 的代码包括:首先是 Elist 的代码(即对各参数表达式求值的代码),其次是顺序为每一个参数对应一条 param 语句,最后是一个 call 语句。

2. Elist→Elist, E
   {将 E. place 加入到 queue 的队尾}

3. Elist→E
   {初始化 queue 仅包含 E. place}

这里,初始化 queue 为一个空队列,然后将 E. place 送入 queue。

7.7 类型检查

类型检查是静态语义分析的重要内容,本节我们将讨论有关这方面的一些问题。大多数静态语义分析的工作都可以用语法制导技术实现。有些工作可以合并到其它工作中。例如,当我们把一个名字填入到符号表的时候,就可以检查这个名字是否只说明了一次。又如,前面我们讨论算术表达式的翻译时,就考虑了类型转换的问题。

类型检查验证一种结构的类型是否匹配其上下文要求的类型。例如,Pascal 的算术运算符 mod 要求整型的操作数,所以,类型检查器必须验证 mod 的操作数是整数类型的。还有:下标只能用于数组;调用用户定义的函数或过程时,实参的个数和类型要与形参一致;等等。7.7.2 节将介绍一个简单的类型检查器。

生成目标代码时,需要类型检查时收集的类型信息。像算术运算符+通常用于整型或实型的数据;但还可能用于其它类型的数据,这要根据上下文来验证操作的合法性。如果一个运算符在不同的上下文中表示不同的运算,则称该运算符为重载运算符(overloading operator)。Pascal 的+运算符就是一个重载运算符,它根据上下文确定进行加法运算还是集合的并运算。重载可以伴随类型强制,编译程序按照运算符把操作数转换成上下文要求的类型。7.7.3 节将介绍如何处理重载。

还有一种与重载有所不同的表示——"多态性"。具有多态性的函数可以根据不同类型的参数从而执行不同的动作。多态性是面向对象语言的重要特点之一。在 7.7.4 节中我们将讨论多态性的处理。

7.7.1 类型系统

为了设计类型检查器,需要首先考虑的是关于语法结构、表示类型的记号和把类型赋给语法结构的规则。下面的两段叙述分别是从 Pascal 报告和 C 语言参考手册里摘录下来的。

"如果加法、减法和乘法算述运算符的两个操作数都是整型的,则运算的结果也是整型的"。

"一元运算符 & 的结果是一个指针,指向操作数提供的对象。如果操作数的类型是…,则结果的类型是指向…的指针"。

这两段话说明,每个表达式都有一个类型与之相关。诸如这类的问题,是设计编译程序时应该考虑的问题。在 Pascal 和 C 语言里,类型或者是基本类型,或者是结构化的类型。基本类型指的是它的构成不再取决于其它类型。在 Pascal 语言里,基本类型有布尔类型、字符类型、整数类型和实数类型;子域类型,如 1..10;枚举类型,如(viloet, indigo, blue, green, yellow, orange, red)也可以看成基本类型。Pascal 允许程序员用基本类型和其它结构化类型构造结构化类型,比如数组、记录和集合。另外,指针和函数也可以处理成结构化类型。

下面我们引入**类型表达式**的概念。一个类型表达式或者是基本类型,或者由类型构造符施于其它类型表达式组成。基本类型和类型构造符都取决于具体的语言。类型表达式定义如下:

(1) 一个基本类型是一个类型表达式。基本类型有 boolean、char、integer 和 real。一个专用的基本类型 type-error,在类型检查过程中指示类型错误。还有一个基本类型为 void,表示被检查的语句没有数据类型。

(2) 由于对类型表达式可以命名,所以,一个类型名是一个类型表达式。

(3) 用类型构造符施于类型表达式,得到一个新的类型表达式。类型构造符有如下几种:

① 数组。如果 T 是一个类型表达式,则 array(I,T) 是一个类型表达式,表示一个数组类型,其中数组元素的类型为 T,下标的集合为 I。通常,I 是一个整数域。例如,按照 Pascal 的变量说明

var A:array[1..10]of integer;

与 A 相关的类型表达式为

array(1..10,integer)

② 乘积。如果 T_1 和 T_2 是两个类型表达式,则它们的 Cartesisan 乘积 $T_1 \times T_2$ 是一个类型表达式。假定算符×是左结合的。

③ 记录。记录类型可以认为是记录中各域类型的 Cartesisan 乘积。记录与乘积的区别在于记录的域有名字。记录的类型用一个类型表达式表示。在前面 7.2.3 节中,我们曾把类型构造符 record 作用于指向域名在符号表中的入口的指针中。关于记录的类型表达式是把类型构造符 record 施于一个二元组构成的,二元组中包含各域的名称及其相关的类型。例如,Pascal 程序段:

type row = record
            address:integer;
            lexeme:array[1..15]of char
        end;
var table:array[1..10]of row;

说明了类型名 row 代表类型表达式
$$record((address \times integer) \times (lexeme \times array(1..15, char)))$$
因此，变量 table 是这个记录类型的数组。

④ 指针。如果 T 是一个类型表达式，则 pointer(T) 是表示"指向 T 类型对象的指针"类型。例如，Pascal 的变量说明

$$var \ p: \uparrow row$$

说明变量 p 具有 pointer(row) 类型。

⑤ 函数。从数学的角度来讲，一个函数把某一个域中的元素映射到另一个域。在程序设计语言里，可以把函数的类型处理成由作用域类型 D 到位域类型 R 的映射。这样，函数的类型可以用类型表达式 D→R 表示。例如 Pascal 内部函数 mod 的作用域类型表达式为 int×int，即两个整数类型的 Cartesian 乘积，结果的域类型是 int。所以，mod 的类型为

$$int \times int \rightarrow int$$

另一个 Pascal 的函数

$$function \ f(a,b:char): \uparrow integer; \cdots\cdots$$

作用域类型是 char×char，结果的域类型是 pointer(integer)。于是，关于函数 f 的类型表达式为

$$char \times char \rightarrow pointer(integer)$$

从实现的角度来看，函数返回值的类型通常有一定的限制，比如不能返回数组和函数。但是，也有的语言，像 Lisp，允许函数返回任意类型的对象。例如，我们可以定义具有如下类型的函数 g：

$$(integer \rightarrow integer) \rightarrow (integer \rightarrow integer)$$

也就是说函数 g 的参数是把整数映射成整数的函数，g 的返回结果是和参数类型相同的另一函数。

（4）类型表达式可以包含变量，变量的值是类型表达式。类型变量将在 7.7.4 节中介绍。

类型表达式可以用图表示。用第六章介绍的语法制导的方法可以为类型表达式构造一棵树或 DAG，其中的内结点表示类型构造符，叶表示基本类型、类型名或者类型变量。例如，关于类型表达式

$$char \times char \rightarrow pointer(integer)$$

的树形表示和 DAG 表示如图 7.19 所示。

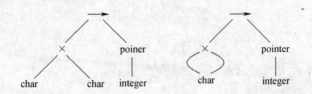

图 7.19 char×char→pointer(integer) 的树形表示和 DAG 表示

所谓**类型系统**就是把类型表达式赋给语言各相关结构成分的规则的集合。同一种语言的编译程序，在不同的实现系统里，可能使用不同的类型系统。例如，关于标准 Pascal

数组的类型表达式包含数组的下标域,这样,包含形参数组的函数,其实参只能是具有相同下标域的数组。但是,许多 Pascal 的编译程序对数组做参数的情况都进行了扩充,允许下标域不定。可见,这些编译程序使用和标准 Pascal 不同的类型系统。类似地,在 UNIX 系统中,实用程序 lint 检验 C 程序中可能存在的缺陷,它所用的类型系统比 C 编译程序使用的类型系统还要详细。

如果类型检查在编译时进行,则称之为静态的;而如果类型检查在程序运行时进行,则称为动态的。从原理上讲,只要目标代码中带有足够的类型信息,类型检查总可以动态进行。

如果消除了动态检查类型错误的需要,则为良类型系统。良类型系统允许我们静态地确定目标程序运行时不会发生类型错误。一个语言称为强类型的,如果它的编译器能保证编译通过的程序运行时不会出现类型错误。

实际上,有些类型检查只能动态进行。例如,我们首先说明:

$$\text{table}: \text{array}[0..255] \text{ of char};$$

$$i: \text{integer};$$

然后在程序中引用了 table[i],编译器通常不能保证在执行时 i 的值将落在 0~255 之间。

7.7.2 类型检查器的规格说明

这一节给出一种简单语言**类型检查器**的规格说明。这种语言要求每个标识符在使用之前都必须预先说明。类型检查器可以处理简单类型、数组、指针、语句和函数。这个简单语言的文法如下:

$$P \rightarrow D; E$$
$$D \rightarrow D; D \mid id: T$$
$$T \rightarrow \text{char} \mid \text{integer} \mid \text{array}[\text{num}] \text{ of } T \mid \uparrow T$$
$$E \rightarrow \text{literal} \mid \text{num} \mid id \mid E \text{ mod } E \mid E[E] \mid E \uparrow \tag{7.11}$$

文法中,P 代表程序;D 代表说明;E 代表表达式。例如,由以上文法可以生成如下程序语句:

$$\text{key}: \text{integer};$$
$$\text{key mod } 1999$$

在讨论类型表达式之前,需要考察一下语言中的类型。这个语言本身提供两种基本类型:char 和 integer。除此之外还有缺省的基本类型 type-error 和 void。为了简化,我们假定所有数组都从下标 1 开始。例如,由类型

$$\text{array}[256] \text{ of char}$$

导出类型表达式

$$\text{array}(1..256, \text{char})$$

它把类型构造符 array 作用于子域 1..256 和类型 char。与 Pascal 语言一样,用前缀运算符 ↑ 建立一个指针类型,所以,由

$$\uparrow \text{integer}$$

导出类型表达式

$$\text{pointer}(\text{integer})$$

它由类型构造符 pointer 作用于类型 integer 构成。

我们给出确定标识符类型的部分翻译模式,如图 7.20 所示。

(1) P→D;E
(2) D→D;D
(3) D→id:T   {addtype(id.entry, T.type)}
(4) T→char   {T.type:=char}
(5) T→integer   {T.type:=integer}
(6) T→↑T_1 {T.type:=pointer(T_1.type)}
(7) T→array[num] of T_1 {T.type:=array(num.val, T_1.type)}

图 7.20 确定标识符类型的翻译模式

在这个翻译模式里,和产生式 D→id:T 相关的语义动作

$$addtype(id.entry, T.type)$$

把一个类型 T.type 存入 id 所代表的标识符的符号表中。这里,综合属于 id.entry 指向 id 在符合表中的入口,非终结符的综合属性 type 是一个类型表达式。

如果类型 T 产生 char 或 integer,则 T.type 分别定义为 char 或 integer。数组的上界是由单词符号 num 的属性值 val 得来的,该属性给出由 num 表示的整数。假定数组的下标都从 1 开始,所以,类型构造符 array 施于子域 1..num.val 和数组元素的类型。

由于 D 出现在 E 的之前,所以,可以认为所说明的标识符在由 E 生成的表达式被检查以前,其类型都已保存起来。事实上,适当地修改文法,可以在自顶向下或自底向上的语法分析过程中实现图 7.20 所示的翻译模式。

下面讨论关于表达式的类型检查。

在下面语义动作中,E 的综合属性 E.type 通过类型系统把类型表达式赋给由 E 产生的表达式。其中的语义规则表示,单词符号 literal 和 num 表示的常量分别具有类型 char 和 integer。

E→literal   {E.type:=char}
E→num   {E.type:=integer}

用函数 lookup(e) 从符合表中取出 e 所确定的项的类型。当 E 为标识符时,从符号表中取出该标识符的类型,赋给属于 E.type。

E→id   {E.type:=lookup(id.entry)}

当把运算符 mod 用于两个子表达式时,这两个子表达式的类型都是 integer,结果类型也是 integer,否则,结果的类型为 type_error。规则如下:

E→E_1 mod E_2 {if E_1.type=integer and E_2.type=integer
                    then E.type:=integer
                    else E.type:=type_error}

在数组引用 E_1[E_2] 中,下标表达式 E_2 必须具有整数类型。在这种情况下,结果是从 E_1 的类型 array(s,t) 获得的元素类型 t,和数组的下标集 s 无关。

E→E_1[E_2]   {if E_2.type=integer and E_1.type=array(s,t)
                    then E.type:=t

else E.type: = type_error}

在表达式 E↑里,运算符↑产生由其操作数所指的对象,所以,E↑的类型是指针 E 所指的对象的类型 t。

$$E \rightarrow E_1 \uparrow \quad \{\text{if } E_1.\text{type} = \text{pointer}(t)$$
$$\text{then } E.\text{type}: = t$$
$$\text{else } E.\text{type}: = \text{type\_error}\}$$

关于表达式的其它类型和运算相应的产生式和语义规则,留给读者来补充。例如,若允许表达式中出现 boolean 类型的量,则可以在文法中增加产生式 T→boolean。对 E 的产生式引入像<和 and 之类的关系运算符和逻辑运算符,则可以构造 boolean 类型的表达式。

现在再来考虑一下语句的类型检查。

很多语言中语句没有值,因此给它们赋予一个基本类型 void。如果在语句中检查类型出错误,则赋给这个语句的类型是 type_error。

下面考虑关于赋值语句、条件语句、while 语句以及若干语句组成的语句序列的类型检查;语句序列由若干用分号分隔的语句组成。关于语句的类型检查的翻译模式如图 7.21 所示。如果我们把前面文法中代表程序的非终结符 P 的产生式改为 P→D;S 则可把图 7.21 的产生式加到前面文法中。这样,说明后面紧跟语句。前面关于表达式的类型检查的规则仍然需要,因为语句中会有表达式。

$$S \rightarrow \text{id}: = E \quad \{\text{if id.type} = E.\text{type}$$
$$\text{then } S.\text{type}: = \text{void}$$
$$\text{else } S.\text{type}: = \text{type\_error}\}$$

$$S \rightarrow \text{if } E \text{ then } S_1 \quad \{\text{if } E.\text{type} = \text{boolean}$$
$$\text{then } S.\text{type}: = S_1.\text{type}$$
$$\text{else } S.\text{type}: = \text{type\_error}\}$$

$$S \rightarrow \text{while } E \text{ do } S_1 \quad \{\text{if } E.\text{type} = \text{boolean}$$
$$\text{then } S.\text{type}: = S_1.\text{type}$$
$$\text{else } S.\text{type}: = \text{type\_error}\}$$

$$S \rightarrow S_1; S_2 \quad \{\text{if } S_1.\text{type} = \text{void}$$
$$\text{and } S_2.\text{type} = \text{void}$$
$$\text{then } S.\text{type}: = \text{void}$$
$$\text{else } S.\text{type}: = \text{type\_error}\}$$

图 7.21 语句的类型检查的翻译模式

第一个产生式的语义规则检查赋值语句的左边和右边是否具有相同类型。第二和第三个产生式的语义动作检查条件语句和 while 语句中的表达式是否具有布尔类型。最后一个产生式处理语句序列的类型检查,仅当其中的每个语句都有类型 void 才能使语句序列具有类型 void;这样,如果其中有一个语句的类型错,则结果产生类型错误 type_error。

作为一个类型检查器,在整个类型检查过程中,除了确定错误类型 type_error 之外,还要报告类型错误的位置和性质。

最后,我们来考虑一下函数的类型检查。

带有参数的函数引用可由下面产生式描述:
$$E \rightarrow E(E)$$

下面产生式可以使关于函数的类型表达式和非终结符 T 结合,其语义动作允许在说明中出现函数的类型。

$$T \rightarrow T_1 \text{ '} \rightarrow \text{'} T_2 \qquad \{T.\text{type}:=T_1.\text{type} \rightarrow T_2.\text{type}\}$$

其中,用引号括起来的箭头用作函数的类型构造符,表示由类型 $T_1.\text{type}$ 映射成类型 $T_2.\text{type}$,结果 $T.\text{type}$ 是函数的类型表达式。

关于函数引用的类型检查规则如下:

$$E \rightarrow E_1(E_2) \qquad \{\text{if } E_2.\text{type}=s \text{ and } E_1.\text{type}=s \rightarrow t$$
$$\text{then } E.\text{type}:=t$$
$$\text{else } E.\text{type}:=\text{type\_error}\}$$

这一规则表示,在函数调用 $E_1(E_2)$ 形成的表达式中,当 E_2 的类型为 s,E_1 的类型为 s→t 时,结果 $E_1(E_2)$ 的类型为 t,即由类型 s 经 E_1 映射出的结果类型。

当函数有多个参数时,由各参数的类型建立一个 Cartesian 乘积类型。假定 n 个参数的类型分别为 $T_1,T_2,\cdots,T_n$,可以把它们看成一个参数的类型 $T_1 \times T_2 \times \cdots \times T_n$。例如,我们可以写这样一个函数:

$$\text{root}:(\text{real} \rightarrow \text{real}) \times \text{real} \rightarrow \text{real}$$

即函数 root 有一个从 real 映射到 real 的函数参数和另一个 real 类型的参数,结果为 real 类型。如果用 Pascal 写,这个函数说明为

$$\text{function root(function } f(y:\text{real}):\text{real};x:\text{real}):\text{real}$$

7.7.3 函数和运算符的重载

重载运算符(overloading operator)根据上下文可以执行不同的运算。在数学中,加法运算符+是重载符号,因为在 A+B 中,当 A 和 B 为整数、实数、复数或者矩阵时,运算符执行不同类型的运算。在 Ada 语言里,括弧( )是重载符号,因为表达式 A(i)可能访问数组 A 的第 i 个元素,也可能以 i 为实参调用函数 A,还可能显式地把表达式 i 转换成 A 类型的。

当出现重载运算符时,要确定它所表示的唯一的意义。例如,如果加号能表示整数加法和实数加法,那么,在表达式 x+(i+j)中两次出现的加号可能表示不同类型的加法,这要看 x、i 和 j 的类型。解决重载问题要确定运算符表示哪种运算,所以,有时也称为运算符识别。

在大多数程序设计语言里,算述运算符都是重载运算符。但是,像+这样算术运算符的重载,可以通过检查运算符的操作数来解决。通过分析确定用实型加法还是整型加法。

有时,通过检查函数的参数的类型并不一定能解决重载问题,因为一个子表达式可能有不止一个类型,而是有一个可能的类型集合。在 Ada 语言里,上下文必需提供足够的信息,以缩小选出一个类型的范围。

例 7.7 在 Ada 语言里,对运算符 * 的一个标准解释是,两个整型数相乘产生一个整型数。这个运算符与下列的说明重载:

function "*"(i,j:integer) return complex;
　　function "*"(x,y:complex) return complex;
当给出以上说明之后,关于 * 可能的类型包括

　　integer×integer→integer

　　integer×integer→complex

　　complex×complex→complex

假定 2、3 和 5 唯一可能的类型都是整型。在以上的说明里,子表达式 3*5 的类型可能是整型,也可能是复型,这要看它的上下文。如果整个表达式是 2*(3*5),那么,3*5 只能是整型,因为 2*(3*5)中的第一个 * 取两个整型或者两个实型量作为操作数。而当整个表达式是(3*5)*z 时,并且其中的 z 说明为 complex 类型的,则 3*5 应该是 complex 类型的。

在 7.7.2 节中我们曾经假定,每个表达式都有唯一的类型,所以,函数引用的类型检查规则为

　　E→E$_1$(E$_2$) { if E$_2$.type=s and E$_1$.type=s→t
　　　　　　　then E.type:=t
　　　　　　　else E.type:=type_error }

表 7.9 给出了类型规则的一般形式,其中的运算只有函数引用。检查表达式中其它运算的规则与此类似。由于一个重载标识符可能有几个说明,所以,在符号表中可能包含一个可能类型的集合,函数 lookup 返回这个集合。在表 7.7 里,作为开始符号的非终结符 E′ 产生一个完整的表达式。

表 7.9　确定表达式可能类型的集合

产　生　式	语　义　规　则
E′→E	E′.types:=E.types
E→id	E.types:=lookup(id.entry)
E→E$_1$(E$_2$)	E.types:={t|s∈E$_2$.types, s→t∈E$_1$.types}

表 7.9 中第三条规则说明,如果 s 是 E$_2$ 的一个类型,并且 E$_1$ 的一个类型可以从 s 映射到 t,那么,t 就是 E$_1$(E$_2$) 的一个类型。在函数引用时如果类型不匹配,则使集合 E.types 为空,我们可以用一个条件来监视,以便发出错误信息。

例 7.8　除了表 7.9 中列出的规则之外,我们看这种方法怎样应用于其它结构。假设有表达式 3*5。令运算符 * 如例 7.7 所述,即 * 根据上下文能把两个整数映射成或者一个整数,或者一个复数。这样,子表达式 3*5 可能类型的集合如图 7.22 所示,其中的 i 和

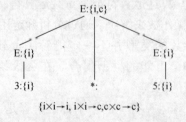

图 7.22　表达式 3*5 可能类型的集合

c 分别是整数类型 integer 和复数类型 complex 的缩写。

我们再假定 3 和 5 可能的类型只有 integer,于是,运算符 * 施于两个整型数。如果我们把这两个整型数看成一个单位,那么结果的类型就可以由 integer×integer 得出。在把 * 施于两个整型数的类型集中有两个函数,分别返回整型数和复数,所以,图 7.22 中树的根可以有类型 integer 或者 complex。

7.7.4 多态函数

通常,过程只能带固定类型的参数;而**多态**过程的特点是,每次被调用时,传递过来的参数可以具有不同类型。多态性这个术语可以用于任何接受不同类型参数的代码段,所以我们还可以有多态函数,多态操作符等等。

有些语言的内部操作符,如数组下标操作符,指针操作符等通常具有多态性,因为不受限于特殊类型的数组和指针。例如,C 语言参考手册中关于指针操作符 & 是这样说的:"如果操作数的类型为'…',则结果类型就是'指向…'。"既然任何类型都可以替换'…',所以 C 中的 & 操作符是多态的。

在 Ada 中,"类属"函数是多态的,但 Ada 中的多态性有一定局限。因为类属也被用于重载函数和函数参数的强制转换,所以我们将不用这个术语。

本节我们讨论带有多态函数的语言的类型检查器设计的问题。为了便于处理,我们扩充类型表达式集合,使之包含**类型变量**。

多态函数吸引人之处在于它能实现对数据结构进行操作的算法,不管数据结构的元素类型是什么。例如,用它能编写确定表的长度的程序而无须知道表中的元素类型是什么。

像 Pascal 这样的语言要求对函数参数类型进行完整说明,因此,下面确定整数链表长度的程序就不能用于实型链表。

```
type link = ↑ cell;
    cell = record
        info:integer;
        next:link
        end;
function length(lptr:link):integer;
var len:integer;
begin
    len:=0;
    while lptr<>vil do begin
        len:=len+1
        lptr:=1ptr↑.next
    end;
    length:=len
end;
```

对于具有多态函数的语言,如 ML,可以写一个 length 函数能作用于任何类型的表。

fun length(lptr) =

```
        if null(lptr) then 0
        else length(tl(lptr))+1;
```

在这个 ML 函数中，关键字 fun 说明函数为递归函数。null 和 tl 都是预定义的函数，null 测试表是否为空，tl 返回移掉第一个元素之后表的其余部分。下面两个函数调用结果都为 3：

```
length(["sun","man","tue"]);
length([10,9,8])
```

在第一个调用中，length 作用于字符串的表；在第二个调用中，length 作用于整数表。

代表类型表达式的变量用作未知类型。在本小节其余部分，我们将用希腊字母 α，β，… 表示类型表达式中的变量。

在不要求标识符必须先定义后使用的语言（如 FORTRAN）中，类型变量的一个重要用处就是检查标识符使用的一致性。用一个变量代表未说明标识符的类型。我们可以通过扫描程序知道标识符是否已用过。如果在一个语句中把它当整数，而在另一个语句中把它当数组，对这种不一致的用法就应报错。另一方面，如果这个变量标识符总是用非整数，那么我们不仅能确信它的一致用法，而且在处理过程中也推断出它的类型一定是什么。

类型"推断"是一个从它的使用方式确定语言结构的类型的问题。这个术语经常用于从函数体推断函数类型。

例 7.9 类型推断技术可以用于像 C 和 Pascal 这样的语言，在编译时完成缺少的类型信息。下面代码段说明了过程 mlist，它有一个过程参数 p。

```
type link = ↑ cell;
procedure mlist(lptr:link;procedure p);
begin
    while lptr<>nil do begin
        p(lptr);
        lptr:=lptr↑.next
    end
end;
```

考察过程 mlist 的第一行后我们知道 p 是过程，但我们不知道 p 的参数的个数和类型。这种不完整说明根据 C 和 Pascal 手册是允许的。

过程 mlist 把参数 p 作用于链表中的每个 cell 元素。比如，p 的功能可能是用于初始化或打印 cell 元素中的整数。尽管 p 的参数类型没有说明，但我们可以从 p 的调用表达式 p(lptr) 推断出 p 的类型一定是：

$$\text{link} \rightarrow \text{void}$$

用不是这种类型的过程参数对 mlist 调用是错误的。过程可以看作不返回值的函数，所以结果类型为 void。

类型推断技术和类型检查有很多共同之处。在两种情况中，我们都不得不处理包含变量的类型表达式。下面例子，将在本节稍后一点用于类型检查器中推断变量所表示的类型，这就是一个证明。

例7.10 在下面伪代码程序中,可以推断出多态函数 deref 的类型。函数 deref 的作用与 Pascal 中的↑操作符一样。

    function deref(p);
    begin
        return p↑
    end;

当处理到第一行

    function deref(p);

时,我们不知道 p 的类型,因此,我们用类型变量 β 表示它。由定义,后缀运算符↑把指针作用于一个对象并返回这个对象。既然在表达式 p↑ 中↑操作符作用于 p,可以看出 p 一定是指向一个未知类型 α 的指针,因此,我们有:

$$\beta = \text{pointer}(\alpha)$$

这里 α 是指一个类型变量。更进一步,表达式 p↑ 具有类型 α,因此,我们可以写出类型表达式:

$$\text{对任意类型 }\alpha, \text{pointer}(\alpha) \to \alpha \tag{7.12}$$

作为函数 deref 的类型。

到目前为止,我们所说的多态函数就是它可以接收不同类型的参数而执行。关于多态函数允许的类型集合的精确描述可用符号 ∀,意思为"对任何类型",因此:

$$\forall \alpha. \text{pointer}(\alpha) \to \alpha \tag{7.13}$$

就是式(7.12)关于函数 deref 的类型表达式。前面的多态函数 length 接受任意类型的表并返回一个整数,所以它的类型可以写为

$$\forall \alpha. \text{list}(\alpha) \to \text{integer} \tag{7.14}$$

这里 list 是一个类型构造符。如果没有 ∀ 符号我们只能给出 length 的可能的作用域和值域的例子:

list(integer)→integer
list(char)→integer

像式(7.13)这样的类型表达式是描述多态函数类型的最一般的形式。

∀ 称为全称量词,它所作用的类型变量称为由它约束的。约束变量可以重新命名,只要变量的所有出现重新命名。因此,类型表达式

$$\forall \gamma. \text{pointer}(\gamma) \to \gamma$$

与式(7.13)是等价的。带有 ∀ 符号的类型表达式称为"多态类型"。

我们将使用一个带有多态函数的语言,其语法定义见图7.23。

这个文法产生的程序具有如下形式:首先是一个说明序列,然后是要被检查的表达式 E。例如:

$$\begin{aligned}&\text{deref}: \forall \alpha. \text{pointer}(\alpha) \to \alpha;\\&q: \text{pointer}(\text{pointer}(\text{integer}));\\&\text{deref}(\text{deref}(q))\end{aligned} \tag{7.15}$$

我们用非终结符 T 直接产生类型表达式以简化记号。构造符→和×形成函数和乘积类型。Unary 构造符(由 unary-constructor 表示)允许类型写作 pointer(integer) 和 list(integer)

这样的形式。要对其类型进行检查的表达式的语法很简单：它们可以是标识符、表达式序列、或带有一个参数的函数调用。

$$P \rightarrow D;E$$
$$D \rightarrow D;D \mid id:Q$$
$$Q \rightarrow \forall \text{ type-variable}. Q \mid T$$
$$T \rightarrow T` \rightarrow `T$$
$$\mid T \times T$$
$$\mid \text{unary-constructor}(T)$$
$$\mid \text{basic-type}$$
$$\mid \text{type-variable}$$
$$\mid (T)$$
$$E \rightarrow E(E) \mid E,E \mid id$$

图 7.23　带有多态函数的语言的文法

对于多态函数的类型检查规则与 7.7.2 节中介绍的一般函数有三点不同。在给出这些规则之前，我们通过程序(7.15)中的表达式 deref(deref(q)) 来解释这些不同。这个表达式的抽象语法树如图 7.24 所示。每个结点上有两个标号，第一个标号指出结点所代表的子表达式，第二个表示赋予这个子表达式的类型表达式。下标 o 和 i 分别代表 deref 的外层(outer)和内层(inner)出现。

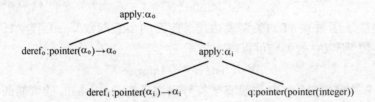

图 7.24　deref(deref(q)) 的带标号抽象语法树

与一般函数的规则不同之处有：

(1) 同一个表达式中多态函数的不同出现不一定具有相同类型的参数。在表达式 deref(deref(q)) 中，$deref_i$ 消除了一级间接指针，所以 $deref_o$ 作用于不同类型的参数。这个特性的实现是基于对 $\forall \alpha$ 的解释(即对任意类型 α)。deref 的每个出现都对式(7.13)的约束变量(有自己的观点。因此，我们给 deref 的每个出现赋予一个类型表达式，这个类型表达式是这样形成的：把式(7.13)中的 α 替换为一个新变量并去掉 $\forall$ 量词。在图 7.24 中，新变量 α_o 和 α_i 分别用作 deref 的内层和外层出现对应的类型表达式。

(2) 既然变量可以出现在类型表达式中，我们就必须考虑类型的等价问题。假设类型为 $s \rightarrow s`$ 的 E_1 作用于类型 t 的 E_2，我们不是简单地确定 s 和 t 的等价性，而必须使它们一致。一致化的问题我们下面定义。通常，我们通过用类型表达式替换 s 和 t 中的类型变量来确定 s 和 t 是否结构等价。例如，在图 7.24 中标记为 apply 的内部结点，等式

$$\text{pointer}(\alpha_i) = \text{pointer}(\text{pointer}(\text{integer}))$$

成立，如果把 α_i 替换为 pointer(integer)。

(3) 我们需要一种机制,记录对两个表达式进行一致化的效果。通常,一个类型变量可以在若干个类型表达式中出现。如果 s 和 s' 的一致化导致变量 α 代表类型 t,那么,当类型检查进行时 α 必须继续代表 t。例如,在图 7.24 中,α_i 是 $deref_i$ 的值域类型,所以我们可以把它用作 $deref_i(q)$ 的类型。因此,把 derefi 的作用域类型一致化为 q 的类型影响到 apply 所标记的内结点的类型表达式。图 7.24 中的另一个类型变量 α_0 代表 integer。

通过定义从类型变量到类型表达式的映射从而对变量代表的类型进行形式化的方法叫做"替换"。下面递归函数 subst(t) 对用一个替换 s 来代替表达式 t 的所有类型变量作了精确描述。通常,我们把函数类型构造符作为"典型"的构造符。

```
function subst(t:type-expression);type-expression
    begin
        if t 为简单类型 then 返回 t
        else if t 为变量 then 返回 S(t)
        else if t 为 t₁→t₂ then 返回 subst(t₁)→subst(t₂)
    end
```

为了方便,我们把 subst 作用于 t 所产生的类型表达式写作 S(t),结果 S(t) 称为 t 的一个"实例"。如果替换 S 没有为变量 α 指定一个表达式,我们就假设 S(α) 为 α,也就是说 S 是这个变量的等同映射。

例 7.11 在下面,我们用 s<t 表示 s 为 t 的实例:

Pointer(integer)<Pointer(α)

Pointer(real)<Pointer(α)

integer→integer<α→α

Pointer(α)<β

α<β

然而,在下面,左边的类型表达式不是右边的实例(理由附后)

integer	real	替换不能用于基本类型
integer→real	α→α	对 α 的不一致替换
integer→α	α→α	必须对所有出现进行替换

两个类型表达式是"一致化"的,如果存在某个替换 S 使 $S(t_1)=S(t_2)$。实践中,我们对"最一般的一致化器"感兴趣,它是一种给表达式中的变量强加最少约束的一种替换。更精确地讲,对表达式 t_1 和 t_2 的最一般的一致化器是具有以下特性的一致化 S:

(1) $S(t_1)=S(t_2)$。

(2) 对其它任何一个使 $S'(t_1)=S'(t_2)$ 的替换 S',替换 $S'(t_1)$ 是 S(t) 的一个实例。

以后,当我们说到"一致化"时,我们就指的是最一般的一致化器。

下面来考虑对多态函数的检查。

对图 7.23 给出的文法进行表达式检查将用到下面对类型图的操作:

(1) fresh(t),把类型表达式 t 中的约束变量替换为一个新变量并返回一个指向代表替换后的类型表达式的结点的指针。$\forall$ 符号在处理时被消除。

(2) unify(m,n),对由 m 和 n 所指结点所代表的类型表达式进行一致化。它的副作用是跟踪使表达式等价的替换。如果表达式一致化失败,则整个类型检查失败。

类型图中的每个叶结点和内部结点的构造使用类似于 6.2.4 节中介绍的 mkleaf 和 mknode 操作。对每个类型变量有各自的叶结点是必要的,但其它结构等价的表达式可以共用结点。

unify 基于下面的一致化和替换的图论公式。假设结点 m 和 n 分别代表表达式 e 和 f,则如果 S(e)=S(f),我们说结点 m 和 n 在替换 S 下等价。找到一个最一般一致化器 S 的问题可以陈述为把必须在 S 下等价的结点划分为不同集合。如果表达式等价,它们的根必须等价。还有,两个结点 m 和 n 等价当且仅当它们代表同一操作且它们的孩子等价。

由于篇幅关系,对于判断类型结构等价的方法和对两个表达式进行一致化的算法我们在这里就不介绍,有兴趣的读者可以参阅有关文献。

对表达式进行类型检查的规则如图 7.25 所示。我们没有给出说明部分是如何处理的。当考察非终结符 T 和 Q 所产生的类型表达式时,mkleaf 和 mknode 把结点加到类型图中。当一个标识符被说明时,说明中的类型被以指向代表类型的结点的指针形式存入到符号表中。在图 7.25 中,这种指针用作综合属性 id. type。正如上面所提到的,当把约束变量替换为新变量时,fresh 操作消除了 ∀ 操作。与产生式 $E \rightarrow E_1, E_2$ 相对应的语义动作把 E. type 置为 E_1 和 E_2 的类型的乘积。

$E \rightarrow E_1(E_2)$　　　　　　{p:=mkleaf(newtypevar);
　　　　　　　　　　　　　　unify(E_1. type, mknode('→', E_2. type, p));
　　　　　　　　　　　　　　E. type := p}

$E \rightarrow E_1, E_2$　　　　　　　{E. type := mknode('×', E_1. type, E_2. type)}

$E \rightarrow id$　　　　　　　　　{E. type := fresh(id. type)}

图 7.25　检查多态函数的翻译模式

对应函数调用的产生式 $E \rightarrow E_1(E_2)$ 的类型检查规则考虑了这种情况:E_1. type 和 E_2. type 都是类型变量,E_1. type $= \alpha$ 且 E_2. type $= \beta$。这里,E_1. type 一定是某个未知类型 γ 的函数,并有 $\alpha = \beta \rightarrow \gamma$。在图 7.25 中,建立了一个与 γ 相应的新的类型变量并且把 E_1. type 与 E_2. type $\rightarrow \gamma$ 一致化。每次通过 newtypevar 的调用将返回一个新类型变量,它对应的叶结点由 mkleaf 构造。代表与 E_1. type 一致化的函数的结点由 mknode 构造。一致化成功后,这个新叶结点就代表结果类型。

图 7.25 中的规则可以通过一个简单例子详细解释。我们写出赋予每个子表达式对应的类型表达式来归纳一下算法的工作,如表 7.10 所列。对每个函数引用,unify 操作将产生一个副作用:记录某些类型变量对应的类型表达式,这种副作用在表 7.10 的替换栏说明。

表 7.10　自底向上确定类型

表达式:类型	替换
q: pointer(pointer(integer))	
$deref_i$: pointer(α_i)$\rightarrow \alpha_i$	
$deref_i(q)$: pointer(integer)	α_i = pointer(integer)
$derfe_0$: pointer(α_0)$\rightarrow \alpha_0$	
$deref_0(derefi(q))$: integer	α_0 = integer

例 7.12 对 (7.15) 程序中的表达式 $deref_0(deref_i(q))$ 进行类型检查,从叶结点开始自底向上进行处理。再一次我们用下标 0 和 i 区分 deref 的两次出现。当考察子表达式 $deref_0$ 时,fresh 用一个新类型变量 α_0 构造结点,如图 7.26 所示。

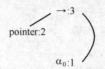

图 7.26 用 α_0 构造结点

结点中的数字表达结点所属的等价类。类型图中对应三个标识符的部分如图 7.27 所示。图中通过虚线表示序号为 3、6 和 9 的结点分别对应 $deref_0$、$deref_i$ 和 q。

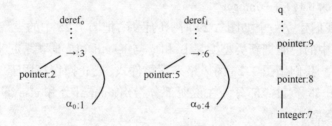

图 7.27 三个标识符

检查到函数调用 $deref_i(q)$ 时,构造一个结点 n,它代表从 q 的类型到新的类型变量 β 的函数。这个函数与结点 m 代表的 $deref_i$ 的类型一致化成功。在结点 m 与 n 一致化之前,每个结点有个不同的序列。一致化以后,等价的结点具有相同的序号。我们对改变了的序号划了一下划线,如图 7.28 所示。

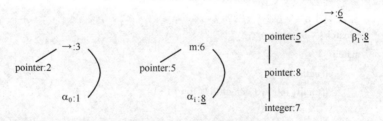

图 7.28 改变了的序号

注意:α_i 的结点和 pointer(integer) 的结点都有序号 8,也就是说 α_i 与这个类型表达式一致化了,如表 7.10 所列。随后,α_0 与 integer 一致化。

下一个例子将 ML 语言的多态函数的类型推断与图 7.25 的类型检查规则联系起来。ML 中的函数定义语法为

$$fun\ id_0(id_1, \cdots, id_k) = E;$$

这里,id_0 代表函数名;$id_1, \cdots, id_k$ 为函数的参数。为了简化,我们假定表达式 E 的语法与图 7.23 中的文法一样,并且 E 中的标识符只能是函数名、参数以及内部函数。

这个方法是例 7.10 的形式化,在那里推断了 deref 的多态类型。通常内部函数具有多态类型,出现在这些类型中的类型变量由 $\forall$ 量词约束。然后检查 $id_0(id_1, \cdots, id_k)$ 与 E 的

类型是否匹配。当匹配成功时,我们就推断出函数名的类型。最后,推断类型中的任何变量由 ∀ 量词约束以给出函数的多态类型。

例 7.13 我们重新考虑确定表长度的 ML 函数:

fun length(lptr)
   if null(lptr) then 0
   else length(tl(lptr))+1;

分别为 length 和 lptr 的类型引入类型变量 β 和 γ。我们发现 length(lptr) 的类型与构成函数体的表达式的类型匹配,而且 length 必须具有类型:

   对任意类型 α, list(α)→integer

所以 length 的类型为

   $\forall \alpha.$ list(α)→integer

更详细地说,我们建立一个如图 7.29 所示的程序,把图 7.25 中的类型检查规则应用于这个程序。程序中的说明把新类型变量 β 和 γ 与 length 和 lptr 联系起来,并且显式说明内部函数的类型。我们用图 7.23 的风格来写条件式,把 if 操作符用于三个操作数:被测试的表达式,then 部分,else 部分。在说明部分指出 then 部分和 else 部分可以是任意类型,这也是结果类型。

  length: β;
   lptr: γ;
    if: $\forall \alpha.$ boolean×α×α→α;
   null: $\forall \alpha.$ list(α)→boolean;
   tl: $\forall \alpha.$ list(α)→list(α)
   0: integer;
   1: integer;
   +: integer×integer→integer;
  match: $\forall \alpha.$ α×α→α;
  match(
    length(lptr),
    if(null(lptr),0,length(tl(lptr))+1)
)

图 7.29 说明后面跟要检查的表达式

很清楚,length(lptr) 必须与函数体具有相同类型;这种检查被编写为操作符 match。match 的使用体现了技术性的方便,允许所有检查用图 7.23 风格的程序来做。

把图 7.25 的规则用于图 7.29 的程序的效果如表 7.11 所列。把 fresh 操作用于内部函数的多态类型引入了一些新变量,这些新变量通过在 α 上加下标加以区分。从第 3 行我们知道 length 一定是从 γ 到某个未知类型 δ 的一个函数。然后,检查子表达式 null(lptr),我们从第 6 行发现 γ 与 lost(α_n) 一致,这里 α_n 是一个未知类型。这个时候,我们知道 length 的类型一定是:

   对任何类型 α_n, list(α_n)→δ

最后,当检查到第 15 行的加法时,δ 与 integer 一致。

当检查完成时,类型变量 α_n 仍然在 length 的类型表达式中。因为我们不能对 α_n 作任何假设,所以在函数使用时任何类型都可以替换它。最终写出 length 的类型:

$\forall \alpha_n. \text{list}(\alpha_n) \rightarrow \text{integer}$

表 7.11 推断 length 的类型为 $\text{list}(\alpha_n) \rightarrow \text{integer}$

LINE	EXPRESSION:TYPE	SUBSTITUTION
(1)	lptr: γ	
(2)	length: β	
(3)	length(lptr): δ	$\beta = \gamma \rightarrow \delta$
(4)	lptr: γ	
(5)	null: $\text{list}(\alpha_n) \rightarrow \text{boolean}$	
(6)	null(lptr): boolean	$\gamma = \text{list}(\alpha_n)$
(7)	0: integer	
(8)	lptr: $\text{list}(a_n)$	
(9)	t1: $\text{list}(\alpha_t) \rightarrow \text{list}(\alpha_t)$	
(10)	t1(lptr): $\text{list}(\alpha_n)$	$\alpha_t = \alpha_n$
(11)	length: $\text{list}(\alpha_n) \rightarrow \delta$	
(12)	length(t1(lptr)): δ	
(13)	1: integer	
(14)	+: $\text{integer} \times \text{integer} \rightarrow \text{integer}$	
(15)	length(t1(lptr))+1: integer	$\delta = \text{integer}$
(16)	if: $\text{boolean} \times \alpha_i \times \alpha_i \rightarrow \alpha_i$	
(17)	if(...): integer	$\alpha_i = \text{integer}$
(18)	match: $\alpha_m \times \alpha_m \rightarrow \alpha_m$	
(19)	match(...): integer	$\alpha_m = \text{integer}$

练 习

1. 给出下面表达式的逆波兰表示(后缀式):

   $a*(-b+c)$ not A or not(C or not D)
   $a+b*(c+d/e)$ (A and B)or(not C or D)
   $-a+b*(-c+d)$ (A or B)and(C or not D and E)
   if(x+y)*z=0   then (a+b)↑c   else   a↑b↑c

*2. 假定所有算符都是二目的,那么,由算符和操作数组成的符号串是一个后缀式的必要充分条件为:(1)算符的个数比操作数的个数少 1;(2)每段非空前缀中算符的个数少于操作数的个数。

3. 请将表达式 $-(a+b)*(c+d)-(a+b+c)$ 分别表示成三元式、间按三元式和四元式序列。

4. 按7.3节所说的办法,写出下面赋值句
$$A:=B*(-C+D)$$
的自下而上语法制导翻译过程。给出所产生的三地址代码。

5. 按照7.3.2节所给的翻译模式,把下列赋值句翻译为三地址代码:
$$A[i,j]:=B[i,j]+C[A[k,l]]+d[i+j]$$

6. 按7.4.2节的办法,写出布尔式 A or (B and not(C or D)) 的四元式序列。

7. 用7.5.1节的办法,把下面的语句翻译成四元式序列:

while A < C and B<D do
　　if A=1 then C:=C+1 else
　　　　while A≤D do A:=A+2;

8. 在7.4.2节中,关系式 $i^{(1)} < i^{(2)}$ 被翻成相继的两个四元式
$$(j<,i^{(1)},i^{(2)},-)/*"真"出口*/$$
$$(j,-,-,-)/*"假"出口*/$$
这种翻译法常常浪费一个四元式。如果我们把这个关系翻译成如下的一个四元式:
$$(j\geq,i^{(1)},i^{(2)},-)$$
那么,在 $i^{(1)} < i^{(2)}$ 为真的情况下就不发生转移(即自动滑下来)。但若这个关系式之后有一个"∨"运算,则另一无条件转移指令是不可避免的。例如
$$if\ A<B\ or\ C<D\ then\ X:=Y$$
应翻成

　　100　　(j≥,A,B,102)
　　101　　(j,-,-,103)
　　102　　(j≥,C,D,104)
　　103　　(:=,Y,-,X)
　　104

其中,四元式(101)是不可省的。

请按上述要求改写翻译布尔式的语义动作。

9. 写出翻译布尔表达式的递归下降程序(参考6.4.3节中介绍的技术)。

10. 设有一台单累加器的计算机,它的汇编语言含有通常的指令:LOAD、STORE、ADD 和 MULT。

(1) 写一个递归下降程序,把下面文法所定义的赋值句翻译成汇编语言:
　　A→i:=E
　　E→E+E|E*E|(E)|i

(2) 利用加、乘满足交换律这一性质,改进你的翻译程序,以期产生较高效的目标代码。

11. C语言中的 for 语句的一般形式为
$$for(E_1;E_2;E_3)S$$
其意义如下:
$$E_1;$$

```
            while (E₂) do begin
                S;
                E₃;
            end
```
试构造一个属性文法和翻译模式,把 C 语言的 for 语句翻译成三地址代码。

12. Pascal 语言中 for 语句的一般形式为

$$\text{for } v := \text{initial to final do } S$$

其意义如下:

```
            begin
                t₁ := initial; t₂ := final;
                if t₁ ≤ t₂ then begin
                    v := t₁;
                    S;
                    while v ≠ t₂ do begin
                        v := succ(v);
                        S;
                    end
                end
            end
```

(1) 设有下列 Pascal 程序:

```
            program forloop(input, output);
                var i, initial, final: integer;
            begin
                read(initial, final);
                for i := initial to final do
                    writeln(i)
            end
```

当 initial = MAXINT−5、final = MAXINT 时,该程序的执行结果是什么? 其中 MAXINT 是目标机上能表示的最大整数。

(2) 试构造一个翻译模式,把 Pascal 语言的 for 语句翻译成四元式。

13. 分别对下列类型写出类型表达式:

(1) 一个指向实型量的指针数组,其下标范围 1~100;

(2) 一个二维数组,其行下标 0~9,列下标 −10~10;

(3) 一个函数,其实参为一个整型数,返回值为一个指针,指向由一个整型数和一个字符组成的记录。

14. 设有下列 C 语言的说明:

```
            typedef struct{
                int a, b;
            } CELL, * PCELL;
```

```
CELL foo[100];
PCELL bar(x,y)
int x;CELL y;
{...}
```

试分别对数组 foo 和函数 bar 写出类型表达式。

15. 下列文法包含关于文字串表的定义,其中符号的意义和文法(7.11)中的意义相同,只是增加了类型 list,表示一个元素表,表中元素的类型由 of 后面的类型 T 确定。

$$P \rightarrow D;E$$
$$D \rightarrow D;D \mid id:T$$
$$T \rightarrow list\ of\ T \mid char \mid integer$$
$$E \rightarrow (L) \mid literal \mid num \mid id$$
$$L \rightarrow E,L \mid E$$

试设计一个翻译模式,确定表达式(E)和表(L)的类型。

16. 假定对练习 15 增加产生式

$$E \rightarrow nil$$

表示一个表达式可以为空表。考虑 nil 可以代替其元素为任意类型的空串的情况,修改由练习题 15 得到的翻译模式。

17. 修改 7.7.2 中对表达式类型检查的翻译模式,使之打印当检查出类型正确或者错误时的有关信息。

18. 修改图 7.21 的翻译模式,使之处理:

(1) 语句的结果值。赋值语句的值是赋值号:=右边表达式的值;if 语句和 while 语句的值是语句体的值;语句序列的值是该序列中最后一个语句的值。

(2) 布尔表达式。增加逻辑运算符 and、or 和 not,以及关系运算符<、≤等等;并且增加相应的翻译规则,给出这些表达式的类型。

第八章 符 号 表

编译过程中编译程序需要不断汇集和反复查证出现在源程序中各种名字的属性和特征等有关信息。这些信息通常记录在一张或几张**符号表**中。符号表的每一项包含两部分：一部分是名字(标识符)；另一部分是此名字的有关信息。每个名字的有关信息一般指种属(如简单变量、数组、过程等)、类型(如整、实、布尔等)等等。这些信息将用于语义检查、产生中间代码以及最终生成目标代码等不同阶段。

编译过程中，每当扫描器识别出一个名字后，编译程序就查阅符号表，看它是否在其中。如果它是一个新名字就将它填进表里。它的有关信息将在词法分析和语法——语义分析过程中陆续填入。

符号表中所登记的信息在编译的不同阶段都要用到。在语义分析中，符号表所登记的内容将用于语义检查(如检查一个名字的使用和原先的说明是否一致)和产生中间代码。在目标代码生成阶段，当对符号名进行地址分配时，符号表是地址分配的依据。对于一个多遍扫描的编译程序，不同遍所用的符号表也往往各有不同。因为每遍所关心的信息各有差异。

本章将介绍符号表的一般组织和使用方法，然后介绍 FORTRAN 与 Pascal 的符号表的结构和内容。

8.1 符号表的组织与作用

8.1.1 符号表的作用

在编译的各个分析阶段，每当遇到一个名字都要查找符号表。如果发现一个新名字，或者发现已有名字的新信息，则要修改符号表，填入新名字和新信息。因此，合理组织符号表，使符号表本身占据的存储空间尽量减少，同时提高编译期间对符号表的访问效率，显得特别重要。

概括地说，一张符号表的每一项(或称入口)包含两大栏(或称区段、字域)，即**名字栏**和**信息栏**。表格的形式如下所示：

	名字栏(NAME)	信息栏(INFORMATION)
第 1 项(入口 1)		
第 2 项(入口 2)		
	...	
第 n 项(入口 n)		

信息栏包含许多子栏和标志位,用来记录相应名字的种种不同属性,由于查填符号表一般是通过匹配名字来实现的,因此,名字栏也称**主栏**。主栏的内容称为**关键字**(key word)。

符号表中的每一项都是关于名字的说明。因为所保存的关于名字的信息取决于名字的用途,所以各表项的格式不一定统一。对每一表项可以用一个记录表示。为了使表中的每个记录格式统一,可以在记录中设置指针,把某些信息放在表的外边,用指针指向存放另外信息的空间。

在整个编译期间,对于符号表的操作大致可归纳为五类:
- 对给定名字,查询此名是否已在表中;
- 往表中填入一个新的名字;
- 对给定名字,访问它的某些信息;
- 对给定名字,往表中填写或更新它的某些信息;
- 删除一个或一组无用的项。

不同种类的表格所涉及的操作往往也是不同的。上述五个方面只是一些基本的共同操作。

8.1.2 符号表的组织方式

符号表最简单的组织方式是让各项各栏所占的存储单元的长度都是固定的。这种项栏长度固定的表格易于组织、填写和查找。对于这种表格,每一栏的内容可直接填写在有关的区段里。例如,有些语言规定标识符的长度不得超过 8 个字符,于是,我们就可以用两个机器字作为主栏(假定每个机器字可容纳四个字符),每个名字直接填写在主栏中。若标识符长度不到 8 个字符,则用空白符补足。这种直接填写式的表格形式如下所示:

符 号 表

NAME	INFORMATION
SAMPLE	…
LOOP	…

但是,有许多语言对标识符的长度几乎不加限制,或者说,标识符的长度范围甚宽。比如说,最长可容许由 100 个字符组成的名字。在这种情况下,如果每项都用 25 个字作主栏,则势必会大量浪费存储空间。因此,最好用一个独立的字符串数组,把所有标识符都存放在其中。在符号表的主栏放一个指标器和一个整数,或在主栏仅放一个指示器,在标识符前放一个整数。指示器指出标识符在字符中数组中的位置;整数代表此标识符的长度。这样,符号表的结构就如图 8.1 所示。

这是一种用间接方式安排名字栏的办法。类似地,如果各种名字所需的信息(INFORMATION)空间长短不一,那么,我们可把一些共同属性直接登记在符号表的信息栏中,而把某些特殊属性登记在别的地方,并在信息栏中附设一指示器,指向存放特殊属性的地方。例如对于数组标识符,需要存储的信息有维数等等,如果将它们与其它名字全部

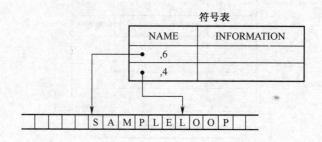

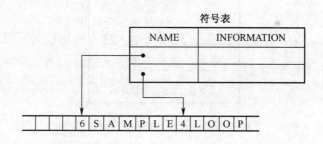

图 8.1 符号表的结构

集中在一张符号表中,处理起来很不方便。因此常常采用以下方式:即专门开辟一个信息表区,称为数组信息表(或**内情向量**表),将数组的有关信息全部存入此表中。在符号表的地址栏中存入符号表与内情向量表连接的入口地址(即指针)。如图 8.2 所示这样,当填写或查询数组有关信息时,通过符号表来访问此内情向量表。对于过程名字以及其它一些含信息较多的名字,都可类似地开辟专用信息表,存放那些不宜全部存放在符号表中的信息,而在符号表中保留与信息表相联系的地址信息。

一张可容纳 N 项的符号表在存储器中可用下述两种不同的方式之一表示(假定每项需用 K 个字)。

(1) 把每一项置于连续的 K 个存储单元中,从而给出一张 K * N 个字的表。

(2) 把整个符号表分成 M 个子表,如 $T_1, T_2, \cdots, T_m$,每个子表含 N 项。假定子表 T_i 的每一项所需的字数为 K_i,那么,$K = K_1 + K_2 + \cdots + K_m$。对于任何 i,$T_1[i], T_2[i], \cdots, T_m[i]$ 的并置就构成符号表第 i 项的全部内容。

在编译程序的工作过程中,每一遍所用的符号表可能略有差别。一般说来,主栏和某些基本属性栏大多不会改变,但另外一些信息栏可能在不同阶段有不同的内容。为了合理使用存储空间(特别是重新利用那些已经过时的信息栏所占用的空间),最好采用上述第 2 种存储表示方式,以便靠后的子表在不同阶段可以重新安排。例如,把主栏和信息栏分成两个子表,令主栏占两个字,信息栏占四个字,那么,符号表的内存安排就如图 8.3 所示。

如果编译程序是用高级语言实现的话,则用记录数组或变体记录的数组实现符号表是比较合适的。

值得指出的是,编译时,虽然原则上说,使用一张统一的符号表也就够了,但是,许多

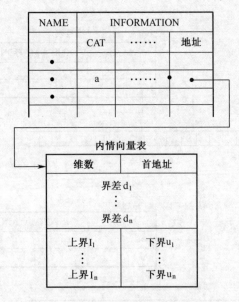

图 8.2 通过符号表访问内情向量表

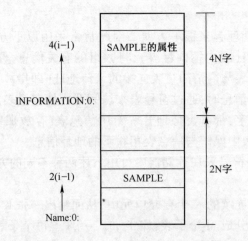

图 8.3 分两个子表的符号表安排

编译程序按名字的不同种属分别使用许多符号表,如常数表、变量名表、过程名表等等。这是因为,不同种属名字的相应信息往往不同,信息栏的长度也各有差异。因而,按不同种属建立不同的符号表在处理上常常是比较方便的。

例 8.1 作为一个例子,让我们来看一看 FORTRAN 编译程序常用的几种表格的结构。例如,对下面的程序段:

SUBROUTINE INCWAP(M,N)
10   K = M+1
      M = M+4
      N = K
      RETURN

END

经编译头三阶段后所产生的主要表格有：符号名表 SNT、常数表 CT、入口名表 ENT、标号表 LT 和四元式表 QT。如图 8.4 所示。注意：在四元式表中实际上不是直接写在操作数(或结果数)的名字，而是填上它们在有关表格中的入口位置(序号)。

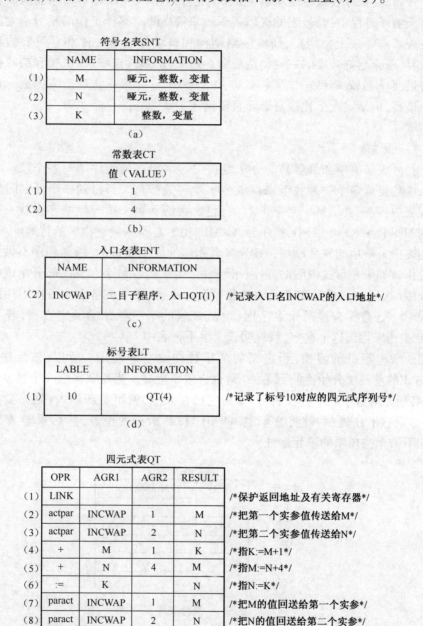

图 8.4　各种符号表
(a)符号名表；(b)常数表；(c)入口名表；(d)标号表；(e)四元式表。

8.2 整理与查找

编译开始时,符号表或者是空的,或者预先存放了一些保留字和标准函数名的有关项。在整个编译过程中,符号表的查填频率是非常高的。编译工作的相当一大部分时间是花费在查填符号表上。所以,研究表格结构和查填方法是一件非常重要的事情。下面,我们简单地介绍符号表的三种构造法和处理法,即**线性查找**、**二叉树**和**杂凑技术**。第一种办法最简单,但效率低。二叉树的查找效率高一些,然而实现上略困难一点。杂凑表的效率最高,可是实现上比较复杂而且要消耗一些额外的存储空间。

8.2.1 线性表

构造符号表最简单和最容易的办法是按关键字出现的顺序填写各个项。我们可以用一个一维数组或多个一维数组来存放名字及有关信息。当碰到一个新名时就按顺序将它填入表中,若需要了解一名字的有关信息,则就从第一项开始顺序查找。一张线性表的结构如图 8.5 所示。图中,指示器 AVAILABLE 总是指向空白区的首地址。

线性表中每一项的先后顺序是按先来者先填的原则安排的,编译程序不做任何整理次序的工作。如果是显式说明的程序设计语言,则根据各名字在说明部分出现的先后顺序填入表中(表尾);如果是隐式说明的程序设计语言,则根据各名字首次引用的先后顺序填入表中。当需要查找某个名字时,就从该表的第一项开始顺序查找,若一直查到 AVAILABLE 还未找到这个名字,就说明该名字不在表中。

根据一般程序员的习惯,新定义的名字往往要立即使用。所以,按反序查找(从 AVAILABLE 的前一项开始追溯到第一项)也许效率更高。当需要填进一个新说明的名字时,我们必须先对这个名字查找表格,如果它已在表中,就不重新填入(通常要报告重名错误)。如果它不在表中,就将它填进 AVAILABLE 所指的位置,然后累增 AVAILABLE 使它指向下一个空白项的单元地址。

项 数	线性符号表	
	NAME	INFORMATION
1	J1	…
2	XYZ	…
3	I	…
4	BC	…
AVAILABLE →		

图 8.5 线性表

对于一张含 n 项的线性表来说,欲从中查找一项,平均来说需要做 n/2 次的比较。显然使用这种方法效率很低。但由于线性表的结构简单而且节省存储空间,所以许多编译程序仍采用线性表。

如果需要,可设法提高线性表的查找效率。办法之一是,给每项附设一个指示器,这些指示器把所有的项按"最新最近"访问原则连接成一条链,使得在任何时候,这条链的第一个元素所指的项是那个最新最近被查询过的项,第二个元素所指的项是那个次新次近被查询过的项,如此等等。每次查表时都按这条链所指的顺序,一旦查到之后就即时改造这条链,使得链头指向刚才查到的那个项。每当填入新项时,总让链头指向这个最新项。含有这种链条的线性表叫做**自适应线性表**。

8.2.2 对折查找与二叉树

为了提高查表的速度,可以在造表的同时把表格中的项按名字的"大小"顺序整理排列。所谓名字的"大小"通常是指名字的内码二进值。例如,规定值小者在前,值大者在后。图 8.5 如果按有序方式组织它们,则构成如图 8.6 所示的表。

线性符号表

项 数	NAME	INFORMATION
1	BC	⋯
2	I	⋯
3	J1	⋯
4	XYZ	⋯
AVAILABLE→		

图 8.6 线性表

对于这种经顺序化整理了的表格的查找可用**对折法**。假定表中已含有 n 项,要查找某项 SYM 时:

- 首先把 SYM 和中项(即第$\lfloor n/2 \rfloor+1$项)作比较,若相等,则宣布查到。
- 若 SYM 小于中项,则继续在 $1 \sim \lfloor n/2 \rfloor$ 的各项中去查找。
- 若 SYM 大于中项,则就到 $\lfloor n/2 \rfloor+2 \sim n$ 的各项中去查找。

这样一来,经一次比较就甩掉 n/2 项。当继续在 $1 \sim \lfloor n/2 \rfloor$(或$\lfloor n/2 \rfloor \sim n$)的范围中查找时,我们同样采取首先同新中项作比较的办法。如果还查找不到,再把查找范围折半。显然,使用这种查找法每查找一项最多只须作 $1+lg2N$ 次比较(因此这种查找法也叫对数查找法)。

这种办法虽好,但对一遍扫描的编译程序来说,没有太大的用处。因为,符号表是边填边引用的,这意味着每填进一个新项都得做顺序化的整理工作,而这同样是极费时间的。

一种变通办法是把符号表组织成一棵二叉树。也就是说,我们令每项是一个结点,每个结点附设两个指示器栏,一栏为 LEFT(左枝),另一栏为 RIGHT(右枝)。每个结点的主栏内码值被看成是代表该结点的值。对于这种二叉树,我们有一个要求,那就是,任何结点 p 右枝的所有结点值均应小于结点 p 的值,而左枝的任何结点值均应大于结点 p 的值。

二叉树的形成过程是:令第一个碰到的名字作为"根"结点,它的左、右指示器均置为 null。当要加入新结点时,首先把它和根结点的值作比较,小者放在右枝上,大者放在左枝上。如果根结点的左(右)枝已成子树,则让新结点和子树的根再作比较。重复上述步骤,直至把新结点插入使它成为二叉树的一个端末结点(叶)为止。图 8.5 的线性表用二叉树表示如图 8.7 所示。

二叉树的查找效率比对折查找效率显然要低一点,而且由于附设了左、右指示器,存储空间也得多耗费一些。但它所需的顺序化时间显然要少得多,而且每查找一项所需的比较次数仍是和 $\log_2 N$ 成比例的。因此,它是一种可取的办法。

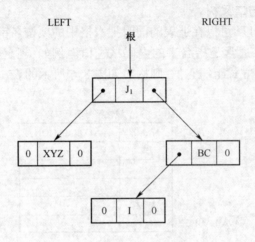

图 8.7　线性表的二叉树表示

8.2.3　杂凑技术

对于表格处理来说,根本问题在于如何保证查表和填表两方面的工作都能高效地进行。对于线性表来说,填表快,查表慢。而对于对折法而言,则填表慢,查表快。杂凑法是一种争取查表、填表两方面都能高速进行的统一技术。这种办法是:假定有一个足够大的区域,这个区域以填写一张含 N 项的符号表。我们希望构造一个**地址函数** H,对任何名字 SYM,H(SYM)取值于 0 至 N-1 之间。这就是说,不论对 SYM 查表或填表,我们都希望能从 H(SYM)获得它在表中的位置。例如,我们用无符号整数作为项名,令 N=17,把 H(SYM)定义为 SYM/N 的余数。那么,名字'09'将被置于表中的第 9 项,'34'将被置于表中的第 0 项,'171'将被置于表中的第 1 项,如此等等。

对于地址函数 H 有两点要求:第一,函数的计算要简单、高效;第二,函数值能比较均匀地分布在 0 至 N-1 之间。例如,若取 N 为质数,把 H(SYM)定义为 SYM/N 的余数就是一个相当理想的函数。

构造函数 H 的办法很多,通常是将符号名的编码杂凑成 0 至 N-1 间的某一个值。因此,地址函数 H 也常常称为杂凑函数。由于用户使用标识符是随机的,而且标识符的个数也是无限的(虽然在一个源程序中所有标识符的全体是有限的),因此,企图构造一一对应的函数当然是徒劳的。在这种情况下,除了希望函数值的分布比较均匀之外,我们还应设法解决"地址冲突"的问题。

以 N=17,H(SYM)为 SYM/N 的余数为例,由于 H('05')=H('22')=5,若表格的第 5 项已为'05'所占,那么,后来的'22'应放在哪里呢?

杂凑技术常常使用一张杂凑(链)表通过间接方式查填符号表。时时把所有相同杂凑值的符号名连成一串,便于线性查找。杂凑表是一个可容 N 个指示器值的一维数组,它的每个元素的初值全为 null。符号表除了通常包含的栏外还增设一链接栏,它把所有持相同杂凑值的符号名连接成一条链。例如,假定 H(SYM1)= H(SYM2)= H(SYM3)= h,那么,这三个项在表中出现的情形如图 8.8 所示。

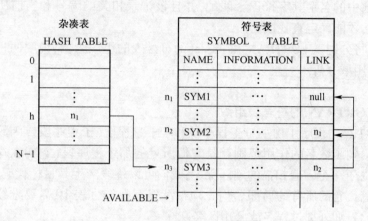

图 8.8 杂凑技术示意

填入一个新的 SYM 过程是:
- 首先计算出 H(SYM) 的值(在 0 与 N-1 之间)h,置 P:=HASHTABLE[h](若未曾有杂凑值为 h 的项名填入过,则 p=null);
- 然后置 HASHTABLE[h]:=AVAILABLE,再把新名 SYM 及其链接指示器 LINK 的值 p 填进 AVAILABLE 所指的符号表位置,并累增 AVAILABLE 的值使它指向下一个空项的位置。

使用这种办法的查表过程是,首先计算的 H(SYM)=h,然后就指示器 HASHTABLE[h]所指的项链逐一按序查找(线性查找)。

8.3 名字的作用范围

在许多程序语言中,名字往往有一个确定的作用范围。例如在 FORTRAN 中,变量、数组和语句函数的名字的作用范围是它们所处的程序段(主程序段、子程序段或函数段),而外部名、公用区名和过程名的作用范围则是整个程序。对于过程嵌套结构型的程序设计语言,每层过程中说明的名字只局限于该过程,离开了所在过程就无意义了。因此,名字的作用范围是和它所处的那个过程(它在这个过程中被说明了的)相联系的。这意味着,在一个程序里,同一个标识符在不同的地方可能被说明为标识不同的对象,也就是说,同一个标识符,具有不同的性质,要求分配不同的存储空间。于是便产生了这样的问题,如何组织符号表,使得同一个标识符在不同的作用域中能得到正确的引用,而不会产生混乱?这就是作用域分析要解决的问题。

通常实现**最近嵌套作用域规则**的办法是,对每个过程指定一个唯一的编号,即过程的顺序号,以便跟踪过程里的局部名字。为了对每个过程进行编号,可以按照识别过程开头和结尾的语义规则,用语法制导翻译的方法实现。一个过程的编写(层次)作为本过程中说明的全部局部量的组成部分,即编号被看成是名字的一个组成部分。于是,在符号表中表示局部名字用一个二元组:<名字,过程编号>。这种办法意味着我们把整个符号表按不同的过程逻辑地划分为相应的不同段落。在查找每个名字时,先查对过程编号,确定所属的表区段落,然后,再从此段落中查对标识符。也就是说,对一个名字查找符号表是:只有当表项中的名字其字符逐个匹配,并且该记录相关的编号和当前所处理的过程的编号匹配时,才能确定查找成功。

下面我们将分别以 FORTRAN 和 Pascal 的符号表的组织为例,说明两种不同的结构语言的名字作用域分析。

8.3.1 FORTRAN 的符号表组织

一个 FORTRAN 程序中由一个主程序段和若干过程段(子程序段或函数段)组成的。变量、数组和语句函数名的作用范围就是它们所处的那个程序段(它们在这个程序段被说明了的)。对于一个一遍扫描的编译程序,我们可以逐段产生其目标代码。于是,当一程序段处理完后,它的所有的局部名均无须继续保存在符号表中,需要继续留在符号表中的只是全局名,如外部过程名或公用区名。

在这种情形下,我们可以把现行段的局部名登记在表格区的一端,而把所有的全局名登记在表区的另一端,如图 8.9 所示。局部名表区域是一个可重复使用的区域。当一个程序段处理完之后,新的程序段又可在同一位置上建立新的局部名表。

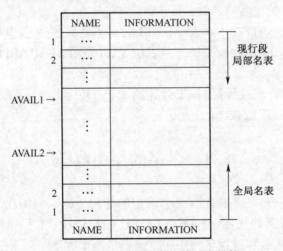

图 8.9 FORTRAN 对开式符号表结构

每当编译程序碰到一个新名时就按其语义将它登记在符号表的某一端中。在填入新名时要注意的是:当 AVAIL1 和 AVAIL2 两指示器碰头时(值相等),编译程序就应报告表区已填满并禁止继续填进新项。当现行段处理完后,AVAIL1 重置,指向局部名区的第一项。

对于一个优化的多"遍"扫描的 FORTRAN 编译程序而言,在处理完一个程序段之后应把它的局部名表保存在外存中(以便后续"遍"处理这段时使用)。这样,局部名区就可为处理下一程序段时使用。请注意:在这种情况下,必须用一个一维数组记录各段局部名表的开始位置(程序段的编号)。

对于 FORTRAN 编译程序,若仅仅从查填符号表这一点而言,本质上完全无须给每个程序段一个编号。因为,查表时我们总是对着全局名区或现行局部名区来查的。由于程序段没有嵌套性,故没有必要把程序段的编号作为名字的一部分。虽然以后我们仍将给每个程序段(乃至每个公用区)一个编号,但主要是为了进行地址分配而引进的。

8.3.2 Pascal 的符号表组织

过程结构是 Pascal 最突出的一个特点。在一个过程(或函数)里说明了的名字被认为是局部于这个过程(或函数)的。按照**最近嵌套作用域**原则,一个名字的作用域是那个包含了这个名字的说明的最小过程(或函数)。当我们碰到一个标识符 SYM 时,必须弄清哪一个过程是包含 SYM 的说明的最小过程。这就是说,当一个过程结束后,在它里面说明过的任何名字都"死了",或者说,不能再引用它(同一个标识符在新的地方可用来标识别的对象,但同那个结束了的过程毫无关系)。

Pascal 过程的结构是嵌套的,内层过程可以引用外层过程中说明过的名字。因此,在编译这种语言期间,每当进入一层过程时,要为在这层过程中新说明的标识符建立一张子符号表(在符号表内),而在退出此层过程时,则要删除(释放)相应的子符号表,使现行符号表与进入此过程之前的内容保持一致。由于过程是按层次嵌套的,如果多层嵌套(如 n 层),那么这些子符号表也是多层嵌套,并按序生成(即先产生子符号表 1,最后产生子符号表 n)。当第 n 层过程需要查找某一名字时,则先从子符号表 n 开始查找,如果未查到,再依次查子符号表 n−1,n−2,…,1;如果在某层符号表 1 中首先出现该名字,这便是所要查找的结果。由此可见,采取这种办法,不同层次的同名标识符不会导致混乱。

针对嵌套结构型程序设计语言(Pascal)的特点,可采用如下办法:

·将其符号表设计为栈符号表,当新的名字出现总是从栈顶填入。查找操作从符号表的栈顶往底部查(保证先查最近出现的名字)。因为程序是分层的,并且一个过程结束时将释放相应的子符号表,因此查找范围与线性表比相对要小一些。

·引入一个显示(DISPLAY)层次关系表,称为**过程的嵌套层次表**。其作用是为了描述过程的嵌套层次,指出当前正在活动着的各嵌套的过程(或函数)相应的子符号表在栈符号表中的起始位置(相对地址)。DISPLAY 表也是一个栈,栈顶指针为 level。当进入一个新过程时,level 增加 1;每当退出一个过程时,level 减 1。DISPLAY(level)总是指向当前正在处理的最内层的过程的子符号表在栈符号表中的起始位置。

·在符号表的信息栏中引入一个指针域(previous),用以链接它在同一过程内的前一域名字在表中的下标(相对位置)。每一层的最后一个域名字,其 previous 之值为 0。这样,每当需要查找一个新名字时,就能通过 DISPLAY 找出当前正在处理的最内层的过程及所有外层的子符号表在栈符号表中的位置。然后,通过 previous 可以找到同一过程内的所有被说明的名字。

以下结合一个具体的 Pascal 源程序(图 8.10)看看在编译期间,它的栈符号表的变化情况。

```
program B₁(input,output);
  const a=10;
    var b,c:interger;
        e:real;
    procedure B₂(x:real);
      var f,g:real;
      procedure B₃(y:real);
        const b=5;
        var h:boolean;
        procedure B₄(z:interger);
          var i:char;
          begin
          ...
          if e<0 then B₃(f);
          ...
          end;{B₄}
        begin
        ...; B₄(a);...;
        end;{B₃};
      begin
      ...; B₃(c);...;
      end;{B₂};
    begin
    ...; B₂(e);...;
    end;{main}
```

图 8.10　源程序

编译程序对此源程序进行编译,当编译主程序 B1(0 层)中的常量和变量说明时,栈符号表的形式如图 8.11 所示。其中 TOP 指向栈顶第一个可用单元。SP 总是指向最新子符号表首地址。

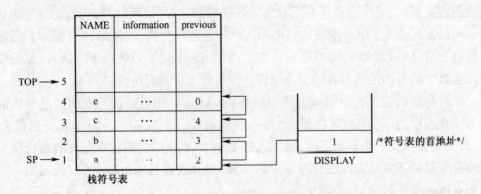

图 8.11　栈符号表

继续进行编译,当编译到 B4 过程说明之前,栈符号表如图 8.12 所示。这时,DISPLAY 的栈顶值 14,它表示过程 B3 的局部量在栈符号表中的首地址;次栈顶 6 表示过程 B2 的局部量在栈符号表中的首地址。TOP 总是指向栈的第一个可用单元。

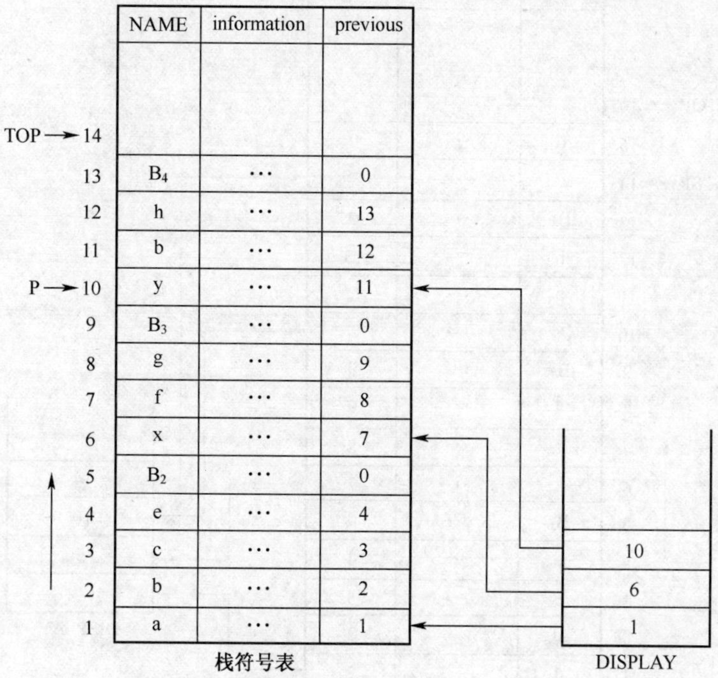

	NAME	information	previous
TOP→14			
13	B_4	...	0
12	h	...	13
11	b	...	12
P→10	y	...	11
9	B_3	...	0
8	g	...	9
7	f	...	8
6	x	...	7
5	B_2	...	0
4	e	...	4
3	c	...	3
2	b	...	2
1	a	...	1

栈符号表

DISPLAY: 10, 6, 1

图 8.12 栈符号表

再继续往下扫描,直至编译到 B4 过程体之前时,栈符号表如图 8.13 所示。

在编译 B4 过程体时,每引用一次标识符,便需查找栈符号表,首先,由 DISPLAY 栈顶得到子符号表的首地址 15,通过 previous 链查找。

· 如果查找到了,便可取得该名字的有关属性。

· 如果未查到,则需要继续在它的外层中查找。

例如,B4 过程体中出现的标识符 e 在 14~15 单元中是查不到说明的,这时由 DISPLAY 次栈顶值 10,可在 10~13 号单元中查找(直接外层 B3)。若仍然未查找到,则继续在外层查找,一直查到最外层,即主程序 B1(0 层)中才找到 e 的说明,这时可以从中取得 e 的一些有关属性。如果引用的某个名字一直查不到它的说明或某些属性不符,则说明语义不正确,处理程序将向用户报告出错信息。

当退出 B4 过程后,栈符号表又如图 8.12 所示。即从图 8.13 中释放了栈符号表内关于 B4 过程的子符号表。这时 TOP 值为 14,同时 10 成为 DISPLAY 的当前栈顶值。这意味着从栈符号表中释放了关于 B4 的子符号表。

进入 B3 过程体后,每引用一个名字,根据 DISPLAY 栈顶值 10,首先在 10~13 单元范围内查找,例如 B3 过程体内的过程语句 B4(a),其中标识符 B4 可以在 10~13 范围内查到其说明,标识符 a 却要在最外层才能找到。退出 B3 过程时,TOP 值成为 10,同时使 DISPLAY 的当前栈顶值为 6。很显然,对于主程序中出现的名字,只能在图 8.11 的栈符号表中查找它的说明。如果在源程序中还有与过程 B3 并列的其它过程,那么还可以在该符号表基础上,为这个并列过程的局部量建立子符号表。

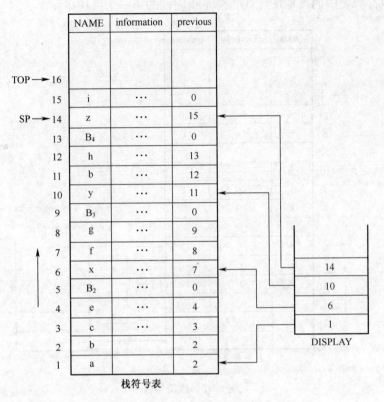

图 8.13 栈符号表

应该指出,除了一般的栈符号表外,还可用栈实现树结构和杂凑结构的符号表。

8.4 符号表的内容

符号表的信息栏中登记了每个名字的有关性质,如类型(整、实或布尔等)、种属(简单变量、数组、过程等)、大小(长度,即所需的存储单元字数)以及相对数(指分配给该名字的存储单元的相对地址)。不同的程序语言对于名字性质的定义各有不同。现今多数程序语言中的名字或者是用说明语句规定其性质,或者采用某种隐含约定(如 FORTRAN 中凡以字符 I,J,…,N 开头的标识符代表整型变量名)。有些程序语言,如 APL,没有说明语句也没有隐含约定,因此,符号表的性质须到目标程序运行时才能确定下来。但编译时登记在符号表中的各名字的性质只能来自说明语句(包括隐含约定和标号定义)或其它引用情形。

对于变量名、数组名和过程名而言,它们的信息栏中一般要求有下列信息:

变量　　类型(整、实、双实、布尔、字符、复、标号或指针等);
　　　　种属(简单变量、数组或记录结构等);
　　　　长度(所需的存储单元数);
　　　　相对数(存储单元相对地址);
　　　　若为数组,则记录其内情向量;

若为记录结构,则把它与其分量按某种形式联系起来;

形式参数标志;

若在 COMMON 或 EQUIVALENCE 语句中(FORTRAN 语言),把它和有关名字连接在一起;它的说明是否已处理过(即标志位"定义否");

是否对这个变量进行过赋值(包括出现在输入名表中)的标志位。

过程 是否为程序的外部过程?

若为函数,类型是什么?

其说明是否处理过?

是否递归?

形式参数是些什么?为了与实在参数进行比较,必须把它们的种属、类型信息同过程名联系在一起。

例 8.2 作为一个例子,我们考虑 151-FORTRAN 编译程序所用的符号表内容。这是一个三遍扫描的编译程序。第一遍使用了五张表格:SD、LD、PD、CD 和 COMLIST。其中,SD 表用来登记一程序段内的变量、数组、内部函数和程序段自身的名字,每一个程序段有一个相应的 SD 表。LD 表用来登记一程序的每个标号名,每个程序段有一个相应的 LD 表。PD、CD 和 COMLIST 均为全局性名表,分别用来记录整个程序的外部过程名、常数和公用块名。下面介绍 SD 表的内容。

SD 表

NAME	ATTRIBUTE			ADDRESS	
	CAT	DIM	TYP	DA	ADDR

其中

NAME 占 6 个字节,记录变量、数组或过程的名字;

CAT 占 3 位,记录名字的种属;

0 未定

1 数组

2 变量

3 语句函数

4 内部函数(标准)

5 外部函数(标准或非标准)

6 子程序

7 外过程(出现在 EXTERNAL 语中)

DIM 占 4 位,记录数组的维数或过程的哑元个数

TYP 占 8 位,记录名字的和其它信息;

0 未定

1 整型

2 实型

3 双精度实型

	4	逻辑型
	5	复型
	9	隐整
	10	隐实
	16	公用元标志
	32	哑元标志
DA		占8位,数据区编号;
ADDR		占3字节,记录相对地址。

注意,在分配地址以前,DA栏和ADDR栏用于别的目的。如对于数组来说可用于登记内情向量所在的地址。

一个名字的有关信息常常是分好几次填入信息栏中的。例如在FORTRAN中,说明句:

  REAL ITEM
  DIMENSION ITEM(100)
  COMMON ITEM
  EQUIVALENCE(ITEM(1),X)

将把ITFM的信息分四次填进信息栏中。有些名字是先引用后定义(说明)的。例如,标号或过程名就常常是这种情形。这种名字在每次被引用时都应把它所期望的性质填在信息栏中,检查各次引用的相容性,以及等待相应的定义(说明)到达时核对引用和定义的一致性。

对于那些只使用单一符号表的简单语言,对符号表填入新项的工作可由词法分析程序来完成。也就是,当扫描器碰到一个标识符时就对它查填符号表,然后回送它在符号表中的位置作为单词值。但在某些语言中,甚至在同一过程段里允许用同一标识符标识各种不同对象。例如,XYZ可能既是一个实变量名又是一个标号名,或者又是某个结构型数据的一个分量名。在这种情况下,使用单一符号表或由词法分析程序负责查填符号表都是非常不方便的。因此,采用多种符号表并让语法——语义分析程序负责查填工作是比较妥当的。对于词法分析程序来说,只要求它凡碰到标识符就直接送出此标识符自身即可。

符号表中信息栏的具体组织和安排取决于所翻译的具体语言与目标机器(的字长和指令系统)。

练 习

1. 什么是符号表?符号表有哪些重要作用?
2. 符号表的表项常包括哪些部分?各描述什么?
3. 符号有的组织方式有哪些?它的组织取决于哪些因素?
4. 给出自适应线性表的查、填算法(注意修改自适应链)。
5. 设计一个算法,它将按字典顺序输出二叉树上各结点的名字。
6. 假定我们有一张10个单元的杂凑(链)表和一个足够大的存区用于登记符号名和

连接指示器。此处用自然数作"名字",杂凑函数定义为 H(i) = i(md 10)。当最初的 10 个素数 2,3,5,…,29 进入符号表后,请给出杂凑链表和符号表的内容。当更多的素数进入符号表后,你能期望它们随机均匀地分布在十个子表中吗?为什么?

7. 设有如下示意性的 Pascal 源程序:

```
PROGRAM P(input,output);
    const    norw = 13;
    var      l,k:integer;
             word:ARRAY[1..norw]of char;
    procedure getsym;
    var      i,j:integer;
        procedure getch(word:real);
            begin
            ...
            end;{getch}
    begin
        ...
        i:=1;k:=i+j;
        ...
    end;{getsym}
    procedure block(lev,lx:integer);
        var dx,txo:integer;
        procedure enter(k:real);
            begin
            ...
            end;{enter}
        procedure stat(fs:integer);
          var i,cxl:integer;
            procedure ex(fs:integer);
                var addop:real;
                procedure tem(fs:integer);
                    var i:integer;
                    begin
                        ...
                        j:=cxl;
                        ...
                    end;{term}
                begin
                    ...
                end;{ex}
```

                begin
                ...
                end; {stat}
            begin
            ...
            end; {block}
            begin {main}
            ...
            end {p}

当编译程序扫描上述源程序时,生成栈式符号表,试就此符号表回答以下问题:

(1) 画出扫描到 getsym 过程体之前的栈符号表,并要求指明 DISPLAY 和 TOP 值。

(2) 编译 getsym 的过程体而需要查找栈符号表时,试以该过程体中出现的变量 i、j 和 k 为例说明其查找范围的控制步骤。

(3) 画出"扫描到 term 过程体之前"的栈符号表。

(4) 编译 term 的过程体时,试以该过程体中的变量 i 和 cxl 为例说明其查找范围的控制步骤。

(5) 画出"扫描完 stat 过程说明"设计的栈符号表。

第九章 运行时存储空间组织

编译程序最终的目的是将源程序翻译成等价的目标程序。为了达到此目的,除了已介绍的对源程序进行词法、语法和语义分析外,在生成目标代码前,需要把程序静态的正文和实现这个程序的运行时的活动联系起来,弄清楚将来在代码运行时刻,源代码中的各种变量、常量等用户定义的量是如何存放的,如何去访问它们。

在程序的执行过程中,程序中数据的存取是通过与之对应的存储单元来进行的。在程序语言中,程序中使用的存储单元都由标识符来表示。它们对应的内存地址都是由编译程序在编译时或由其生成的目标程序运行时进行分配。所以,对编译程序来说,存储组织与管理是一个复杂而又十分重要的问题。本章就目标程序运行时的活动和运行环境进行讨论,主要讨论存储组织与管理,包括活动记录的建立与管理、存储器的组织与存储分配策略、非局部名称的访问等。

本章 9.1 节介绍运行时存储组织的预备知识,包括过程的活动与参数传递;9.2 节概述存储组织的基本概念;9.3 节以 FORTRAN 为例介绍静态存储分配及其实现;9.4 节和 9.5 节以 C 和 Pascal 为例讨论栈式存储分配及其实现;最后,在 9.6 节简述堆式存储分配。

9.1 目标程序运行时的活动

9.1.1 过程的活动

这一节讨论一个过程的静态源程序和它的目标程序在运行时的活动之间的关系。为了讨论方便,以 Pascal 为例,假定程序由若干个过程组成。

过程(procedure)定义是一个说明,其最简单的形式是一个标识符和一段语句相关,标识符是过程名,语句是过程体。例如,下面的 Pascal 程序(图 9.1)在(3)~(7)行包含名为 readarray 的过程定义,而(5)~(7)行是它的过程体。许多程序设计语言中都把有返回结果值的过程称为函数(function)。为了方便,我们把函数也列入过程一起讨论;并且把完整的程序也看成是过程。

当过程名出现在可执行语句里的时候,称这过程在这一点被调用。过程调用导致过程体的执行。在程序(图 9.1)里,主程序分别在第(23)和第(24)行调用过程 readarray 和 quicksort。过程调用还可能出现在表达式里,如第(16)行调用 partition。

出现在过程定义中的某些标识符是具有特殊意义的。如在第(12)行的 m 和 n 是过程 quicksort 中的形式参数。表达式作为实在参数可以传递给被调用的过程,替换过程体中的形式参数。如在第(18)行调用过程 quicksort,其实参为 i+1 和 n。随后将讨论形式参数与实在参数的结合过程。

```
(1) program sort(input,output)
(2)   var a:array[0..10]of integer;
(3)   procedure readarray;
(4)      var i:integer;
(5)      begin
(6)         for i:=1 to 9 do read(a[i])
(7)      end;
(8)   function partition(y,z:integer):integer;
(9)      var i:integer;
(10)     begin……
(11)     end;
(12)  procedure quicksort(m,n:integer);
(13)     var i:integer;
(14)     begin
(15)        if(n>m) then begin
(16)           i:=partition(m,n);
(17)           quicksort(m,i-1);
(18)           quicksort(i+1,n)
(19)        end;
(20)     end;
(21) begin
(22)    a[0]:=-9999;a[10]:=9999;
(23)    readarray;
(24)    quicksort(1,9)
(25) end.
```

图 9.1　程序

一个过程的**活动**指的是该过程的一次执行。就是说，每次执行一个过程体，产生该过程体的一个活动。关于过程 P 一个**活动的生存期**，指的是从执行该过程体第一步操作到最后一步操作之间的操作序，包括执行 P 时调用其它过程花费的时间。一般来说，术语"生存期"指的是在程序执行过程中若干步骤的一个顺序序列。

在像 Pascal 这样的语言里，每次控制从过程 P 进入过程 Q 后，如果没有错误，最后都返回到过程 P。确切地说，每次控制流从过程 P 的一个活动进入过程 Q 的一个活动，最后都返回到过程 P 的同一个活动。

如果 a 和 b 都是过程的活动，那么，它们的生存期或者是不重叠的，或者是嵌套的。就是说，如果控制在退出 a 之前进入 b，那么，必须在退出 a 之前退出 b。

一个过程是**递归**的，如果该过程在没有退出当前的活动时，又开始其新的活动。从程序（图 9.1）可以看出，在程序刚开始执行不久（第(24)行），控制进入 quicksort(1,9) 的活动，而退出这一活动是在程序将要结束时的末尾。在从 quicksort(1,9) 进入到它退出的整个期间，还有几个 quicksort 的活动，所以这一过程是递归的。一个递归过程 P 并不一定需要直接调用它本身，它可以通过调用过程 Q，而 Q 经过若干调用又调用 P。如果过程递归,在某一时刻可能有它的几个活动活跃着。

语言中的说明是规定名称含义的语法结构。说明可以用显式的方式。例如,Pascal的变量说明

$$\text{Var i:integer;}$$

说明也可以用隐含方式,如 FORTRAN 语言,在无其它说明的情况下,认为变量 i 是整型的。

一个说明在程序里能起作用的范围称为该说明的**作用域**。如果一个说明的作用域是在一个过程里,那么在这个过程里出现的该说明中的名称都是局部于本过程的;除此之外的名称就是非局部的。因此,在一个程序的不同部分,同一个名称可能是不相关的。当一个名称在程序正文中出现时候,语言的作用域规则决定该名称应属于哪个说明。在程序(图9.1)里,名称 i 分别在第(4)、(9)和(13)行被说明三次,而在过程 readarray、partition 和 quicksort 中的使用是相互独立的。第(6)行使用的 i 属于第(4)行说明的。在第(16)~(18)行使用的 i 都属于第(13)行说明的。

9.1.2 参数传递

过程(函数)是结构化程序设计的主要手段,同时也是节省程序代码和扩充语言能力的主要途径。只要过程有定义,就可以在别的地址调用它。调用与被调用(过程)两者之间的信息往来或者通过全局量或者经由参数传递。本小节主要介绍参数传递的几种方式。

1. 参数

在图 9.1 中的 Pascal 程序中,从(12)行到(20)行定义了一个称为 quicksort 的过程。其中 m、n 称为**形式参数**,简称**形参**(在 FORTRAN 中称为哑元)。第(24)行的语句表示了主程序对这个过程的一次调用:

(24) quicksort(1,9)

其中,1 和 9 称为**实在参数**,简称**实参**。实参也可以是一个变量或较复杂的表达式。实参与对应的形参在性质上应相容不悖。

问题是,如何把实在参数传递给相应的形式参数呢? 在图 9.1 的程序中从(8)行到(11)行定义了函数 partition,并在(16)行调用了它:

(16)　　i:=partition(m,n);

这里的问题是,在函数工作完毕返回时如何把函数值送回来以便赋给变量 i 呢? 对于后一个问题一般不存在什么困难,因为编译程序可以设想把函数值留在某个确定的累加器中。

下面,我们将分别讨论参数传递的三种不同途径:
- 传地址(call by reference)
- 传值(call by value)
- 传名(call by name):也称为"换名"

2. 传地址

所谓**传地址**是指把实在参数的地址传递给相应的形式参数。在过程段中每个形式参数都有一个相应的单元,称为**形式单元**。形式单元将用来存放相应的实在参数的地址。

当调用一个过程时,调用段必须预先把实在参数的地址传递到一个为被调用段可以拿得到的地方。如果实在参数是一个变量(包括下标变量),则直接传递它的地址。如果实在参数是常数或其它表达式(如 A+B),那就先把它的值计算出来并存放在某一临时单元之中,然后传送这个临时单元的地址。当程序控制转入被调用段后被调用段首先把实参地址抄进自己相应的形式单元中,过程体对形式参数的任何引用或赋值都被处理成对形式单元的间接访问。当被调用段工作完毕返回时,形式单元(它们都是指针)所指的实在参数单元就持有了所期望的值。例如,对于下面的 Pascal 过程:

procedure swap(n,m:real);
 var j:real;
 begin
  j:=n;
  n:=m;
  m:=j;
 end

调用 swap(i,k(i))所产生的结果等同于执行下列的指令步骤:
(1) 把 i 和 k(i)的地址分别传递到已知单元,如 J1 和 J2 中;
(2) n:=J1;m:=j2;
(3) j:=n↑;/* n↑指对 n 的间接访问 */
(4) n↑:=m↑;
(5) m↑:=j;

和"传地址"相似(但不等价)的另一种参数传递方法是所谓"得结果"(call by result)。这种方法的实质是:每个形式参数对应有两个单元,第一个单元存放实参的地址,第二个单元存放实参的值。在过程体中对形参的任何引用或赋值都看成是对它的第二个单元的直接访问,但在过程工作完成返回前必须把第二个单元的内容存放到第一个单元所指的那个实参单元之中。

3. 传值

这是一种最简单的参数传递方法。调用段把实在参数的值计算出来并存放在一个被调用段可以拿得到的地方。被调用段开始工作时,首先把这些值抄进自己的形式单元中,然后就好像使用局部名一样使用这些形式单元。如果实在参数不为指针,那么,在这种情况下被调用段无法改变实参的值。在上面关于 swap 的例子中,若采用传值方式处理参数传递,则过程调用 swap(i,k(i))将不产生任何结果。

4. 传名

这是 ALGOL60 所定义的一种特殊的形-实参数结合方式。ALGOL 用"替换规则"解释"传名"参数的意义:过程调用的作用相当于把被调用段的过程体抄到调用出现的位置,把其中任一出现的形式参数都替换成相应的实在参数(文字替换)。如果在替换时发现过程体中的局部名和实在参数中的名字使用相同的标识符,则必须用不同的标识符来表示这些局部名。而且,为了表现实在参数的整体性,必要时在替换前先把它用括号括起来。

例如,对于前面的过程 swap,假定采用传名文式传递实参,则过程调用 swap(i,k(i))的作用等价于执行下面的语句:

```
j:=i;
i:=k(i);
k(i):=j;
```
显然,这和采用传地址或传值的方式所产生的结果均不相同。

这种替换方式的基本实现办法是:在进入被调用段之前不对实在参数预先进行计值,而是让过程体中每当使用到相应的形参时才逐次对它实行计值(或计算地址)。因此,在实现时通常都把实参处理成一个子程序(称为参数子程序),每当过程体中使用到相应形参时就调用这个子程序。

由上两小节讨论可以看出,编译程序为了组织存储空间,必须考虑下面几个问题:
· 过程是否允许递归?
· 当控制从一个过程的活动返回时,对局部名称的值如何处理?
· 过程是否允许引用非局部名称?
· 过程调用时如何传递参数;过程是否可以做为参数被传递和做为结果被返回?
· 存储空间可否在程序控制下进行动态分配?
· 存储空间是否必须显式地释放?

9.2 运行时存储器的划分

9.2.1 运行时存储器的划分

编译程序为了使它编译后得到的目标程序能够运行,要从操作系统中获得一块存储空间。从上一节的讨论我们知道,对这块提供运行的空间应该进行划分以便存放,其中包括生成的目标代码、数据对象和跟踪过程活动的控制栈。目标代码的大小在编译时可以确定,所以编译程序可以把它放在一个静态确定的区域。同样,有一些数据对象的大小在编译时也能确定,因此它们也可以放在静态确定的区域。这样,运行时存储空间划分如图 9.2 所示。应尽可能多地静态分配数据对象,因为编译时这些对象的内存地址被编译进目标代码。如 FORTRAN 语言,所有数据对象都可静态地进行存储分配。

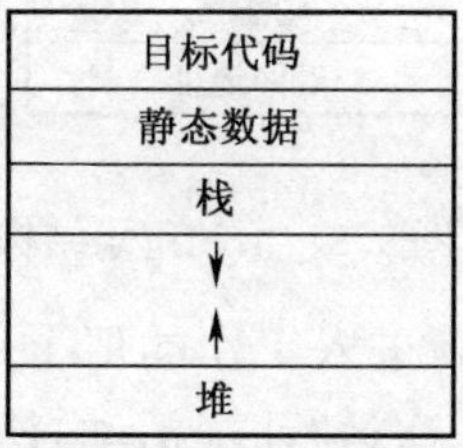

| 目标代码 |
| 静态数据 |
| 栈 |
| ↓ |
| ↑ |
| 堆 |

图 9.2 运行时存储空间的划分

在 Pascal 和 C 的实现系统中,使用扩充的栈来管理过程的活动。当发生过程调用时,中断当前活动的执行,激活新被调用过程的活动,并把包含在这个活动生存期中的数据对象以及和该活动有关的其它信息存入栈中。当控制从调用返回时,将所占存储空间弹出栈顶。同时,被中断的活动恢复执行。

在运行存储空间的划分中有一个单独的区域叫做堆(heep),留给存放动态数据。Pascal 和 C 语言都允许数据对象在程序运行时分配空间以便建立动态数据结构,这样的数据存储空间可以分配在堆区。

一个栈或堆的大小都随程序的运行而改变的,所以应使它们的增长方向相对,如图 9.2 所示。栈按地址增加方向向下增长,这样栈顶在下边。如果 top 标记栈顶,那么,由 top 可以求出到栈顶的位移。许多机器都提供一个专用寄存器来存放指针 top。

9.2.2 活动记录

为了管理过程在一次执行中所需要的信息,使用一个连续的存储块,我们把这样的一个连续存储块称为**活动记录**(Activation Record)。如 Pascal 和 C 语言,当过程调用时,产生一个过程的新的活动,用一个活动记录表示该活动的相关信息,并将其压入栈。当过程返回(活动结束)时,当前活动记录一般包含如下内容:

- 连接数据
  - 返回地址
  - 动态链:指向调用该过程前的最新活动记录地址的指针。运行时,使运行栈上各数据区按动态建立的次序结成链。链头为栈顶起始位置。
  - 静态链:指向静态直接外层最新活动记录地址的指针,用来访问非局部数据。像 FORTRAN 这样的语言是不需要的,因为其非局部数据都放在固定地方,而 Pascal 是必要的。
- 形式单元:存放相应的实在参数的地址或值。
- 局部数据区:局部变量、内情向量、临时工作单元(如存放对表达式求值的结果)。

其结构如图 9.3 所示。

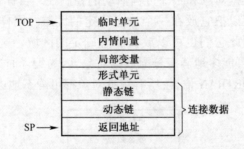

图 9.3　活动记录结构

指针 SP 指向现行过程(即最新进入工作的那个过程)的活动记录在栈里的起始位置。由于活动记录是一个过程在一次运行时(活动)所需的实际的存储空间,其大小在编译时可确定(这里排除了可变数据结构的存在)。因此,过程的任何局部变量、形式参数等的相对位置(相对于 SP 所指的地方)也在编译时确定。若把 SP 作为运行时的变址器的内容,那么,过程的所有局部单元都可用变址方式进行访问。

编译时对每个名称所表示的数据对象需要提供多大的存储空间,要根据这个名称的类型来确定。

9.2.3 存储分配策略

不同的编译程序关于数据空间的存储分配策略可能不同。**静态**分配策略在编译时对所有数据对象分配固定的存储单元,且在运行时始终保持不变。**栈式动态**分配策略在运行时把存储器作为一个栈进行管理,运行时,每当调用一个过程,它所需要的存储空间就动态地分配于栈顶,一旦退出,它所占空间就予以释放。**堆式动态**分配策略在运行时把存储器组织成堆结构,以便用户关于存储空间的申请与归还(回收),凡申请者从堆中分给一块,凡释放者退回给堆。

在一个的具体的编译系统中,究竟采用哪种存储分配策略,主要应根据程序语言关于名称的作用域和生存期的定义规则。像 FORTRAN 这样的语言,不允许过程递归,不含可变体积的数据对象或待定性质的名称,能在编译时完全确定其程序的每个数据对象在运行时在存储空间的位置。因此在设计 FORTRAN 语言编译程序时,可采用静态存储分配策略。像 Pascal 和 C 语言,由于它们允许递归过程,在编译时刻无法预先确定哪些递归过程在运行时被激活,更难以确定它们的递归深度,而每次递归调用,都要为该过程中的每个数据对象分配一个新的存储空间。由上可见,它们的编译程序则不能采用静态分配策略,只能采用在程序运行时动态地进行分配(栈式分配)。又如 Pascal 和 C 语言,还允许用户动态地申请和释放存储空间,而且申请与释放之间不一定遵守先申请后释放或后申请先释放的原则,因此,需要采用一种更复杂的堆式动态分配策略。

本章主要以 FORTRAN 和 Pascal、C 为例讨论静态分配策略、栈式动态分配策略和堆式分配策略。

9.3 静态存储分配

如果在编译时就能够确定一个程序在运行时所需的存储空间的大小,则在编译时就能够安排好目标程序运行时的全部数据空间,并能确定每个数据项的单元地址。存储空间的这种分配方法叫做**静态分配**。

FORTRAN 程序的特点是:不允许过程的递归性;每个数据名所需的存储空间大小都是常量(即不许含可变体积的数据,如何变数组);并且所有数据名的性质是完全确定的(不允许那种需在运行时动态确定其性质的名字)。这些特点告诉我们,整个程序所需数据空间的总量在编译时是完全确定了的,从而每个数据名的地址就可静态地进行分配(此处要注意一点是,作为 FORTRAN 过程哑元的"可调数组"并不是我们这里所说的"可变数组"。"可调数组"所需的存储空间是由实在参数提供的,对于这种数组,编译时只须分配给它几个足以存放"内情向量"的单元就可以了,且这些单元的数目仅仅依赖于哑数组的维数)。

静态存储分配是一种非常简单的策略。FORTRAN 标准文本规定,每个初等类型数据(不论变量或常数)都用某一确定长度的"机器字"表示之,整、实和逻辑型的数据各用一个机器字表示。双(精度)实型和复型数据各用相继的两个机器字表示。数组在存储器中必须按列为序连续存放。一个含 N 个元素的实型、整型或逻辑型数组需用连续的 N 个机器字表示之,而一个含 N 个元素的双实型或复型数组则需用连续 2N 个机器字表示。对于文字常数,我们总是假定从机器字的边界处开始存放。如果右端未正好到达字的边界,则用空白符补足。编译程序必须按照上述规定分配每类数据的存储空间。

但是,FORTRAN 的公用(COMMON)和等价(EQUIVALENCE)这些特殊概念带来了存储分配的复杂性。公用和等价完全是针对存储空间的相对位置而言的,不依赖于有关数据类型的数学性质。因此,编译程序必须按照标准文本对各类数据所需的存储空间大小以及存储表示方式所作的规定建立复杂的"名字-地址"对应关系。然后,根据这些对应关系对名字的地址进行分配。

9.3.1 数据区

因为每个 FORTRAN 程序段可以独立编译,因此,FORTRAN 的编译程序通常是,对于每个程序段和公用块都定义了一个对应的数据区。前者用来存放程序段中未出现在 COMMON 里的局部名的值,称为该段的局部区。后者用来存放公用块里各名字的值,称为公用区。每个数据区有一个编号。地址分配时,在符号表中,对每个数据名将登记上它是属于哪个数据区的,以及在该区中的相对位置。

一般而言,程序段的局部区可直接安排在该段的指令代码和常数单元之后,具名公用区和无名公用区安排在目标程序的最后端。编译时我们只注意统计每个数据区的体积(单元数),对于各区的首地址暂不作分配。等到运行前再用一个"装入程序"(LOADER)把它们连成可运行的整体。

编译程序必须累计每个数据区的体积。对于每个程序段的局部区,编译程序用一个计数器累计该段的局部名数据区的体积;但对于在该段中定义的每个公用块分别用不同的计数器累计它们的大小。如果各程序段是分开独立编译的,那么,最后的 LOADER 应根据每个公用块名选择它在各程序段中所定义的最大体积。

编译程序对于每个数据区构造一个相应的存储映像,描述该区的内容。对于程序段局部区而言,这个映像的最简单情形可只由符号表中属于该区局部名的入口及其相对地址所组成。对于每个公用块而言,在各有关程序段的符号表中都有一条连接该块各名字(依出现顺序的先后)的链。一个公用块在各程序段中的所有这些名链构成了该块所对应数据区的存储映像。

一个 FORTRAN 程序段局部数据区的内容一般含有如图 9.4 中的各项。

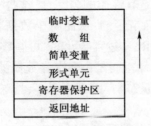

图 9.4 局部数据区

其中,"返回地址"单元用来保存调用此程序段时的返回地址。"寄存器保护区"用来保存调用段留在寄存器中的有关信息,使得这些寄存器可在过程体工作时重新使用。形式单元是和形式参数(哑元)相对应的,旨在存放实在参数的地址或值。

一般来说,用户在一程序段中所定义的局部变量和数组所需的存储空间构成了该段局部区的主要部分。程序段运行时所需的临时工作单元是局部区的另一重要组成部分。

例如,当编译程序完成了对子程序段

SUBROUTINE SWAP(A,B)
T = A
A = B
B = T
RETURN
END

中的变量名和数组名进行地址分配后,符号表的内容将如图9.5所示。

名 字	性 质	地 址	
NAME	ATTRIBUTE	DA	ADDR
SWAP	子程序,二目		
A	哑、实变量	k	a
B	哑、实变量	k	a+2
T	实变量	k	a+4

图9.5 符号表"名字-地址"对应

表中地址栏的子栏 DA 记录数据区编号,ADDR 记录此名在该区中的相对地址。令 k 是现行段局部名数据区编号,a 是保护区(包括一个返回地址单元)的长度,假定每个哑变量用两个机器字,那么,A、B 的地址分别为 a 和 a|2,变量 T 的地址为 a|4。

下面,我们将讨论用公用(COMMON)变量名、数组名和局部变量名、数组名的存储分配问题。临时变量名的存储分配问题将作为一单独问题进行专门讨论。在讨论公用名和局部名的地址分配之前,首先必须讨论 COMMON 语句和 EQUIAVLENCE 语句的处理问题。

*9.3.2 公用语句的处理

FORTRAN 的 COMMON 句旨在建立不同程序段间数据名的存储空间的同一性。由于 FORTRAN 对说明句的语序没有严格限定,当首次扫描到一个公用句时往往不能立即确定每个公用元的相对地址。例如,对于

COMMON/B1/A,B,C(50)
DIMENSION A(10,10),B(100)
COMPLEX A,B

在处理第二、三行之前,我们无法知道公用块 B1 中的公用元 A、B、C 的相对地址关系。因此,在初次遇到一个公用句时,只好把每个公用块的所有公用元按其出现顺序一一记录下来,待处理到说明部分结尾时(或待处理到程序段的 END 行时)再回头处理每个公用块,分配各块中每个公用元的地址。

为了记录各公用块的所有公用元,最简单的办法是在符号表中增设一个新栏(指

示器栏),用它把同一公用块中的所有名字按出现顺序连接成一条链。这个新栏叫做 CMP。

公用块的名字可以和其它名字一起登记在一张统一的符号表中,但这种做法不方便。由于标识公用块名字的标识符也可以有来标识其它对象,并且各程序段中所定义的每个公用块的名字及其对应的数据区长度信息必须在最后阶段和目标代码一起提交给 LOADER。因此,专设一张公用块名表(登记公用块名字及其有关信息)是很有必要的。这张表称为 COMLIST。如果编译程序要求对每个 FORTRAN 源程序的所有程序段集中统一编译(即不许各段独立编译),那么,由于公用块名是全局性的,因此,可只设一张统一的 COMLIST 供各段编译时公用。在后面的叙述中我们都假定只采用一张各段共享的 COMLIST。

COMLIST 的结构如图 9.6(b)所示,它的主栏 NAME 登记公用块的名字,第一项 NAME 总是由六个空白字符组成的代表无名公用块的"名字"。LENGTH 登记公用区的长度(字数),它取各程序段所定义的同名公用区的最大长度。FT 和 LT 是两个工作指示器,每开始处理一个新的程序段时它们都预置为 null。在程序段的处理过程中,FT 和 LT 分别指向正在形成的各公用块的各链在符号表中首、末位置。

例如,假定某程序含有如下公用句:

COMMON X,Y

COMMON/B1/A,B,C/D,E,F(100)

经处理后,公用名链和 COMLIST 如图 9.6 所示。

	NAME	......	CMP
1	X		2
2	Y		6
3	A		4
4	B		5
5	C		0
6	D		7
7	E		8
8	F		0

(a)

NAME	LENGTH	FT	LT
无名	...	1	8
B_1	...	3	5

(b)

图 9.6 COMLIST 和公用名链

(a)符号表;(b)COMLIST。

每当编译程序开始分析一个新程序段时,首先总把 COMLIST 中的所有 FT 栏和 LT 栏都置为 null。当碰到一个 COMMON 句,如

COMMON/BLK1/NAM1,NAM2

编译程序应做的事情是:

- 若块名 BLK1 未出现在 COMLIST 中,则把它填入并形成它的空链(其实 FT 和 LT 原已为 null)。
- 把符号表中的 NAM1 和 NAM2 标志为属于公用区,并把它们依次接到 BLK1 原链的

末端。若原链为空链则把 NAM1 的入口填到 FT 栏之中。最后,调整 LT 使它指向新链的末端。

*9.3.3 等价语句的处理

FORTRAN 等价语句的作用旨在建立一个程序段中诸变量或数组元素之间的存储空间同一性。由于程序上的原因,在第一次扫描到一个等价句时,我们可能无法立即对它进行处理。因此,应把它们暂时记录下来,待到达说明部分结束时(或待到达程序段的 END 行时)再予处理。下面讨论对等价语句的处理方法。

在分配数据名的地址之前对等价语句的处理要求是,求出相互等价的各个名字的相对地址关系,在寻找这种关系的同时把各个相关的等价片归并为一。例如,令 A 是一个 $10*10$ 的数组,那么,等价语句

99 EQUIVALENCE(X,A(2,3)),(I,J,A(1,2),K)

告诉我们,由于 A 出现在两个等价片中,因此这两个等价片是相关的,可合二为一;而且若令 X 的地址为 0,那么数组 A 的首地址应为 -21,于是 A(1,2) 的地址为 -11,从而 I、J、K 的地址都应为 -11。为了在概念上有所区分,我们把此处的所谓"地址"改称为"相对数"。

在处理完所有等价片之后,我们要求在符号表中把所有相互等价的名字连结成一个环形链,标记上每个等价元的相对数。在下一小节,我们将根据这些环形链和各等价元的相对数进行数据名的地址分配。为了表示等价链和相对数,需要在符号表中增设两个新栏,一栏为 EQ,另一栏为 OFFSET。每个 EQ 是一个指示器,它的值或为 null(表示不属于等价链)或指向下一个等价元的入口(即在符号表中的位置)。OFFSET 用来登记等价元的相对数。例如,在处理了等价语句(99)之后,符号表的有关登记项如下图所示:

1	NEAE	......	OFFSFE	EQ
2	I		-11	3
3	J		-11	4
4	K		-11	2
5	X		0	5
	A		-21	1

为了归并相关等价片,建立等价链和求出各等价元的相对数,在处理等价语句时我们需要两个工作变量。一个是指示器 P,用来指示现行等价链首元在符号表中的入口。另一个是整数单元 BASE,用来作为计算等价元相对数的基准。

对于每个等价元我们将按如下办法计算它的足标:若此等价元是一个简单变量,其足标为 0;若此等价元是一个数组元素,譬如说是 $A(i_1,i_2,\cdots,i_n)$,则其足标为

$$(i_1-1)+d_1(i_2-1)+\cdots+d_1\cdots d_{n-1}(i_n-1)$$

其中,$d_1,\cdots,d_n$ 是数组各维的体积。

下面是一个简易但稍许低效的等价片归并算法的一般描述。

（1）置现行程序段符号表中所有的 EQ 栏均为 null。

（2）准备开始处理一个等价片,置 P:=null;BASE:=0。

（3）从等价片中取出一个等价元 X,令 X 的符号表入口为 N,求出 X 的足标 j。如果 X 是复型或双实型,则置 L=2,否则置 L=1。变量 L 的值指现行等价元 X 所需占用的字数。置 X 的相对数 z 为 z:=BASE-j*L。

（4）若 X 已出现在等价链中(EQ[N]≠null),即转第 6 步。否则

（5）把 X 加进现行环链中,即

IF P=null THEN P:=N ELSE EQ[N]:=EQ[P];
EQ[P]:=N;OFFSET[N]:=z;转第 7 步。

（6）X 已在某一等价环链中,准备把现行环和 X 原来所在的那个环合并为一(注意,这两个环可能原是同一个环)。这时必须根据 X 的老相对数 OFFSET[N] 和现行相对数 z 的差数 D(D=OFFSET[N]-z)来调整现行环中各等价元的相对数(把现行环中各等价元的相对数递增 D),同时调整 BASE,置 BASE:=BASE+D;然后把两环合并为一。

（7）如果现行片中还有等价元则转第 3 步,否则(表示已处理完一等价片)。

（8）若还有其它未处理的等价片则转第 2 步;否则表示所有等价语句已处理完毕。

例如,等价语句(99)的处理过程如图 9.7 所示。当第 2 步结束时,我们已处理完了第一个等价片,建立了一个等价环。第 3 步开始处理第二个等价片,建立第二个等价环。但在第 5 步时我们发现 A 已在第一个等价环中。于是,经调整新环中各元的相对数后把两环合二为一。由于两环合并,BASE 变成为 -11。在第 6 步处理 K 时,它的相对数就在新的 BASE 基准上进行计算。

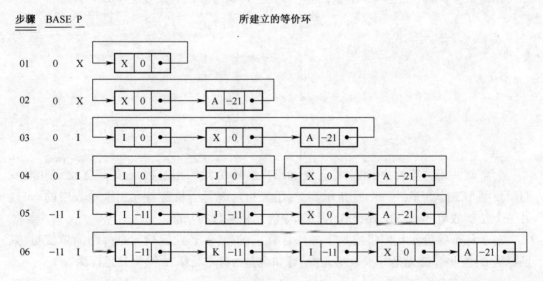

图 9.7 等价环的建立

一个比较形式化的归并算法见图 9.8。

```
BEGIN 把符号表中所有 EQ 栏置为 null;
  WHILE 存在未处理的等价片 DO
    BEGIN/ * 开始处理新等价片 */
      P: = null; BASE: = 0;
      WHILE 现行片中尚有未处理的等价元 DO
        BEGIN 取出下一等价元 X, 假定它在符号表的入口为 N, 计算 X 的足标 j;
          IF X 为"双实型"或"复型" THEN L: = 2 EISE L: = 1;
          z: = BASE-j * L;/ * z 为 X 的相对数 */
          IF EQ[N] = null/ * X 未在等价链中出现过 */THEN
            BEGIN
              IF P = null THEN P: = N ELSE EQ[N]: = EQ[P];
              EQ[P] = N; OFFSET[N]: = z;
            END
          ELSE / * X 已在等价链中 */
            BEGIN
              D: = OFFSET[N]-Z;
              BASE: = BASE+D;
              IF P = null THEN P: = N ELSE
              BEGIN Q: = p;
                LOOP: IF Q = N THEN
                  IF D≠0 THEN ERROR/ * 等价冲突 */
                  ELSE GOTO NXELE;
                  OFFSET[Q]: = OFFSET[Q]+D;
                  Q1: = Q; Q: = EQ[Q];
                  IF Q≠P THEN GOTO LOOP;
                MERGE:/ *归并*/
                  EQ[Q1]: = EQ[N]; EQ[N]: = P
              END OF MERGING;
            END;
      NXELE:
      END OF THE INNER WHILE;
  END OF THE OUTER WHILE;
END
```

图 9.8　等价片归并算法

*9.3.4　地址分配

在建立了公用链和等价环之后,现在可以着手对程序段中用户定义的变量名和数组名分配存储空间了。我们首先讨论各公用元的地址分配,然后讨论局部名的地址分配。

假定各程序段的编译共享一个 COMLIST 表。因此,它的长度栏 LENGTH 应反映各个已处理了的程序段所定义的公用区的最大长度。

我们用公用块名在 COMLIST 中的入口数加上一个常数 127 作为对应的公用区的编号。常数 127 的选择是随意的,仅意味着我们认定所有公用区的编号均大于 127。把小于 128 的数作为局部数据区的编号,并假定采用程序段的自然序号作为它的局部数据区的编号。目前所说的地址分配的每个"地址"乃由两部分组成,一部分是数据区编号 DA,另一部分是该区中的相对地址。

在开始地址分配前,符号表中地址栏的子栏 DA 一律清 0,表示所有名字均未分配地址。

公用块中各名字的地址分配是沿公用链(由 COMLIST 的 FT 所指)从头到尾逐一进行的。当碰上等价环时,环中各元的地址也同时分配。假定在分配到公用链的第 N_1 项时发现该项属于等价环,令此环含有 m 个元素 $N_1, N_2, \cdots, N_m$,它们的相对数分别为 $f_1, f_2, \cdots, f_m$。由于 N_1 在公用区中,令它的相对地址为 a,因此,Ni 的相对地址应为 $a+(f_i-f_1)$,$i=2,3,\cdots,m$。等价的结果可能延伸公用区。假若有某个 $a+(f_i-f_1)<0$,这意味着公用区冒头。假定在分配这个等价环的元素地址前公用区的长度已达到 len,那么,在处理这个等价环后公用区的长度应为

$$\text{MAX}(\text{len}, a+\overset{m}{\underset{i=1}{\text{MAX}}}(f_i-f_1+\text{size}(N_i)))$$

其中,size(N) 指符号表中第 N 项名字所需的存储单元个数(字数)。

公用区的地址分配算法见图 9.9,图中,变量 a 用作地址计数器,len 用作长度计数器,d 表示公用区编号。

```
FOR COMLIST 中每个 FT 不为 null 的项 i DO
BEGIN a:=0;len:=0;d:=i+127;N:=FT[i];
    WHILE N≠null DO
    BEGIN
        IF DA[N]≠0/*第 N 项已分配*/THEN
            {IF DA[N]≠d OR ADDR[N]≠a THEN ERROR(冲突)}
        ELSE/* DA[N]=0,第 N 项未分配*/
        IF EQ[N]=null THEN{DA[N]:=d;ADDR[N]:=a}
        ELSE/* EQ[N]≠null,第 N 项是等价元*/
            BEGIN N1:=N;f:=OFFSET[N];
                REPEAT
                    a1:=a+(OFFSET[N1]-f);
                    IF a1<0 THEN ERROR /*冒头;*/
                    IF DA[N1]≠0 AND(DA[N1]≠d OR ADDR[N1]≠a1)
                        THEN ERROR /*非法等价*/
                    ELSE BEGIN
                        DA[N1]:=d;ADDR[N1]:=a1;
                        len:=MAX(len,a1+size(N1));
                        N1:=EQ(N1)
                    END
                UNTIL N1−N
        END;
        a:=a+size[N];
        len:=MAX(len,a);
        N:=CMP[N]
    END OF WHILE;
    LENGTH[i]:=MAX(LENGTH[i],len);
    FT[i]:=NULL;LT[i]:=null
END OF FOR LOOP;
```

图 9.9 公用区地址分配算法

在分配完公用区之后,符号表中所有示分配的数据名均应分配在现行程序的局部数据区中。对于哑名而言,根据它们的种属和参数传递的方式不难一一分配它们的地址。对于其它的局部变量和数组可按它们在符号表中的入口顺序逐一分配。但每当碰到等价环时应从那个具有最小相对数的等价元开始,对环中的所有元素同时进行地址分配。假定所碰到的等价环含有 m 个元素 $N_1, N_2, \cdots, N_m$,它们的相对数分别为 $f_1, f_2, \cdots, f_m$,假定 f_1 最小。那么,若分配给 N_1 的地址为 a,则分配给 Ni 的地址应为 $a+(f_i-f_1), i=2, \cdots, m$。这 m 个等价元分配完毕之后,局部区的长度将达到

$$\alpha + \underset{i=1}{\overset{m}{MAX}}(f_i - f_1 + size(N_i))$$

局部区等价环分配算法见图 9.10。图中,N 指等价不的一个入口;a 是地址计数器。

```
N1:=N;f:=OFFSET[N];
WHILE EQ[N1]≠N DO
    {N1:=EQ[N1];f:=MIN(f,OFFSET[N1])};
len:=-∞;N1:=N;
REPEAT
    DA[N1]:=现行程序段的序号;
    ADDR[N1]:=a+(OFFSET[N1]-f);
    len:=MAX(len,(OFFSET[N1]-f)+size(N1));
    N1:=EQ[N1]
UNTIL N1=N;
a:=a+len
```

图 9.10 等价环存储分配算法

9.3.5 临时变量的地址分配

在讨论中间代码产生时我们假定,每调用一次 NEWTEMP 就产生一个新的临时变量名。按第七章所述的产生四元式的算法,我们几乎是不加限制地大量引进临时变量名。以后将看到,这种做法对于代码优化处理是很有好处的。由于临时变量是编译时为(目标程序运行时)暂存某些中间结果而引进的。它们不会出表达现在 COMMON、EQUIVA-LENCE、EXTERNAL 或形式参数表之中,它们本质上无非是 INTEGER、REAL、LOGICAL、COMPLEX 或 DOUBLE PRECISION 等五种初等类型之一的简单变量。由于它们的属性非常简单,因此没有必要登记入符号表,只须在它们出现的地方(四元式)附带上类型信息就足够了。以前我们曾是这样假定的,现在仍用同样假定讨论临时变量名的地址分配问题。

尽管在翻译时大量引进了临时变量名,但并不是对每个名字分配一个不同的存储单元。那样做太浪费空间了。一个一般的分配原则是,如果两个临时变量名的作用域不相交,则它们可分配在同一单元中,一个临时变量名自它第一次被定值(赋值)的地方起直至它最后一次被引用的地方止,这区间的程序所能到达的全体四元式构成了它的作用域。对于用来暂存表达式中间结果的临时变量名而言,只存在一次定值和一次引用,并且在定值和引用之间不存在分叉转移(不论转进或转出)。这类临时变量名作用域的确定是非常简单的。它们的存储分配可用一种特别简易的办法实现(见后面的讨论)。

如果两个临时变量名的作用域不相交,则它们显然可共用一个存储单元。假定我们

已经有了计算作用域的算法,那么,可按下述办法对临时变量名进行存储分配:令临时变量名均分配在避部数据区中,若某一单元已分配给某些临时变量名,则把这些名字的作用域(它们必须是互不相交的)作为此单元的分配信息记录下来。每当要对一个新临时变量名进行分配时,首先求出此名的作用域,然后按序检查每个已分配单元,一旦发现新求出的作用域与某个单元所记录的全部作用域均不相交时就把这个单元分配给这个新名,同时把它的作用域也添加到该单元的分配信息之中。若新临时变量的作用域和所有已分配单元的作用域均有冲突(存在相交情形),则就分配给它一个新单元,同时把新名的作用域作为此单元的分配信息。

我们说过,大部分临时变量名是用来存放表达式的中间结果。这些临时变量各有一个特点,它们均只被定值一次,被引用一次。它们的作用域如同配对的括号序列所管辖的区域一样是层次嵌套的。因此,我们可以设想用一个栈(先进后出区)来存放这类临时变量名的值。也就是说,可以用一个栈来存放表达式计值过程中的中间结果。为简单起见,我们假定所有临时变量值只需要一种同一长度的栈单元。令 k 为栈的指示器,设它的初值是局部区中用来存放临时变量值的的区域首地址。每当发现对一个新的临时变量名 T_i 定值时,就用 k 的现行值作为 Ti 的地址,然后把 k 累增 1。每当引用了某个临时变量名 T_i 作为操作数时(此时 T_i 的地址必已分配),就把指示器 k 的值递减 1。例如,赋值句

$$X := A * B - C * D + E * F$$

的四元式如图 9.11(a)所示。当扫描第一个四元式时,分配给 T_1 的地址为 a(令 k 的初值为 a),然后 k 累增 1。当扫描第二个四元式时,分配给 T_2 的地址为 a+1,k 再累增 1。当扫描第三个四元式时,出于引用了 T_1 和 T_2 作为操作数,因此 k 递减了 2,变成了 a。于是我们又把 a 分配给 T_3,然后再把 k 累增 1,如此等等。图 9.11(b)列出了对临时变量名"代真"后的四元式,以及每个四元式"代真"后的 k 值。临时变量名的地址码前一律冠以$,以示标志。我们看到,在上述语句的计值过程中实际中只用$a 和$(a+1)两个临时工作单元。

	四元式				临时变量名	地址
(1)	*	A	B	T_1	T_1	a
(2)	*	C	D	T_2	T_2	a+1
(3)	−	T_1	T_2	T_3	T_3	a
(4)	*	E	F	T_4	T_4	a+1
(5)	+	T_3	T_4	T_5	T_5	a
(6)	:=	T_5		X		

(a)

	四元式				k(初值为 a)
(1)	*	A	B	$a	a+1
(2)	*	C	D	$(a+1)	a+2
(3)	−	$a	$(a+1)	$a	a+1
(4)	*	E	F	$(a+1)	a+2
(5)	+	$a	$(a+1)	$a	a+1
(6)	:=	$a		X	a

(b)

图 9.11 临时变量名的栈式地址分配
(a)四元式序列;(b)代真后的四元式序列。

对于简单表达式来说,使用上述办法对临时变量名进行地址分配是很方便的。但若表达式的概念复杂一点,如条件表达式,一个临时变量名的定值和引用就可能不只一次。在这种情况下,上述的分配办法不能简单套用。

9.4 简单的栈式存储分配

本节,首先考虑一种简单的程序语言的实现。这种言没有分程序结构,过程定义不许嵌套,但允许过程的递归调用。例如,C语言就是这样的一种语言。C语言的程序结构如图9.12所示。在这种情况下,关于局部名称的存储分配,可以直接采用栈式存储分配策略。

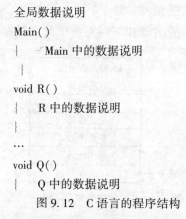

图9.12 C语言的程序结构

使用栈式存储分配法意味着把存储组成一个栈,运行时,每当进入一个过程(一个新的活动开始)时,就把它的活动记录压入栈(累筑于栈顶),从而形成过程工作时的数据区,一个过程的活动记录的体积在编译时是可静态确定的。当该活动结束(过程退出)时,再把它的活动记录弹出栈,这样,它在栈顶上的数据区也随即不复存在。

对于C语言,程序运行时数据空间可表示为如图9.13所示的结构。图中显示了主程序调用了过程Q,而Q又调用了R,在R进入运行后的存储结构。应该指出的是低部存区(栈底)是可静态的确定的。因此,对它们可采用静态存储分配策略,即编译时就能确定每个非局部名称的地址。于是,在某过程体中引用非局部名称时可直接使用该地址。而在过程里边说明的局部名称,都局部于它所在的活动,其存储空间在相应的活动记录里。

图9.13 C语言程序的存储组织

指示运行栈最顶端数据区的是两个指示器SP和TOP:
· SP 总是指向现行过程活动记录的起点,用于访问局部数据。
· TOP 始终指向(已占用)栈顶单元。

这两个指示器实际上是固定分配了两个变址器。当进一个过程时，TOP 指向为此过程创建的活动记录的顶端，在分配数组之后，TOP 就改为指向数组区（整个数据区）的顶端。

9.4.1 C 的活动记录

C 的活动记录有以下四个项目。
- 连接数据，有两个：
    （1）老 SP 值，即前一活动记录的地址；
    （2）返回地址。
- 参数个数。
- 形式单元（存放实在参数的值或地址）。
- 过程的局部变量、数组内情向量和临时工作单元。其结构如图 9.14 所示。

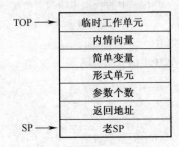

图 9.14 C 过程的活动记录

C 语言不允许过程嵌套，就是说，不允许一个过程定义出现在另一个过程定义之内，所以，C 语言的非局部量仅能出现在源程序头，非局部量可采用静态存储分配，编译时确定它们的地址。

由图 9.14 所示，过程的每一局部变量或形参在活动记录中的位置是确定的，就是说，对它们都分配了存储单元，其地址是相对于活动记录的基地址（SP）的。因此，变量和形参运行时在栈上的绝对地址是：

$$绝对地址 = 活动记录基地址 + 相对地址$$

于是，对一个当前正在活动的过程中的任何局部变量或形参 X 的引用可表示为变址访问 X[SP]，此处 X 代表相对数，也就是相对于活动记录起点的地址。这个相对数在编译时可完全确定下来。过程的局部数组的内情向量的相对地址在编译时也同样可完全确定下来，一旦数据空间在过程里获得分配后，对数组元素的引用也就容易用变址访问的方式来实现。

9.4.2 C 的过程调用、过程进入、数组空间分配和过程返回

我们说过，过程调用的四元式序列是

$$\text{par } T_1$$
$$\vdots$$
$$\text{par } T_n$$

$$\text{call } P, n$$

现在我们考虑在运行时四元式 par 和 call 是如何执行的，或者说，对于 par 和 call 应产生些什么相应的目标代码。由于 TOP 总是指向栈顶，而形式单元和活动记录起点之间的距离是确定的(等于3)，因此每个 par T_i(i=1,2,$\cdots$,n)可直接翻译成如下的指令：

$$(i+3)[\text{TOP}] := T_i \qquad (传递参数值)$$

或
$$(i+3)[\text{TOP}] := \text{addr}(T_i) \qquad (传递参数地址)$$

这些指令的作用是将实参的值或地址一一传进新的过程的形式单元中。此处我们假定，每个形式单元，不论用来存放实参的值或地址，均只用一个机器字。注意，在执行这些指令时 TOP 的值不受影响。

四元式 call P,n 应被翻译成

$$1[\text{TOP}] := \text{SP} \qquad (保护现行 SP)$$
$$3[\text{TOP}] := n \qquad (传送参数个数)$$
$$\text{JSR } P \qquad (转子指令,转向 P 的第一条指令)$$

转进过程 P 后，首先要做的工作是定义新活动记录的 SP，保护返回地址和定义这个记录的 TOP 值。也就是说，应执行下述的指令：

$$\text{SP} := \text{TOP}+1 \quad /* 定义新 SP */$$
$$1[\text{SP}] := 返回地址 \quad /* 保护返回地址 */$$
$$\text{TOP} := \text{TOP}+L \quad /* 定义新 TOP */$$

其中，L 是过程 P 的活动记录所需的单元数，这个数在编译时可静态地计算出来。

在过程段执行语句的工作过程中，凡引用形式参数、局部变量或数组元素都是以 SP 为变址器进行变址访问的。

C 语言以及其它一些相似的语言含有下面形式的返回句

$$\text{return}(E)$$

其中，E 为表达式。假定 E 的值已计算出来并已放在某个临时单元 T 中，那么，就将 T 的值传送到某个特定的寄存器中(调用段将从这个特定的寄存器中获得被调用过程的结果值)。然后，剩下的工作是恢复 SP 和 TOP 为进入过程前的老值，并按返回地址实行无条件转移。即执行下述的指令序列：

$$\text{TOP} := \text{SP}-1$$
$$\text{SP} := 0[\text{SP}]$$
$$X := 2[\text{TOP}] \quad /* X 为某一变址器 */$$
$$\text{UJ } 0[X]$$

此处 UJ 为无条件转移指令，按 X 中的返回地址实行变址转移。

一个过程也可以通过它的 end 而自动返回。在这种情况下，如果此过程是一个函数过程，则按同样的办法传送结果值，否则就直接执行上述的返回指令序列。

9.5 嵌套过程语言的栈式实现

在 9.4 节中我们假定所讨论的语言的过程定义是不能嵌套的。现在，我们取消限制，允许过程的嵌套性。从结构上看 Pascal 就是这样的一种语言。但由于 Pascal 含有"文件"

和"指示器"这些数据类型,因此,它的存储分配不能简单地运用栈式的办法来实现。而作为 Pascal 的一个子集,例如去掉"文件"这种数据类型,那就用本节所讨论的办法来实现存储分配。

在本节的讨论中,常常要用到过程定义的"嵌套层次"(简称**层数**),我们始终假定主程序的层数为 0,因此,主程序称为第 0 层过程。如过程 Q 是在层数为 i 的过程 P 内定义,并且 P 是包围 Q 的最小过程,那么,Q 的层数就为 i+1。这时,我们把 P 称为 Q 的直接外层过程,而 Q 称为 P 的内层过程。当编译程序处理过程说明时,过程的层数将作为过程名的一个重要属性登记在符号表中。计数每个过程的层次是很容易的。使用一个计数器 level(初始为 0),每逢遇到 proc Begin 时,将它累增 1,每逢碰到 proc end 时将它递减 1。于是对每个过程说明我们就可用 level 来定义它的层数。下面是一个省略的 Pascal 程序,其中包含了该程序里各过程的嵌套关系以及各名称说明和非局部名称的引用,如图 9.15 所示。程序中各过程嵌套深度如圆圈里的数字所示。过程 S 和 R 都引用了最外层过程说明

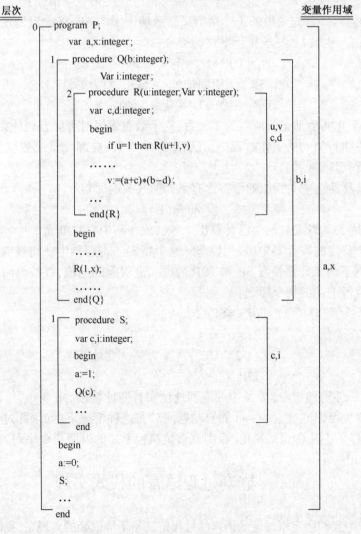

图 9.15 程序

的变量 a;过程 Q 引用了最外层过程说明的变量 x;而 R 又引用了其直接外层说明的变量 b。

对于 Pascal 语言,在运行时过程中每个局部变量和形参在栈上的存储地址完全可用 9.4 节所述办法实现,但是由于允许过程嵌套,对非局部量的访问就比较复杂。

9.5.1 非局部名字的访问的实现

由于过程定义是嵌套的,一个过程可以引用包围它的任一外层过程所定义的变量或数组,也就是说,运行时,一个过程 Q 可能引用它的任一外层过程 P 的最新活动记录中的某些数据(这些数据视为过程 Q 的**非局部量**)。为了在活动记录中查找非局部名字所对应的存储空间,过程 Q 运行时必须知道它的所有外层过程的最新活动记录的地址。由于允许递归性,过程的活动记录的位置(即使是相对位置)也往往是变迁的。因此,必须设法跟踪每个外层过程的最新活动记录的位置。跟踪的办法很多,本节讨论两种方法:一种是通过静态链;另一种是通过显示表(display)。

一、静态链和活动记录

这种办法是引入一个称为静态链的指针,该指针为活动记录的一个域,指向直接外层的最新活动记录的地址。这就意味着在运行时栈上的数据区(活动记录)之间又拉出一条链,这个链称为静态链,静态链是从一个过程的当前活动记录指向其直接外层的最新活动记录。活动记录结构如图 9.16 所示。

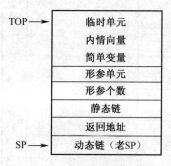

图 9.16 活动记录结构

由于程序中每个过程的静态结构(嵌套层次)是确定的。如嵌套深度为 2 的过程 R 引用了非局部量 a 和 b,其嵌套深度分别为 0 和 1。从 R 的活动记录开始,分别沿着 2-0=2 和 2-1=1 个静态链进行查找,于是,可以找到包含这两个非局部量的活动记录。

图 9.15 程序运行时栈的变化过程如图 9.17 所示。

由分析可以看出,指针 SP 总是指向当前正在活动的过程的活动记录的基地址。动态链指向调用该过程前正在运行的过程的最新活动记录的基地址。因此,当过程调用结束退回时,利用动态链可以得到调用前的活动记录的基地址。从程序的静态结构看,P 是 S 和 Q 的静态直接外层;Q 是 R 的直接外层。静态链是指向其静态直接外层的活动记录的基地址。

二、嵌套层次显示表(display)和活动记录

为了提高访问非局部量的速度,还可以引用一个指针数组,称为**嵌套层次显示表**

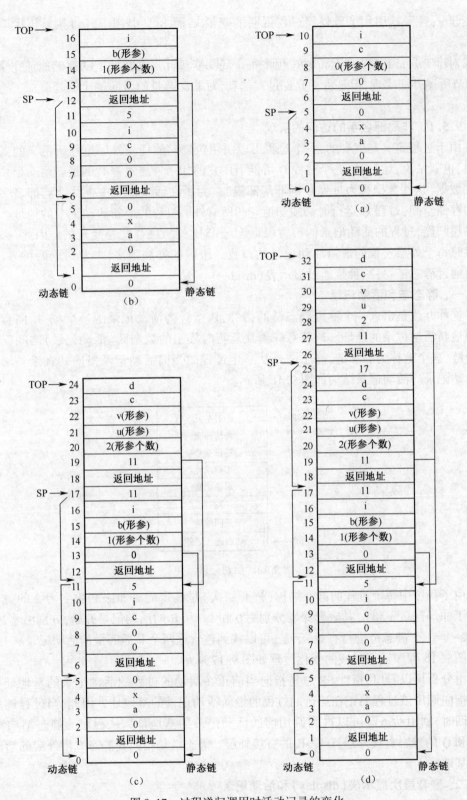

图 9.17 过程递归调用时活动记录的变化
(b)过程 S 中调用 Q 时;(a)过程 P 中调用 S 时;(c)过程 Q 中调用 R 时;(d)过程 R 中递归调用 R。

(display),即每进入一个过程后,在建立它的活动记录区的同时建立一张嵌套层次表 display。假定现进入的过程的层数为 i,则它的 display 表含有 i+1 个单元。此表本身是一个小栈,自顶向下每个单元依次存放着现行层,直接外层,…,直至最外层(0 层,主程序层)等每一层过程的最新活动记录的基地址。例如,令过程 R 的外层为 Q,Q 的外层为 P,则过程 R 运行时 display 表的内容应为:

2	R 的现行活动记录地址(SP 的现行值)
1	Q 的最新活动记录的地址
0	P 的活动记录的地址

由于过程的层数可以静态确定,因此每个过程的 display 表的体积在编译时即可知道。这样,由一个非局部量说明所在的静态层数和相对活动记录的相对地址,就可得到绝对地址:

$$绝对地址 = display[静态层数] + 相对地址$$

为了便于组织存区和处理手续,我们把 display 作为活动记录的一部分,置于形式单元的上端,活动记录结构如图 9.18 所示。

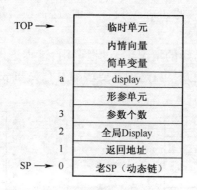

图 9.18 活动记录结构

由于每个过程的形式单元数目在编译时是知道的,因此,display 表的相对地址 d(相对于记录起点)在编译时也是完全确定的。假定在现行过程中引用了某一外层过程(令层数为 k)的变量 x,那么,可用以下两条变址指令获得 x 的值:

LD R1,(d+k)[SP]/ * 获得第 k 层过程的最新活动记录地址 * /
LD R2,X[R1]/ * 把 X 的值传递给 R2 * /

下面通过图 9.15 程序运行时栈的变化过程看可访问的 display 表内容(见图 9.19)。

由以上讨论我们知道,通过显示表 display 表访问非局部量要比沿着静态链访问非局部量的速度快,因为通过显示表的一个域,可以确定任意外层活动记录的指针,再沿着这个指针便可找到处于外层活动记录的非局部量。

现在我们要讨论,当过程 P_1 调用过程 P_2 而进入 P_2 后,P_2 应如何建立起自己的 display 表?为了建立自己的 display 表,P_2 必须知道它的直接外层过程(记为 P_0)的 display 表。这意味着,当 P_1 调用 P_2 时必须把 P_0 的 display 表地址作为连接数据之一传给 P_2。

如果 P_2 是一个真实的过程(P_2 不是形式参数),那么,P_0 或者就是 P_1 自身或者既是 P_1

外层又是 P_2 的直接外层(见图 9.20(a)、(b) 两种情形)。不论哪一种情形,只要在进入 P_2 后能够知道 P_1 的 display 表就能知道 P_0 的 display 表,从而可直接构造出 P_2 的 display 表。事实上,只须从 P_1 的 display 表中自底而上地取过 l_2 个单元(l_2 为 P_2 的层数)再添上进入 P_2 后新建立的 SP 值就构成了 P_2 的 display 表。也就是说,在这种情况下,我们只须把 P_1 的 display 表地址作为连接数据之一传送给 P_2 就能够建立 P_2 的 display 表。

如果 P_2 是形式参数,那么,调用 P_2 意味着调用 P_2 当前相应的实在过程,此时的 P_0 应是这个实在过程的直接外层过程。我们假定 P_0 的 display 地址可从形式单元 P_2 所指示的地方获得。

为了能在 P_2 中获得 P_0 的 display 地址,我们必须在 P_1 调用 P_2 时设法把 P_1 的 display 地址作为连接数据之一(称为"全局 display 地址")传送给 P_2。于是连接数据变为包含三项:

· 老 SP 值
· 返回地址
· 全局 display 地址

这样,整个活动记录的组织就如图 9.18 所示。

注意,0 层过程(主程序)的 display 只含一项,这一项就是主程序开始工作时所建立的第一个 SP 值。

在考虑上述非局部名访问的情况下,过程调用、过程进入和过程返回所应做的工作和 9.4.2 所述的内容大体相同。只是现在要增加对有关 display 的处理。

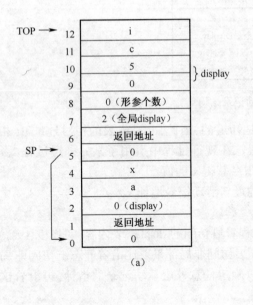

(a)

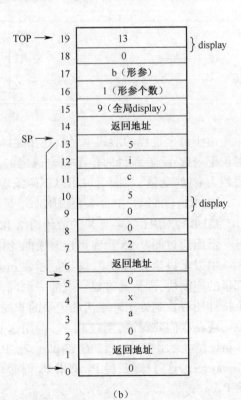

(b)

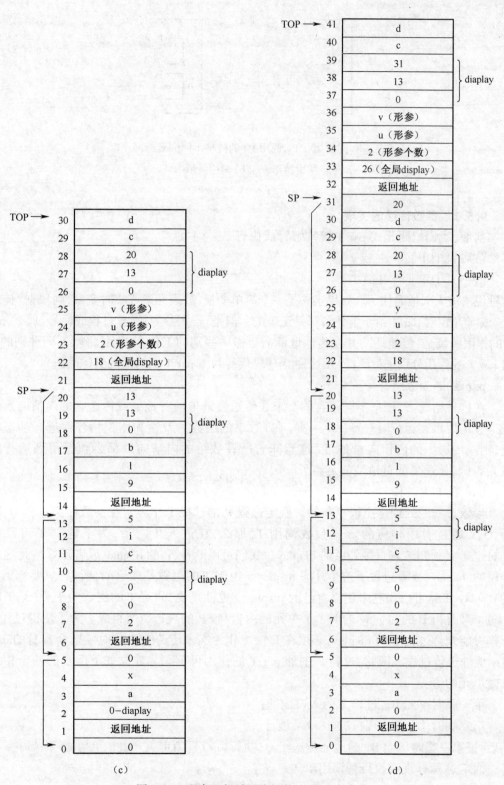

图 9.19 程序运行时可访问的 display 表内容

(a)过程 P 中调用 S 时；(b)过程 S 中调用 Q 时；(c)过程 Q 中调用 R 时；(d)过程 R 中递归调用 R。

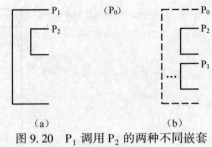

图 9.20 P_1 调用 P_2 的两种不同嵌套
(a)调用情形一;(b)调用情形二。

9.5.2 参数传递的实现

前面,我们把四元式 par T 统统解释成执行

(i+3)[TOP]:=Ti;或

(i+3)[TOP]:=addr(Ti)

这种说法被大大地简化了。如果实参是一个简单变量、数组元素或临时变量,则根据"传地址"或"传值"对 par T 给予上述解释是正确的。但是,若实参为数组、过程或标号,那么,par T 的作用统统是"传地址",并在传地址前需要做一些别的工作。下面,将就不同种别的 T 对 par T 的作用分别进行解释(用这种"解释"代替列出 par T 所对应的具体编码)。

par T,T 为数组

在这种情况下,根据不同语言的要求或传送数组 T 的首地址或传送它的内情向量地址。假定要求在运行时对形(式)-实(在)数组的维数一致性和体积相容性进行动态检查,则应传送 T 的内情向量地址(这意味着所有数组的内情向量都必须保留到运行阶段);否则,传送 T 的首地址就足够了。

par T,T 为过程

参数过程的处理是比较复杂的。假定过程 P 把过程 T 作为实在参数传给过程 Q,随后,Q 又通过引用相应的形式参数调用 T,那么,在进入 T 之后,为了建立 T 自己的 display,T 必须知道它直接外层的 display。我们可以断言,P 的 display 或者正好就是这个外层的 display,或者包含了这个外层 display。由于 T 的层数是知道的,所以,只要知道 P 的 display,T 就可以用它来建立自己的 display。也就是说,假定 T 的层数为 1,那么,T 的 display 乃是由 P 的 display 的前 1 个单元的内容和 SP 的现行值所组成。为了使得过程 T 工作时能知道过程 P 的 display,必须在 P 把 T 作为实参传送给 Q 的时候把 P 自身的 display 地址也传过去。因此,过程 P 中的 par T 的作用可刻画为建立如下所示的两个相继临时单元的值:

第一临时单元 B_1:过程 T 的入口地址;

第二临时单元 B_2:现行的 display 地址。

然后,把第一临时单元 B_1 的地址传送给 Q(执行(i+1)[TOP]:=addr(B1))。

假定过程 Q 现在执行到调用语句

call Z,m

其中,Z 为形式参数,而形式单元 Z 中已含有上述 B_1 的地址。那么,B_1 的内容将用来作为转子指令的目的地址(即转进过程 T),B_2 的内容将作为"全局 display 地址"(第三项连接数据)传送给 T。

par T,T 标号

假定过程 P 把标号 T 作为实在参数传送给过程 Q,随后 Q 又引用相应的形式参数把控制转移到标号 T 所指的地方。如果标号 T 是在过程 P_0 中定义的(P_0 或是 P 自身或是 P 的某一外层),那么,当 Q 要转向 T 时必须首先把 P_0 的活动记录变成现行活动记录。这就是说,对于 P 中的 par T,不仅要把标号 T 的地址传给 Q,而且应把 P_0 的活动记录的地址也传过去。因此,P 中的 par T 的功能可刻画为建立如下所示两个相继临时单元的值。

第一临时单元 B_1:标号 T 的地址;

第二临时单元 B_2:P_0 的活动记录地址。

然后把 B_1 的地址传送给 Q。

假定过程 Q 在某时刻执行到语句

goto Z

Z 为形式参数,相应的形式单元中已含有上述 B_1 的地址,那么,在按 B_1 中的实在(参数)标号地址实行转移之前,应逐级恢复 SP 和 TOP,直至 SP 指向 P_0 的活动记录。

我们如何知道那个定义标号 T 的过程 P_0 活动记录的地址呢?事实上,在符号表中,对于每个标号除了登记它的定义地址之外还登记了它所属的那个过程(即 P_0)的层数 1。由于这一层如果不是 P 自身就必定是 P 的某一外层,因此,下面的指令将把 P_0 活动记录的地址存于 B_2 之中:

$B_2:=(1+d)[SP]$

其中,d 为现行 display 的相对地址。

par T,T 为形式参数

在这种情况下,par T 的作用是传递形式单元 T 的内容(而不是传送 T 的地址)。

9.6 堆式动态存储分配

如果一个程序语言允许用户自由地申请数据空间和退还数据空间,或者不仅有过程而且有进程(process)的程序结构,那么,由于空间的使用未必服从"先请后还,后请先还"的原则,因此,栈式的动态分配方案就不适用了。在这种情况下通常使用一种称之为堆式的动态存储分配方案。假定程序运行时有一个大的存储空间,每当需要时就从这片空间中借用一块,不用时再退还给它。由于借、还的时间先后不一,经一段运行时间之后,这个大空间就必定被分划成如图 9.21 所示的许多块块,有些有用,有些无用(空闲)。

Pascal 语言中,标准过程 new 能够动态建立一个新记录,它实际上是从未使用的自由区(空闲空间)中找一个大小合适的存储空间并相应地置上指针。标准过程 dispose 是释放记录。new 与 dispose 不断改变着堆存储器的使用情况。

这种分配方式的存储管理技术甚为复杂,我们这里举出这种分配方法必须考虑的几个主要问题。

首先,当运行程序要求一块体积为 N 的空间时,我们应该分配哪一块给它呢?理论上说,应从比 N 稍大一点的一个空闲块中取出 N 个单元,以便使大的空闲块派更大的用

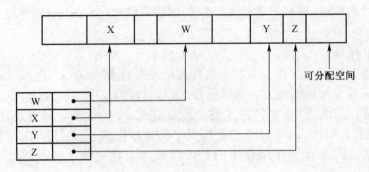

图 9.21 存储映像

场。但这种做法较麻烦。因此,常常仍采用"先碰上哪块比 N 大就从其中分出 N 个单元"的原则。但不论采用什么原则,整个大存区在一定时间之后必然会变成零碎不堪。总有一个时候会出现这样的情形:运行程序要求一块体积为 N 的空间,但发现没有比 N 大的空闲块了,然而所有空闲块的总和却要比 N 大得多!出现这种情形时怎么办呢?这是一个比前面的问题难得多的问题。解决办法似乎很简单,这就是,把所有空闲块连接的在一起,形成一片可分配的连续空间。这里主要问题是,我们必须调整运行程序对各占用块的全部引用点。

还有,如果运行程序要求一块体积为 N 的空间,但所有空闲块的总和也不够 N,那又应怎么办呢?有的管理系统采用一种叫做废品回收的办法来对付这种局面。即寻找那些运行程序业已无用但尚未释放的占用块,或者那些运行程序目前很少使用的占用块,把这些占用块收回来,重新分配。但是,我们如何知道哪些块运行时在使用或者目前很少使用呢?即便知道了,一经收回后运行程序在某个时候又要用它时又应该怎么办呢?要使用废品回收技术,除了在语言上要有明确的具体限制外,还需要有特别的硬件措施,否则回收几乎不能实现。

9.6.1 堆式动态存储分配的实现

1. 定长块管理

堆式存储分配最简单的实现是按定长块进行。初始化时,将堆存储空间分成长度相等的若干块,每块中指定一个链域,按照邻块的顺序把所有块链成一个链表,用指针 available 指向链表中的第一块。

分配时每次都分配指针 available 所指的块,然后 available 指向相邻的下一块,如图 9.22(a)所示。归还时,把所归还的块插入链表,如图 9.22(b)。考虑插入方便,可以把新归还的块插在 available 所指的结点之前,然后 available 指向新归还的结点。

编译程序管理定长块分配的过程不需要知道分配出去的存储块将存放何种类型的数据,用户程序可以根据需要使用整个存储块。

2. 变长块管理

除了按定长进行分配与归还之外,还可以根据需要分配长度不同的存储块,可以随请求而变。按这种方法,初始化时堆存储空间是一个整块。按照用户的需要,分配时先是从一个整块里分割出满足需要的一小块。以后,归还时,如果新归还的块能和现有的空闲块

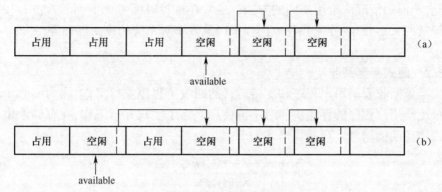

图 9.22 定长块管理

合并,则合并成一块;如果不能和任何空闲块合并,则可以把空闲块链成一个链表。再进行分配时,从空闲块链表中找出满足需要的一块,或者整块分配出去,或者从该块上分割一小块分配出去。若空闲块表中有若干个满足需要的空闲块时,该分配哪一块呢?通常有三种不同的分配策略:

(1) 首次满足法:只要在空闲块链表中找到满足需要的一块,就进行分配。如果该块很大,则按申请的大小进行分割,剩余的块仍留在空闲块链表中;如果该块不很大,比如说,比申请的块大不了几个字节,则整块分配出去,以免使空闲链表中留下许多无用的小碎块。

(2) 最优满足法:将空闲块链表中一个不小于申请块且最接近于申请块的空闲块分配给用户,则系统在分配前首先要对空闲块链表从头至尾扫描一遍,然后从中找出一块不小于申请块且最接近于申请块的空闲块分配。在用最优满足法进行分配时,为了避免每次分配都要扫描整个链表,通常将空闲块链表按空间的大小从小到大排序。这样,只要找到第一块大于申请块的空闲块即可进行分配。当然,在回收时亦需将释放的空闲块插入到链表的适当位置上去。

(3) 最差满足法:将空闲块表中不小于申请块且是最大的空闲的一部分分配组用户。此时的空闲块链表按空闲块的大小从大到小排序。这样每次分配无需查找,只需从链表中删除第一个结点,并将其中一部分分配给用户,而其它部分作为一个新的结点插入到空闲块表的适当位置上去。当然,在回收时亦需将释放的空闲块插入到链表的适当位置上去。

上述三种分配策略各有所长。一般来说,最优满足法适用于请求分配的内存大小范围较广的系统。因为按最优满足法分配时,总是找大小最接近于请求的空闲块,系统中可能产生一些存储量很小而无法利用的小片内存,同时也保留那些很大的内存块以备响应后面可能发生的内存量较大的请求。反之,由于最差满足法每次都是从内存最大的结点开始分配,从而使链表中的结点趋于均匀。因此,它适用于请求分配的内存大小范围较窄的系统;而首次满足法的分配是随机的,因此它介于两者之间,通常适用于系统事先不掌握运行期间可能出现的请求分配和释放的信息情况。从时间上来比较,首次满足法在分配时需查询空闲块链表,而回收时仅需插入到表头即可;最差满足法恰好相反,分配时无需查表,回收时则为将新的空闲块插入表中适当的位置,需先进行查找;最优满足法则不论分配与回收,均需查找链表,因此最费时间。

因此，不同的情况应采用不同的方法。通常在选择时需考虑下列因素：用户的要求；请求分配量的大小分布；分配和释放的频率以及效率对系统的重要性等等。

9.6.2 隐式存储回收

隐式存储回收要求用户程序和支持运行的回收子程序并行工作，因为回收子程序需要知道分配给用户程序的存储块何时不再使用。为了实现并行工作，在存储块中要设置回收子程序访问的信息。存储块格式如下：

块　长　度
访问计数
标　　记
指　　针
用户使用空间

在程序运行过程中，可能出现用户程序对存储块的申请得不到满足，为使程序能运行下去，暂时挂起用户程序，系统进行存储回收，然后再使用户程序恢复运行。回收过程通常分为两个阶段。

(1) 第一个阶段为标记阶段，对已分配的块跟踪程序中各指针的访问路径。如果某个块被访问过，就给这个块加一个标记。

(2) 第二个阶段为回收阶段，所有未加标记的存储块回收到一起，并插入空闲块链表中，然后消除在存储块中所加的全部标记。

这种方法可以防止死块产生，因为如果某一块能通过某一访问路径访问，则该块就会加上标记，这样在回收阶段就不会被回收，而没有加标记的块都被回收到空闲块链表中。

上述回收存储块的技术还有一个缺点，就是它的开销随空闲块的减少而增加。为了解决这个问题，不要等到空闲块几乎耗尽时才调用回收程序，可以在空闲块降到某个值，比如总量的一半，这时当一个过程返回时就调用回收程序。

练　习

1. 有哪些存储分配策略？并叙述何时用何种存储分配策略？

*2. 假定有如下一个 FORTRAN 程序段的说明句序列
```
      SUBROUTINE EXAMPLE(X,Y)
      INTEGER A,B(20),C(10,15),D,E
      COMPLEX F,G
      COMMON/CBK/D,E,F
      EQUIVALENCE (G,B(2)),(D,B(1))
```
请给出数据区 EXAMPLE 和 CBK 中各符号名的相对地址。

*3. 出现在公用区中等价环元素的地址分配方法和非公用区中等价环元素的地址分配方法有什么不同？为什么？

4. 下面是一个 Pascal 程序

```
program PP(input,output)
    VAR k:integer;
    FUNCTION F(n:integer):integer
    begin
        if n<=0 then F:=1
        else F:=n*F(n-1);
    end;
begin
    K:=F(10);
    ...
end.
```

当第二次(递归地)进入 F 后,DISPLAY 的内容是什么？当时整个运行栈的内容是什么？

5. 对如下的 Pascal 程序,画出程序执行到(1)和(2)点时的运行栈。

```
Progarm Tr(input,output);
    VAR i:integer;d:integer;
    procedure A(k:real);
        VAR p:char;
        procedure B;
            VAR c:char;
            Begin
                ...(1)...
            end;{B}
        procedure C;
            VAR t:real;
            Begin
                ...(2)...
            end;{C}
    Begin
        ......
        B;
        C;
        ......
    end;{A}
Begin{main}
    ...
    A(d);
    ...
end.
```

6. 有如下示意的 Pascal 源程序
```
     program main;
         VAR a,b,c:integer;
         procedure X(i,j:integer);
             VAR d,e:real;
             procedure Y;
                 VAR,f,g:real;
                 Begin
                 …
                 End;{Y}
             procedure Z(k:integer);
                 VAR h,I,j:real;
                 Begin
                 ……
                 end;{Z}
         Begin
             ……
             10:Y;
             ……
             11:Z;
             ……
         end;{X}
     Begin
         ……
         X(a,b);
         ……
     end.{main}
```
并已知在运行时刻,以过程为单位对程序中的变量进行动态存储分配。当运行主程序而调用过程语句 X 时,试分别给出以下时刻的运行栈的内容和 Display 的内容。

(1) 已开始而尚未执行完毕标号为 10 的语句;

(2) 已开始而尚未执行完毕标号为 11 的语句。

7. 假定有一个语言,在每个过程内部既可以引用局部于该过程的变量,也可以引用主程序中的全局量,但过程调用既不允许递归也不允许嵌套,这些限制导致了非常简单的运行存储组织,为什么?

8. 在采用显示释放存储空间时,为确定何时释放存储,需要如何管理?

9. 对于下面的程序:
```
     procedure P(X,Y,Z);
         begin
             Y:=Y+1;
```

```
                    Z:=Z+X;
                end P;
            begin
                A:=2;
                B:=3;
                P(A+B,A,A);
                print A
            end
```

若参数传递的办法分别为(1)传名;(2)传地址;(3)得结果;(4)传值。试问,程序执行时所输出的 A 分别是什么?

第十章 优 化

本章讨论如何对程序进行各种等价变换,使得从变换后的程序出发,能发生更有效的目标代码,我们通常称这种变换为**优化**。优化可在编译的各个阶段进行,但最主要的一类优化是在目标代码生成以前,对语法分析后的中间代码进行的。这类优化不依赖于具体的计算机。另一类重要的优化是在生成目标代码时进行的,它在很大程序上依赖于具体的计算机。本章讨论前一类优化。后类优化因为要依赖于具体的计算机。我们将在第十一章讨论这方面的一些问题。

有很多技术和手段可以用于中间代码这一级上的优化。总体上讲在一个编译程序中优化器的地位和结构如图 10.1 所示。

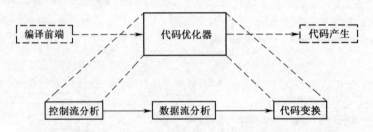

图 10.1 代码优化器的地位和结构

有的优化工作比较容易实现,如基本块内的局部优化。在一个程序运行时,相当多一部分时间往往会花在循环上,因此,基于循环的优化是非常重要的。有的优化技术的实现涉及到对整个程序的控制流和数据流分析,其实现代价是比较高的。10.1 节将对优化进行一个概述;10.2 节重点介绍基于基本块的局部优化;10.3 节和 10.4 节分别介绍有关循环优化和数据流分析的一些问题。

10.1 概 述

优化的目的是为了产生更高效的代码。由优化编译程序提供的对代码的各种变换必须遵循一定的原则。

(1) 等价原则。经过优化后不应改变程序运行的结果。

(2) 有效原则。使优化后所产生的目标代码运行时间较短,占用的存储空间较小。

(3) 合算原则。应尽可能以较低的代价取得较好的优化效果。

为了获得更优化的程序,可以从各个环节着手。首先,在源代码这一级,程序员可以通过选择适当的算法和安排适当的实现语句来提高程序的效率。例如,进行排序时,采用"快速排序"比采用"插入排序"就要快得多。其次,在设计语义动作时,我们不仅可以考虑产生更加高效的中间代码,而且还可以为后面的优化阶段做一些可能的预备工作。例如,可以在循环语句的头和尾对应的中间代码"打上标记",这样可以有助于后面的控制流和数据流分析;代码的分叉处和交汇处也可以打上标记,以便于识别程序流图中的直接前驱和直接后继。对编译产生的中间代码,我们安排专门的优化阶段,进行各种等价变换,以改进代码的效率。在目标代码这一级上,我们应该考虑如何有效地利用寄存器,如何选择指令,以及进行窥孔优化等等。

下面我们着重讨论中间代码这一级上的优化。我们先通过一个例子,介绍代码优化通常采用的基本方法。这个例子是一个用C语言写的快速排序子程序:

```
void quicksort(m,n);
int m,n;
    {
        int i,j;
        int v,x;
        if(n<=m)return;
        /* fragment begins here */
        i=m-1;j=n;v=a[n];
        while (1){
            do i=i+1;    while(a[i]<v);
            do j=j-1;    while(a[j]>v);
            if(i>=j)break;
            x=a[i];a[i]=a[j];a[j]=x;
        }
        x=a[i];a[i]=a[n];a[n]=x;
        /* fragment ends here */
        quicksort(m,j);quicksort(i+1,n);
    }
```

利用第七章介绍的方法,可以产生这个程序的中间代码。图10.2给出了程序中两个注解(/* fragment begins here */和/* fragment ends here */)之间的语句对应的中间代码。其中,$T_1,T_2,\cdots,T_{15}$为临时变量;$B_1,B_2,\cdots,B_6$为基本块,有关基本块的概念在下节介绍。下面以图10.2为例概述常用的优化技术。

- **删除公共子表达式**

如果一个表达式E在前面已计算过,并且在这之后E中变量的值没有改变,则称E为公共子表达式。对于公共子表达式,我们可以避免对它的重复计算,称为删除公共子表达式(有时称删除多余运算)。例如,在图10.2的B_5中分别把公共子表达式$4*i$和$4*j$的值赋给T_7和T_{10}。这种重复计算可以消除,把B_5变换为如下代码段:

B_5:
    $T_6 := 4*i$
    $x := a[T_6]$

$T_7 := T_6$
$T_8 := 4 * j$
$T_9 := a[T_8]$
$a[T_7] = T_9$
$T_{10} := T_8$
$a[T_{10}] = x$
goto B_2

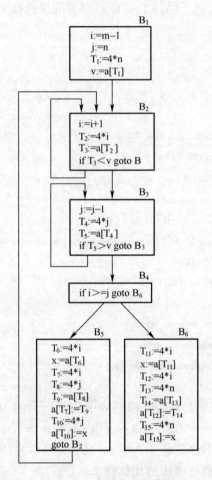

图 10.2 中间代码程序段

按上面方法对 B_5 删除公共子表达式后,仍要计算 $4*i$ 和 $4*j$。我们还可以在更大范围来考虑删除公共子表达式的问题。利用 B_3 中的赋值 $T_4 := 4*j$ 可以把 B_5 中的代码:

$$T_8 = 4 * j \quad 替换为 \quad T_8 := T_4$$

同样,利用 B_2 中的赋值 $T_2 := 4*i$ 可以把 B_5 中的代码:

$$T_6 = 4 * i \quad 替换为 \quad T_6 := T_2$$

对于 B_6 也可以作同样的考虑。删除公共子表达式后的情况如图 10.3 所示。

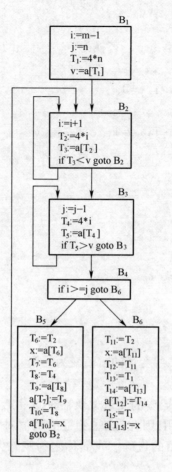

图 10.3 删除公共子表达式后

· **复写传播**

图 10.3 中的 B_5 还可以进一步改进。$T_6:=T_2$ 把 T_2 赋给 T_6，$x:=a[T_6]$ 中引用了 T_6 的值，而这中间没有改变 T_6 的值。因此，可以把 $x:=a[T_6]$ 变换为 $x:=a[T_2]$。这种变换称为复写传播。用这样的复写传播方法，可把 B_5 变为

$T_6:=T_2$

$x:=a[T_2]$

$T_7:=T_2$

$T_8:=T_4$

$T_9:=a[T_4]$

$a[T_2]:=T_9$

$T_{10}:=T_4$

$a[T_4]:=x$

goto B_2

进一步考察，由于在 B_2 中计算了 $T_3:=a[T_2]$ 因此在 B_5 中可以删除公共子表达式，把

$\quad\quad\quad\quad\quad$ x:=a[T_2] $\quad\quad\quad\quad$ 替换为 $\quad\quad\quad\quad$ x:=T_3

进而,通过复写传播把 B_5 中

$\quad\quad\quad\quad\quad$ a[T_4]:=x $\quad\quad\quad\quad$ 替换为 $\quad\quad\quad\quad$ a[T_4]:=T_3

同样,B_5 中

$\quad\quad\quad\quad\quad$ T_9:=a[T_4]; $\quad\quad$ a[T_2]=T_9

可以替换为

$\quad\quad\quad\quad\quad$ T_9:=T_5; $\quad\quad$ a[T_2]:=T_5

这样 B_5 就变为

$\quad\quad\quad\quad\quad$ T_6:=T_2

$\quad\quad\quad\quad\quad$ x:=T_3

$\quad\quad\quad\quad\quad$ T_7:=T_2

$\quad\quad\quad\quad\quad$ T_8:=T_4

$\quad\quad\quad\quad\quad$ T_9:=T_5

$\quad\quad\quad\quad\quad$ a[T_2]:=T_5

$\quad\quad\quad\quad\quad$ T_{10}:=T_4

$\quad\quad\quad\quad\quad$ a[T_4]:=T_3

$\quad\quad\quad\quad\quad$ goto B_2

复写传播的目的是使对某些变量的赋值变为无用。

- **删除无用代码**

对于进行了复写传播的 B_5 中的变量 x 及临时变量 T_6,T_7,T_8,T_9,T_{10},由于这些变量的值的整个程序中不再被使用,因此,这些变量的赋值对程序运算结果没有任何作用。我们可以删除对这些变量赋值的代码。我们称之为删除无用赋值或删除无用代码。删除无用赋值后,B_5 变为

a[T_2]:=T_5

a[T_4]:=T_3

goto B_2

对 B_6 进行相同的优化处理,可把 B_6 变为

a[T_2]:=v

a[T_1]:=T_3

复写传播和删除无用赋值后,如图 10.4 所示。

下面几种优化涉及循环。

- **代码外提**

对于循环中的有些代码,如果它产生的结果在循环中是不变的,就可以把它提到循环外来,以避免每循环一次都要对这条代码进行运算。例如,对下面 while 语句:

$\quad\quad\quad\quad\quad$ while(i<=limit-2)…

如果在循环中的 limit 的值是不变的,就可把它变换为

$\quad\quad\quad\quad\quad$ t:=limit-2;

$\quad\quad\quad\quad\quad$ while(i<=t)…

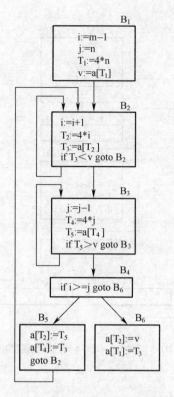

图 10.4　复写传播和删除无用赋值后

这种变换称为代码外提。

- **强度削弱**

考虑图 10.4 的内循环 B_3。每循环一次,j 的值减 1;T_4 的值始终与 j 保持着 $T_4=4*j$ 的线性关系。每循环一次,T_4 的值减少 4。因此,我们可以把循环中计算 T_4 的值的乘法运算,变换为在循环前面进行一次循环乘法运算,而在循环进行减法运算。如图 10.5 所示(在图 10.5 中我们省略了 B_2,B_5,B_6 的内容)。因为加减法运算一般要比乘除法快,所以称这种变换为强度削弱。

同样,对图 10.4 的 B_2 中的 $T_2:=4*i$ 可以进行强度削弱。

- **删除归纳变量**

由图 10.4 我们看到了,在 B_2 中每循环一次,i 增加 1,T_2 的值与 i 保持着 $T_2=4*i$ 的线性关系;而在 B_3 中每循环一次 j 减少 1,T_4 与 j 保持着 $T_4=4*j$ 的线性关系。这种变量我们称之为归纳变量。对 $T_2:=4*i$ 和 $T_4:=4*j$ 进行强度削弱后,i 和 j 除了在条件判断 if i>=j goto B_6 之外,其它地方不再被引用。因此,我们可以把条件判断变换为 if T_2>= T_4 goto B_6。

通过上面各种优化后,图 10.2 最后变换为图 10.6。通过图 10.2 和图 10.6 比较,我们发现优化的效果是明显的。B_2 和 B_3 中的代码从 4 条减为 3 条,而一条从乘法变为加法。B_5 从 9 条变为 3 条,B_6 从 8 条变为 3 条。虽然 B_1 的代码从 4 条变为 6 条,但 B_1 在运行时只被执行一次。

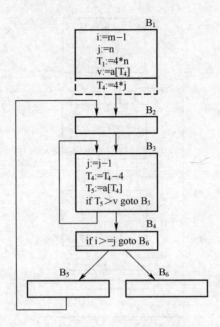

图 10.5 对 B_3 中的 $4*j$ 进行强度削弱

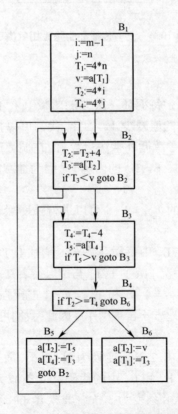

图 10.6 删除归纳变量后的结果

10.2 局部优化

本节,我们以程序的基本块为范围来讨论局部优化。

10.2.1 基本块及流图

所谓**基本块**,是指程序中一顺序执行的语句序列,其中只有一个入口和一个出口,入口就是其中的第一个语句,出口就是其中的最后一个语句。对一个基本块来说,执行时只能从其入口进入,从其出口退出。例如下面的三地址语句序列就形成了一个基本块:

$T_1 := a * a$
$T_2 := a * b$
$T_3 := 2 * T_2$
$T_4 := T_1 + T_2$
$T_5 := b * b$
$T_6 := T_4 + T_5$

如果一条三地址语句为 x:=y+z,则称为 x **定值**并**引用** y 和 z。在一个基本块中的一个名字,所谓在程序中的某个给定点是**活跃的**,是指如果在程序中(包括在本基本块或在其它基本块中)它的值在该点以后被引用。

对一个给定的程序,我们可以把它划分为一系列的基本块。在各个基本块范围内,分别进行优化。局限于基本块范围内的优化称为**基本块内的优化**,或称为**局部优化**。在介绍基本块内的优化之前,我们先给出划分四元式程序为基本块的算法。

1. 求出四元式程序中各个基本块的入口语句,它们是:
(1) 程序的第一个语句;或者
(2) 能由条件转移语句或无条件转移语句转移到的语句;或者
(3) 紧跟在条件转移语句后面的语句。

2. 对以上求出的每一入口语句,构造其所属的基本块。它是由该入口语句到另一入口语句(不包括该入口语句),或到一转移语句(包括该转移语句),或到一停语句(包括该停语句)之间的语句序列组成的。

3. 凡未被纳入某一基本块中的语句,都是程序中控制流程无法到达的语句,从而也是不会被执行到的语句,我们可把它们从程序中删除。

例 10.1 考察图 10.7 中的三地址代码程序。

(1) read X
(2) read Y
(3) R:=X mod Y
(4) if R=0 goto(8)
(5) X:=Y
(6) Y:=R
(7) goto (3)
(8) write Y
(9) halt

图 10.7 求最大公因子程序

应用以上算法：由规则1(1)，(1)是入口语句；由规则1(2)，(3)和(8)分别是一入口语句；由规则1(3)，(5)是一入口语句。然后应用规则2求出各基本块，它们分别是(1)(2)，(3)(4)，(5)(6)(7)以及(8)(9)。

在一个基本块内，可以进行上一节提到的删除公共子表达式和删除无用赋值这两种优化。还可以实现下面几种变换。

1. 合并已知量。假设在一个基本块内有下面两个语句：
$$T_1:=2$$
$$\ldots$$
$$T_2:=4*T_1$$

如果对 T_1 赋值后，没有改变过，则 $T_2:=4*T_1$ 中的两个运算对象都是编译时的已知量。可以在编译时计算出它的值，而不必等到程序运行时再计算。也即，可把 $T_2:=4*T_1$ 变换为 $T_2:=8$，我们称这种变换为合并已知量。

2. 临时变量改名。假定在一个基本块里有语句：
$$T:=b+c$$

其中，T是一个临时变量名。如果把这个语句改成：
$$S:=b+c$$

其中，S是一个新的临时变量名，并且把本基本块中出现的所有T都改成S，则不改变基本块的值。事实上，总可以把一个基本块变换成等价的另一个基本块，使其中定义临时变量的语句改成定义新的临时变量。

3. 交换语句的位置。假定在一个基本块里有下列两个相邻的语句：
$$T_1:=b+c$$
$$T_2:=x+y$$

如果 x，y 均不为 T_1，b，c 均不为 T_2，则交换这两个语句的位置不影响基本块的值。有时通过交换语句的次序，可产生出更高效的代码。

4. 代数变换。就是说，对基本块中求值的表达式，用代数上等价的形式替换，以期使复杂运算变成简单运算。例如，语句
$$x:=x+0$$
或
$$x:=x*1$$

执行的运算没有意义，都不改变 x 的值，所以，可以从基本块里删除。又如，语句
$$x:=y**2$$

中的乘方运算，通常需要调用一个函数来实现。可以用代数上等价的形式，用简单的运算
$$x:=y*y$$
替换

通过构造一个有向图，称之为**流图**，我们可以将控制流的信息增加到基本块的集合上来表示一个程序。每个流图以基本块为结点。如果一个结点的基本块的入口语句是程序的第一条语句，则称此结点为首结点。如果在某个执行顺序中，基本块 B_2 紧接在基本块 B_1 之后执行，则从 B_1 到 B_2 有一条有向边。即，如果

(1) 有一个条件或无条件转移语句从 B_1 的最后一条语句转移到 B_2 的第一条语句；

或者；

（2）在程序的序列中，B_2 紧接在 B_1 的后面，并且 B_1 的最后一条语句不是一个无条件转移语句。我们就说 B_1 是 B_2 的前驱，B_2 是 B_1 的后继。

例 10.2　对例 10.1 中的程序的各基本块构成的流图如图 10.8 所示。

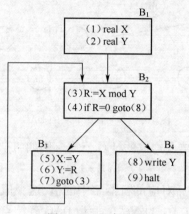

图 10.8　程序流图

10.2.2　基本块的 DAG 表示及其应用

一个基本块的 DAG 是一种其结点带有下述**标记**或**附加信息**的 DAG。

1. 图的叶结点（没有后继的结点）以一标识符（变量名）或常数作为标记，表示该结点代表该变量或常数的值。如果叶结点用来代表某变量 A 的地址，则用 addr(A) 作为该结点的标记。通常把叶结点上作为标记的标识符加上下标 0，以表示它是该变量的初值。

2. 图的内部结点（有后继的结点）以一运算符作为标记，表示该结点代表应用该运算符对其后继结点所代表的值进行运算的结果。

3. 图中各个结点上可能附加一个或多个标识符，表示这些变量具有该结点所代表的值。

例 10.3　对下面基本块：

（1）$T_1 := 4 * i$
（2）$T_2 := a[T_1]$
（3）$T_3 := 4 * i$
（4）$T_4 := b[T_3]$
（5）$T_5 := T_2 * T_4$
（6）$T_6 := prod + T_5$
（7）$prod := T_6$
（8）$T_7 := i + 1$
（9）$i := T_7$
（10）if $i <= 20$ goto(1)

对应的 DAG 如图 10.9 所示。

关于 DAG 的意义等后面我们给出了构造算法之后再来讨论。我们可以看到，DAG 的

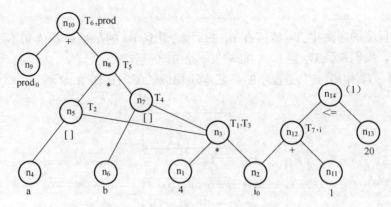

图 10.9 一个基本块的 DAG

每个结点代表一个由若干叶结点构成的计算公式。例如，T_4 标记的结点代表公式

$$b[4*i]$$

即从地址 b 偏移 $4*i$ 个字节后对应的机器字中的值，这个值将作为 T_4 的值。

下面介绍构造基本块的 DAG 的算法。假设 DAG 各结点信息将用某种适当的数据结构来存放(例如链表)。并设有一个标识符(包括常数)与结点的对应表。NODE(A) 是描述这种对应关系的一个函数，它的值或者是一个结点的编号 n，或者无定义。前一情况代表 DAG 中存在一个结点 n，A 是其上的标记或附加标识符。我们还假定要考虑的中间代码包括如下三种型式：

  (0) A:=B
  (1) A:=op B
  (2) A:=B op C   或   A:=B[C]

下面是仅含(0),(1),(2)型中间代码的基本块的 DAG 构造算法。

开始,DAG 为空。

对基本块中每一条中间代码式,依次执行以下步骤。

1. 如果 NODE(B) 无定义,则构造一标记为 B 的叶结点并定义 NODE(B) 为这个结点。

如果当前代码是 0 型,则记 NODE(B) 的值为 n,转 4。

如果当前代码是 1 型,则转 2(1)。

如果当前代码是 2 型,则:(i)如果 NODE(C) 无定义,则构造一标记为 C 的叶结点并定义 NODE(C) 为这个结点,(ii)转 2(2)。

2. (1) 如果 NODE(B) 是标记为常数的叶结点,则转 2(3),否则转 3(1)。

 (2) 如果 NODE(B) 和 NODE(C) 都是标记为常数的叶结点,则转 2(4),否则转 3(2)。

 (3) 执行 op B(即合并已知量),令得到的新常数为 p。如果 NODE(B) 是处理当前代码时新构造出来的结点,则删除它。如果 NODE(p) 无定义,则构造一用 p 做标记的叶结点 n。置 NODE(p)=n,转 4。

 (4) 执行 B op C(即合并已知量),令得到的新常数为 p。如果 NODE(B) 或 NODE(C) 是处理当前代码时新构造出来的结点,则删除它。如果 NODE(p) 无定义,则构造一用 p 做标记的叶结点 n。置 NODE(p)=n,转 4。

3. (1) 检查 DAG 中是否已有一结点,其唯一后继为 NODE(B) 且标记为 op(即找公共子表达式)。如果没有,则构造该结点 n,否则就把已有的结点作为它的结点并设该结点为 n。转 4。

(2) 检查 DAG 中是否已有一结点,其左后继为 NODE(B),右后继为 NODE(C),且标为 op(即找公共子表达式)。如果没有,则构造该结点 n,否则就把已有的结点作为它的结点并设该结点为 n。转 4。

4. 如果 NODE(A)无定义,则把 A 附加在结点 n 上并令 NODE(A)=n;否则先把 A 从 NODE(A)结点上的附加标识符集中删除(注意,如果 NODE(A)是叶结点,则其标记 A 不删除),把 A 附加到新结点 n 上并令 NODE(A)=n。转处理下一条代码。

例 10.4 试构造以下基本块 G 的 DAG

(1) $T_0 := 3.14$

(2) $T_1 := 2 * T_0$

(3) $T_2 := R + r$

(4) $A := T_1 * T_2$

(5) $B := A$

(6) $T_3 := 2 * T_0$

(7) $T_4 := R + r$

(8) $T_5 := T_3 * T_4$

(9) $T_6 := R - r$

(10) $B := T_5 * T_6$

处理每一条代码后构造出的 DAG 如图 10.10 中各子图所示,其步骤从略。子图 (a),(b),(c),…,(j)分别对应于代码(1),(2),(3),…,(10)。

根据 DAG 构造算法和上述例子,我们看到:

(1) 对任何一个代码,如果其中参与运算的对象都是编译时的已知量,那么,算法的步骤(2)并不生成计算该结点值的内部结点,而是执行该运算,用计算出的常数生成一个叶结点。所以步骤(2)的作用是实现合并已知量。

(2) 如果某变量被赋值后,在它被引用前又重新赋值,那么,算法的步骤(4)已把该变量从具有前一个值的结点上删除,也即算法的步骤(4)具有删除前述第二种情况无用赋值的作用。

(3) 算法的步骤 3 的作用是检查公共子表达式,对具有公共子表达式的所有代码,它只产生一个计算该表达式值的内部结点,而把那些被赋值的变量标识符附加到该结点上。

因此,我们可利用这样的 DAG,重新生成原基本块的一个优化的中间代码序列。为此,如果 DAG 某内部结点上附有多个标识符,由于计算该结点值的表达式是一个公共子表达式,当我们把该结点重新写成中间代码时,就可删除多余运算。例如,图 9.10(j)结点 n_5 附有 T_2 和 T_4 两个标识符,当我们把结点 n_5 重新写成中间代码时,就不是生成 $T_2 := R+r$ 和 $T_4 := R+r$,而是生成 $T_2 := R+r$ 和 $T_4 := T_2$。这样,就删除了多余的 $R+r$ 运算。

如果根据上述方式把图 10.10(j)的 DAG,按原来构造其结点的顺序,重新写成中间代码,则我们得到以下中间代码序列 G'。

(1) $T_0 := 3.14$

(2) $T_1 := 6.28$

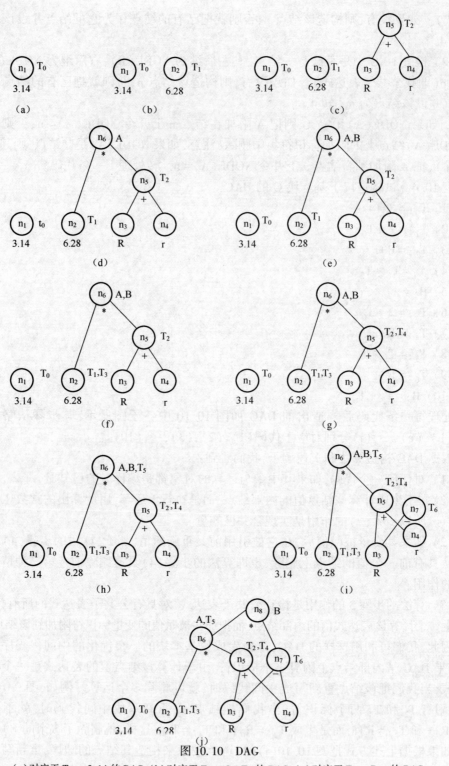

图 10.10 DAG

(a)对应于 $T_0:=3.14$ 的 DAG;(b)对应于 $T_1:=2*T_0$ 的 DAG;(c)对应于 $T_2:=R+r$ 的 DAG;
(d)对应于 $A:=T_1*T_2$ 的 DAG;(e)对应于 $B:=A$ 的 DAG;(f)对应于 $T_3:=2*T_0$ 的 DAG;
(g)对应于 $T_4:=R+r$ 的 DAG;(h)对应于 $T_5:=T_3*T_4$ 的 DAG;(i)对应于 $T_6:=R-r$ 的 DAG;
(j)对应于 $B:=T_5*T_6$ 的 DAG。

(3) $T_3 := 6.28$
(4) $T_2 := R+r$
(5) $T_4 := T_2$
(6) $A := 6.28 * T_2$
(7) $T_5 := A$
(8) $T_6 := R-r$
(9) $B := A * T_6$

把 G′ 和原基本块 G 相比,我们看到:

(1) G 中中间代码(2)和(6)都是已知量和已知量的运算,G′ 已合并。

(2) G 中中间代码(5)是一种无用赋值,G′ 已把它删除。

(3) G 中中间代码(3)和(7)的 R+r 是公共子表达式,G′ 只对它们计算一次,删除了多余的 R+r 运算。

所以 G′ 是对 G 实现上述三种优化的结果。

除了可应用 DAG 进行上述的优化外,我们还可从基本块的 DAG 中得到一些其它的优化信息,这些信息是:

(1) 在基本块外被定值并在基本块内被引用的所有标识符,就是作为叶子结点上标记的那些标识符;

(2) 在基本块内被定值且该值能在基本块后面被引用的所有标识符,就是 DAG 各结点上的那些附加标识符。

利用上述这些信息,我们还可进一步删除中间代码序列中其它情况的无用赋值。但这时必须涉及到有关变量在基本块后面被引用的情况(见数据流分析)。例如,如果 DAG 中某结点上附加的标识符,在该基本块后面不会被引用,那么,就不生成对该标识符赋值的中间代码。又如,如果某结点上不附有任何标识符或者其上附加的标识符在基本块后面不会被引用,而且它也没有前驱结点,这就意味着基本块内和基本块后面都不会引用该结点的值,那么,就不生成计算该结点值的代码。不仅如此,如果有两条相邻的代码 $A := C \text{ op } D$ 和 $B := A$,其中第一条代码计算出来的 A 值,只在第二条代码中被引用,则把相应结点重写成中间代码时,原来的两条代码将变换成 $B := C \text{ op } D$。

我们现在假设例 10.4 中 $T_0, T_1, T_2, T_3, T_4, T_5$ 和 T_6 在基本块后面都不会被引用,于是图 10.10(j) 中 DAG 就可重写为如下代码序列:

(1) $S_1 := R+r$
(2) $A := 6.28 * S_1$
(3) $S_2 := R-r$
(4) $B := A * S_2$

其中,没有生成对 $T_0, T_1, T_2, T_3, T_4, T_5$ 和 T_6 赋值的代码;S_1 和 S_2 是用来存放中间结果值的临时变量。

以上把 DAG 重写成中间代码时,是按照原来构造 DAG 结点的顺序(即 n_5, n_6, n_7, n_8)依次进行。实际上,我们还可采用其它顺序,只要其中任一内部结点在其后继结点之后被重写并且转移语句(如果有的话)仍然是基本块的最后一个语句即可。这里值得指出的是,我们可按照 n_7, n_5, n_6 和 n_8 的顺序把 DAG 重写为如下代码序列:

(1) $S_1:=R-r$
(2) $S_2:=R+r$
(3) $A:=6.28*S_2$
(4) $B:=A*S_1$

在第十一章介绍代码生成时,将会看到,按照后一顺序重写出的中间代码序列,它所生成的目标代码要比前者好。那里,我们还要介绍如何重排DAG的结点顺序,使得根据它重写出中间代码序列,能生成更有效的目标代码。

下面我们对DAG构造算法作进一步讨论。

当基本块中出现有数组元素引用、指针和过程调用时,情况就较为复杂。例如,考虑如下的基本块G:

  x:=a[i]
  a[j]:=y
  z:=a[i]

如果我们运用构造DAG算法来构造上述基本块的DAG,那么a[i]将成为一个公用子表达式。而当从DAG重写基本块时得"优化"后的基本块G′:

  x:=a[i]
  z:=x
  a[j]:=y

然而,在i=j并且y≠a[i]时,这两个基本块所计算出来的z值是不相同的。问题的原因是当我们对一个数组元素赋值时,我们可能改变表达式a[i]的右值,即使a和i都没有改变。因此,当我们对数组a的一个元素赋值时,我们"注销"所有标记为[ ]、左边的变元是a加上或减去一个常数(也可能是0)的结点。即,我们认为对这样的结点再添加附加标识符是非法的,从而取消了它作为公共子表达式的资格。这要求我们对每一个结点设一个标志位来标记是否已被注销。另外,对每个基本块中引用的数组a,我们可以保存一个结点表,这些结点是当前未被注销但若有对a的一个元素的赋值则必须被注销的结点。

对指针赋值*p:=w,其中p是一个指针,会产生同样的问题。如果我们不知道p可能指向哪一个变量,那么,就要认为它可能改变基本块中任一变量的值。当构造这种赋值句的结点时,要把DAG各结点上所有标识符(包括作为叶结点上标记的标识符)都予以注销。把DAG中所有结点上的标识符都注销,也同时意味着DAG中所有结点也都被注销。

在一个基本块中的一个过程调用将注销所有的结点,因为对被调用过程的情况缺乏了解,我们必须假定任何变量都可能因产生副作用而发生变化。

与上述讨论有关的另一个问题是,当把上述DAG重写成中间代码时,如果我们不是按照原来构造DAG结点的顺序把各结点重写为代码,那就必须注意,DAG中某些结点必须遵守一定顺序。例如,在上述基本块G中,z:=a[i]必须跟在a[j]:=y之后,而a[j]:=y必须跟在x:=a[i]之后。下面,我们根据以上讨论的各种情况的本来意义,把重写中间代码时DAG中结点间必须遵守的顺序归纳如下。

(1)对数组a任何元素的引用或赋值,都必须跟在原来位于其前面的(如果有的话,下同)对数组a任何元素的赋值之后。

(2)对数组a任何元素的赋值,都必须跟在原来位于其前面的对数组a任何元素的引用之后。

（3）对任何标识符的引用或赋值,都必须跟在原来位于其前面的任何过程调用或通过指针的间接赋值之后。

（4）任何过程调用或通过指针的间接赋值,都必须跟在原来位于其前面的任何标识符的引用或赋值之后。

总之,当对基本块重写时,任何数组 a 的引用不可以互相调换次序,并且任何语句不得跨越一个过程调用语句或通过指针的间接赋值。

10.3 循环优化

本节我们将讨论**循环优化**。什么叫循环呢？粗略地说,**循环**就是程序中那些可能反复执行的代码序列。因为循环中代码可能要反复执行,所以,进行代码优化时应着重考虑循环的代码优化,这对提高目标代码的效率将起更大的作用。为了进行循环优化,首先,要确定程序流图中,哪些基本块构造一个循环。按照结构程序设计思想,程序员在编程时应使用高级语言所提供的结构性的循环语句来编写循环。而由高级语言的循环语句(如 Pascal 语言中的 for 语句、while 语句、repeat 语句,FORTRAN 语言中的 do 语句等)形成的循环,是不难找出的。例如在图 10.2 中 B_2 和 B_3 分别构成一个循环,$\{B_2,B_3,B_4,B_5\}$ 构成一个更大范围的循环。

对循环中的代码,可以实行代码外提、强度削弱和删除归纳变量等优化。

10.3.1 代码外提

循环中的代码,要随着循环反复地执行,但其中某些运算的结果往往是不变的。例如,假设循环中有形如 A:=B op C 的代码,如果 B 和 C 是常数,或者到达它们的 B 和 C 的定值点都在循环外,那么,不管循环进行多少次,每次计算出来的 B op C 的值将始终是不变的。对于这种不变运算 B op C,我们可以把它外提到循环外。这样,程序的运行结果仍保持不变,但程序的运行速度却提高了。我们称这种优化为代码外提。

上面我们提到了"到达一定值"概念。所谓变量 A 在某点 d 的**定值到达**另一点 u(或称变量 A 的定值点 d 到达另一点 u),是指流图中从 d 有一通路到达 u 且该通路上没有 A 的其它定值。

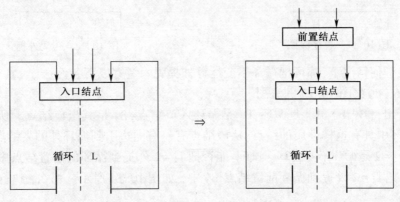

实行代码外提时,我们在循环入口结点前面建立一个新结点(基本块),称为循环的**前置结点**。循环前置结点以循环入口结点为其唯一后继,原来流图中从循环外引到循环入口结点的有向边,改成引到循环前置结点,如下图所示:

因为我们考虑的循环结构,其入口结点是唯一的,所以,前置结点也是唯一的。循环中外提的代码将统统外提到前置结点中。

例 10.5 对下面一段 Pascal 源程序:

for I:=1 to 10 do
　　A[I,2,*J]:=A[I,2*J]+1

产生中间代码如图 10.11 所示。

考察图 10.11 中(3)和(7),由于循环中没有 J 的定值点,所以其中 J 的所有引用的定值点都在循环外,从而(3)和(7)都是循环不变运算。另外(6)和(10)也是循环不变运算,这是因为分配给数组 A 的首地址 addr(A)并不随循环的执行而改变。于是(3),(7),(6),(10)均可外提到循环的前置结点中,如图 10.12 所示。其中 B_2' 就是新建立的循环前置结点。

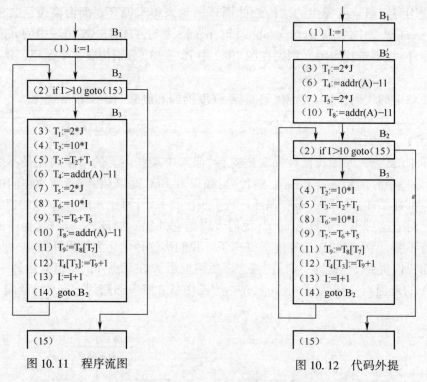

图 10.11　程序流图　　　　　　图 10.12　代码外提

是否在任何情况下,都可把循环不变运算外提呢? 考察以下各例。

例 10.6 考察图 10.13 的流图。

容易看出,$\{B_2,B_3,B_4\}$ 是循环,B_2 是循环入口结点,B_4 是其出口结点。所谓出口结点,是指循环中具有这样性质的结点:从该结点有一有向边引到循环外的某结点。

B_3 中 I:=2 是循环不变运算。试问:能否把 I:=2 外提到循环的前置结点中呢? 我们看到,如果把 I:=2 外提到循环前置结点 B_2' 中,如图 10.14 所示。那么,执行到 B_5 时,

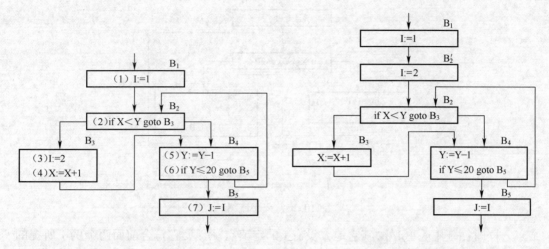

图 10.13 程序流图　　　　　图 10.14 程序流图

I 的值总是 2，从而 J 的值也是 2。注意，B_3 并不是出口结点 B_4 的必经结点。如果 X=30 和 Y=25，按图 10.13 的流图，B_3 是不会被执行的。于是，当执行到 B_5 时，I 的值应是 1，从而 J 的值也是 1 而不是 2。所以，图 10.14 改变了原来程序的运行结果，这当然是不符合优化要求的。问题出在什么地方呢？就在于 B_3 不是循环出口结点 B_4 的必经结点。从该例我们看到，当把一不变运算外提到循环前置结点时，要求该不变运算所在的结点是循环所有出口结点的必经结点。另外，我们还注意到，如果循环中 I 的所有引用点只是 B_3 中 I 的定值点所能到达的，I 在循环中不再有其它定值点，并且出循环后不会再引用该 I 的值（即在循环外的循环后继结点入口，I 不是活跃的），那么，即使 B_3 不是 B_4 的必经结点，还是可以把 I：=2 外提到 B_2' 中，因为这并不会改变原来程序的运行结果。上面我们提到活跃变量，所谓某变量 A 在程序中某点 p 是**活跃变量**（或称 A 在点 p 是活跃的），是指 A 的值要在从 p 开始的某通路上被引用。通过数据流分析可以确定变量在某点是否是活跃变量。

例 10.7　假设图 10.13 中的 B_2 改为

$$I：=3$$
$$\text{if } X<Y \text{ goto } B_3$$

试考虑 B_2 中不变运算 I：=3 的外提问题。

现在 I：=3 所在的结点 B_2 是循环出口结点的必经结点。但因为循环中除 B_2 外，B_3 也对 I 定值，如果把 B_2 中 I：=3 外提到循环的前置结点中，那么，若程序的执行流程是 $B_2 \rightarrow B_3 \rightarrow B_4 \rightarrow B_2 \rightarrow B_4 \rightarrow B_5$，则到达 B_5 时 I 的值是 2，从而 J 的值也是 2；但如果不把 B_2 中的 I：=3 外提，则经以上执行流程到达 B_5 时 I 的值是 3，从而 J 的值也是 3，而不是 2。

从该例我们看到，当把循环中不变运算 A：=B op C 外提时，要求循环中其它地方不再有 A 的定值点。

例 10.8　考察图 10.15 的流图。

现在，不变运算 I：=2 所属的结点 B_4 本身就是出口结点，而且此循环只有一个出口

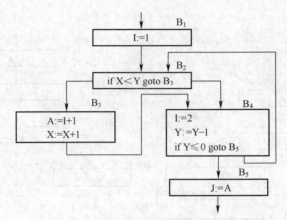

图 10.15 程序流图

结点。同时循环中除 B_4 外,其它地方没有 I 的定值点,所以,它符合前面两个例子所提的条件。试问:能否把 B_4 中 I:=2 外提呢?我们注意到,循环中 B_3 的 I 的引用点,不仅 B_4 中 I 的定值能到达,而且 B_1 中 I 的定值也能到达。现考虑进入循环前 X=0 和 Y=2 的情况,循环的执行流程是 $B_2B_3B_4B_2B_4B_5$,当到达 B_5 时,A 的值为 2,从而 J 的值也为 2。但如果把 B_4 中 I:=2 外提,则到达 B_5 时,A 的值为 3,从而 J 的值也为 3。

这里我们看到,当把循环不变运算 A:=B op C 外提时,要求循环中 A 的所有引用点都是而且仅仅是这个定值所能到达的。

根据以上讨论,我们下面介绍查找循环不变运算和代码外提的算法,假定已进行了有关数据流分析。

以下是查找循环 L 的不变运算的算法。

(1) 依次查看 L 中各基本块的每个代码,如果它的每个运算对象或为常数,或者定值点在 L 外(根据数据流分析可知),则将此代码标记为"不变运算"。

(2) 重复第(3)步直至没有新的代码被标记为"不变运算"为止。

(3) 依次查看尚未被标记为"不变运算"的代码,如果它的每个运算对象或为常数,或定值点在 L 之外,或只有一个到达一定值点且该点上的代码已标记为"不变运算",则把被查看的代码标记为"不变运算"。

以下是代码外提算法。

(1) 求出循环 L 的所有不变运算。

(2) 对步骤 1 所求得的每一不变运算 s:A:=B op C 或 A:=B,检查它是否满足以下条件①或②:

①(i) s 所在的结点是 L 的所有出口结点的必经结点;

(ii) A 在 L 中其它地方未再定值;

(iii) L 中所有 A 的引用点只有 s 中 A 的定值才能到达。

② A 在离开 L 后不再是活跃的,并且条件①的(ii)和(iii)成立。所谓 A 在离开 L 后不再是活跃的是指,A 在 L 的任何出口结点的后继结点(当然是指那些不属于 L 的后继)的入口处不是活跃的。

(3) 按步骤(1)所找出的不变运算的顺序,依次把符合(2)的条件①或②的不变运算 s 外提到 L 的前置结点中。但是,如果 s 的运算对象(B 或 C)是在 L 中定值的,那么,只有当这些定值代码都已外提到前置结点中时,才可能把 s 也外提到前置结点中。

注意:如果把满足条件(2)②的不变运算 A:=B op C 外提到前置结点中,那么,执行完循环后得到的 A 值,可能与不进行外提的情形所得 A 值不同。但是,因为离开循环后不会引用该 A 值,所以不影响程序运行结果。

10.3.2 强度削弱

我们要介绍的第二种循环优化称为**强度削弱**。强度削弱是指把程序中执行时间较长的运算替换为执行时间较短的运算。例如把循环中的乘法运算用递归加法运算来替换。

例 10.9 考察图 10.12 的流图,其中 $\{B_2,B_3\}$ 是循环,B_2 是循环的入口结点。我们注意到,(13)中的 I 是一个递归赋值的变量,每循环一次,其值增加一个常量 1。另外,(4)和(8)计算 T_2 和 T_6 的值时,都要引用 I 的值,并且 T_2 和 T_6 都是 I 的线性函数;每循环一次,I 增加一个常量 1,T_2 和 T_6 分别增加一个常量 10。因此,如果把(4)和(8)外提到循环前置结点 B_2' 中,那么,只要在 I:=I+1 的后面,给 T_2 和 T_6 分别增加一个常量 10,如图 10.16 所示,程序的运行结果仍保持不变。

经过上述变换,循环中原来的乘法运算(4)和(8),已被替换为在循环前置结点中进行一次乘法运算(即计算初值)和循环中递归赋值的加法运算(4')和(8')。不仅加法运算一般比乘法快,而且这种在循环前计算初值再在循环末尾加上常数增量的运算,可利用变址器提高运算速度,从而使运算的强度得到削弱。所以,我们称这种变换为强度削弱。

强度削弱不仅可对乘法运算实行,对加法运算也可实行。例如,在图 10.16 中,我们由(4')和(8')看到,T_2 和 T_6 也都是递归赋值的变量,每循环一次,它们分别增加一个常量 10。另外,(5)中计算 T_3 的值时要引用 T_2 的值,它的另一运算对象是循环不变量 T_1,所以,每循环一次,T_3 的值增量与 T_2 同,即常数 10。又(9)中计算 T_7 值的增量与 T_6 同,即常数 10。因此,我们又可对 T_3 和 T_7 进行强度削弱,即把(5)和(9)分别外提到前置结点 B_2' 中,同时在(8')后面分别给 T_3 和 T_7 增加一个常量 10。进行以上强度削弱后的结果如图 10.17 所示。

从前例,我们看到:

(1) 如果循环中有 I 的递归赋值 I:=I±C(C 为循环不变量),并且循环中 T 的赋值运算可化归为 T:=K*I±C_1(K 和 C_1 为循环不变量),那么,T 的赋值运算可以进行强度削弱。

(2) 进行强度削弱后,循环中可能出现一些新的无用赋值,例如图 10.17 中的(4')和(8')。因为循环中现在不再引用 T_2 和 T_6,如果它们在循环出口之后不是活跃变量,那么,(4')和(8')还可从循环中删除。这里的 T_2 和 T_6 是临时变量,它们一般不会是循环出口之后的活跃变量。

(3) 循环中下标变量的地址计算是很费时间的,这里介绍的方法对削弱下标变量地址计算的强度是非常有效的。前面的例子中,数组是二维的,如果我们考察一个三维或更高维数组的下标变量地址计算,将会进一步看到强度削弱的作用。对下标变量地址计算来说,强度削弱实际就是实现下标变量地址的递归计算。

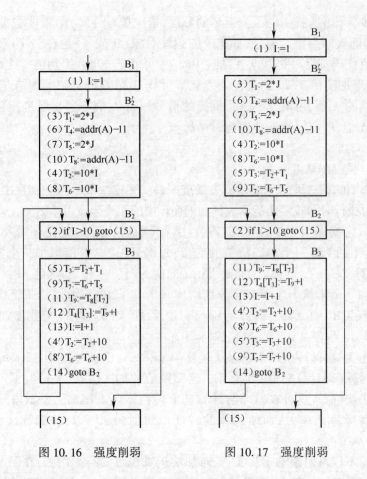

图 10.16 强度削弱　　　图 10.17 强度削弱

10.3.3 删除归纳变量

我们要介绍的第三种循环优化是**删除归纳变量**。先介绍基本归纳变量和归纳变量的定义。

如果循环中对变量 I 只有唯一的形如 I:=I±C 的赋值,且其中 C 为循环不变量,则称 I 为循环中的**基本归纳变量**。

如果 I 是循环中一基本归纳变量,J 在循环中的定值总是可化归为 I 的同一线性函数,也即 $J = C_1 * I \pm C_2$,其中 C_1 和 C_2 都是循环不变量,则称 J 是**归纳变量**,并称它与 I 同族。一个基本归纳变量也是一归纳变量。

例 10.10　考察图 10.12 的流图,显然 I 是循环 $\{B_2, B_3\}$ 中的基本归纳变量,T_2 和 T_6 是循环中与 I 同族的归纳变量。

另外,因 T_3 唯一地在(5)中被定值,由(5)和(4)容易看出,T_3 与基本归纳变量 I 的值在循环中始终保持着以下线性关系:$T_3 := 10 * I + T_1$,其中 T_1 是循环不变量,所以 T_3 是循环中与 I 同族的归纳变量。

又 T_7 唯一地在(9)中被定值,由(9)和(8)容易看出,T_7 与基本归纳变量 I 的值在循环中始终保持着以下线性关系:$T_7 := 10 * I + T_5$,其中 T_5 是循环不变量,所以 T_7 也是循环中与 I 同族的归纳变量。

一个基本归纳变量除用于其自身的递归定值外,往往只在循环中用来计算其它归纳变量以及用来控制循环的进行。例如,图 10.12 的流图,经过强度削弱后,变成图 10.17。图 10.17 中的 I,除在(13)用于其自身的递归定值外,只是唯一地在(2)中用来控制循环的进行。这时,我们可用与 I 同族的某一归纳变量来替换循环控制条件中的 I。例如,T_3(还有 T_2 和 T_7)是与 I 同族的归纳变量并且 T_3 与 I 的值在循环中始终保持以下线性关系:$T_3 := 10*I+T_1$,所以 I>10 和 $T_3>100+T$ 等价。于是我们可用 $T_3>100+T_1$ 来替换 I>10,即把(2)变换为

(21) $R := 100+T_1$

(22) if $T_3>R$ goto (15)

其中,R 是新引入的临时变量。进行上述变换之后,我们就可把(13)从流图中删除,这正是我们进行上述变换的目的。这种优化称为删除归纳变量,或称变换循环控制条件。从图 10.17 删除基本归纳变量后的结果如图 10.18 所示。其中假定 T_2 和 T_6 在循环出口之后不是活跃的,因而同时删去了无用赋值(4′)和(8′)。注意,如果我们选取 T_2(或 T_6)来替换 I,那么,(4′)(或(8′))就不能删除了。

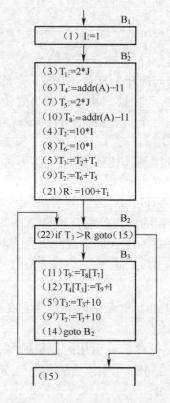

图 10.18 强度削弱与删除归纳变量

删除归纳变量是在强度削弱以后进行的。下面,我们统一给出强度削弱和删除归纳变量的算法框架,其步骤如下。

(1) 利用循环不变运算信息,找出循环中所有基本归纳变量。

(2) 找出所有其它归纳变量 A,并找出 A 与已知基本归纳变量 X 的同族线性函数关系

$F_A(X)$。

(3) 对 2 中找出的每一归纳变量 A,进行强度削弱。

(4) 删除对归纳变量的无用赋值。

(5) 删除基本归纳变量。如果基本归纳变量 B 在循环出口之后不是活跃的,并且在循环中,除在其自身的递归赋值中被引用外,只在形如

$$\text{if B rop Y goto L}$$

中被引用,则可选取一与 B 同族的归纳变量 M 来替换 B 进行条件控制。最后删除循环中对 B 的递归赋值的代码。

*10.4 数据流分析

涉及多个基本块范围的优化通常依赖于对程序的可能执行路径的分析。分析数据的值在基本块之间是如何被修改的,这种工作就是**全局数据流分析**。通常一个程序中基本块的确切的执行次序是不可能提前知道的。因此,我们执行数据流分析时假定流图中所有路径都是有可能执行的。基于这种分析的优化对于程序无论执行哪条路径都是有效的。

10.4.1 任意路径数据流分析

我们首先通过解决一个相当简单的问题,即活跃变量的识别问题,来引入数据流分析。前面我们曾经说过,所谓活跃变量就是它的当前值还将被引用(在赋予一个新值之前)。在全局范围来分析的话,一个变量是活跃的,如果存在一条路径使得该变量被重新定值之前它的当前值还要被引用。

通过全局活跃变量分析,我们能识别出其当前值不再活跃(即,它的值已经死了)的那些变量。死变量的值在基本块的出口处不需要保存。

令 B 为一个基本块,定义 LiveIn(B) 为在基本块 B 入口处为活跃的变量的集合。同样,定义 LiveOut(B) 为基本块 B 的出口处的活跃变量的集合。LiveIn 和 LiveOut 并不是相互独立的,令 S(B) 为流图中基本块 B 的后继的集合,则有

$$\text{LiveOut}(B) = \bigcup_{i \in S(B)} \text{LiveIn}(i)$$

也就是说,一个变量在基本块的出口处是活跃的仅当它在本基本块的某个后继的入口处为活跃的。如果基本块没有后继,则其 LiveOut 为空。

令 LiveUse(B) 为 B 中被定值之前要引用的变量的集合。LiveUse(B) 是一个集合常量,这个集合由基本块 B 中的语句唯一确定。容易看出,如果 $v \in \text{LiveUse}(B)$,则 $v \in \text{LiveIn}(B)$;即 $\text{LinveIn}(B) \supseteq \text{LiveUse}(B)$。

令 Def(B) 为在 B 中定值的变量集合。Def(B) 也是一个集合常量,它由 B 中的语句确定。Def 可由构造基本块 B 时计算出来。如果一个变量在基本块 B 的出口处为活跃的且 $v \notin \text{Def}(B)$,则它在 B 的入口处也是活跃的,即:

$$\text{LiveIn}(B) \supseteq \text{LiveOut}(B) - \text{Def}(B)$$。

通过分析我们可以得知一个变量在基本块入口处为活跃的,则一定有:或者它在基本

块的 LiveUse 集中,或者它在基本块的出口处为活跃的且在基本块中没有重新定值。因此,有下面等式:
$$LiveIn(B) = LiveUse(B) \cup (LiveOut(B) - Def(B))$$
这个等式对每个基本块都成立。

为了使以上分析更直观,我们考虑下面例子。

例 10.11 下面程序段

    a:=1;
    if a=b then
        b:=1;
        else c:=1;
    end if;
    d:=a+b;

相应的流图见图 10.19。

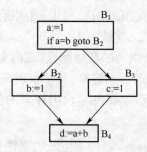

图 10.19 用于活跃变量分析的流图

从每个基本块,我们首先可以提取 Def 和 LiveUse 集合:

基本块	Def	LiveUse
B_1	{a}	{b}
B_2	{b}	$\varnothing$
B_3	{c}	$\varnothing$
B_4	{d}	{a,b}

从最后一个基本块开始由后往前计算,可以得到一定的解。事实上,我们的分析是从变量的引用点回到它们的定值点,因此,活跃变量的检测有时称为**向后流**(backward-flow)问题。我们还将看到,解决有些别的数据流问题时,信息流的方向与控制流是一致的,称之为**向前流**(forward-flow)问题。

因为 B_4 无后继,我们得到 LiveOut(B_4) = $\varnothing$,因此:
LiveIn(B_4) = LiveUse(B_4) = {a,b}
现在
    LiveOut(B_2) = LiveIn(B_4) = {a,b}
    LiveOut(B_3) = LiveIn(B_4) = {a,b}
在 B_2 或 B_3 中没有变量引用,所以有:

$LiveIn(B_2) = LiveOut(B_2) - Def(B_2) = \{a,b\} - \{b\} = \{a\}$

$LiveIn(B_3) = LiveOut(B_3) - Def(B_3) = \{a,b\} - \{c\} = \{a,b\}$

$LiveOut(B_1) = LiveIn(B_2) \cup LiveIn(B_3) = \{a\} \cup \{a,b\} = \{a,b\}$

最后

$LiveIn(B_1) = LiveUse(B_1) \cup (LiveOut(B_1) - Def(B_1)) = \{b\} \cup (\{a,b\} - \{a\}) = \{b\}$

对以上分析进行归纳,有:

基本块	LiveIn	LiveOut
B_1	$\{b\}$	$\{a,b\}$
B_2	$\{a\}$	$\{a,b\}$
B_3	$\{a,b\}$	$\{a,b\}$
B_4	$\{a,b\}$	$\varnothing$

这个例子解释了活跃变量分析的另一种用法。如果一个变量在程序起始基本块的入口处是活跃的,则变量可能在定值之前被引用,这种定值之前被引用是错误的。在本例中,$LiveIn(B_1) = \{b\}$,b 在定值之前被引用。

如果我们规定流图只有一个唯一的开始结点(无前驱),并且有一个或多个结束结点(无后继),则数据流方程是可解的。思想是,从基本块所产生的值(例子中的 LiveUse 集合)开始,然后这些值向前驱传播,除掉基本块内死了的值(例子中的 Def 集合),一直迭代下去直到求出所有集合。

数据流问题的解不一定唯一。考察图 10.20 的流图,其中有一个简单的循环。在这个流图中,没有对任何变量定值,a 在 B_4 中被引用。应用向后流方法传播可以得到一个最明显的解,即四个基本块的 LiveIn 集合均为 $\{a\}$。但是,不太合理的解也是可能的。例如,下面解是有效的(从满足数据流方程这个意义上看):

基本块	LiveIn	LiveOut
B_1	$\{a,b\}$	$\{a,b\}$
B_2	$\{a,b\}$	$\{a,b\}$
B_3	$\{a,b\}$	$\{a,b\}$
B_4	$\{a\}$	$\varnothing$

这个解中令人注意的是,b 没有在任何基本块中被引用!问题所在是基本块 B_2 和 B_2 互为祖先;而且,因为 b 从未定值(所有 Def 集为空),一旦 b 被包括在 LiveIn 集合中,它就永远消除不了。

我们对数据流方程可以按两种观点看。第一种观点,即所谓悲观的观点,如果我们在所有的后继结点中没有看到明显的定值,就认为这些变量是活跃的。第二种观点,即按乐观的观点,只有当我们看见一个变量在某个后继基本块中被引用了才认为这个变量是活跃的。

乐观的观点是"最小的"有效解,它具有最小可能的 LiveIn 和 LiveOut 集选择。可以证明,最小解总是存在的。就优化目的而言,最小的活跃变量解是有好处的,因为活跃变量

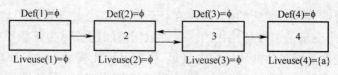

图 10.20 简单循环的流图

的值要保存而死变量的值可以忽略。换一句话说,只有当一个变量被实际发现在某个后继的基本块中被引用了,这个变量才能考虑是活跃的。

我们可以把检测可能没被初始化的变量的问题表示为一种向前数据流问题。向前数据流问题以与程序执行时控制流的相同方向跟踪信息流。

我们认为没被初始化的变量可能包含非法值。有些编译器,如 PL/C,把所有变量初始化为一个特别的值,而且在这个变量被引用之前要对它进行测试。通常的 Pascal 或 Ada 编译器对于限制变量或访问变量在引用之前要检查它们的合法性。

通过分析,我们确定在一个基本块的入口或出口处可能没被初始化的那些变量。没被初始化的变量在它们被引用之前测试。不在非初始化集中的变量一定具有合法的值,因此不需要在引用之前被检查。令 UninitIn(B) 为在基本块 B 的入口处可能未被初始化的变量集。同时,令 UninitOut(B) 为在基本块 B 的出口处可能未被初始化的变量集。一个变量在基本块的入口处未被初始化,如果它在 P(B) 中的某基本块的出口处是未被初始化的,这里 P(B) 代表流图中 B 的直接前驱的集合。即:

$$\text{UninitIn}(B) = \bigcup_{i \in P(B)} \text{UninitOut}(i)$$

如果一个基本块没有前驱,则它的 UninitIn 集合包含所有变量。令 Init(B) 为在 B 的出口处已知被初始化了的变量的集合。这个集合包括已知被赋为有效值的变量以及被引用之前被测试的变量。在后一种情况,一个非法值将会引起错误,而且,如果控制到了基本块的出口,则变量的值一定是已经有效了。从 Init(B) 的定义,我们可以得出结论:

$$\text{UninitOut}(B) \supseteq \text{UninitIn}(B) - \text{Init}(B)$$

令 Uninit(B) 为在 B 中变为没被初始化并且在基本块 B 中没有被重新赋值或测试的变量的集合。一个变量可能在下列情况变为未初始化的:被赋予一个非法值(如,null);一个操作的副作用(如,释放堆中的一个对象);或者刚刚建立的一个变量(例如在一个分程序中说明了局部变量)。容易看出,$\text{UninitOut}(B) \supseteq \text{Uninit}(B)$

UninitOut(B) 由 UninitIn(B) 加上变为未初始化的变量,减去已知要被初始化的变量而得到:

$$\text{UninitOut}(B) = \text{Uninit}(B) \cup (\text{UninitIn}(B) - \text{Init}(B))$$

因为 UninitOut 是由 UninitIn 计算而来的,所以这是一个向前流问题,信息流与控制流方向相同。与前面一样,解不是唯一的,因此,我们采用保守的方法并且假定在第一个基本块的入口处所有变量都是未初始化的。这一点保证了如果一个变量不是在到达基本块的所有路径中已知被初始化则就认为这变量是未初始化的。

10.4.2 全路径数据流分析

刚才讨论的数据流假定这么一个性质,即某条路径为真。因此,如果存在某条路径上被引用这个变量就认为是活跃的;如果存在任何一条路径上没有适当地被初始化(或测试)则就认为这个变量是未被初始化的。这种数据流问题被称为**任意路径**问题。任意路径问题的解不能保证所需的性质一定会满足,仅仅是可能满足。

数据流问题也可以用**全路径**(all-path)形式来解决,使所需的性质在所有可能的路径都满足。对于全路径问题的解,所需的性质可以保证总是满足。

全路径问题的一个很好的例子是确定表达式的**可用性**(availability),这也是一个向前数据流问题。称这个表达式为**可用的**(available),如果它已经被计算且重新计算是多余的。可用性信息对实现全局公共子表达式优化是非常重要的。

我们先讨论如何确定基本块内对表达式的计算在基本块出口处是否可用的。我们定义表达式计算的相关变量集,把它与临时变量 T 联系起来,记这个集合为 RelVar(T)。计算 RelVar(T) 的算法如图 10.21 所示。

```
Procedure ComputeRelvar(T)
/* 计算相应于临时变量 T 的表达式的相关变量 */
begin
    RelVar(T) := {T};
    While 存在临时变量 T'∈RelVar(T) do
        把 RelVar(T) 中的 T' 替换为用于计算 T' 的变量和临时变量
end;
```

图 10.21 计算相关变量的程序

ComputeRelVar 递归地把临时变量替换为用于计算这个临时变量的变量和临时变量,直到只剩下变量。

定义 AvailOut(B) 为基本块 B 的出口处可用的临时变量集合。定义 AvailIn(B) 为 B 的入口处的可用的临时变量集合。因为这是一个向前流问题,所以 AvailIn(B) 依赖于 B 的前驱结点的 AvailOut 值。现在我们要求临时变量必须在所有路径上预先计算,因此有:

$$AvailIn(B) = \bigcap_{i \in P(B)} AvailOut(i)$$

我们自然假定在第一个基本块的入口处无可用的表达式。在下面两种情况表达式可能在基本块出口处变为可用的。

(1) 它在基本块内计算并且最后一次计算后没有被杀死(注:一个表达式的值被杀死了是指,如果重新计算这个表达式的值将产生不同的结果)。这一点通过考察相关变量来确定。令 Computed(B) 为在基本块 B 中被计算且没有被杀死的表达式的集合。

(2) 表达式在基本块出口处是可用的并且没有在基本块内被杀死。也就是说与表达式相关的变量没有在基本块内被赋值。令 Killed(B) 为 B 中由于对相关变量赋值而被杀死的表达式集合。定义基本块出口处的可用性的方程为

$$AvailOut(B) = Computed(B) \cup (AvailIn(B) - Killed(B))$$

全路径的向后数据流问题也存在。例如确定非常忙表达式。如果在表达式被杀死之前的所有路径上都要引用这个表达式的值,则称该表达式为非常忙的。非常忙表达式为寄存器分配的主要候选,因为我们知道它的值必须要引用。非常忙信息也可以用于指导代码外提。在一个循环中,如果循环不变运算是非常忙的,则把它提到循环之外是非常有

益的。

令 VeryBusyOut(B) 为在基本块 B 的出口处非常忙的表达式集合并令 VeryBusyIn(B) 为在 B 的入口处非常忙的表达式集合。则：

$$\text{VeryBusyOut}(B) = \bigcap_{i \in S(B)} \text{VeryBusyIn}(i)$$

我们假定在最后一个基本块的出口处没有非常忙表达式。

令 Used(B) 为基本块 B 中被杀死之前引用的表达式集合,并令 Kill(B) 为 B 中被引用之前杀死了的表达式集合。则有：

$$\text{VeryBusyIn}(B) = \text{Used}(B) \cup (\text{VeryBusyOut}(B) - \text{Killed}(B))$$

10.4.3 数据流问题的分类

从前面的讨论我们可知,数据流问题的分类是非常清楚的。对每个基本块有一个 In 集合和一个 Out 集合。对于向前流问题,Out 集合由基本块内的 In 集合计算出来,而 In 集合由基本块之间的 Out 集合计算出来。同样,对于向后流问题,In 集合由同一基本块的 Out 集合计算,而 Out 集合由基本块之间的 In 集合计算。

在同一基本块中,In 和 Out 集合的关系形如方程

$$\text{In}(B) = \text{Used}(B) \cup (\text{Out}(B) - \text{Killed}(B))$$

或

$$\text{Out}(B) = \text{Used}(B) \cup (\text{In}(B) - \text{Killed}(B))$$

取决于是向后流问题还是向前流问题。

在任何路径问题中,要计算前驱(或后继)值的并集;在全路径问题中,要计算前驱(或后继)值的交集。

最后,作为一个边界条件,向前流问题中的起始基本块的 In 和向后流问题中最后一个基本块的 Out 集合必须指明。通常,这些边界条件集或者为空,或者包含所有可能的值,因问题而定。

归纳起来,一般的形式可用表 10.1 解释。表中 Gen(B) 表示 B 中"生成"的集合。

表 10.1 在数据流分析中使用的方程

	向 前 流	向 后 流
任意路径	$\text{Out}(B) = \text{Gen}(B) \cup (\text{In}(B) - \text{Killed}(B))$ $\text{In}(B) = \bigcup_{i \in P(B)} \text{Out}(i)$	$\text{In}(B) = \text{Gen}(B) \cup (\text{Out}(B) - \text{Killed}(B))$ $\text{Out}(B) = \bigcup_{i \in S(B)} \text{In}(i)$
全路径	$\text{Out}(B) = \text{Gen}(B) \cup (\text{In}(B) - \text{Killed}(B))$ $\text{In}(B) = \bigcap_{i \in P(B)} \text{Out}(i)$	$\text{In}(B) = \text{Gen}(B) \cup (\text{Out}(B) - \text{Killed}(B))$ $\text{Out}(B) = \bigcap_{i \in S(B)} \text{In}(i)$

10.4.4 其它主要的数据流问题

我们简单讨论一下其它数据流问题。任意路径的向前流分析可以用于计算"到达定值"集合。一个定值是基本块中对变量的任何赋值。一个变量 v 的定值到达 v 的某个引用点,如果存在一条从 v 的这个定值到引用点的路径并且中间没有对 v 重新定值。直观

地看,如果一个变量 v 的定值到达一个引用点,那么,这个定值就建立起了我们要引用的值。

作为一个标准的数据流问题,我们必须明确表达 In,Out,Gen 和 Kill 集合的含义。In 和 Out 集代表到达基本块的开头和结尾的定值集。这些集合包含变量定值的中间代码的地址。第一个基本块的 In 集合为空。基本块的 Gen 集合中包含出现在这个基本块中并到达基本块尾的定值。通常,如果在基本块中出现了同一变量的多次定值,则只有最后一定值到达基本块的尾。

对于在基本块内定值的每个变量 v,Kill 集合包含除了出现在 Gen 集中的那个定值点以外的其它所有 v 的定值点。Kill 集合"擦掉了"被基本块内局部定值取代了的那些定值。

像 Pascal 和 Ada 这样的语言,由于过程调用和别名的作用,确定到达定值是复杂的。特别地,如果我们调用一个子程序,或者给一个别名对象(数组或堆对象)赋值,一个变量可以被定值,也可能没被定值。我们称这种定值为二义的,因为不清楚定值是否会实际发生。在基本块中对变量的显式定值称为无二义的。基本块中的二义定值包含在 Gen 集中,但它们不会杀掉其它定值,因此对 Kill 集没有影响。事实上,它们可能增加新的定值,但不会像无二义定值一样清除定值。

到达定值有时用一种称为 **Ud-链**(使用-定值链)的数据结构来表示。一个 Ud-链是与一个变量的引用相联系的到达定值集。这种信息在优化之前收集,用于优化和代码产生阶段。

与 Ud-链关联的是 **Du-链**(定值-使用链)。一个 Du-链是与一个变量的一次定值相关的变量引用的集合,即 Ud-链允许我们找到可能引用基本块中某个点上对变量赋的值的所有中间代码。

Du-链通过任意路径的向后流分析计算,与计算活跃变量类似。在这里,In 和 Out 集表示可能引用变量的当前值的那些中间代码。最后一个基本块的 Out 集为空。Gen(B) 是在基本块 B 中变量被定值之前引用了变量的中间代码的集合。Kill(B) 为引用了在基本块 B 中定值的变量的中间代码的集合。

数据流分析可以用于确定复写传播。有时可以通过用 b 代替对 a 的引用从而消除形如 a:=b 的复写语句。如果 a:=b 是可以到达 a 的引用的唯一定值(可由 Ud-链确定),并且如果这个复写语句之后没有对 b 的赋值,则对 a 的引用可用对 b 的引用代替。后一个条件通过全路径的向前流分析检查。令 In(B) 为我们已知被执行且对其左右两边的变量没有重新赋值的复写语句的集合。In(B) 中的复写语句为复写传播的候选者。Out(B) 可以类似定义。第一个基本块的 In 集合为空。

Gen(B) 为基本块 B 中的复写语句的集合,并且后面没有对这些复写语句的左右两边的变量重新赋值。Kill(B) 为基本块 B 外的复写语句的集合,在 B 中对这些复写语句的左边或右边的变量重新赋了值。

例 10.12 考察
```
a:=d;
if a=b then
    b:=1
```

```
        else c:=1;
    a:=a+b;
```

a:=d 到达比较式 a=b 和加法 a+b。因为在这两个引用之前没有对 a 和 d 重新赋值，因此，可以实行复写传播。进一步，检查 a:=d 的 Du-链，我们发现 a 只用于两个地方，这两个地方都将用 d 代替。这样，使对 a 的赋值没有必要，所以我们可以看到：

```
    if d=b then
        b:=1
    else c:=1;
    a:=d+b;
```

10.4.5 利用数据流信息进行全局优化

在本节中，我们简单讨论如何把数据流分析收集到的信息实际用于各种全局优化。我们只讨论其中的一部分优化，因为所有可能的优化非常多。

表 10.2 列出了我们讨论过的各种数据流分析，根据流向、路径形式和初始化条件分类。向前流问题的初始化条件定义了第一个基本块的 In 集合；向后流问题的初始化条件定义了最后一个基本块的 Out 集合。通常，集合的初始化值为空集（$\emptyset$）或全集（包含所有可能的值）。

表 10.2　全局优化和相应的数据流分析

路径	向 前 流		向 后 流	
	问题	初始值	问题	初始值
任意路径	到达定值 （Ud-链）	$\emptyset$	活跃变量	$\emptyset$
	未初始化变量	所有变量	DU-链	$\emptyset$
全路径	有效表达式 复写传播	$\emptyset$ $\emptyset$	非常忙表达式	$\emptyset$

利用这些信息，可以实现每一种数据流分析。现在的问题是什么时候进行这些分析以及如何使用收集到的数据。下面我们来讨论这些问题。

非常忙表达式

前面说过，非常忙的循环不变运算是代码外提的极好候选。非常忙表达式信息还可以用来进行代码提升。

我们来重新描述一下非常忙表达式概念：如果从程序中某点 p 开始的任何一条通路上，在对 b 或 c 定值之前，都要计算表达式 b op c，那么，我们称表达式在点 p 非常忙。

例 10.13　考察图 10.22。其中从点 p 开始的任一通路，都要计算表达式 b op c，如果再没从 p 到 d_1 以及从 p 到 d_2 的所有通路上都没有对 b 和 c 重新定值，那么，b op c 在点 p 非常忙。

如果 b op c 在点 p 非常忙，我们就可以把 b op c 的计算提升到点 p 来进行。为此，在点 p 设置一条代码 t:=b op c，然后把 d_1 和 d_2 中 b op c 的计算变换为引用 t。如图 10.23 所示。这种变换称为代码提升。这里应该特别注意的是，上述变换并不都能保证变换后的程序与变换前的程序等价。例如，考察图 10.24，b op c 在点 p 也是非常忙，但其中 d_3 对

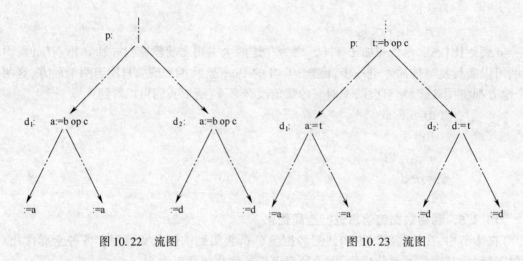

图 10.22 流图　　　　　　　图 10.23 流图

b 的定值可以不经过 p 到达 d_2。如果我们仍然进行上述变换，如图 10.25 所示，那么，除非到达 d_2 的其它 b 的定值都使得 b 取值为 1，否则，变换后的图 10.25 的程序就与图 10.23 的程序不等价。所以，在进行上述变换时，必须检查等价性（或称安全性）。为此，对被变换的每一 d:a:=b op c，除了 b op c 在点 p 非常忙的条件外，还要求任何能到达 d 的 b 和 c 的定值，必须首先经过 p。

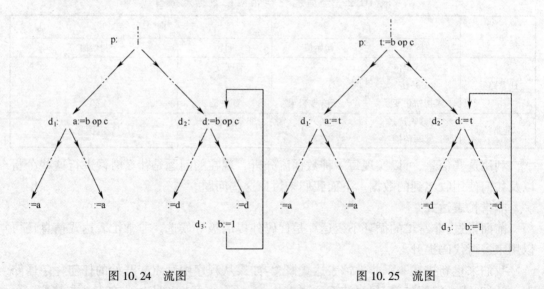

图 10.24 流图　　　　　　　图 10.25 流图

上述变换后会给程序带来什么改进呢？显然，从图 10.23 来看，程序并未得到任何改进。实际上，进行上述变换的目的，在于通过它进一步进行复写传播并把传播后的复写删除。例如，考察图 10.23。如果能对 d_1 和 d_2 进行复写传播并把 d_1 和 d_2 删除，如图 10.26 所示，那么，虽然程序的运行时间没有什么节省也没有什么增加，但是，原来两条分别位于 d_1 和 d_2 的代码，现在已变换成一条位于点 p 的代码。这样，就节省了程序的存储空间。所以，仅当我们能够进一步达到这一目的时，才需要进行上述变换，否则就没有必要进行上述变换。

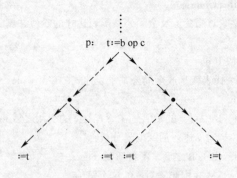

图 10.26 流图

删除全局公共子表达式

在 10.2 节中我们讨论了删除局部公共子表达式的问题。我们看到如果表达式 E 在基本块 B 中多次计算,则冗余计算可以识别并删除。当仅仅进行局部优化时,基本块内对每个表达式的第一次计算总不会冗余。然而,当进行全局公共子表达式优化时,如果表达式的值在前驱基本块中计算过了,那么基本块内表达式的第一次计算也会变为冗余。图 10.27 给出的算法 RemoveGlobalCSEs 可以识别和消除基本块中冗余的第一次表达式计算。我们假设其它冗余表达式计算已由局部优化删除。识别出来的每个全局公共子表达式有一个临时变量,它拥有的值是跨基本块的。

```
procedure RemoveGloblCSEs
    /* 找基本块中冗余的第一次表达式计算并删除它 */
begin
    计算全局公共子表达式集合 GlobalCSE(即在一个以上基本块中
        计算的表达式集合);
    for GlobalCSE 集中的每个表达式 E do
        begin
            对 E 进行可用表达式数据流分析;
            给 E 分配一个临时单元,记为 t(E)
        end;
    for 每个基本块 B do
        for GlobalCSE 中的每个表达式 E do
            if E 在 B 中计算且 E 在 B 的入口处为可用的
                then 删除 B 中 E 的第一次计算并把它替换为引用 t(E)
end;
```

图 10.27 删除全局公共子表达式算法

活跃变量分析

活跃变量的值必须在基本块的出口处保存起来,而死变量的值则不必保存。类似地,如果执行了删除全局公共子表达式,则需要在基本块之间保存公共子表达式的值。特别是,如果拥有公共子表达式值的单元被看作变量,则这个单元是活跃的时必须保存它的值。

图 10.28 给出了一个算法 RemoveDeadStores,它定位对死变量赋值的指令并删除之。

```
procedure RemoveDeadStores;
    /* 找出不必要的对死变量及全局公共子表达式的赋值并删除它们 */
    begin
        for 每个基本块 B do
            for 每个代表变量或全局公共子表达式的单元 v do
                begin
                    if B 中对 v 的赋值是在所有对 v 的引用之后 then
                        对 v 进行活跃变量分析;
                    if 出了 B 之后 v 不再活跃 then
                        从 B 中删除对 v 的这个赋值
                end
    end;
```

图 10.28 删除对死变量的赋值

未初始化变量分析

在诊断编译程序中，识别潜在的未初始化变量是非常重要的。一旦识别出一个未初始化变量将发出警告并进行运行时的检查以检测可能产生的对未初始化变量的非法引用。

图 10.29 中的算法 FindUninitializedVars 找出对未初始化变量的可能使用并且或者发出编译警告，或者产生运行时检测非法引用未初始化变量的代码。

```
procedure FindUninitializedVars;
    /* 找对未初始化变量的可能引用 */
    begin
        进行未初始化变量数据流分析;
        for 每个基本块 B do
            for B 中变量 v 的每次使用 do
                if(这是 B 中 v 的第一次引用且在 B 的入口处 v 是未初始化的)or(v 的最后
                    一次引用后使 v 变为未初始化的) then
                    发出一个 v 可能未被初始化的警告
                    或产生代码以检测 v 是否适当初始化
    end;
```

图 10.29 找未初始化变量的可能引用

常量传播和复写传播

通常，编译程序知道在程序中给定的点上某个变量具有一个特殊值。我们可以把这个变量当作"命名常量"，并用这个值代替它。这种优化称为常量传播。在没有命名常量的语言(如 Fortran)中，这种优化特别有用。即使在包含命名常量的语言中，常量传播有时也能改进代码质量。如

...
a := 100
...
b := b+a
...

可以优化为
  …
  a:=100
  …
  b:=b+100
  …

在10.1节中曾介绍过复写传播。可以认为常量传播是复写传播的特例。

图10.30给出了一个算法Propagate，它识别可以进行的常量或复写传播情况。如果可能，应该简化表达式，以便带来新的优化机会。

```
procedure Propagate;
    /* 传播常量或变量赋值并简化结果表达式 */
    begin
        进行到达定值数据流分析；
        进行 Ud-链数据流分析；
        进行复写传播数据流分析；
        标记程序中所有变量引用；
        for 变量 v 的每个被标记的引用 do
            begin
              去掉 v 的这个引用标记；
            if 到达 v 的这个引用的唯一定值为 v:=c,这里 c 为常量 then
              begin
                 用 c 代替 v 的这个引用并尽量简化表达式；
                 if 这个替换和简化建立了一个常量赋值 x:=k then
                   begin
                      用 x:=k 代替原来的赋值；
                      标记这个赋值可以到达的 x 的所有引用
                   end;
                 从 v:=c 的 Du-链中去掉对 v 的这个引用
              end
            else if 复写传播分析表明到达 v 的这个引用的唯一定值为 v:=x,
                这里 x 为一个变量 then
              begin
                 用 x 代替 v 的这个引用；
                 从 v:=x 的 Du-链中去掉 v 的这个引用
              end;
            end;
        for 变量 v 的每个定值 do
            if 这个定值的所有引用都因常量或复写传播而消除 then
                从程序中删除这个定值；
        for 每个变量 do
            if 这个变量的所有引用已被消除 then
                把这个变量从程序中删除；
    end;
```

    图10.30 常量传播和复写传播算法

练 习

1. 试把以下程序划分为基本块并作出其程序流图。
   ```
       read C
       A := 0
       B := 1
   L₁: A := A+B
       if B≥C goto L₂
       B := B+1
       goto L₁
   L₂: write A
       halt
   ```

2. 试把以下程序划分为基本块并作出其程序流图。
   ```
       read A,B
       F := 1
       C := A * A
       D := B * B
       if C<D goto L₁
       E := A * A
       F := F+1
       E := E+F
       write E
       halt
   L₁: E := B * B
       F := F+2
       E := E+F
       write E
       if E>100 goto L₂
       halt
   L₂: F := F-1
       goto L₁
   ```

3. 试对以下基本块 B_1 和 B_2：

   B_1: A := B * C B_2: B := 3
         D := B/C   D := A+C
         E := A+D   E := A * C
         F := 2 * E   G := B * F
         G := B * C   H := A+C

$\quad$ H:=G*G $\qquad$ I:=A*C
$\quad$ F:=H*G $\qquad$ J:=H+I
$\quad$ L:=F $\qquad\quad$ K:=B*5
$\quad$ M:=L $\qquad\quad$ L:=K+J
$\qquad\qquad\qquad\quad\;\;$ M:=L

分别应用 DAG 对它们进行优化,并就以下两种情况分别写出优化后的四元式序列:

(1) 假设只有 G,L,M 在基本块后面还要被引用;

(2) 假设只有 L 在基本块后面还要被引用。

4. 对以下四元式程序,对其中循环进行循环优化。

$\quad$ I:=1
$\quad$ read J,K
L:A:=K*I
$\quad$ B:=J*I
$\quad$ C:=A*B
$\quad$ write C
$\quad$ I:=I+1
$\quad$ if I<100 goto L
$\quad$ halt

5. 以下程序是某程序的最内循环,试对它进行循环优化。

$\quad$ A:=0
$\quad$ I:=1
L_1:B:=J+1
$\quad$ C:=B+I
$\quad$ A:=C+A
$\quad$ if I=100 goto L_2
$\quad$ I:=I+1
$\quad$ goto L_1
L_2:

6. 试写出以下程序段

$\qquad\quad$ for i:=1 to M do
$\qquad\qquad\quad$ for j:=1 to N do
$\qquad\qquad\qquad$ A[i,j]:=B[i,j]

的四元式中间代码,然后求出其中的循环,并进行循环优化。

7. 下面是应用筛法求 2 到 N 之间素数个数的程序:

begin
$\quad$ read N;
$\quad$ for i:=2 to N do
$\qquad\quad$ A[i]:=true;/* 置初值 */
$\quad$ for i:=2 to N**0.5 do /* 运算符 ** 代表乘方 */

```
              begin
                  for j:=2*i to N by i do
                      A[j]:=false    /*j可被i除尽*/
                  end;
         COUNT:=0;
         for i:=2 to N do
             if A[i] then COUNT:=COUNT+1;
         print COUNT
end
```

(1) 试写出其四元式中间代码，假设对数组 A 用静态分配分配存储单元；
(2) 作出流图并求其中的循环；
(3) 进行代码外提；
(4) 进行强度削弱和删除归纳变量。

第十一章 目标代码生成

编译模型的最后一个阶段是代码生成。它以源程序的中间代码作为输入,并产生等价的目标程序作为输出,如图 11.1 所示。

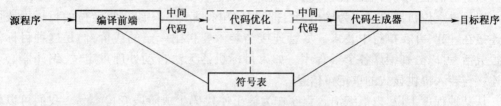

图 11.1 代码生成器的位置

代码生成器的输入包括中间代码和符号表中的信息。

代码生成是把语义分析后或优化后的中间代码变换成目标代码。目标代码一般有以下三种形式。

(1) 能够立即执行的机器语言代码,所有地址均已定位(代真)。

(2) 待装配的机器语言模块。当需要执行时,由连接装入程序把它们和某些运行程序连接起来,转换成能执行的机器语言代码。

(3) 汇编语言代码,尚需经过汇编程序汇编,转换成可执行的机器语言代码。

代码生成要着重考虑两个问题:一是如何使生成的目标代码较短;另一是如何充分利用计算机的寄存器,减少目标代码中访问存储单元的次数。这两个问题都直接影响目标代码的执行速度。

11.1 基 本 问 题

代码生成器的设计细节要依赖于目标语言和操作系统。诸如内存管理、寄存器分配等方面是所有代码生成器要考虑的问题。这一节,我们讨论设计代码生成器时的一般问题。

· 代码生成器的输入

代码生成器的输入包括源程序的中间表示以及符号表中的信息。正如我们在第七章所述,我们可选择不同的中间语言,包括:线性表示法如后缀式、三地址表示法如四元式、抽象机表示法如栈式机器代码、图表示法如语法树等。尽管本章用三地址代码表述,但其中许多技术也可用于其它中间表示。

我们假定代码生成前源程序已被扫描、分析和翻译成某种合理的中间表示。我们已知符号表中的表项是当分析一个过程中的说明语句时建立的,而说明语句中的类型决定了被说明的名字的域宽,即存储单元个数。根据符号表中的信息,可以确定名字在所属过程的数据区域中的相对地址。因此,代码生成器可以利用符号表中的信息来决定在中间代码中的名字所指示的数据对象的运行时地址,它是可再定位的或绝对的地址。

同样我们假定已经作过必要的类型检查,所以在必要的地方已经加入了类型转换操作,并且已检测出一些明显的语义错误。这样代码生成阶段就可以假设它的输入是没有错误的。在某些编译器中,这类语义检查与代码生成一起进行。

· **目标程序**

代码生成器的输出为目标程序。这种输出通常有若干种形式:绝对机器代码、可再定位机器语言、汇编语言等。本章,我们采用汇编代码作为目标语言。

以绝对机器代码为输出,所有地址均已定位,这种目标代码的优点是可立即执行。

以可再定位机器语言作为输出,允许子程序单独编译。一组可重定位的目标模块可以连接在一起,并在执行中装入。尽管连接与装入要付出一定的代价,但是这种目标代码很灵活,可以分别编译各个子程序。如果目标机器无法自动处理重定位,编译器必须为连接与装入提供显式的重定位信息。

从某种程度上说,以汇编语言程序作为输出使代码生成阶段变得容易。我们可以生成符号指令并使用汇编器的宏工具来辅助生成代码。我们要重复强调的是,只要地址可由偏移值及符号表中的其它信息来计算,代码生成器便可以产生名字的再定位或绝对的地址。

· **指令选择**

指令集的一致性和完全性是重要因素。如果目标机器不能支持指令集的所有类型,那么每一种例外都需要特别的处理。指令速度和机器用语也是重要因素。如果我们不考虑目标程序的效率,那么指令选择可以直接做。对每种类型的中间代码,我们可以勾划出代码的框架。例如,对中间代码 x:=y+z,其中 x,y,z 均为静态分配的变量,可以翻译成下述代码序列:

```
LD      R0,y        /*将 y 放入寄存器 R0*/
ADD     R0,z        /*z 与 R0 相加*/
ST      R0,x        /*R0 的值存入 x*/
```

生成的代码的质量取决于它的速度和大小。一个有着丰富的目标指令集的机器可以为一个给定的操作提供几种实现方法。由于不同的实现之间所需的代码不同,有些中间代码可能会生成正确的但却不一定是高效的目标代码。例如,如果目标机器有"加 1"指令(INC),那么代码 a:=a+1 用 INC a 实现是最有效的,而不是用以下的指令序列实现:

```
LD      R0,a
ADD     R0,#1
ST      R0,a
```

· **寄存器分配**

由于指令对寄存器的操作常常要比对存储单元的操作快且指令短,因此,如何充分利用计算机的寄存器,对于生成好的代码是非常重要的。寄存器的使用可以分成两个子问题:

(1)在寄存器分配期间,为程序的某一点选择驻留在寄存器中的一组变量;

(2)在随后的寄存器指派阶段,挑出变量将要驻留的具体寄存器。

选择最优的寄存器指派方案是困难的。从数学上讲，这是 NP 完全问题。当考虑到目标机器的硬件和(或)操作系统可能要求寄存器的使用遵守一些约定时，这个问题将更加复杂。

某些机器要求对某些运算对象和结果使用寄存器对(偶序数和下一个奇序数的寄存器)。例如，在 IBM 系统 370 机器上，整数乘和整数除要使用寄存器时，乘法指令的形式是：

$$M \quad x,y$$

其中，x 是被乘数，是偶/奇寄存器对的偶寄存器，被乘数的值从该对的奇寄存器中取；乘数 y 是单个寄存器，积占据整个偶/奇寄存器对。

除法指令的形式是：

$$D \quad x,y$$

这里，64 位的被除数占据一个偶/奇寄存器对，它的偶寄存器是 x，y 代表除数，除过以后，偶寄存器保存余数，奇寄存器保存商。

例如，考虑图 11.2 的两个三地址代码序列，它们仅有的区别是第二个语句的算符不同，其最短代码序列在图 11.3 中给出。

```
    t:=a+b              t:=a+b
    t:=t*c              t:=t+c
    t:=t/d              t:=t/d
     (a)                 (b)
```

图 11.2　两个三地址代码序列

```
  L      R₁,a         L       R₀,a
  A      R₁,b         A       R₀,b
  M      R₀,c         A       R₀,c
  D      R₀,d         SRDA    R₀,32
  ST     R₁,t         D       R₀,d
                      ST      R₁,t
     (a)                 (b)
```

图 11.3　最优的机器代码序列

图 11.3 中，R_i 代表寄存器 i；SRDA R_0,32 把除数 R_0 移入 R_1，并清 R_0，使得所有位都等于它的符号位；L,ST 和 A 分别代表装入、存储和加。值得注意的是，装入 a 的寄存器的最佳选择依赖于 t 以后还有什么用。有关寄存器的分配策略我们后面讨论。

・**计算顺序选择**

计算完成的顺序会影响目标代码的有效性。我们会看到，有些计算顺序要求存放中间结果的寄存器数量少。从而提高目标代码的效率。

毫无疑问，对一个代码生成器最重要的评价标准是它能产生正确的代码。在重视正确性的前提下，使设计的代码生成器能够易于实现、测试及维护，这也是重要的设计目标。

11.2　目标机器模型

要设计一个好的代码生成器，必须预先熟悉目标机器和它的指令系统。在本章，我们将采用一个模型机作为目标机器,它可看作是一些小型机的代表。但本章所述的代码生成技术也可应用于许多其它类型的机器上。

假设目标计算机具有多个通用寄存器,它们既可作为累加器,也可作为变址器。这台机器含有以下四种类型的指令形式:

类 型	指令形式	意义(设 op 是二目运算符)
直接地址型	op R_i, M	(R_i) op$(M) \Rightarrow R_i$
寄存器型	op R_i, R_j	(R_i) op$(R_j) \Rightarrow R_i$
变址型	op R_i, c(R_j)	(R_i) op$((R_j)+c) \Rightarrow R_i$
间接型	op R_i, * M	(R_i) op$((M)) \Rightarrow R_i$
	op R_i, * R_j	(R_i) op$((R_j)) \Rightarrow R_i$
	op R_i, * c(R_j)	(R_i) op$((R_j)+c) \Rightarrow R_i$

如果 op 是一目运行符,则"op R_i, M"的意义为: op$(M) \Rightarrow R_i$,其余类型可类推。

以上指令中的运算符(操作码)op 包括一般计算机上常见的一些运算符,如 ADD(加)、SUB(减)、MUL(乘)、DIV(除)等等。我们将某些指令的意义说明如下:

指令	意义	指令	意义
LD R_i, B	把 B 单元的内容取到寄存器 R,即$(B) \Rightarrow R_i$。	J<X	如 CT=0 转 X 单元
ST R_i, B	把寄存器 R_i 的内容存到 B 单元,即$(R_i) \Rightarrow B$。	J≤X	如 CT=0 或 CT=1 转 X 单元
J X	无条件转向 X 单元。	J=X	如 CT=1 转 X 单元
CMP A,B	把 A 单元和 B 单元的值进行比较,并根据比较情况把机器内部特征寄存器 CT 置成相应状态。CT 占两个二进位。根据 A<B 分别置 CT 为 0 或 1 或 2	J≠X	如 CT≠1 转 X 单元
		J>X	如 CT=2 转 X 单元
		J≥X	如 CT=2 或 CT=1 转 X 单元

当用一个存储单元 M 或一个寄存器 R 作为源和目的时,它们代表自身。例如,指令

$$ST \quad R_0, M$$

将寄存器 R_0 的内容存入存储单元 M 中。

从寄存器 R 的值偏移 c 可写作 c(R)。这样,指令

$$ST \quad R_0, 4(R_1)$$

就将 R_0 中的值存入$(4+(R_1))$所指单元中。

表中的两种间接方式用前缀 * 表示。于是,指令

$$LD \quad R_0, *4(R_1)$$

将$(4+(R_1))$之值所指的单元的内容装入到 R_0 中。指令

$$LD \quad R_0, \#1$$

是将常数 1 装入寄存器 R_0 中。

11.3 一个简单的代码生成器

这一节要介绍一个简单的代码生成器。它依次把每条中间代码变换成目标代码,并

且在一个基本块范围内考虑如何充分利用寄存器的问题。也即,一方面在基本块中,当生成计算某变量值的目标代码时,尽可能地让该变量的值保留在寄存器中(即不编出把该变量的值存到主存单元的指令),直到该寄存器必须用来存放别的变量值或者已到达基本块出口为止;另一方面,后续的目标代码尽可能地引用变量在寄存器中的值,而不访问主存。

在详细介绍这个算法之前,我们先来看一个例子。假设有一个高级语言的语句为

$$A:=(B+C)*D+E$$

把它翻译为中间代码为 G:

$$T_1:=B+C$$
$$T_2:=T_1*D$$
$$A:=T_2+E$$

如果不考虑代码的效率的话,我们可以简单地把每条中间代码映射成若干条目标指令,如把

$$x:=y+z \quad 映射为$$

LD R,y ADD R,z ST R,x

这样,上述中间代码序列 G 就可以翻译为

(1) LD   R,B
(2) ADD   R,C
(3) ST   R,T_1
(4) LD   R,T_1
(5) MUL   R,D
(6) ST   R,T_2
(7) LD   R,T_2
(8) ADD   R,E
(9) ST   R,A

虽然从正确性看,上述翻译没有问题,但它却是很冗余的。虽然,上述指令序列中,第(4)和第(7)条指令是多余的;而且由于 T_1,T_2 是生成中间代码时引入的临时变量,出了所在的基本块将不会被引用,所以第(3),(6)条指令也可以省掉。因此,如果考虑了效率和充分利用寄存器的问题之后,代码生成器就可以生成如下代码:

(1) LD   R,B
(2) ADD   R,C
(3) MUL   R,D
(4) ADD   R,E
(5) ST   R,A

为了能够这样做,代码生成器必须了解一些信息:在产生 $T_2:=T_1*D$ 对应的目标代码时,为了省去指令 LD R,T_1,就必须知道 T_1 的当前值已在寄存器 R 中;为了省去 ST R,T_1 就必须知道出了基本块之后 T_1 不会再被引用。下面我们引入待用信息、寄存器描述数组和变量地址描述数组用以记录代码生成时所需收集的信息。

11.3.1 待用信息

为了把基本块内还要被引用的变量值尽可能保存在寄存器中,同时把基本块内不再被引用的变量所占用的寄存器及早释放,每当翻译一条中间代码 A:=B op C 时,我们需要知道,A,B,C 是否还会在基本块内被引用以及用于哪些中间代码中。为此,我们需收集待用信息。如果在一个基本块中,中间代码 i 对 A 定值,中间代码 j 要引用 A 值,而从 i 到 j 之间没有 A 的其它定值,那么,我们称 j 引用了中间代码 i 中所计算的 A 的值。这里,我们只在基本块内考虑待用信息,一个变量在基本块的后继中是否被引用,可从活跃变量信息得知。

为了取得每个变量在基本块内的**待用信息**,可从基本块的出口由后向前扫描,对每个变量建立相应的待用信息链和活跃变量信息链。如果我们没有进行过数据流分析并且临时变量不可以跨基本块引用,则把基本块中所有临时变量均看为基本块出口之后的非活跃变量,而把所有非临时变量均看为基本块出口之后的活跃变量。如果某些临时变量可跨基本块引用,那么,也把它们看为基本块出口之后的活跃变量。

下面介绍计算变量待用信息的算法。假设变量的符号表登记项中含有记录待用信息和活跃信息的栏(区段),算法的步骤如下。

(1) 开始时,把基本块中各变量的符号表登记项中的待用信息栏填为"非待用",并根据该变量在基本块出口之后是不是活跃的,把其中的活跃信息栏填为"活跃"或"非活跃"。

(2) 从基本块出口到基本块入口由后向前依次处理各个中间代码。对每一中间代码 i:A:=B op C,依次执行下述步骤:

① 把符号表中变量 A 的待用信息和活跃信息附加到中间代码 i 上;
② 把符号表中 A 的待用信息和活跃信息分别置为"非待用"和"非活跃";
③ 把符号表中变量 B 和 C 的待用信息和活跃信息附加到中间代码 i 上;
④ 把符号表中 B 和 C 的待用信息均置为 i,活跃信息均置为"活跃"。

注意,以上次序不可颠倒,因为 B 和 C 也可能是 A。按以上算法,如果一个变量在基本块中被引用,则各个引用所在的位置,将由该变量在符号表中的待用信息以及附加在各个中间代码 i 上的待用信息,从前到后依次指示出来。另外,由于过程调用可能带来副作用,我们假定每一过程调用是一基本块的入口。

如果中间代码形式为 A:=op B 或 A:=B,以上执行步骤完全相同,只是其中不涉及 C。

例 11.1 考察基本块

$$T:=A-B$$
$$U:=A-C$$
$$V:=T+U$$
$$W:=V+U$$

设 W 是基本块出口的活跃变量,我们根据上述算法计算出有关变量的待用信息。符号表中有关待用及活跃信息如表 11.1 所列,附加在中间代码上的待用及活跃信息如表 11.2 所列。在表 11.1 和表 11.2 中用符号对 (×,×) 表示变量的待用信息和活跃信息,其中 i 表示待用信息(即下一个引用点),y 表示活跃,∧ 表示非待用或非活跃;在符号表中,

(×,×)→(×,×)表示在算法执行过程中后面的符号对将替代前面的符号对。

表 11.1 符号表中的待用及活跃信息

变量名	待用信息及活跃信息
T	(∧,∧)→(3,Y)→(∧,∧)
A	(∧,∧)→(2,Y)→(1,Y)
B	(∧,∧)→(1,Y)
C	(∧,∧)→(2,Y)
U	(∧,∧)→(4,Y)→(3,Y)→(∧,∧)
V	(∧,∧)→(4,Y)→(∧,∧)
W	(∧,Y)→(∧,∧)

表 11.2 附加在中间代码上的待用及活跃信息

序号	中间代码	左值	左操作数	右操作数
1	T:=A−B	(3,Y)	(2,Y)	(∧,∧)
2	U:=A−C	(3,Y)	(∧,∧)	(∧,∧)
3	V:=T+U	(4,Y)	(∧,∧)	(4,Y)
4	W:=V+U	(∧,Y)	(∧,∧)	(∧,∧)

11.3.2 寄存器描述和地址描述

为了在代码生成中进行寄存器分配,我们需要随时掌握各寄存器的情况:它是空闲着,还是已分配给某个变量,或者已分配给某几个变量(若程序中含有复写,就会出现最后一种情况,下面将会提到)。为此,在代码生成过程中,我们建立一个编译用的**寄存器描述数组** RVALUE,它动态地记录着各寄存器的上述信息。

此外,在代码生成过程中,每当编出的指令要涉及到引用某变量的值时,如果该变量的现行值已在某寄存器中,我们自然希望直接引用寄存器中的值而不引用该变量在主存单元中的值(如果现行值也同时存放在该变量的主存单元中)。为此,在代码生成过程中,我们还要建立一个**变量地址描述数组** AVALUE,它动态地记录着各变量现行值的存放位置:是在某寄存器中,还是在某主存单元中,或者既在某寄存器中也在某主存单元中。

11.3.3 代码生成算法

现在我们介绍一个基本块的代码生成算法。为简单起见,假设基本块中每个中间代码形为 A:=B op C。如果基本块中含有其它形式的中间代码,也不难仿照下述算法写出对应的算法。基本块的代码生成算法如下。

对每个中间代码 i:A:=B op C,依次执行下述步骤。

(1) 以中间代码 i:A:=B op C 为参数,调用函数过程 GETREG(i:A:=B op C)。当从 GETREG 返回时,我们得到一个寄存器 R,它将用作存放 A 现行值的寄存器。

(2) 利用地址描述数组 AVALUE[B] 和 AVALUE[C],确定出变量 B 和 C 现行值的存放位置 B′ 和 C′。如果其现行值在寄存器中,则把寄存器取作 B′ 和 C′。

(3) 如果 B′≠R,则生成目标代码:

　　　　LD　R,B′
　　　　op　R,C′

否则生成目标代码 op R,C';如果 B'或 C'为 R,则删除 AVALUE[B]或 AVALUE[C]中的 R。

(4) 令 AVALUE[A]={R},并令 RVALUE[R]={A},以表示变量 A 的现行值只在 R 中并且 R 中的值只代表 A 的现行值。

(5) 如果 B 和 C 的现行值在基本块中不再被引用,它们也不是基本块出口之后的活跃变量(由该中间代码 i 上的附加信息知道),并且其现行值在某寄存器 R_k 中,则删除 RVALUE[R_k]中的 B 或 C 以及 AVALUE[B]中的 R_k,使该寄存器不再为 B 或 C 所占用。

GETREG 是一个函数过程,GETREG(i:A: = B op C)给出一个用来存放 A 的当前值的寄存器 R,其中要用到中间代码 i 上的待用信息,GETREG 的算法如下。

(1) 如果 B 的现行值在某寄存器 R_i 中,RVALUE[R_i]只包含 B,此外,或者 B 与 A 是同一标识符,或者 B 的现行值在执行中间代码 A: = B op C 之后不会再引用(此时,该中间代码 i 的附加信息中,B 的待用信息和活跃信息分别为"非待用"和"非活跃"),则选取 R_i 为所需的寄存器 R,并转 4。

(2) 如果有尚未分配的寄存器,则从中选取一个 R_i 为所需的寄存器 R,并转 4。

(3) 从已分配的寄存器中选取一个 R_i 为所需的寄存器 R。最好使 R_i 满足以下条件:占用 R_i 的变量的值,也同时存放在该变量的主存单元中,或者在基本块中要在最远的将来才会引用到或不会引用到(关于这一点可从有关中间代码 i 上的待用信息得知)。

对 RVALUE[R_i]中每一变量 M,如果 M 不是 A,或者如果 M 是 A 又是 C,但不是 B 并且 B 也不在 RVALUE[R_i]中,则

(1) 如果 AVALUE[M]不包含 M,则生成目标代码 ST R_i,M;

(2) 如果 M 是 B,或者 M 是 C 但同时 B 也在 RVALUE[R_i]中,则令 AVALUE[M]= {M,R},否则令 AVALUE[M]={M};

(3) 删除 RVALUE[R_i]中的 M;

(4) 给出 R,返回。

例 11.2 对例 11.1,假设只有 R_0 和 R_1 是可用寄存器,用上述算法生成的目标代码和相应的 RVALUE 和 AVALUE 如表 11.3 所列。

表 11.3 目标代码

中间代码	目标代码	RVALUE	AVALUE
T: = A−B	LD R_0,A SUB R_0,B	R_0 含有 T	T 在 R_0 中
U: = A−C	LD R_1,A SUB R_1,C	R_0 含有 T R_1 含有 U	T 在 R_0 中 U 在 R_1 中
V: = T+U	ADD R_0,R_1	R_0 含有 V R_1 含有 U	V 在 R_0 中 U 在 R_1 中
W: = V+U	ADD R_0,R_1	R_0 含有 W	W 在 R_0 中

对其它形式的中间代码,也可仿照以上算法生成其目标代码。我们把各中间代码对应的目标代码列于表 11.4。这里特别要指出的是,对形如 A: = B 的复写,如果 B 的现行值在某寄存器 R_i 中,那么,这时无须生成目标代码,只须在 RVALUE[R_i]中增加一个 A(即把 R_i 同时分配给 B 和 A),把 AVALUE[A]改为 R_i;而且如果其后 B 不再被引用,那么,还可把 RVALUE[R_i]中的 B 和 AVALUE[B]中的 R_i 删除。

表 11.4 各中间代码对应的目标代码

序号	中间代码	目标代码	备 注
1	A:=B op C	LD R_i,B op R_i,C	(1) 其中 R_i 是新分配给 A 的寄存器 (2) 如果 B 和/或 C 的现行值在寄存器中,则目标中 B 和/或 C 用寄存器表示。但如果 C 的现行值在 R_i 中,而 B 的现行值不在 R_i 中,则 C 要用其主存单元表示 (3) 如果 B 的现行值也在 R 中,则不生成第一条目标代码
2	A:=op_1 B	LD R_i,B op1 R_i,R_i	(1) 同 1 中备注(1) (2) 同 1 中备注(3) (3) op_1 指一目运算符
3	A:=B	LD R_i,B	(1) 同 1 中备注(1) (2) 如果 B 的现行值在某寄存器 R_i 中,则如前所述,不生成目标代码
4	A:=B[I]	LD R_j,I LD R_i,B(R_j)	(1) 同 1 中备注(1) (2) 如果 I 的现行值在某寄存器 R_j 中,则第一条目标可省去,否则 R_j 是分配给 I 的寄存器

5	A[I]:=B	LD R_i,B
		LD R_j,I
		ST R_i,A(R_j)
			(1) 同 1 中备注(3)
			(2) 同 4 中备注(2)

6	goto X	J X′	(1) X′是标号为 X 的中间代码的目标代码的首地址

7	if A rop B goto X	LD R_i,A
		CMP R_i,B
		J rop X′
			(1) X′的意义同 6 中备注(1)
			(2) 若 A 的现行值在寄存器 R_i 中,则第一条目标代码可省去
			(3) 如果 B 的现行值在某寄存器 R_k 中,则目标代码中的 B 就是 R_k
			(4) rop 指<、≤、=、≠、>或≥

8	A:=P↑	LD R_i,*P	(1) 同 1 中备注(1)
9	P↑:=A	LD R_i,A ST R_i,*P	(1) 同 1 中备注(1) (2) 如果 A 的现行值原来在某寄存器 R_i 中,则不生成第一条目标代码

一旦处理完基本块中所有中间代码,对现行值只在某寄存器中的每个变量,如果它在基本块出口之后是活跃的,则我们要用 ST 指令把它在寄存器中的值存放到它的主存单元中。为进行这一工作,我们利用寄存器描述数组 RVALUE 来决定其中哪些变量的现行值在寄存器中,再利用地址描述数组 AVALUE 来决定其中哪些变量的现行值尚不在其主存单元中,最后利用活跃变量信息来决定其中哪些变量是活跃的。对上例来说,从 RVALUE 得知 U 和 W 的值在寄存器中,从 AVALUE 得知 U 和 W 的值都不在主存单元中,又由活跃变量信息得知,其中 W 在基本块出口之后是活跃变量,所以在前例生成的目标代码后面还要生成一条目标代码:ST R_0,W。

11.4 寄存器分配

为了生成更有效的目标代码,需要考虑的一个问题就是如何更有效地利用寄存器。前节代码生成算法每生成一条目标代码时,如果其运算对象的值在寄存器中,那么,我们总是把该寄存器作为操作数地址,使得生成的目标代码执行速度较快。为此,我们还尽可能把各变量的现行值保存在寄存器中,把基本块不再引用的变量所占用的寄存器及早释放出来。这一节,进一步考虑如何有效地使用寄存器。我们将把考虑的范围从基本块扩大到循环,这是因为循环是程序中执行次数最多的部分,内循环更是如此。同时,我们不是把寄存器平均分配给各个变量使用,而是从可用的寄存器中分出几个,固定分配给几个变量单独使用。按照什么标准来分配呢?我们将以各变量在循环内需要访问主存单元的次数为标准。为此,引入一个术语:指令的**执行代价**,并规定,每条指令的执行代价=每条指令访问主存单元次数+1。

例如:

    op R_i, R_j 执行代价为 1

    op R_i,   M   执行代价为 2

    op R_i, $*R_j$ 执行代价为 2

    op R_i, $*M$ 执行代价为 3

于是,我们就可对循环中每个变量计算一下,如果在循环中把某寄存器固定分配给该变量使用,执行代价能节省多少。根据计算的结果,把可用的几个寄存器,固定分配给节省执行代价最多的那几个变量使用,从而使这几个寄存器充分发挥提高运算速度的作用。下面,我们就介绍计算各变量节省执行代价的方法。

假定在循环中某寄存器固定分配给某变量使用,那么,对循环中每个基本块,相对于原简单代码生成算法的目标代码,所节省的执行代价可用下述方法来计算。

(1) 在原代码生成算法中,仅当变量在基本块中被定值时,其值才存放在寄存器中。现在把寄存器固定分配给某变量使用,因此,当该变量在基本块中被定值前,每引用它一次,就可少访问一次主存,执行代价就节省(1)。

(2) 在原代码生成算法中,如果某变量在基本块中被定值且在基本块出口之后是活跃的,那么,出基本块时要把它在寄存器中的值存放到主存单元中。现在把寄存器固定分配给某变量使用,因此,出基本块时,就无须把它的值存放到其主存单元中,执行代价就节省(2)。

也即,对循环 L 中某变量 M,如果分配一个寄存器给它专用,那么,每执行循环一次,执行代价的节省数可用公式(11.1)计算。

$$\sum_{B \in L} [\,USE(M,B) + 2 * LIVE(M,B)\,] \tag{11.1}$$

其中:

    USE(M,B)= 基本块 B 中对 M 定值前引用 M 的次数

    LIVE(M,B)= $\begin{cases} 1 & \text{如果 M 在基本块 B 中被定值并且在 B 的出口之后是活跃的} \\ 0 & \text{其它情况} \end{cases}$

注意,公式(11.1)是近似式,我们忽略了以下两个因素。

(1) 如果 M 在循环入口之前是活跃的,并且在循环中给 M 固定分配一个**寄存器**,那么,在循环入口时,我们要先把它的值从主存单元取到寄存器,其执行代价为 2。另外,假设 B 是循环出口基本块,C 是 B 在循环外的后继基本块。如果在 C 的入口之前,M 是活跃变量,那么,在循环出口时,我们需要把 M 的当前值从寄存器中存放到它的主存单元中,

其执行代价又是 2。由于这两处的执行代价,在整个循环中只要计算一次,这与公式(11.1)每循环一次,就要计算一次相比,它可以忽略不计。

(2) 由于每循环一次,各个基本块不一定都会执行到,而且每一次循环,执行到的基本块还可能不同。在公式(11.1)的计算中,把上述因素也忽略了,而是看做每循环一次,各个基本块都要执行一次。

例 11.3 图 11.4 代表某程序的最内层循环,其中无条件转移和条件转移指令均改用箭头来表示。各基本块入口之前和出口之后的活跃变量已列在图中。假定 R_0,R_1 和 R_2 三个寄存器在该循环中将固定分配给某三个变量使用。现在,我们利用公式(11.1)来确定这三个变量,并生成该循环的目标代码。

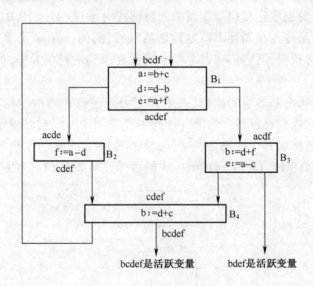

图 11.4 循环程序段

首先对变量 a 计算式(11.1)的值:

因为 B_1 中引用 a 前已对 a 定值,B_2 和 B_3 中只引用一次,且在引用前未对 a 再定值,B_4 中没有引用 a,所以

$$USE(a,B_1) = 0$$
$$USE(a,B_2) = USE(a,B_3) = 1$$
$$USE(a,B_4) = 0$$

又因 a 在 B_1 中被定值且 a 在 B_1 出口之后是活跃的,a 在 B_2,B_3 或 B_4 出口之后不是活跃的,故

$$LIVE(a,B_1) = 1$$
$$LIVE(a,B_2) = LIVE(a,B_2) = LIVE(a,B_4) = 0$$

所以 $\sum [USE(a,B) + 2 * LIVE(a,B)] = 1 + 1 + 2 * 1 = 4$。同样,可对 b,c,d,e,f 计算出式(11.1)的值,它们分别为 6,3,6,4,4。按照各个变量执行代价节省的大小,我们把寄存器 R_0 分配给 d,R_1 分配给 b;a,e,f 的执行代价节省数相等,可把第三个寄存器分配给其中任意一个。假设把 R_2 分配给 a。三个寄存器分配固定以后,它们在循环中只能分别存放变量 d,b,a 的值。其余变量要用寄存器时,要从余下的寄存器中选取。

分配好寄存器以后,就生成目标代码。算法和前述简单代码生成器相类似。其区别如下。

(1) 循环中的目标代码,凡涉及到已固定分配到寄存器的变量,就用分配给它的寄存器来表示,例如上述的 d,b,a 就用 R_0,R_1,R_2 表示。但是在生成 A:=B op C 的目标代码时,如果 A 和 C 是同一标识符,但 A 和 B 不是同一标识符,且寄存器 R 固定分配给 A,但 B 的现行值不在 R 中,那么,当 AVALUE[C] 不包含 M 时,则先生成目标代码 ST R,C,然后生成 A:=B op C 的目标代码,在生成 A:=B op C 的目标代码时,应认为 C 的现行值在主存中。

(2) 如果其中某变量在循环入口之前是活跃的,例如 d 和 b,那么,在循环入口之前,要生成把它们的值分别取到相应寄存器中的目标代码,如图 11.5 中 B_0 所示。

(3) 如果其中某变量在循环出口之后是活跃的,例如 d 和 b,那么,在循环出口的后面,要分别生成目标代码,把它们在寄存器中的值存放到主存单元中,如图 11.5 中 B_5 和 B_6 所示。

(4) 在循环中每个基本块的出口,对未固定分配到寄存器的变量,仍按以前的算法生成目标代码,把它们在寄存器中的值存放到主存单元中。但对已固定分配到寄存器的变量,就无须生成这样的目标代码,这些已反映在图 11.5 的 B_1,B_2 和 B_4 中。

按上述原则,对图 11.4 的中间代码生成的目标代码如图 11.5 所示。

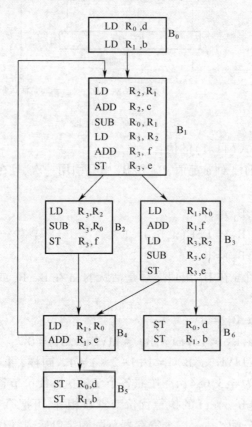

图 11.5　目标代码

也可改变一下上述原则。对已固定分配到寄存器的变量,如果它在循环中某基本块出口之后已不是活跃的,则把固定分配给它的寄存器,暂时作为一般寄存器使用,例如图 11.4 中 B_2 和 B_3 中的 a。那么,B_2 生成的目标代码将是:

```
SUB      R_2,  R_0
ST       R_2,  f
```

B_3 生成的目标代码将是:

```
LD       R_1,  R_0
ADD      R_1,  f
SUB      R_2,  c
ST       R_2,  e
```

也即,已把分配给 a 的寄存器 R_2 作为一般寄存器用,从而可省去把 R_2 中的值取到 R_3 中的目标代码。

对外循环,也可按照式(11.1)计算出的执行代价节省数来分配寄存器。设 L_1 是包含内循环 L 的外循环,我们可对 L_1-L 中的各变量,计算式(11.1)的值。显然,在 L 中已固定分配到寄存器的变量,在 L_1-L 中就不一定分配到,在 L_1-L 中已固定分配到寄存器的变量,在 L 中也不一定分配到。所以要注意的是,如果变量 A 在 L_1-L 中已固定分配到寄存器,但它在 L 中没有分配到寄存器,那么,在 L 入口之前必须生成目标代码,把 A 在寄存器中的值存放到其主存单元中,并在 L 出口之后进入 L_1-L 之前,必须生成目标代码,把 A 在主存单元中的值取到固定分配给 A 的寄存器中。

11.5 DAG 的目标代码

为了生成更有效的目标代码,要考虑的另一个问题是,对基本块中中间代码序列,我们应按怎样的次序来生成其目标代码呢? 先看下面的例子。

例 11.4 考察下面基本块的中间代码序列 G

$$T_1 := A+B$$
$$T_2 := C+D$$
$$T_3 := E-T_2$$
$$T_4 := T_1-T_3$$

其 DAG 如图 11.6 所示(图中 DAG 表示方法与第十章略有不同。这里,结点标记写在结点圆圈中,叶结点未编号,内部结点的编号写在各结点下面。为简单起见,以下均用此表示法)。

我们可以利用图 11.6 的 DAG,把 G 改写成中间代码序列 G′:

$$T_2 := C+D$$
$$T_3 := E-T_2$$
$$T_1 := A+B$$
$$T_4 := T_1-T_3$$

显然 G′与 G 是等价的。

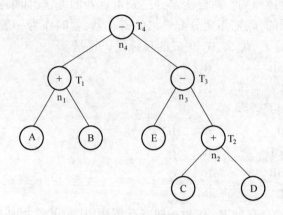

图 11.6 DAG

设 R_0 和 R_1 是两个可使用的寄存器。T_4 是基本块出口之后的活跃变量。应用 11.3 节中叙述过的简单代码生成算法，G 生成的目标代码如图 11.7 所示，G′生成的目标代码如图 11.8 所示。

LD	R_0,	A		LD	R_0,	C
ADD	R_0,	B		ADD	R_0,	D
LD	R_1,	C		LD	R_1,	E
ADD	R_1,	D		SUB	R_1,	R_0
ST	R_0,	T_1		LD	R_0,	A
LD	R_0,	E		ADD	R_0,	B
SUB	R_0,	R_1		SUB	R_0,	R_1
LD	R_1,	T_1		ST	R_0,	T_4
SUB	R_1,	R_0				
ST	R_1,	T_4				

图 11.7 G 目标代码　　　　　图 11.8 G′目标代码

图 11.8 的目标代码比图 11.7 的目标代码短，因为图 11.8 省去两条存取指令：

　　ST　R_0,　　　　T_1
　　LD　R_1,　　　　T_1

从该例我们看到，生成中间代码序列目标代码的次序，将直接影响到目标代码的质量。

为什么重新排序后的中间代码序列 G′生成的目标代码优于原中间代码序列 G 生成的目标代码呢？这是因为在 G′中，T_4 是紧接在其左运算对象之后计算的。这样，就可及时利用 T_1 在寄存器中的值来计算 T_4 的值，避免了算好 T_1 以后，先要把它的值存放到主存单元中，等到计算 T_4 时，再把它的值由主存单元取到寄存器中。而中间代码序列 G 生成的目标代码正好存在着上述缺点，所以多了两条存 T_1 和取 T_1 的指令。

一般情况下，当我们计算

$$X := A * B - C * D$$

的右部表达式时，有两种计算次序：一种是从左往右算；另一种是从右往左算。从右往左算，就使得每一被计算的量，总是紧接在其左运算对象之后计算，从而使得目标代码较优。中间代码序列 G 对应于赋值句

$$T_4 := A+B-(E-(C+D))$$

实际上,中间代码序列 G 对应于上述赋值句的右部表达式从左向右计算的结果。而中间代码序列 G′ 对应于上述赋值句右部表达式从右向左计算的结果。

现在,我们来说明如何利用基本块的 DAG,按照上述思想,给基本块中的中间代码序列重新排序,以便生成较优的目标代码。下面就是给 DAG 中的结点重新排序的算法。

设 DAG 有 N 个内部结点,T 是一个线性表,它共有 N 个登记项,算法的步骤如下。

(1) 置初值:
   FOR k:=1 TO N DO T[k]:=null;
   i:=N;
(2) WHILE 存在未列入 T 的内部结点 DO
    BEGIN
(3) 选取一个未列入 T 但其全部父结(即前驱)均已列入 T 或者没有父结的内部结点 n;
(4) T[i]:=n;i:=i-1;/* 把 n 列入 T 中 */
(5) WHILE n 的最左子结 m 不为叶结且其全部父结均已列入 T 中 DO
       BEGIN
(6) T[i]:=m; i:=i-1;
(7) n:=m
    END
  END;
(8) 最后 T[1],T[2],…,T[N] 即为所求的结点顺序。

按上述算法给出的结点次序,可把 DAG 重新表示为一个等价的中间代码序列。根据新序列中的中间代码次序,我们就可以生成较优的目标代码。这种方法尤适用于单累加器计算机。

注意,在以上算法中,未给叶结点排序,这是因为:

(1) 不需要生成计算叶结点值的中间代码,如果计算内部结点值时要引用叶结点的值,则直接引用它的标记;

(2) 如果叶结点上附有其它标识符,这时需要生成用叶结点的标记对该标识符的赋值指令,但生成这类赋值指令的次序可以是任意的。

例 11.5 对图 11.6 的 DAG,容易看出,应用上述算法,得到各内部结点的次序为 n_2, n_3, n_1, n_4。按这一结点次序排列的图 11.6 的 DAG 中间代码序列就是前述中间代码序列 G′。

例 11.6 考察下面中间代码序列 G_1:

$$T_1 := A+B$$
$$T_2 := A-B$$
$$F := T_1 * T_2$$
$$T_1 := A-B$$
$$T_2 := A-C$$

$T_3 := B - C$

$T_1 := T_1 * T_2$

$G := T_1 * T_3$

其对应的 DAG 如图 11.9 所示。

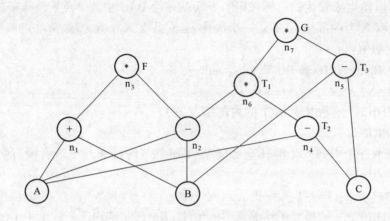

图 11.9 DAG

图 11.9 的 DAG 含有 7 个内部结点,我们应用前述算法把它们排序,主要步骤如下。

第 1 步置初值;$i = 7$;T 的所有元素全为 null。内结 n_3 和 n_7 均满足第 3 步的要求,假定选取 $T[7]$ 为 n_3。结点 n_3 的最左子结(内结)n_1 满足第 5 步的要求,因此,按第 6 步,$T[6] = n_1$。但 n_1 的最左子结 A 为叶结,不满足第 5 步的要求。现在只有 n_7 满足第 3 步的要求,于是 $T[5] = n_7$。结点 n_7 的最左子结 n_6 满足第 5 步的条件,因此,$T[4] = n_6$。结点 n_6 的最左子结 n_2 同样满足第 5 步的要求,因此,$T[3] = n_2$。目前,满足第 3 步要求的结点尚有 n_4 和 n_5,假定选取 $T[2] = n_4$。当最后把 n_5 列入 $T[1]$ 后,算法工作结束。至此,我们所求出的图 11.9 的内结点顺序为

$n_5, \quad n_4, \quad n_2, \quad n_6, \quad n_7, \quad n_1, \quad n_3$

按上述结点次序可把图 11.9 的 DAG 重新表示为中间代码序列 G_1':

$T_3 := B - C$

$T_2 := A - C$

$S_1 := A - B$

$T_1 := S_1 * T_2$

$G := T_1 * T_3$

$S_2 := A + B$

$F := S_2 * S_1$

如果应用前述简单代码生成算法,分别生成中间代码序列 G_1 和 G_1' 的目标代码,将会进一步看到 G_1' 的目标代码优于 G_1 的目标代码,这里从略。

11.6 窥孔优化

用类似于前面所介绍的简单代码产生器依次地把一条条中间代码翻译为目标代码

时,可能会使目标代码中包含冗余的指令或者出现不太优的结构。在目标代码这一级上,我们可以借助于一种简单但有效的技术改进代码质量,它就是窥孔优化(peephole optimization)。窥孔优化方法是通过考察一小段目标指令(称为窥孔)并把这些指令替换为更短和更快的一段指令,从而提高目标代码的质量。

这里,窥孔是目标程序中的一个可移动的小窗口。窥孔中的代码不一定是相邻的,尽量有的实现有这样的要求。窥孔优化的一个特点是,优化后所产生的结果可能会给后面的优化提供进一步的机会。为了得到最大的优化效果,有时需对目标代码进行若干遍的处理。下面介绍几种典型的窥孔优化技术。

- **冗余存取**

如果有下面指令:

(1) ST R_0, A

(2) LD R_0, A

则我们可删除指令(2)。因为指令(1)的执行能够保证 A 的值在 R_0 中。注意,如果(2)带有标号,我们就不能保证指令(2)一定是紧接着(1)执行,这时不能删除(2)。如果(1)和(2)在同一个基本块,这种变换一定是安全的。

还要说明一下的是,如果我们采用的是 11.3 节中的代码生成算法,则上述指令序列不会出现。

- **不可达代码**

另一种窥孔优化是删除不可达代码。在无条件转跳指令之后的无标号指令应该删除。这种操作可以重复,删除一序列指令。

例如,出于调试目的,在一个大程序里可能会插入一些调试语句,这些调试语句只有在调试"开关"打开时(即 debug 为 1 时)才执行。用 C 语言写的源代码如下:

define debug 0
…
if(debug) {
打印调试信息
}

翻译为中间代码可能是

if debug = 1 goto L_1

goto L_2

L_1:打印输出调试信息

L_2…

经过初步优化,可能把它转换为

if debug ≠ 1 goto L_2

打印调试信息

L_2:

现在,既然在程序开始时已把 debug 置为 0。因此 debug≠1 相当于 0≠1,它的值恒为真。因此,上述程序段相当于

goto L_2

打印调试信息
L_2:

显然打印调试信息的指令序列是不可达的,应该在这时把它删除。

- **控制流优化**

按照第七章介绍的中间代码生成算法,可能会产生连续跳转的情况。这种不必要的连续跳转可以在窥孔优化时删除。例如:

goto L_1
…
L_1: goto L_2

可以转换为

goto L_2
…
L_1: goto L_2

现在,如果没有别的语句跳到 L_1,则如果 L_1: goto L_2 是紧跟在一个无条件语句之后,就可以把它删除。

类似地,代码

if a<b goto L_1
…
L_1: goto L_2

可以替换为

if a<b goto L_2
…
L_1: goto L_2

还有一种情况,如果只有一条指令跳向 L_1,而且 L_1 是紧跟在一条无条件指令的后面,则代码序列

goto L_1
…
L_1: if a<b goto L_2
L_3:

可以替换为

if a<b goto L_2
goto L_3
…
L_3:

显然替换后的指令条数与原来一样,但后一种情况有时可跳过无条件转换,而在前一种情况无条件转换总是要执行。

- **强度削弱**

有的指令可以用花费时间更短的指令代替。如假设 shiftleft 为左移操作指令,则

MUL R,#2　　可替换为　　　　shiftleft R,#1
MUL R,#4　　可替换为　　　　shiftleft R,#2

- **删除无用操作**

有的操作的执行不会改变数据的结果,这种操作可看成无用操作,可以删除。如

ADD R,#0
MUL R,#1

都是无用操作,可以把它们删除。

还有其它一些窥孔优化技术,我们不一一介绍。

练　习

1. 对以下中间代码序列 G：

$T_1:=B-C$
$T_2:=A*T_1$
$T_3:=D+1$
$T_4:=E-F$
$T_5:=T_3*T_4$
$W:=T_2/T_5$

假设可用寄存器为 R_0 和 R_1,W 是基本块出口的活跃变量,用简单代码生成算法生成其目标代码,同时列出代码生成过程中的寄存器描述和地址描述。

2. 对以下中间代码序列：

$T_1:=A+B$
$T_2:=T_1-C$
$T_3:=T_2*T_3$
$T_4:=T_1+T_3$
$T_5:=T_3-E$
$F:=T_4*T_5$

（1）应用 DAG 结点排序算法重新排序；

（2）假设可用寄存器为 R_0,F 是基本块出口处的活跃变量,应用简单代码生成算法分别生成排序前后的中间代码序列的目标代码,并比较其优劣。

3. 假设 R_0,R_1 和 R_2 为可用寄存器,试对以下各表达式分别生成其最优目标代码。

（1）$A+(B+(C*(D+E/F+G)*H))+(I*J)$；

（2）$(A*(B-C))*(D*(E*F))+((G+(H*I))+(J*(K+L)))$。

4. 假设基本块中中间代码序列已表示成 DAG,试给出应用 DAG 计算各中间代码待用信息的算法。

5. 对图 11.4 的循环,如果把可用寄存器 R_0,R_1 和 R_2 分别分配给变量 a,b 和 c 使用,试应用简单代码生成算法,生成各基本块的目标代码,并按照执行代价比较以上生成目标代码和图 11.5 的目标代码的优劣。

6. 有时,一个寄存器的值被存到存储单元中,然后这个值又立即被取到一个寄存器中:

$$ST \quad R_1, L$$
$$LD \quad R_2, L$$

这里 R_1 和 R_2 不一定是同一寄存器。请考虑通过窥孔优化,对这一对指令进行优化。

7. 窥孔优化通常使用模式变量描述,用一条规则表示一类优化。如

$$MUL \quad \%R, \quad \#2 \Rightarrow ADD \ \%R, \%R$$

表示任何寄存器乘以 2 都可用寄存器自身的加法代替(这里,%R 匹配任意寄存器)。请考虑如何在窥孔优化器中实现这种模式匹配。

第十二章 并行编译基础

并行计算机是近 20 年来发展迅速的一类计算机。这类计算机由于在体系结构的各个层次上采用了并行结构,如流水线、向量操作、多处理机等,从而获得了极高峰值速度。目前最快的并行计算机的峰值速度已达到万亿次每秒以上。然而,用户在这类计算机上能获得的实际运行速度在相当程度上还取决于并行程序设计和并行编译技术的水平。因此,并行编译系统已成为了现代高性能计算机系统中一个重要的部分。

并行程序设计主要有两种途径,即使用并行程序设计语言编写并行程序,或将串行程序并行化。因此,并行编译系统就是能够处理并行程序设计语言,能够实现串行程序并行化,具有并行优化能力的编译系统。一个实际的并行编译系统的功能与它所支持的体系结构和并行程序设计模式有关。例如,有针对向量机的向量语言处理、串行程序向量化,针对并行多处理机的并行语言处理、串行程序并行化,还有针对流水线、超长指令字、指令延迟槽等硬件结构的指令调度优化,针对分布存储器多处理机的通信优化等。也把上述工作统称为针对并行体系结构的程序优化。

并行编译技术中两个最重要的内容便是串行程序的向量化和并行化。这一方面是因为用并行程序设计语言进行并行程序设计要求程序员对复杂的并行结构有相当的了解,而这对程序员是一个负担;另一方面是因为人们习惯于串行思维且已经积累了大量有价值的串行程序。向量化是将串行程序中的可向量化部分改写成用向量运算表示的等价程序,其编译技术已趋成熟。并行化是将串行程序中的可并行化部分改写成在多处理机上并行执行的等价程序。由于涉及到数据的私有化、分布和通信,以及并行任务划分等诸多问题,因此并行化技术是难度很大且仍在研究之中的技术。向量化和并行化这两种编译技术有很大的共同之处,其一是它们的优化对象相同,二者均把源程序中的循环作为优化的对象;其二是它们所依赖的基础技术相同,二者均把数据依赖关系分析技术作为优化的依据。

本章介绍并行编译技术的基础知识,主要是依赖关系分析的基础理论以及向量化、并行化的基础知识。12.1 节简单介绍现代高性能计算机的体系结构和并行编译系统的结构,以作为后续各节的基础。12.2 节介绍若干预备概念。12.3 节介绍数据依赖关系的若干形式定义。12.4、12.5 节讲述数据依赖关系分析技术。12.6 节讲述如何根据依赖关系判别可向量化循环与可并行化循环。这几节是各种并行优化的理论基础,也是本章学习的重点。在 12.7 节,我们讲述循环并行化或向量化常用的几种典型循环变换技术。

12.1 并行计算机及其编译系统

现代高性能计算机为了克服大规模集成电路和计算机系统制造工艺水平的限制,满足用户不断增强的计算需求,自然地趋于采用并行体系结构来提供高速运算能力。并行体系结构大致可分为向量计算机、共享存储器多处理机以及分布存储器大规模并行计算机三类。如同汇编程序员必须熟悉机器指令集一样,并行编译程序研制者也必须对并行体系结构有所了解。作为本章后续各节的基础,本节简要介绍这三类并行体系结构,以及相应的并行编译系统需要解决的主要问题。

12.1.1 向量计算机

向量是由类型相同的标量数据项组成的集合。向量计算机是具有向量处理能力的计算机,它是在标量处理机的基础上增加了向量处理部分而构成的。向量处理部分通常含有若干向量寄存器、若干向量流水功能部件,以及一个控制向量操作长度的寄存器。向量操作可以是算术或逻辑运算、存储器读写等。与标量操作只对一个或一对操作数进行处理不同,向量操作同时对向量的所有元素进行处理。每次向量操作涉及的元素个数由向量长度寄存器控制。通常最大向量长度为 64 或 128,当实际向量长度大于系统允许的一次向量操作的最大长度时,可以分段进行处理。有代表性的向量计算机有美国的 CRAY-1、Convex-1,我国的银河-I 巨型机等。

图 12.1 是二个向量作乘法运算的示意图。这个向量乘法操作是由单条机器指令完成的。图中向量乘法运算部件是流水部件,向量寄存器 V_j 和 V_k 中对应的操作数成对连续地送至乘法运算部件。除第一对操作数需要 n 拍(n 为乘法操作流水线站数)才能得到结果外,其余后续元素均以每拍一个结果的速度送入 V_i 寄存器。

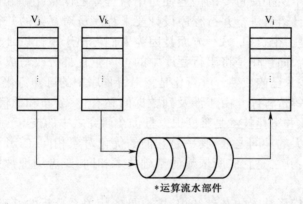

图 12.1 向量乘法指令执行示意图

在程序中向量通常是用数组来表示的。若 A,B,C 分别是由 n 个元素组成的一维数组,则下面的 FORTRAN 90 赋值语句均表示 A 与 B 的对应元素相乘,结果送给 C:

C = A * B

或者

C(1:N) = A(1:N) * B(1:N)

它们等价于循环:

do I = 1, N
　　C(I) = A(I) * B(I)
enddo

对于这个例子,若 N = 1024,硬件向量长度最大为 128,则编译将此运算按 128 个元素一组组织成向量运算循环,迭代 8 次完成全部运算,而标量循环需迭代 1024 次。因为每次循环迭代都要计算地址和迭代次数等,所以迭代次数越多开销就越大。由此看出,向量处理不仅由于充分利用流水线而获得了运算速度的提高,而且还减少了组织循环的开销,因此它比标量处理更高效。

并行编译针对向量计算机的一个重要功能是串行程序向量化。显然,程序中的向量成分越多,向量机的运行效率就越高。向量化自动地寻找源程序中可以向量化的循环,必要时对循环作适当的改写或变换,以利于向量化。

我们在 12.6 节中讨论串行程序的向量化,关于程序向量化的例子可参见该节例 12.17、例 12.18。

12.1.2　共享存储器多处理机

共享存储器多处理机是由多个处理机和一个共享存储器,以及专门的同步通信部件构成的计算机系统,其结构如 12.2 所示。

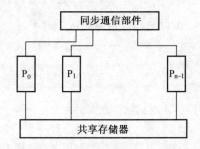

图 12.2　共享存储器多处理机结构图

其中,$P_0, P_1, \cdots, P_{n-1}$ 为同构的处理机,这些处理机可以是标量处理机,也可以是向量处理机,每个处理机可以执行相同或不同的指令流。处理机的个数一般为 2~64 个。这些处理机共享一个中央存储器,多个处理机可以同时访问存储器中的数据。但一个处理机能访问哪些数据,一个数据应先由哪个处理机访问才能保证程序的正确性是要由程序员来控制的,硬件无法控制。同步通信部件提供处理机间同步通信的硬件支持,例如共享信号灯用于实现基本的同步原语,共享寄存器则用于实现快速的处理机间通信。

共享存储器多处理机在更大的范围内提供了并行处理的能力。向量机只能并行处理向量操作,而多处理机可以并行执行多个循环迭代、语句块、子程序段。当多处理机系统的每个处理机都是向量处理机时,还可以实现高层的并行处理和低层的向量处理。例如对于例 1 的循环,在 8 个向量多处理机系统上执行时,每个向量处理机只需执行向量运算循环的一个迭代,完成 128 个元素的向量操作,从而使得执行时间只有单个向量处理机的 1/8。

共享存储多处理机上程序通常采用的是多指令流、多数据流(即 MMD)并行方式。程序显式并行性的表达典型的有多任务和 FORTRAN 90 数组运算。多任务通常分为子程序一级的宏任务和循环一级的微任务。

共享主存多处理机的并行编译系统有许多专门的工作要做,这些工作包括下列内容。

· **串行程序并行化**

它识别串行程序中可以并行执行的部分,并将它们表示成可并行执行的多个任务。通常并行化的对象是循环,它将可并行执行的循环改写成并行语法形式或者在其前面插入并行化编译指导命令。针对共享存储器多处理机的自动并行化研究已取得了较大的进展,有代表性的如 Kuck & Associates 公司的 KAP,CRAY 公司的 Autotasking 等自动并行化软件。

例如,考虑如下串行程序:
```
      SUBROUTINE JAC(N,M,DX,DY,ALPHA,OMEGA,U,F,TOL,MAXIT,UN)
      INTEGER N,M
      DOUBLE DX,DY,ALPHA,OMEGA,MAXIT,TOL
      DOUBLE U(N,M),F(N,M),UN(N,M)
      DOUBLE ERROR,RESID,AX,AY,B,
      AX = 1.0/(DX*DX)
      AY = 1.0/(DY*DY)
      B  =  -2.0/(DX*DX)-2.0/(DY*DY)-ALPHA
      ERROR = 10.0*TOL
      DO J=1,M
          DO I=1,N
              U(I,J)= U(I-1,J+1)*ALPHA
          ENDDO
      ENDDO
      DO J=2,M-1
          DO I=2,N-1
              RESID = (AX*(U(I-1,J)+U(I+1,J))
     &                +AY*(U(I,J-1)+U(I,J+1))
     &                +B*U(I,J)-F(I,J))/B
              UN(I,J)= U(I,J)-OMEGA*RESID
              ERROR = ERROR+RESID*RESID
          END DO
      ENDDO
      ERROR = SQRT(ERROR)/DBLE(N*M)
      PRINT *,'RESIDUAL     ',ERROR
      RETURN
      END
```
这个串行程序经自动并行化软件的编译后,将变成如下程序:
```
      SUBROUTINE JAC(N,M,DX,DY,ALPHA,OMEGA,U,F,TOL,MAXIT,UN)
      INTEGER N,M
      DOUBLE DX,DY,ALPHA,OMEGA,MAXIT,TOL
      DOUBLE U(N,M),F(N,M),UN(N,M)
```

```
      DOUBLE ERROR,RESID,AX,AY,B,

      AX = 1.0/(DX * DX)
      AY = 1.0/(DY * DY)
      B  =  -2.0/(DX * DX)-2.0/(DY * DY)-ALPHA
      ERROR = 10.0 * TOL
      DO J = 1,M
         DO I = 1,N
            U(I,J) = U(I-1,J+1) * ALPHA
         ENDDO
      ENDDO
!$OMP PARALLELDO SCHEDULE(STATIC)              ! 并行化软件插入的指导命令,
!$OMP&SHARED(OMEGA,ERROR,N,M,AX,AY,B,UN,U,F)   ! 标识下循环为并行循环
!$OMP&PRIVATE(I,J,RESID)
!$OMP&REDUCTION(+:ERROR)
         DO J = 2,M-1
            DO I = 2,N-1
               RESID   = (AX * (U(I-1,J)+U(I+1,J))
     &                 + AY * (U(I,J-1)+U(I,J+1))
     &                 + B * U(I,J)-F(I,J))/B
               UN(I,J) = U(I,J)-OMEGA * RESID
               ERROR = ERROR+RESID * RESID
            END DO
         ENDDO
!$OMP END PARALLELDO
      ERROR = SQRT(ERROR)/DBLE(N * M)
      PRINT * ,'RESIDUAL      ',ERROR
      RETURN
      END
```

其中,第一个循环不可以并行化,第二个循环可以并行化,该循环由以'!$OMP'打头的编译指导命令所标识。其中,从句 SHARED 指明在每个并行任务之间共享的数据,从句 PRIVATE 指明各个任务私有的数据,从句 REDUCTION 指明循环归约变量以及归约运算符。

·编译并行语法成分

将用并行语言或并行编译指导命令表示的并行程序转换成可由多个处理机并行执行的目标程序。并行程序的执行包括任务调度、处理机分配和任务同步等方面。并行机系统中通常由并行库提供完成这些工作的子程序,编译要做的工作是在程序中的适当位置插入对这些库子程序的调用,以实现并行语法或并行编译指导命令所要求的并行控制,同时,恰当地进行存储分配,使各种数据私有化或全局化。

例如,对于前面这个含并行指导命令的程序代码,在共享存储多处理机上,其编译程序

通常将它转换成如下含并行库调用的等价并行程序：

```
    SUBROUTINE JAC(N,M,DX,DY,ALPHA,OMEGA,U,F,TOL,MAXIT,UN)
    INTEGER N,M
    DOUBLE DX,DY,ALPHA,OMEGA,MAXIT,TOL
    DOUBLE U(N,M),F(N,M),UN(N,M)
    DOUBLE ERROR,RESID,AX,AY,B,

    AX = 1.0/(DX*DX)
    AY = 1.0/(DY*DY)
    B  = -2.0/(DX*DX)-2.0/(DY*DY)-ALPHA
    ERROR = 10.0*TOL
    DO J = 1,M
       DO I = 1,N
          U(I,J) = U(I-1,J+1)*ALPHA
       ENDDO
    ENDDO
    CALL PARALLEL $LIB(SUB_DO)              ! 启动所有任务并行执行子程序 SUB_DO
    ERROR = SQRT(ERROR)/DBLE(N*M)
    PRINT *,'RESIDUAL    ',ERROR
    RETURN

    CONTAINS                                ! PARALLELDO/END PARALLELDO 之间
    SUBROUTINE SUB_DO                       ! 的代码被改写为子程序
      INTEGER I,J,MYDOLO,MYDOHI,MYDOINC     ! 任务私有变量均在子程序内说明
      DOUBLE RESID
      DOUBLE LC_ERROR
      LC_ERROR = 0
      CALL STATIC_SETDO $LIB(2,M-1,1)       ! 每个任务按 STATIC 划分设置循环控制值
      DO WHILE(STATIC_MORE $LIB(MYDOLO,
   &          MYDOHI,MYDOINC))              ! 各自取自己的迭代区间
         DO J = MYDOLO,MYDOHI,MYDOINC
            DO I = 2,N-1
               RESID = (AX*(U(I-1,J)+U(I+1,J))
   &                 +AY*(U(I,J-1)+U(I,J+1))
   &                 +B*U(I,J)-F(I,J))/B
               UN(I,J) = U(I,J)-OMEGA*RESID
               LC_ERROR = LC_ERROR+RESID*RESID
            ENDDO
         ENDDO
      ENDDO
      CALL LOCK $LIB()
```

```
    ERROR=ERROR+LC_ERROR                    ！归约私有 LC_ERROR 至共享 ERROR
   CALL UNLOCK $LIB( )
 END SUBROUTINE SUB_DO
 END SUBROUTINE JAC
```

这里,PARALLEL$LIB,STATIC_SETDO$LIB,STATIC_MORE$LIB,LOCK$LIB, UNLOCK$LIB 等都是并行库函数,这些函数完成程序的底层并行控制,它们通常也是并行编译系统的一个部分。

12.1.3 分布存储器大规模并行计算机

这类计算机是由成百、上千乃至上万个结点构成的并行机,每个结点有自己的处理机和存储器,结点之间以互联网络相连,其体系结构示意图如图 12.3 所示。

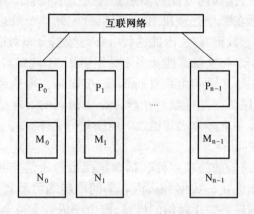

图 12.3　分布存储器大规模并行计算机结构示意图

其中,$P_0,P_1,\cdots,P_{n-1}$ 为处理机,通常是微处理器;$M_0,M_1,\cdots,M_{n-1}$ 是局部存储器。每一对 P_i 和 M_i 构成一个结点 N_i。这类计算机的特点是存储访问时间不一致,即处理机对远程存储器的访问时间比对本地存储器的访问时间要长得多。早期的分布存储器大规模并行机的所有局部存储器均是私有的,即只能由本机访问。处理机之间的通信,也即处理机对远程存储器的访问要通过软件的消息传递库实现。后来研制成了分布共享存储器大规模并行机,由硬件支持处理机对远程存储器的访问,这样,在一定程度上缩短了远程访问的时间,但与本地访问相比还是比较长。

分布存储器大规模并行机得以发展的原因一方面是,它的结点机由微处理器构成,相对向量机而言要廉价得多;另一方面是硬件不存在共享存储器的瓶颈问题,因而可以将成千上万个结点连接在一起,从而获得极高的峰值运算速度。

数据并行程序设计语言是分布存储器大规模并行机上主要的并行程序设计语言,它主要扩充了数据分布和并行任务的描述能力。这类语言最具代表性的是高性能 FORTRAN HPF,其它的还有各计算机公司为其大规模并行机配置的语言,如 CM FORTRAN、C*、CRAY MPP FORTRAN 等等。数据并行语言使用户能用较简单和直观的方法来编写并行程序,而不必拘泥于并行库子程序的调用规则细节。

目前大规模并行机上的并行编译系统主要是针对数据并行语言的,它需要完成以下几种处理。

- **数据分布**

数据分布的目的是提高数据的局部性和并行性,减少通信开销,从而提高程序的执行速度。并行编译根据程序中的数据分布描述将数据按用户指定的方式或编译内定的方式分配到各个结点的存储器上。由于已分布的数据与相关的计算并不总能保持在一个结点上,即一些计算所需的数据可能存放在其它结点的存储器中,因此必要时编译程序还要根据运算的分布情况对已分布的数据进行再分布,以减少通信。

- **任务划分**

任务划分是指如何在多个处理机上分配并行任务,使得程序可以高效地并行执行。针对分布存储器大规模并行机的任务划分的原则是尽可能使计算与参与计算的数据均属于同一处理机。数据并行语言一般提供了循环一级的并行描述,并行编译的任务划分就是要确定并行循环的迭代如何分配到多个处理机上去执行。通常采用的划分原则是拥有者计算原则,即数据在哪个处理机上,计算就分配到哪个处理机上去执行。循环中的并行计算一般都与分布数组有关,因此迭代分布与数据分布对准即可。但一个循环体中可能有多个语句,一个语句又可能涉及多个数组引用,因此在实现上又有两种方法,一种是按左部量划分,即按每个语句组织并行循环,按语句左部数组的数据分布来进行循环分布。另一种是按程序员在并行循环指导命令中指明的对准数组的数据分布来进行循环分布,此时若循环体中有多个语句也统一组织并行循环。

- **同步与通信**

并行编译对同步与通信的处理主要包括确定同步与通信点并插入相应的并行库子程序调用,以及同步通信优化。数据并行语言中的同步既可显式地描述,也可隐式的存在,如隐含在并行循环前后。对于通信的描述,则由于语言支持全局名字空间的特点,一般都是隐式的,即无论是本地还是远程数据访问,都是用变量引用来表示的。在不支持分布共享存储器的大规模并行机上,通信(即远程数据访问)是通过消息传递库子程序支持的。在支持分布共享存储器的大规模并行机上,通信有硬件与操作系统的支持,编译的工作是给出数据访问的结点号和结点存储器内的编移。通信优化的方法之一是通信消除,即通过把多个单独的消息合并成一个大消息一次传递,从而减少消息传递次数;或者通过数据局部化或再分布等方法来消除必要的通信。另一种方法是通信隐藏,即通过消息预取、消息流水等让通信与计算重叠,从而隐藏通信开销。

12.1.4 并行编译系统的结构

从功能上看,并行编译系统通常包括程序分析、程序优化和并行代码生成三个部分,如图 12.4 所示。

- **程序分析**

所有的编译优化实际上都是程序的等价变换,而程序等价变换的前提是程序中固有的数据依赖关系不变。因此,程序分析是各种并行优化的基础。它包括数据依赖关系分析、控制依赖关系分析以及数据流分析。对于不同的并行体系结构,程序中所开发的并行粒度亦有所不同,因此程序分析的级别也不一样。例如,对于超标量机而言,通常仅需做一般的数据流分析。而对于提供指令级并行的超长指令字机器、向量机或并行机而言,还

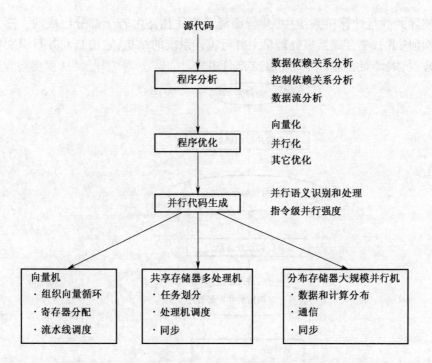

图 12.4 并行编译器的主要组成部分示意图

需要做数据依赖关系分析和控制依赖关系分析。并且分析的范围也随并行粒度的变化而变化。例如,小粒度并行往往是循环级并行,因而分析的对象一般是循环。而大粒度的并行是子程序级并行,所以还要分析子程序之间的关系。

- **程序优化**

这里说的优化是指以尽可能利用并行硬件能力为目的的各种程序转换。程序优化就是要缩短程序的执行时间,这包括减少指令长度和存储访问次数,开发程序的并行性。优化技术包括利用向量流水线的向量化、利用多处理机结构的并行化、针对分布存储器结构的数据分布、计算分布、数据局部化和通信优化等,以及其它与机器相关的优化,如用于减少流水部件或存储器访问延迟的指令调度、针对超长指令字结构的指令并行归并等。在实际的并行编译系统中,这些优化并不是如图中所示那样集中为一遍,而是分散于不同层次上的多遍处理之中。通常向量化、并行化为单独的一遍,且多为源程序到源程序的转换。其它的优化则可能发生在中间代码生成阶段,也可能发生在代码生成阶段。

- **并行代码生成**

这里所指的并行代码生成是指一种表示形式至另一种表示形式的转换。这种表示形式可以是源程序形式,也可以是中间代码形式。并行代码生成既包括源程序中的并行语法、语义的分析处理,也包括与体系结构相关的目标代码生成。对于不同的并行语言和不同的计算机结构,并行代码生成所做的工作也有所不同。对于向量处理机,它包括向量运算语句的处理,即将向量语句组织成向量循环。对于共享存储器多处理机,它包括并行循环的迭代划分,以及处理机调度与同步库子程序调用的插入。对于分布存储器大规模并行机,则还包括数据与计算的分布、分布数组的地址计算、通信所需的消息传递库子程序调用的插入等。

在实际的并行计算机系统中,并行编译系统往往是由若干部分组成的。图 12.5 给出的是银河-Ⅱ共享存储器多处理机上并行编译系统的结构,它由自动并行识别器、并行化预处理器、编译器和并行库四个独立部分组成。

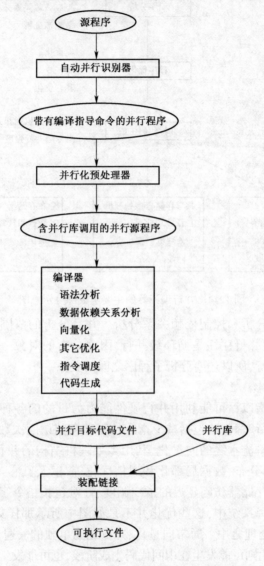

图 12.5　银河-Ⅱ并行编译器结构图

其中,自动并行识别器读入串行源程序,对其进行依赖关系分析,区分出私有与共享数据,识别出并行循环,完成有关的并行优化,并加上适当的并行编译指导命令,其输出是带有并行指导命令的并行源程序。并行化预处理器专门处理并行指导命令,它对并行循环进行任务划分,改写成含并行库子程序调用的并行源程序。编译器读入含并行库子程序调用的并行源程序,对其进行依赖关系分析以完成向量化,并同串行编译器一样,完成程序的语法、语义分析、生成中间代码,进行代码优化,包括流水线指令调度优化,最后生成并行目标代码。并行目标代码最终与并行库一起链接而成为一个可并行执行的文件。

本节,我们简要地介绍了并行计算机的几种典型结构,以及对于每一种结构,并行编译系统所面临的工作。从中我们看出,计算机提供的并行性越高,体系结构越复杂,编译面临的任务就越多,越困难。这种困难性主要在于针对并行体系结构的向量化、并行化和各种优化中的许多问题都是 NP-完全的问题。本章侧重于介绍并行编译的基础知识,为读者进一步研究并行编译技术打下基础。

12.2 基本概念

12.2.1 向量与向量的次序

考虑笛卡儿乘积 $\mathbf{Z}^m$,其中 $\mathbf{Z}$ 是所有整数组成的集合。称 $\mathbf{Z}^m$ 的元素 $\mathbf{i} = (i_1, i_2, \cdots, i_m)$ 是大小为 m 的**整向量**或 $\mathbf{Z}^m$ 的向量。任何大小的零向量 $(0, 0, \cdots, 0)$ 均记为 0。非零向量 $\mathbf{i} = (i_1, i_2, \cdots, i_m)$ 的**前导元素**是它的第一个非零元素。如果前导元素为 $i_l (1 \leq l \leq m)$,称整数 l 为向量 $\mathbf{i}$ 的**层次**,记为 $\text{lev}(\mathbf{i})$。$\mathbf{Z}^m$ 的零向量的层次定义为 m+1。若向量 $\mathbf{i}$ 的**前导元素**为正,则称向量 $\mathbf{i}$ 为**正向量**;反之,若前导元素为负,则称为**负向量**。零向量和正向量统称为**非负向量**。例如,向量 $(0, -5, 0), (-1, 20), (0, 0, 7)$ 的前导元素分别为 -5, -1, 7;其层次分别为 2, 1, 3;前二个向量为负向量,后一个向量是正向量。

对于整数 i,定义 i 的符号函数 $\text{sig}(i)$ 如下:

$$\text{sig}(i) = \begin{cases} 1 & i > 0 \\ 0 & i = 0 \\ -1 & i < 0 \end{cases}$$

则向量 $\mathbf{i} = (i_1, i_2, \cdots, i_m)$ 的符号 $\mathbf{sig}(\mathbf{i})$ 是由它的元素的符号组成的向量,即

$$\mathbf{sig}(\mathbf{i}) = (\text{sig}(i_1), \text{sig}(i_2), \cdots, \text{sig}(i_m))。$$

例如,对于向量 $\mathbf{i} = (-3, 8, 0), \mathbf{sig}(\mathbf{i}) = (-1, 1, 0)$。

若向量 $\mathbf{i}$ 的每个元素都是 1, 0 或 -1,则称它为**方向向量**。显然,对任意向量 $\mathbf{i}, \mathbf{sig}(\mathbf{i})$ 是一个方向向量。一个给定的方向向量也是无限多个不同向量的符号。

我们用下述几种元素记号来表示具有某种共同属性的方向向量集合。

    * :   表示值为 1, 0 或 -1
    ± :   表示值为 1 或 -1
    0+ :   表示值为 0 或 1
    0- :   表示值为 0 或 -1

其中,较常使用的记号是 '*'。例如,$(0, 1, *)$ 代表 $\mathbf{Z}^3$ 中所有层次为 2 的正方向向量集合:$\{(0, 1, 1), (0, 1, 0), (0, 1, -1)\}$,称这些向量是形式为 $(0, 1, *)$ 的向量。

一个给定的方向向量可以有许多种不同形式。例如,$(0, 1, -1)$ 可以表示成 $(0, ±, ±)$ 或 $(0-, *, ±)$。而方向向量 $(-1, 0, 0), (-1, 0, -1), (-1, 1, 0), (-1, 1, -1)$ 均可表示成 $(-1, 0+, 0-)$ 形式。

$\mathbf{Z}^m$ 的向量之间存在着字典序。设 $\mathbf{i} = (i_1, i_2, \cdots, i_m), \mathbf{j} = (j_1, j_2, \cdots, j_m)$,向量 $\mathbf{i} < \mathbf{j}$ 当且仅当存在着整数 $l (1 \leq l \leq m)$,使得

$$i_1 = j_1, i_2 = j_2, \cdots, i_{l-1} = j_{l-1} \text{ 且 } i_l < j_l$$

换言之,即 $\mathbf{i} < \mathbf{j}$ 当且仅当 $\mathbf{j} - \mathbf{i}$ 的方向向量是形式为 $(0, 0, \cdots, 0, 1, *, *, \cdots, *)$ 且层次为 l 的正向量。

我们用记号 $i \leq j$ 表示 $i < j$ 或者 $i = j$。

例 12.1
$$(2,15,9) <_1 (3,-2,7)$$
$$(2,15,9) <_2 (2,16,-5)$$
$$(2,15,9) <_3 (2,15,12)$$

这里 $<_l$ 的下标 l 指明是在哪个层次导致 $<$ 关系成立。

例 12.2 考虑如下循环

```
        do I1 = 0, 100
           do I2 = 0, 200
S:            X(I1,I2) = Y(I1,I2+1) + Z(I1+1,I2)
           enddo
        enddo
```

令 $S(i_1,i_2)$ 和 $S(j_1,j_2)$ 分别表示当循环控制变量 I_1, I_2 取值分别为 i_1, i_2 和 j_1, j_2 时语句 S 的二个实例,则实例 $S(i_1,i_2)$ 先于实例 $S(j_1,j_2)$ 而执行的充分必要条件是下述二个条件之一成立:

(1) $i_1 < j_1$,也即 $(i_1,i_2) <_1 (j_1,j_2)$;或者
(2) $i_1 = j_1$ 且 $i_2 < j_2$,也即 $(i_1,i_2) <_2 (j_1,j_2)$。

利用向量之间的次序定义,可以将上二个条件归纳为 $S(i_1,i_2)$ 先于 $S(j_1,j_2)$ 而执行的充分必要条件是 $(i_1,i_2) < (j_1,j_2)$。

12.2.2 循环模型与索引空间

在本章的后续部分,当说到**循环嵌套 L** 时,均指如下形式的 FORTRAN 循环模型:

```
L1:         do I1 = p1, q1
L2:            do I2 = p2, q2
  ⋮              ⋮
Lm:               do Im = pm, qm
                     H(I1, I2, ⋯, Im)
                  enddo
               ⋮
               enddo
            enddo
```

其中,I_r 称为索引变量;p_r, q_r 分别称为循环初值和循环终值($1 \leq r \leq m$),p_1, q_1 为常数,$p_r, q_r (1 \leq r \leq m)$ 是 $I_1, I_2, \cdots, I_{r-1}$ 的整值函数;$H(I_1, I_2, \cdots, I_m)$ 是由赋值语句组成的集合。

这是一个由 m 层循环组成的循环嵌套,各层循环之间不含其它语句。我们称这种循环模型为理想循环,记为 $\mathbf{L} = (L_1, L_2, \cdots, L_m)$,或简写为 $\mathbf{L}$ 或 $(L_1, L_2, \cdots, L_m)$。当 m 取值为 1,2 或 3 时,它们分别对应于一层、二层或三层循环。

记 $\mathbf{I} = (I_1, I_2, \cdots, I_m)$,称之为循环嵌套 $\mathbf{L}$ 的**索引向量**。$\mathbf{I}$ 的值称为**索引值**或**索引点**,即大小为 m 的整向量 $(i_1, i_2, \cdots, i_m)$。其中

$$p_1 \leq i_1 \leq q_1$$

$$p_2(i_1) \leq i_2 \leq q_2(i_1)$$
$$\vdots$$
$$p_m(i_1, i_2, \cdots, i_{m-1}) \leq i_m \leq q_m(i_1, i_2, \cdots, i_{m-1})$$

L 的**索引空间**由所有索引点组成,它是 $\mathbf{Z}^m$ 的子空间。若循环的初值与终值均与 I_1, $I_2, \cdots, I_m$ 无关且对每个 $r, p_r \leq q_r$,则索引点的个数是 $\prod_{r=1}^{m}(q_r - p_r + 1)$。

L 的循环体是 $H(I_1, I_2, \cdots, I_m)$ 或 $H(\mathbf{I})$。给定一个索引值 $\mathbf{i} = (i_1, i_2, \cdots, i_m)$,便确定了 H 的一个实例 $H(\mathbf{i}) = H(i_1, i_2, \cdots, i_m)$,称之为 **L** 的一个**迭代**。由 FORTRAN 循环的定义,此循环嵌套的迭代是按索引值的字典序顺序执行的,即迭代 $H(\mathbf{i})$ 先于迭代 $H(\mathbf{j})$ 而执行当且仅当 $\mathbf{i} < \mathbf{j}$。

H 中的一个特定的赋值语句用 $S, S(\mathbf{I})$ 或 $S(I_1, I_2, \cdots, I_m)$ 表示。$S(\mathbf{I})$ 对索引值 $\mathbf{i} = (i_1, i_2, \cdots, i_m)$ 的实例表示为 $S(\mathbf{i})$ 或 $S(i_1, i_2, \cdots, i_m)$。

对于循环嵌套 **L**,给定一个索引点 $\mathbf{I} = (i_1, i_2, \cdots, i_m)$,相应地有一个**迭代点** $\mathbf{I}' = (i_1', i_2', \cdots, i_m')$,索引点与迭代点之间有如下关系:

$$i_r = p_r + i_r' \quad (1 \leq r \leq m)$$

L 的**迭代空间**由所有迭代点组成,它也是 $\mathbf{Z}^m$ 的子空间。当 $p_r = 0 (1 \leq r \leq m)$ 时,索引空间与迭代空间是同一个空间。注意,通常情况下,索引空间与迭代空间是有区别的,其区别在于:

1. 迭代空间中迭代变量 $\mathbf{I}'$ 总是从原点开始的,而索引空间中的索引变量 $\mathbf{I}$ 则不一定这样;

2. 迭代空间中迭代变量 $\mathbf{I}'$ 总是连续递增的,即每一维均是以 $0, 1, 2, \cdots$ 的顺序取值;而索引空间则往往根据循环增量 θ 的符号和大小作正向或反向跨步,当 $|\theta| > 1$ 时,跨步则不为 1。

为了简化问题并且又不失一般性,我们的这个循环模型取 $\theta = 1$ 作为各层的循环增量。事实上,对于如下形式的一般循环:

L: do I = p, q, θ
　　　H(I)
　　enddo

其中,p, q, θ 是任意整型量,可以转变成等价的规范循环:

L':　　do I' = 0, q', 1
　　　　H(p + I'θ)
　　　enddo

其中,$q' = \lfloor (q-p)/\theta \rfloor$ 且 $I = p + I'\theta$。

称这种转换为循环规范化。

例 12.3 考虑如下循环嵌套 **L**:

L_1:　　do $I_1 = 5, 17$
L_2:　　　do $I_2 = 3, I_1 + 1$
　　　　　　H(I_1, I_2)
　　　　Enddo

enddo

外层循环 L_1 有 $(17-5+1)$，即 13 个索引值：$5,6,\cdots,17$。对 L_1 的一个给定值 i_1，内层循环 L_2 有 $(i_1+1-3+1)$ 或 (i_1-1) 个索引值：$3,4,\cdots,i_1+1$。这个二层循环的索引空间如图 12.6 所示，它有 $\sum_{i_1=5}^{17}(i_1-1)$，即 130 个索引点。

给定一个索引点 $\mathbf{i}=(i_1,i_2)$，便确定了此循环的一个迭代 $H(i_1,i_2)$。例如，对索引点 $\mathbf{i}=(8,7)$，有迭代 $H(8,7)$。该循环的各迭代通过按字典序取相应索引值而执行。假设

$$S(I_1,I_2): \quad A(I_1,I_2) = A(I_1,I_2) + C(I_1,I_2) * A(I_1,I_2) + 1$$

是 H 中的一个赋值语句，则 $\mathbf{I}=(8,7)$ 时，语句 $S(I_1,I_2)$ 的实例为 $S(8,7)$。

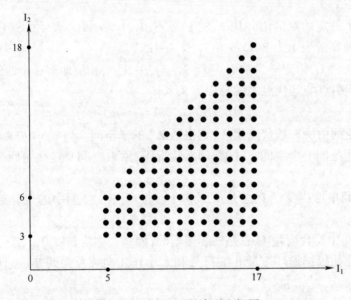

图 12.6　例 12.3 的索引空间图

12.2.3　输入与输出集合

为了简洁见，我们用字母 $S,T,U,V,\cdots$ 表示程序中的语句并仅涉及赋值语句。赋值语句的一般形式为

$$S: x = E$$

其中，x 是一个变量，它既可以是简单变量，也可以是数组元素引用；E 是一个表达式。对于这样一个语句 S，它的**输出变量**是 x，**输入变量**是出现在 E 中的任何变量。一般地，输出变量代表着对存储器的写操作，输入变量代表着对存储器的读操作。

由语句 S 的所有输出变量组成的集合称为 S 的**输出变量集合**，记为 $OUT(S)$；由语句 S 的所有输入变量组成的集合称为 S 的**输入变量集合**，记为 $IN(S)$。

例 12.4　下述赋值语句

　　S：　X = A + B
　　T：　C = A * 3
　　U：　A = A + C

的 IN 和 OUT 集合分别为

$$IN(S) = \{A, B\} \quad OUT(S) = \{X\}$$
$$IN(T) = \{A\} \quad OUT(T) = \{C\}$$
$$IN(U) = \{A, C\} \quad OUT(U) = \{A\}$$

例 12.5 如下循环中

do I = 1, 10
S: X(I) = A(I+1) * B
enddo

语句 S 的 IN 和 OUT 集合为

$$IN(S) = \{A(2), A(3), A(4), \cdots, A(11), B\}$$
$$OUT(S) = \{X(1), X(2), X(3), \cdots, X(10)\}$$

在实际程序中,循环的边界往往不一定是常数且由于 if 条件分枝等原因,编译程序往往只能近似地测出 IN 和 OUT 集合。

例 12.6

L_1:   do $I_1 = 1, 10$
L_2:   do $I_2 = 3, I_1 + 1$
$S(I_1, I_2)$: $X(I_1, I_2) = X(I_1, I_2) * Y(I_1, I_2)$
    enddo
    enddo

语句 S 的 IN 和 OUT 集合为

$$IN(S) = \{X(I_1, I_2), Y(I_1, I_2) : 1 \leq I_1 \leq 10, 3 \leq I_2 \leq I_1 + 1\}$$
$$OUT(S) = \{X(I_1, I_2) : 1 \leq I_1 \leq 10, 3 \leq I_2 \leq I_1 + 1\}$$

为了得到 S 的某个特定实例的输入变量和输出变量,可用对应的索引值替换(I_1, I_2)。例如,实例 S(8,7) 对应于 $I_1 = 8, I_2 = 7$。于是,有

$$IN(S(8,7)) = \{X(8,7), Y(15)\}$$
$$OUT(S(8,7)) = \{X(8,7)\}$$

12.2.4 语句的执行顺序

若在程序中语句 S **词法上先于**语句 T,则记为 S<T。S≤T 表示 S 要么词法上先于 T,要么 S 与 T 为同一条语句。

我们用 θ 表示语句之间的执行顺序。SθT 表示语句 S 先于语句 T 而执行,S(**i**)θT(**j**) 表示循环体中 S 的实例 S(**i**) 先于 T 的实例 T(**j**) 而执行。

对二个顺序执行的赋值语句 S 和 T,若它们不包含在循环中,则显然有 S 先于 T 而执行当且仅当 S<T。对于循环嵌套 **L** 的循环体 H,在它的迭代 H(**i**) 执行期间,H 中的每个语句均按词法顺序执行,因此,若迭代 H(**i**) 先于迭代 H(**j**) 而执行,则 H(**i**) 中的每一个语句实例均先于 H(**j**) 中的每个语句实例而执行。这一事实可表示为下面的引理。

引理 12.1 设 S 和 T 是循环嵌套 **L** 的循环体内的二条语句。在 **L** 的执行中,S 的实例 S(**i**) 先于 T 的实例 T(**j**) 而执行当且仅当下列条件之一成立:

(1) **i**<**j**;或者
(2) **i**=**j** 且 S<T。

这个引理的直观叙述是：$S(\mathbf{i})$ 先于 $T(\mathbf{j})$ 而执行，要么由 $\mathbf{i}$ 确定的迭代先于 $\mathbf{j}$ 确定的迭代，这时 S 和 T 的词法顺序可以是任意顺序；要么当 $\mathbf{i}$ 和 $\mathbf{j}$ 确定的迭代相同时，S 在词法上先于 T。

例 12.7　考虑循环：

L_1:　　　　do $I_1 = 1, 10$
　L_2:　　　　　do $I_2 = 2, 20$
　　S:　　　　　　　$A(I_1, I_2) = B(I_1, I_2-1) + C(I_1, I_2)$
　　T:　　　　　　　$B(I_1, I_2) = A(I_1, I_2) + B(I_1, I_2)$
　　　　　　　　enddo
　　　　　　enddo

S 和 T 有下述执行顺序关系：

$$S(1,1)\theta T(1,1)$$
$$T(2,3)\theta S(3,1)$$

事实上，只要当 $i_1 < j_1$，或者当 $i_1 = j_1$ 但 $i_2 < j_2$ 时，就有

$$S(i_1, i_2)\theta T(j_1, j_2)$$

同样，只要当 $j_1 < i_1$ 或者 $j_1 = i_1$ 但 $j_2 < i_2$ 时，就有

$$T(j_1, j_2)\theta S(i_1, i_2),$$

其中 $1 \leq i_1, i_2 \leq 10, 2 \leq j_1, j_2 \leq 20$。

具备了以上基本概念后，我们就可以方便地研究数据依赖关系了。

12.3　依　赖　关　系

一个计算机程序就像一段交响曲，就像一段正在编织的织锦，其中某些事情必须发生在另一些事情之前，某些事情必须与其它事情协调发生。对于计算机程序，当事件或动作 A 必须先于事件 B 而发生时，称 B 依赖于 A。我们称这种关系为**依赖关系**。有时候依赖关系是由于读/写或计算/使用同一数据而引起的，称这种关系为**数据依赖关系**。例如，在下面的代码中，B 的值数据依赖于 A 的值，这是因为只能在 A 的值计算完成后才能计算 B 的值。

　　$A = X + Y + \cos(Z)$
　　$B = A * C$

有时候，依赖关系是由于程序流程而引起的，如一个分枝是否执行或是否跳出循环等，称这种情形为**控制依赖关系**。例如，在下面的代码中，位于 if 块中的赋值语句可能会执行，也可能不会执行，这取决于 'I. EQ. 0' 的测试结果。换言之，即 A 的值依赖于围绕它的代码的控制流。

　　IF(I. EQ. 0) THEN
　　　$A = B * C$
　　ENDIF

控制依赖关系往往导致语句的执行顺序需要到程序运行中不能确定，又因为影响向量化、并行化的主要是数据依赖关系，我们这里只关心数据依赖关系，不准备讨论控制依

赖关系。以后凡说到依赖关系均指数据依赖关系。

12.3.1 依赖关系定义

数据依赖关系可以从许多不同的角度来定义。我们首先利用输入和输出变量集合给出语句间依赖关系的一般定义,然后针对循环定义语句间的依赖关系。

数据依赖关系定义 1

已知语句 S 和 T,若存在着变量 x 使之满足下述条件之一,则称语句 T 依赖于语句 S,记为 SδT;否则,语句 S 与 T 之间不存在依赖关系。

(1) 若同时有 x∈OUT(S),x∈IN(T),且 T 使用由 S 计算出的 x 之值,则称 T **流依赖**于 S,记为 Sδ^fT。

(2) 若同时有 x∈IN(S),x∈OUT(T),但 S 使用 x 的值先于 T 对 x 的定值,则称 T **反依赖**于 S,记为 Sδ^aT。

(3) 若同时有 x∈OUT(S),x∈OUT(T),且 S 对 x 的定值先于 T 对 x 的定值,则称 T **输出依赖**于 S,记为 Sδ^oT。

例 12.8 考虑下述语句:

    S: A = B+D
    T: C = A * 3
    U: A = A+C
    V: E = A/2

它们之间有如下数据依赖关系:

    Sδ^fT Sδ^fU Sδ^oU Tδ^fU Tδ^aU Uδ^fV

例 12.9

      do I = 1,100
    S: A(I) = B(I+2)+1
    T: B(I) = A(I-1)-1
      enddo

其中, OUT(S) = {A(1),A(2),A(3),…,A(100)}
    IN(S) = {B(3),B(4),B(5),…,B(103)}
    OUT(T) = {B(1),B(2),B(3),…,B(100)}
    IN(T) = {A(0),A(1),A(2),…,A(99)}

对于 I 在 {1,2,…,100} 中的每个值 i,语句 S 和 T 都有一个实例,分别表示为 S(i) 和 T(i)。部分地展开这个循环将有助于我们确切地观察数组 A 和 B 的不同元素是如何被这些实例引用的。

    S(1):   A(1) = B(3)+1
    T(1):   B(1) = A(0)-1
    S(2):   A(2) = B(4)+1
    T(2):   B(2) = A(1)-1
    S(3):   A(3) = B(5)+1
    T(3):   B(3) = A(2)-1

$$S(4): \quad A(4)=B(6)+1$$
$$T(4): \quad B(4)=A(3)-1$$
$$\vdots \quad\quad \vdots$$
$$S(100): \quad A(100)=B(102)+1$$
$$T(100): \quad B(100)=A(99)-1$$

从中看出 $A(1) \in OUT(S), A(1) \in IN(T)$,且 S 在 I=1 时定值 $A(1)$,T 在 I=2 时引用 $A(1)$,即语句 S 先定义 $A(1)$,语句 T 后使用 $A(1)$。由依赖关系定义,我们得出 T 流依赖于 S,即 $S\delta^f T$。

另外,语句 S 在 I=1 时使用的 $B(3)$ 之值是在循环之前定义的,而不是语句 T 在 I=3 时计算出的值。换言之,即语句 S 的实例 $S(1)$ 应当在语句 T 的实例 $T(3)$ 改变 $B(3)$ 之前使用 $B(3)$ 的值。类似地,实例 $S(2)$ 也应当在实例 $T(4)$ 改变 $B(4)$ 之前使用 $B(4)$ 的值,等等。由此得出,语句 T 反依赖于语句 S,即 $S\delta^a T$。

依赖关系定义 1 给出的是一般定义。对于顺序执行的语句来说,利用此定义我们可以较直观地观察出所存在的依赖关系,但对处在循环内的语句来说,它没有与循环迭代相联,而实际上循环内语句之间的依赖关系正如例 12.8 所示那样,往往与迭代有关,因此,它对于描述循环内的语句依赖关系不太方便。下面,我们针对循环的情况给出依赖关系定义的另一种形式。

数据依赖关系定义 2

设语句 S 和 T 是循环嵌套 **L** 中的二个语句。语句 T 依赖于语句 S,记为 $S\delta T$,如果存在 S 的一个实例 $S(i)$,T 的一个实例 $T(j)$,以及 S 的一个变量 u,T 的一个变量 v,使得

(1) u 和 v 至少有一个是它所在语句的输出变量;

(2) u 在实例 $S(i)$ 中和 v 在实例 $T(j)$ 中都表示同一个存储单元 M;

(3) 在 **L** 的顺序执行中,$S(i)$ 先于 $T(j)$ 被执行;

(4) 在 **L** 的顺序执行中,从 $S(i)$ 结束执行到 $T(j)$ 开始执行期间,没有其它对 M 的写操作。

如果变量 u,v 和实例 $S(i)$,$T(j)$ 满足这四个条件,则称变量对 u,v 引起 T 依赖于 S,称实例 $T(j)$ 依赖于实例 $S(i)$。由 u,v 引起的依赖关系是:

流依赖,如果 $u \in OUT(S), v \in IN(T)$;

反依赖,如果 $u \in IN(S), v \in OUT(T)$;

输出依赖,如果 $u \in OUT(S), v \in OUT(T)$。

在此定义中,语句 S 和 T 不必是不同的,但条件 3 要求实例 $S(i)$ 和 $T(j)$ 是不同的。T 对 S 的依赖关系是所有满足上述条件的偶对 $(S(i),T(j))$ 组成的集合,即 $\delta=\delta^f \cup \delta^a \cup \delta^o$。

12.3.2 语句依赖图

一给定程序的**语句依赖关系图**是关系 δ 的有向图。图中每个结点表示一个语句,结点 S 和 T 有一条弧当且仅当 $S\delta T$。用弧表示流依赖,用带短线的弧表示反依赖,用带小圈的弧表示输出依赖。

依赖关系 δ 的传递闭包,记为 $\bar{\delta}$,是**间接依赖关系**。因此,若在语句依赖图上存在着一条从 S 至 T 的路径,则语句 T 间接依赖于语句 S,记为 $S\bar{\delta}T$。换言之,$S\bar{\delta}T$,若存在着一非

空语句顺列,$S_1,S_2,\cdots,S_N$,使得
$$S=S_1,S_1\delta S_2,\cdots,S_{N-1}\delta S_N,S_N=T$$

例 12.10 考虑单层循环

L:　　　　do I = 4,200
 S:　　　A(I) = B(I) + C(I)
 T:　　　B(I+2) = A(I-1) + A(I-3) + C(I-1)
 U:　　　A(I+1) = B(2I+3) + 1
　　　　enddo

L 的 197 个迭代按索引值 4,5,…,200 依次执行。数组元素的下标都比较简单,我们可以通过考察前若干个迭代而看出其中的依赖关系。L 的前四个迭代,对应于索引值 4,5,6,7,展开如下:

S(4):　　A(4) = B(4) + C(4)
T(4):　　B(6) = A(3) + A(1) + C(3)

$$U(4):\quad A(5)=B(11)+1$$

S(5):　　A(5) = B(5) + C(5)
T(5):　　B(7) = A(4) + A(2) + C(4)
U(5):　　A(6) = B(13) + 1

S(6):　　A(6) = B(6) + C(6)
T(6):　　B(8) = A(5) + A(3) + C(5)
U(6):　　A(7) = B(15) + 1

S(7):　　A(7) = B(7) + C(7)
T(7):　　B(9) = A(6) + A(4) + C(6)
U(7):　　A(8) = B(17) + 1

其中,S 的输出变量 A(I) 在实例 S(4) 中与 T 的输入变量 A(I-1) 在实例 T(5) 中均引用 A(4),且 S(4) 先于 T(5) 被执行。因此,我们有语句 T 流依赖于语句 S。由这二个变量引起的 T 对 S 的流依赖关系是集合:

$\{(S(4),T(5)),(S(5),T(6)),(S(6),T(7)),\cdots,(S(199),T(200))\}.$

即集合:

$\{(S(i),T(j)):i=j-1,5\leqslant j\leqslant 200\}.$

另外,S 中的输出变量 A(I) 和 T 中的输入变量 A(I-3) 也引起 T 流依赖于 S。由它们引起的流依赖关系集合是:

$\{(S(4),T(7)),(S(5),T(8)),(S(6),T(9)),\cdots,(S(197),T(200))\}.$

即集合:

$\{(S(i),T(j)):i=j-3,7\leqslant j\leqslant 200\}.$

上述二个集合的并给出了 T 对 S 的所有流依赖关系。

语句 S 也流依赖于语句 T,它是由 T 的输出变量 B(I+2) 和 S 的输入变量 B(I) 引起的,这个依赖关系集合为:

$\{(T(4),S(6)),(T(5),S(7)),(T(6),S(8)),\cdots,(T(198),S(200))\}.$

语句 S 输出依赖于语句 U。S 对 U 的输出依赖集合是:

$\{(U(4),S(5)),(U(5),S(6)),(U(6),S(7)),\cdots,(U(199),S(200))\}.$

语句 T 反依赖于语句 U,T 对 U 的反依赖集合是:

$\{(U(4),T(9)),(U(5),T(11)),(U(6),T(13))),\cdots,(U(99),T(199))\}.$

注意,尽管语句 U 中含对数组元素 A(I+1) 的定值,语句 T 中含对数组元素 A(I-1),A(I-3) 的引用,但语句 T 不会流依赖于语句 U。因为每当有实例 U(i) 和 T(j),使得 U(i) 先于 T(j) 被执行且它们均引用相同的存储位置时,另还有 S 的一个实例写同一存储位置。例如,U(4) 和 T(6) 引用由 A(5) 表示的存储位置,但 S(5) 写此位置,而在程序的执行中,S(5) 的执行在 U(4) 和 T(6) 之间。

循环 L 的语句依赖图如图 12.7 所示。

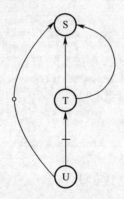

图 12.7 例 12.9 的语句依赖图

12.3.3 依赖距离、依赖方向与依赖层次

设语句 S 和 T 是循环嵌套 **L** 中的语句。如果语句 T 依赖于语句 S,则存在着实例 S(i)δT(j)。令 d=j-i,σ=sig(d),l=lev(d),称 d 是这个依赖关系的**依赖距离向量**,σ 是**依赖方向向量**,l 是**依赖层次**。也称语句 T 在第 l 层上以距离向量 d、方向向量 σ 依赖于语句 S。设方向向量 σ = ($\sigma_1,\sigma_2,\cdots,\sigma_m$),距离向量 d = ($d_1,d_2,\cdots,d_m$)。式子 Tδ$_{(\sigma_1,\sigma_2,\cdots,\sigma_m)}$S 表示语句 T 以方向向量 σ 依赖于 S,式子 Tδ$_{(d_1,d_2,\cdots,d_m)}$S 表示语句 T 以距离向量 d 依赖于 S。

因为 **i**≤**j**(引理 12.1),因此依赖关系的距离向量和方向向量总是非负向量,而层次 l 则可能有 m+1 种取值:1,2,…,m+1,其中 l=m+1 的取值对应于零方向向量(0,…,0)。如果 T 在第 l 层上依赖于 S,1≤l≤m,则称 T 对 S 的依赖是**循环 L_l 携带的依赖关系**,有时也称为是**跨迭代的依赖关系**;若 T 对 S 的依赖关系是个由任何循环携带的(即 m+1 是其唯一的层次),则称此依赖关系是**与循环无关的**,也称为是**与迭代无关的**。

依赖层次指明了依赖关系是由哪一层循环引起的。距离向量指明了对同一个存储位置的二个访问之间相隔的循环迭代数。方向向量指明了相依赖的二个迭代在每一维上的依赖方向。每维的方向向量是各自独立的。

利用循环的迭代空间图,我们可以更形象地理解依赖距离与依赖方向的概念。

前面介绍循环模型时,我们介绍了循环嵌套 L 的迭代空间。这个迭代空间是由离散的迭代点组成的,其中每个迭代点确定一个迭代 H(i),每个迭代点对应地有一个索引点,并且当 $p_r=0(1 \leqslant r \leqslant m)$ 时,其迭代空间就是索引空间。

设在循环嵌套 L 中,语句 T 依赖于语句 S。令 S(i) 和 T(j) 是满足依赖关系定义 2 中条件的实例偶对,即 S(i)δT(j)。因为 S(i) 先于 T(j) 被执行,因而有 $i \leqslant j$(引理 12.1)。若 i<j,则称迭代 H(j) 依赖于迭代 H(i),记为 H(i)δH(j)。由迭代之间的依赖关系构成的图称为**迭代依赖图**。

对循环嵌套 L 中有关系 SδT 的语句 S 和 T,若 H(i)δH(j) 成立,则可以从迭代点 i 至迭代点 j 画一箭头。

例 12.11
```
            do I=0,5
              do J=0,4
S:              A(I+1,J+1)=A(I,J)+B(I,J)
              enddo
            enddo
```

关系 $S\delta^f S$ 成立。该依赖关系集合为

$\{(S(i_1,i_2), S(j_1,j_2)) : j_1=i_1+1, j_2=i_2+1, 0 \leqslant i_1 \leqslant 4, 0 \leqslant i_2 \leqslant 3\}$

这个依赖关系集合中的任意一对 S(i),T(j),均有常数距离向量(1,1),和常数方向向量(1,1)。

我们可以画出如图 12.8 含箭头的迭代空间图,亦即迭代依赖图。

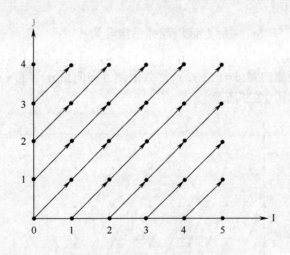

图 12.8 例 12.11 的迭代依赖图

图中所有箭头都是向前的且相依赖的二个点在 I 方向和 J 方向均相隔距离为 1,即对应于 I 维,是从 i 至 i+1,对应于 J 维,是从 j 至 j+1。

一般地,对于依赖方向向量,分量 $i_r=1$ 表示在第 r 层上的依赖是**向前跨迭代的**,例如,从迭代 i 至 i+1;分量 $i_r=-1$ 表示在第 r 层上的依赖是**向后跨迭代的**,例如,从迭代 i 至 i-1。对于循环嵌套 L 而言,向后的方向只能当其外层的依赖方向是向前的时才可能

出现,这是因为方向向量总是非负向量。

例 12.12

```
        do I=0,5
         do J=0,4
S:         A(I-1,J+2)=A(I,J)+B(I,J)
         enddo
        enddo
```

这个例子仅左端的下标与前例不同,但这一变化改变了语句 S 的依赖方向与依赖类型。展开前三个迭代如下:

S(0,0):　　A(-1,2)=A(0,0)+B(0,0)
S(0,1):　　A(-1,3)=A(0,1)+B(0,1)
S(0,2):　　A(-1,4)=A(0,2)+B(0,2)
　　⋮　　　　　⋮
S(1,0):　　A(0,2)=A(1,0)+B(1,0)
S(1,1):　　A(0,3)=A(1,1)+B(1,1)
S(1,2):　　A(0,4)=A(1,2)+B(1,2)
　　⋮　　　　　⋮
S(2,0):　　A(1,2)=A(2,0)+B(2,0)
S(2,1):　　A(1,3)=A(2,1)+B(2,1)
S(2,2):　　A(1,4)=A(2,2)+B(2,2)
S(2,3)
　　⋮　　　　　⋮

我们可以看出有 $S\delta^a S$。实际上该依赖关系集合为

$$\{S(i_1,i_2),S(j_1,j_2):i_1=j_1-1,i_2=j_2+2,\quad 1\leqslant j_1\leqslant 5,0\leqslant j_2\leqslant 2\}$$

它有常数依赖距离向量 $d=(1,-2)$,常数依赖方向向量 $\sigma=(1,-1)$ 和依赖层次 $l=1$。对应的迭代依赖图如图 12.9 所示。

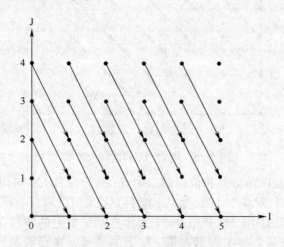

图 12.9　例 12.12 的迭代依赖图

从图中看出,相依赖的二个迭代点在 I 方向为向前方向,相隔距离为向前一个迭代;在 J 方向为向后方向,相隔距离为往后二个迭代。

已知一个距离向量,我们可以算出相应的方向向量,而已知一个方向向量,我们可以计算出相应的层次。然而,对于一个给定的层次,可能存在着许多方向向量,而对于一个给定的方向向量,则可能存在许多距离向量。在不少情形中,由于某些不确定因素,我们不能算出精确的距离向量,但是,根据索引变量的取值范围,我们仍可以确定出方向向量。

例 12.13 考虑一层循环

L:　　　　do I = 1,100
S:　　　　　A(2*I) = B(I) + 2
T:　　　　　C(I) = A(I) + D(I)
　　　　　　enddo

展开此循环的前几个迭代如下:

$S(1)$:　　　A(2) = B(1) + 2
$T(1)$:　　　C(1) = A(1) + D(1)
$S(2)$:　　　A(4) = B(2) + 2
$T(2)$:　　　C(2) = A(2) + D(2)
$S(3)$:　　　A(6) = B(3) + 2
$T(3)$:　　　C(3) = A(3) + D(3)
$S(4)$:　　　A(8) = B(4) + 2
$T(4)$:　　　C(4) = A(4) + D(4)
　　　　　　⋮

比较 S 的变量 A(2*I) 和 T 的变量 A(I),结论是它们导致 T 流依赖于 S。依赖集合为

$$\{(S(i), T(j)) : j = 2i, 1 \leq i \leq 50\}$$

对于此集合中的任意一对 $(S(i), T(j))$,因为 $i < j$,所以,方向向量是 (1),而距离向量 $j - i = (2i - i) = (i)$。因此,这个流依赖关系具有常数方向向量 (1) 和一个范围为 1~50 的可变距离向量。

例 12.14 考虑二层循环

L_1:　　　　do I_1 = 0,4
L_2:　　　　　do I_2 = 0,4
S:　　　　　　A(I_1+1, I_2) = B(I_1, I_2) + C(I_1, I_2)
T:　　　　　　B(I_1, I_2+1) = A(I_1, I_2+1) + 1
U:　　　　　　D(I_1, I_2) = B(I_1, I_2+1) − 2
　　　　　　　enddo
　　　　　　enddo

循环 (L_1, L_2) 的索引空间如图 12.10 所示。当执行这段程序时,按字典序处理这 25 个索引点,即从左至右逐列处理,每列则从下至上地处理。

下面是按执行顺序展示的 (L_1, L_2) 的前若干迭代:

$S(0,0)$:　　A(1,0) = B(0,0) + C(0,0)
$T(0,0)$:　　B(0,1) = A(0,1) + 1

U(0,0):　　　D(0,0)=B(0,1)-2

S(0,1):　　　A(1,1)=B(0,1)+C(0,1)
T(0,1):　　　B(0,2)=A(0,2)+1
U(0,1):　　　D(0,1)=B(0,2)-2

S(0,2):　　　A(1,2)=B(0,2)+C(0,2)
T(0,2):　　　B(0,3)=A(0,3)+1
U(0,2):　　　D(0,2)=B(0,3)-2
　　⋮　　　　　⋮
S(1,0):　　　A(2,0)=B(1,0)+C(1,0)
T(1,0):　　　B(1,1)=A(1,1)+1
U(1,0):　　　D(1,0)=B(1,1)-2

S(1,1):　　　A(2,1)=B(1,1)+C(1,1)
T(1,1):　　　B(1,2)=A(1,2)+1
U(1,1):　　　D(1,1)=B(1,2)-2

S(1,2):　　　A(2,2)=B(1,2)+C(1,2)
T(1,2):　　　B(1,3)=A(1,3)+1
U(1,2):　　　D(1,2)=B(1,3)-2

语句 T 流依赖于语句 S,其依赖集合为

$$\{(S(i_1,i_2),T(j_1,j_2)):j_1=i_1+1,j_2=i_2-1,0\leq i_1\leq 3,1\leq i_2\leq 4\}$$

它有一个距离向量(1,-1),一个方向向量(1,-1)以及一个层次1。因此,这个依赖关系是由循环 L_1 携带的依赖关系。

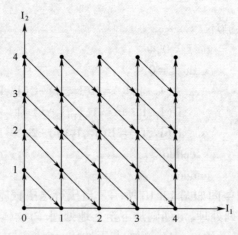

图 12.10　例 12.13 的迭代依赖图

语句 S 流依赖于语句 T,其依赖集合为

$$\{(T(i_1,i_2),S(j_1,j_2)):j_1=i_1,j_2=i_2+1,0\leqslant i_1\leqslant 4,0\leqslant i_2\leqslant 3\}$$

它有一个距离向量(0,1),一个方向向量(0,1)以及一个层次2。这个依赖关系因而是由循环 L_2 携带的依赖关系。

语句 U 流依赖于语句 T,其依赖集合为

$$\{(T(i_1,i_2),U(j_1,j_2)):j_1=i_1,j_2=i_2,0\leqslant i_1\leqslant 4,0\leqslant i_2\leqslant 4\}$$

它有一个距离向量(0,0),一个方向向量(0,0)以及一个层次3。这个依赖关系因而是与循环无关的依赖关系。

图 12.11(a)是循环(L_1,L_2)的语句依赖图。它包含了上述三种类型的依赖关系。图 12.11(b)是 I_1 取某个固定值时,L_2 的实例的语句依赖图。此图中去掉了循环 L_1 携带的依赖关系对应的弧。

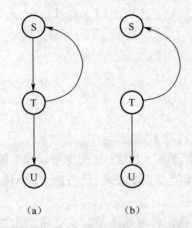

图 12.11 例 12.14 的语句依赖图
(a) levels≥1;(b) levels≥2。

令 $H(i_1,i_2)$ 表示(L_1,L_2)的循环体。迭代 $H(j_1,j_2)$ 依赖于迭代 $H(i_1,i_2)$ 当且仅当 $(j_1,j_2)=(i_1+1,i_2-1)$ 或者 $(j_1,j_2)=(i_1,i_2+1)$(因为二个迭代必须是不同的,因此在第3层上的依赖不包含在此),(L_1,L_2)的迭代依赖图如图 12.10 所示。

从图中我们可以看出,迭代 $H(3,1)$ 间接地依赖于迭代 $H(0,0)$,但却不间接依赖于 $H(1,4)$。

12.4 依赖关系问题

在上一节,我们介绍了依赖关系的基本概念,本节,我们考虑由一对变量引起的语句之间依赖关系的数学问题。

为了获得循环嵌套 **L** 的完整依赖信息,需要找出程序中每一对变量所引起的依赖关系。由于标量可以视作是数组元素的蜕化情形且不同数组的元素决不会引用相同的存储单元(两个等价的数组认为是相同的数组),因此,基本的依赖关系问题是判断 **L** 中二个下标含索引变量的同名数组元素在给定条件下是否表示同一个存储单元。在实际程序中,绝大多数数组元素中的下标均是循环索引变量的线性表达式,因此,本节我们主要考虑线性下标数组元素导致的依赖关系问题。

考虑 u 和 v 均为给定数组 X 的元素情形,假定 X 为 n 维数组。设 $u \equiv X(f_1(\mathbf{I}), f_2(\mathbf{I}), \cdots, f_n(\mathbf{I}))$, $v \equiv X(g_1(\mathbf{I}), g_2(\mathbf{I}), \cdots, g_n(\mathbf{I}))$, 其中 f 和 g 是循环索引变量 $\mathbf{I} = (I_1, I_2, \cdots, I_m)$ 的线性整值函数。设 u 是 S 的输出变量, v 是 T 的输入变量。于是, 当 S<T 时, 我们可以将循环嵌套 **L** 部分地明确写出, 如下所示:

$L_1:$ do $I_1 = p_1, q_1$
$L_2:$ do $I_2 = p_2, q_2$
       $\vdots$
$L_n:$ do $I_m = p_m, q_m$
       $\vdots$
$S:$ $X(f_1(\mathbf{I}), f_2(\mathbf{I}), \cdots, f_n(\mathbf{I})) = \cdots$
$T:$ $\cdots = \cdots X(g_1(\mathbf{I}), g_2(\mathbf{I}), \cdots, g_n(\mathbf{I})) \cdots$
       $\vdots$
       enddo
       $\vdots$
     enddo
    enddo

为了叙述简洁起见,我们有以下约定。

(1) 以后凡提到'T 不依赖于 S'均意指'S 的变量 u 和 T 的变量 v 不导致 T 依赖于 S'。

(2) 在讨论中将忽略依赖类型(流依赖、反依赖、输出依赖)。依赖类型视变量 u, v 的性质(输入或输出变量)而定。

(3) 当测试依赖关系时,我们将忽略上节定义 2 中给出的最后一个条件,即"从 S($\mathbf{i}$) 结束执行到 T($\mathbf{j}$) 开始执行时,没有其它对 M 的写操作"。这样有可能标识了一个实际为间接依赖的依赖关系,例如例 12.10 的情形。但这对程序重构不会产生影响,编译程序进行优化时关心的主要是依赖关系图中是否存在从 S 到 T 的一条路径。忽略这一条件后,定义 2 中的条件 1 和 2 将判定语句 S 和 T 之间是否有依赖关系,条件 3 将确定是 T 对 S 的依赖还是反之或二者同时存在的依赖关系。

现在回到一般情形。设 S 和 T 是循环嵌套 **L** 中的任意二个语句,定理 12.1 给出了 u 和 v 导致 S 与 T 之间的依赖关系的必要条件。

定理 12.1 考虑循环嵌套 **L** 中的任意二个语句 S 和 T。设 $u = X(f_1(\mathbf{I}), f_2(\mathbf{I}), \cdots, f_n(\mathbf{I}))$ 是 S 的一个变量, $v = X(g_1(\mathbf{I}), g_2(\mathbf{I}), \cdots, g_n(\mathbf{I}))$ 是 T 的一个变量, u 和 v 至少有一个是其所在语句的输出变量。其中 X 是 n 维数组, $f_k(\mathbf{I})$ 和 $g_k(\mathbf{I})$ $(1 \leq k \leq n)$ 均是索引变量 $\mathbf{I} = (I_1, I_2, \cdots, I_m)$ 的线性整值函数。如果这二个变量导致 S 与 T 之间的依赖关系,则方程组 (12.1)

$$\begin{cases} f_1(\mathbf{I}) - g_1(\mathbf{J}) = 0 \\ f_2(\mathbf{I}) - g_2(\mathbf{J}) = 0 \\ \vdots \\ f_n(\mathbf{I}) - g_n(\mathbf{J}) = 0 \end{cases} \quad (12.1)$$

有满足下述约束条件的整数解 $(\mathbf{i}, \mathbf{j})$, 其中 $\mathbf{i} = (i_1, i_2, \cdots, i_m)$, $\mathbf{j} = (j_1, j_2, \cdots, j_m)$

$$p_r \leq i_r \leq q_r, p_r \leq i_r \leq q_r \quad (0 \leq r \leq m) \quad (12.2)$$

并且,这个解满足下述特定情形下的附加条件:

(a) 若 S<T 且 SδT,则 **i**≤**j**;
(b) 若 S=T 且 SδS,则 **i**<**j**;
(c) 若 S<T 且 TδS,则 **i**>**j**。

证明:假设问题中的变量确实导致 S 与 T 之间的依赖关系,则存在着 S 的一个实例 S(**i**)和 T 的一个实例 T(**j**),使得要么 T(**j**)依赖于 S(**i**),要么 S(**i**)依赖于 T(**j**)。在二种情况下,存在着一个存储单元 M 同时被 S(**i**)和 T(**j**)引用且此单元是由 S(**i**)中 X(f_1(**i**),f_2(**i**),…,f_n(**i**))所表示,也由 T(**j**)中的 X(g_1(**j**),g_2(**j**),…,g_n(**j**))所表示。这隐含着必定有

$$f_k(\mathbf{i}) = g_k(\mathbf{j}) \quad (1 \leq k \leq n)$$

因为 i_r,j_r 都是循环索引变量 I_r 的值,因此它们必然满足 I_r 的限制。这里,$1 \leq r \leq n$。

附加条件(a),(b),(c)来自于依赖关系定义部分关于语句实例顺序的假设。若 T 依赖于 S,则循环在顺序执行中,实例 S(**i**)必须先于实例 T(**j**)被执行。在此情况下,若 S<T,我们必定有 **i**≤**j**;但若 S=T,则必定有严格的不等式 **i**<**j**(因为实例 S(**i**)不能依赖于自身)。若 S 依赖于 T,则实例 S(**i**)后于实例 T(**j**)被执行。在这种情况下,若 S<T,我们必定有 **i**>**j**。证毕。

方程组(12.1)称为**依赖方程**,它由 n 个 2m 元方程构成,这 2m 个变量是 **i** 的 m 个元素和 **j** 的 m 个元素。这种方程组是自变量取整数的多项式方程组,也称为丢番图方程。(diophantine equations,见参考文献 47)。

不等式方程组(12.2)称为方程(12.1)的**依赖约束**。

定理 12.1 有二个推论:

推论 1 若语句 T 以方向向量 σ=(σ_1,σ_2,…,σ_m)依赖于语句 S,则方程组(12.1)有满足依赖约束式(12.2)和如下附加条件

$$\text{sig}(j_r - i_r) = \sigma_r \quad (1 \leq r \leq m)$$

的整数解(**i**,**j**),其中 **i**=(i_1,i_2,…,i_m),**j**=(j_1,j_2,…,j_m)。

推论 2 如果语句 T 在第 l 层上依赖于语句 S,则方程组(12.1)有满足条件式(12.2)和如下条件

$$i_1 = j_1, i_2 = j_2, \cdots, i_{l-1} = j_{l-1}, i_l \leq j_l - 1$$

的整数解(**i**,**j**),其中 **i**=(i_1,i_2,…,i_m),**j**=(j_1,j_2,…,j_m)。

推论 2 是推论 1 的直接推论,因为在 l 层的依赖等价于具有形式为(0,…,0,1,*,…,*)(含 l-1 个打头零)的方向向量的依赖。

根据推论2,当 S<T 时,可能的依赖层次是 1,2,…,m+1,而其它情形下则是 1,2,…,m。

注意,定理 12.1 的证明中并没有考虑最后一个依赖条件,即排除实例 S(**i**)结束执行至 T(**j**)开始执行之间对存储单元 M 的其它写操作,因此不能期望有它的严格的逆命题。假设方程组(12.1)有一个解(**i**,**j**)满足方程组(12.2),这告诉我们存在着 S 的实例 S(**i**)和 T 的实例 T(**j**),二者均访问某存储单元 M。**i** 和 **j** 的次序关系给出了这二个实例的执行顺序。但是,我们并不知道在这二个实例之间是否还存在其它对 M 的写操作。不过,尽管这样,我们可以推断 S 与 T 之间存在着间接依赖关系。

下面的定理12.2便是定理12.1的一个弱逆命题,我们省略其证明。

定理12.2 假设方程组(12.1)有整数解(i,j)满足条件(12.2),那么

(a) 若$i<j$,则$S\bar{\delta}T$;

(b) 若$i>j$,则$T\bar{\delta}S$;

(c) 若$i=j$且$S<T$,则$S\delta T$。

定理12.1和定理12.2是依赖关系分析的基础定理。当检查由一对程序变量引起的二个语句之间的依赖关系时,我们总是忽略其它的变量和语句,因此,今后当仅知道T间接地依赖于S时,我们仍说"T依赖于S"。由这二个定理,我们可以将循环L中关于S的变量u和T的变量v的依赖问题归结为寻找依赖方程(12.1)的所有满足约束式(12.2)的整数解(i,j),然后根据$i<j$,$i>j$或$i=j$划分解的集合为三个子集。

例12.15 考虑如下程序段:

```
L:              do I=1,50
                    ⋮
S:                  X(2I) = ⋯
                    ⋮
T:                  ⋯ = ⋯X(3I+1)⋯
                    ⋮
                enddo
```

这里有$p=1, q=50, f(i)=2i, g(j)=3j+1$。因为
$$f(i)-g(j)=2i-3j-1$$

依赖方程(12.1)变为

$$2i-3j=1 \tag{12.3}$$

依赖约束式(12.2)变为

$$1 \leq i \leq 50, \quad 1 \leq j \leq 50$$

于是,依赖问题变为寻找方程(12.3)的整数解(i,j),使得i和j为不大于50的正整数。显然(2,1)是方程(12.3)的一个解,另外还有许多解。不过,所有这些解都必定满足$i>j$。因此,由定理12.2,我们可以推断$T\bar{\delta}S$成立而$S\delta T$不成立。$T\delta S$是否成立则取决于循环中未明确写出的部分。

12.5 依赖关系测试

一般地,依赖问题的测试由若干基本步骤组成,算法12.1概括性地描述了这些步骤。

算法12.1 已知依赖问题的线性方程组和线性不等式方程组(系数均为有理数),此算法判定特定的依赖关系是否存在,并在存在的情况下找出有关的依赖信息。

(1) 判定依赖方程组(12.1)是否有一整数解;

(2) 若无解,终止算法;依赖关系不成立;

(3) 否则,求出方程组的含未定整参数的通解;

(4) 将通解代入不等式组(12.2)得到一新的含未定整参变量的不等式集合;

(5) 判定这个新的不等式方程组是否有整数解;

(6) 如果没有解,则终止算法;这个依赖关系不存在;

(7) 否则,依赖关系存在,解出此新不等式组的所有整数解并计算与此依赖有关的信息。

算法 12.1 是依赖关系的精确测试方法,它涉及到解线性丢番图方程组和线性不等式方程组。线性丢番图方程组可在多项式时间内求解,利用 GCD 测试法和系数消去法,我们知道如何测试这种方程组是否有解并且在有解时知道如何求出通解。算法 12.1 困难的地方在于第(5)步。判定线性不等式方程组是否有整数解的问题是 NP 完全问题[Schr87]。虽然可以用整数规划方法求不等式组的整数解[Schr87],但是,对每一种依赖问题都用整数规划方法显然行不通。这是因为,通常整数规划方法十分费时间且编译在处理一个典型的程序时往往需要解决大量的依赖问题,从而需要多次使用整数规划方法。不过,在实际程序中,存在着大量依赖关系问题,在由算法 12.1 步骤(4)获得的新不等式组中,未知参变量可归结为如下简单情形:

a. 新不等式组无参变量;
b. 它只有一个参变量;
c. 它可以分解为若干个子不等式组,每组不等式只有一个参变量。

在这几种情形下,我们能容易地判别具体的依赖关系是否存在,并且,在有依赖关系时计算出依赖信息。

当依赖问题超出了简单情形时,如多重循环中的多维数组情形,我们往往使用近似算法来判定依赖问题。近似测试法通常检查方程组(12.1)是否有整数解,然后测试它满足约束条件的解存在的某些必要条件。当判断出这些必要条件不满足时便可肯定不存在依赖关系,否则便假定存在依赖关系。显然,近似方法只是一种安全测试方法,它能保证不漏检依赖关系,但却可能将非依赖关系也包含进来,并且,在有依赖关系时,它不能精确给出依赖关系集合。

在实际的并行编译中处理依赖问题主要使用的是近似方法,但由于近似方法涉及了较多的数学知识且详细介绍需要较多的篇幅,我们这里只介绍简单情形的精确测试。其它情形的测试可参阅参考文献[13,11]。

我们首先考虑一层循环中一维数组元素的情形。在具体给出测试算法之前,为了完整起见,我们先不加证明地给出一个算法和二个定理。关于它们的证明可参阅参考文献[15,16,13]。

算法 12.2 (扩展欧几里德算法)已知二个整数 a 和 b,这个算法寻找 $g = \gcd(a,b)$ 和二个整数 x_0, y_0,使得 $ax_0 - by_0 = g$。算法使用六个辅助变量:$u, v, h, q, \alpha, \beta$。

$\quad (u,v) \leftarrow (1,0)$
$\quad (g,h) \leftarrow (|a|,|b|)$
$\quad$ dowhile $h > 0$
$\quad\quad q \leftarrow \lfloor g/h \rfloor$
$\quad\quad (\alpha, \beta) \leftarrow (u - qv, g - qh)$
$\quad\quad (u,v) \leftarrow (v, \alpha)$
$\quad\quad (g,h) \leftarrow (h, \beta)$
$\quad$ enddo

$$x_0 \leftarrow \text{sig}(a) \cdot u$$
$$\text{if } b=0 \text{ then } y_0 \leftarrow 0$$
$$\text{else } y_0 \leftarrow (ax_0-g)/b$$

定理 12.3 设 a,b,c 表示整数且 a 和 b 不同时为零,令 $g=\gcd(a,b)$。线性丢番图方程

$$ax-by=c \tag{12.4}$$

有解当且仅当 g 除尽 c。当有解时,通解为

$$(x,y)=(cx_0/g+bt/g, cy_0/g+at/g)$$

其中,t 是任意整数参变量;(x_0,y_0) 是使得 $g=ax_0-by_0$ 成立的一对整数。

现在我们回到如下形式的规范一层循环:

L:　　do I = 0, q
　　　　H(I)
　　　enddo

注意,任何非规范循环都可以化成这种形式。考虑 H(I) 中语句 S 的变量 $X(aI+a_0)$ 和语句 T 的变量 $X(bI+b_0)$ 导致的依赖问题,其中 a, a_0, b, b_0 均是整常数。因为

$$f(I)=aI+a_0, g(I)=bI+b_0$$

于是,依赖方程(12.1)变为

$$ai-bj=b_0-a_0 \tag{12.5}$$

依赖约束为

$$0 \leq i \leq q$$
$$0 \leq j \leq q \tag{12.6}$$

定理 12.4 给出了语句 S 与 T 之间存在依赖关系的必要条件。

定理 12.4 (gcd 测试) 如果在循环 L 中语句 S 的变量 $X(aI+a_0)$ 和语句 T 的变量 $X(bI+b_0)$ 导致语句 S 和 T 之间的依赖关系,则整数 (b_0-a_0) 是整数 $\gcd(a,b)$ 的整倍数。

现在,我们可以具体描述一层规范循环中一维数组依赖问题的精确测试算法了。这个算法的基本思想是:首先检查依赖方程(12.5)是否有整数解。如果没有,则不存在依赖关系;否则,找出所有整数解集合并将它们分成三个子集,使得其中的一个子集由 i<j 的所有解(i,j)组成,另一个子集由 i>j 的所有解(i,j)组成,第三个子集则由所有形如(i,i)的解组成。

为了检查方程(12.5)是否有解,算法中分二步应用 gcd 测试。第一步先测试 (b_0-a_0) 是否为 $\gcd(a,b)$ 的整倍数,如果是,则找出方程(12.5)的所有解。gcd 测试的第二个步骤与计算解集合一起按 $a=b=0$,$a=b \neq 0$ 和 $a \neq b$ 三种情形分别进行。对于前面二种情形,求 $\gcd=(a,b)$ 是简单的且当解存在时,解方程(12.5)也很容易。仅当 $a \neq b$ 的情形才需要使用求 $\gcd(a,b)$ 的欧几里德算法和定理 12.3。

算法 12.3 设语句 S 和 T 是一层规范循环 L 中的二个语句且有 $S \leq T$。设 $X(aI+a_0)$ 是 S 的变量,$X(bI+b_0)$ 是 T 的变量,其中 X 是一维数组,a, a_0, b, b_0, q 均是整常数。本算法

· 判定这二个变量是否导致 T 依赖于 S 或 S 依赖于 T;

· 找出使得 i<j 且 T 的实例 T(j) 依赖于 S 的实例 S(i) 的所有索引值偶对(i,j)集合 Ψ_1;

- 找出使得 j<i 且实例 S(i) 依赖于实例 T(j) 的所有索引值偶对 (i,j) 集合 Ψ_{-1};
- 在 S<T 的情况下,找出实例 T(i) 依赖于实例 S(i) 的所有索引值偶对 (i,j) 集合 Ψ_0;
- 对每一种循环携带的依赖关系求出其依赖距离。

1. 置 $c \leftarrow b_0 - a_0$
   [依赖方程(12.5)变为 $ai-bj=c$]

2. 初始 $\Psi_1, \Psi_{-1}, \Psi_0$ 为空集合。

3. 根据系数 a,b 的情况选择适当的分支:
   case(a=b=0):   goto 4
   case(a=b≠0):   goto 5
   case(a≠b):   goto 7

4. [因为 a=b=0,依赖方程蜕变为 0=c,因此方程有解当且仅当 c=0]
   若 c≠0,终止算法;语句 S 和 T 之间不存在依赖关系,否则置
   $\Psi_1 \leftarrow \{(i,j): 0 \leq i < j \leq q\}$
   $\Psi_{-1} \leftarrow \{(i,j): 0 \leq j < i \leq q\}$
   $\Psi_0 \leftarrow \{(i,j): 0 \leq i \leq q\}$

   因为 q≥0,故集合 Ψ_0 总是非空。因此,若 S<T,则 T 依赖于 S(循环无关的依赖)。若 q>0,则集合 Ψ_1 和 Ψ_{-1} 均非空。在此情况下,T 依赖于 S 且 S 也依赖于 T。对这二种依赖,其依赖距离都是 1。
   终止算法。

5. [a=b≠0,依赖方程为 a(i-j)=c]
   若 C mod a≠0,则 S 和 T 之间不存在依赖关系;终止算法。否则,置 $c_1 \leftarrow c/a$

6. [依赖方程现在是 $i-j=c_1$。它的整数解是 $(i,j)=(t+c_1,t)$,其中 t 是任意整参变量。依赖约束式(12.6)变为
   $$\left. \begin{array}{l} 0 \leq t+c_1 \leq q \\ 0 \leq t \leq q \end{array} \right\}$$
   这二个不等式当且仅当 $q \geq |c_1|$ 才不矛盾。]
   若 $q<|c_1|$,终止算法;语句 S 和 T 之间无依赖关系。否则,根据 c_1 的符号选择适当的分支:
   Case($c_1<0$):置
   $\Psi_1 \leftarrow \{(t+c_1,t): |c_1| \leq t \leq q\}$
   T 依赖于 S 且具有唯一依赖距离 $|c_1|$。
   Case($c_1>0$):置
   $\Psi_{-1} \leftarrow \{(t+c_1,t): 0 \leq t \leq q-c_1\}$
   S 依赖于 T 且有唯一依赖距离 c_1。
   Case($c_1=0$):置
   $\Psi_0 \leftarrow \{(t,t): 0 \leq t \leq q\}$
   若 S<T,则 T 依赖于 S。
   终止算法。

7. [a≠b]

由算法 12.1,找出 a 和 b 的最大公约数 g 和二个整数 i_0, j_0,使得 $ai_0 - bj_0 = g$。若 c mod $g \neq 0$,则语句 S 和 T 之间不存在依赖关系,终止算法。

8. [现在,g 整除 c]

置 $(a_1, b_1, c_1) \leftarrow (a/g, b/g, c/g)$。

9. [方程 ai-bj=c 的通解为

$$\left.\begin{array}{l} i = c_1 i_0 + b_1 t \\ j = c_1 j_0 + a_1 t \end{array}\right\} \quad (12.7)$$

其中,t 是任意整参变量,因为它必须满足约束式(12.6),于是有不等式

$$\left.\begin{array}{l} 0 \leq c_1 i_0 + b_1 t \leq q \\ 0 \leq c_1 j_0 + a_1 t \leq q \end{array}\right\}$$

成立。我们下面求 t 的上下界 τ_1 和 τ_2。]

根据 b_1 的符号选择适当的分支:

case ($b_1 = 0$):若 $0 \leq c_1 i_0 \leq q$ 不成立,则在语句 S 和 T 之间不存在依赖关系;终止算法。否则,置 $\tau_1 \leftarrow -\infty$, $\tau_2 \leftarrow \infty$。

case ($b_1 > 0$):置

$\tau_1 \leftarrow \lceil -c_1 i_0 / b_1 \rceil$, $\tau_2 \leftarrow \lfloor (q - c_1 i_0) / b_1 \rfloor$。

case ($b_1 < 0$):置

$\tau_1 \leftarrow \lceil (q - c_1 i_0) / b_1 \rceil$, $\tau_2 \leftarrow \lfloor -c_1 i_0 / b_1 \rfloor$。

根据 a_1 的符号选择适当的分支:

case ($a_1 = 0$):若 $0 \leq c_1 j_0 \leq q$ 不成立,则语句 S 和 T 之间不存在依赖关系,终止算法。

case ($a_1 > 0$):置

$\tau_1 \leftarrow \max(\tau_1, \lceil -c_1 j_0 / a_1 \rceil)$, $\tau_2 \leftarrow \min(\tau_2, \lfloor (q - c_1 j_0) / a_1 \rfloor)$。

case ($a_1 < 0$):置

$\tau_1 \leftarrow \max(\tau_1, \lceil (q - c_1 j_0) / a_1 \rceil)$, $\tau_2 \leftarrow \min(\tau_2, \lfloor -c_1 j_0 / a_1 \rfloor)$。

若 $\tau_1 > \tau_2$,则语句 S 和 T 之间不存在依赖关系;终止算法。

10. [求集合 ψ_0。由式(12.7),得

$$j - i = (a_1 - b_1) t - c_1 (i_0 - j_0) \quad (12.8)$$

因为 $a \neq b$,我们有 $a_1 \neq b_1$。令 ξ 表示 i=j 时的 t 值。若 ξ 是 τ_1 和 τ_2 之间的整数,则它是 ψ_0 的一个元素(唯一一个元素)。]

置

$\xi \leftarrow c_1 (i_0 - j_0) / (a_1 - b_1)$。

若 ξ 是一个整数使得 $\tau_1 \leq \xi \leq \tau_2$,则置集合

$\psi_0 \leftarrow \{(c_1 i_0 + b_1 \xi, c_1 j_0 + a_1 \xi)\}$。

11. [求集合 ψ_1 和 ψ_{-1}。由式(12.8)给出的 (j-i) 之差,要么对所有的 $t < \xi$ 为正数,而对所有的 $t > \xi$ 为负数;要么对所有的 $t < \xi$ 为负数,而对所有的 $t > \xi$ 为正数。我们计算交集 $[\tau_1, \tau_2] \cap (-\infty, \xi)$ 和 $[\tau_1, \tau_2] \cap (\xi, \infty)$。]

置

$\tau_3 \leftarrow \lceil \xi-1 \rceil$

$\tau_4 \leftarrow \lfloor \xi+1 \rfloor$

$\tau_5 \leftarrow \min(\tau_2, \tau_3)$

$\tau_6 \leftarrow \max(\tau_1, \tau_4)$

根据(a_1-b_1)的符号选择适当的分支：

case $(a_1 > b_1)$：如果$\tau_6 \leq \tau_2$，则置

$\psi_1 \leftarrow \{(c_1 i_0 + b_1 t, c_1 j_0 + a_1 t) : \tau_6 \leq t \leq \tau_2\}$。

如果$\tau_1 \leq \tau_5$，则置

$\psi_{-1} \leftarrow \{(c_1 i_0 + b_1 t, c_1 j_0 + a_1 t) : \tau_1 \leq t \leq \tau_5\}$。

case $(a_1 < b_1)$：如果$\tau_1 \leq \tau_5$，则置

$\psi_1 \leftarrow \{(c_1 i_0 + b_1 t, c_1 j_0 + a_1 t) : \tau_1 \leq t \leq \tau_5\}$。

如果$\tau_6 \leq \tau_2$，则置

$\psi_{-1} \leftarrow \{(c_1 i_0 + b_1 t, c_1 j_0 + a_1 t) : \tau_6 \leq t \leq \tau_2\}$。

12. 如果$\psi_1 = 0$，则不存在 T 对 S 的循环携带的依赖关系。否则，存在这种依赖关系，且若ψ_1具有形式

$\psi_1 = \{(c_1 i_0 + b_1 t, c_1 j_0 + a_1 t) : \alpha \leq t \leq \beta\}$。

则相应的依赖距离集合是

$\{(a_1 - b_1)t + c_1(j_0 - i_0) : \alpha \leq t \leq \beta\}$。

如果$\psi_{-1} = 0$，则不存在 S 对 T 的循环携带的依赖关系。否则，存在这种依赖关系，并且若ψ_{-1}具有形式

$\psi_{-1} = \{(c_1 i_0 + b_1 t, c_1 j_0 + a_1 t) : \alpha \leq t \leq \beta\}$。

则对应的依赖距离集合是

$\{(b_1 - a_1)t + c_1(i_0 - j_0) : \alpha \leq t \leq \beta\}$。

若 S<T 且$\psi_0 \neq 0$，则存在着 T 对 S 的循环无关依赖关系。否则，不存在这种依赖关系。

13. 终止算法。

从上面的算法，我们可以归纳出集合$\psi_1, \psi_{-1}, \psi_0$分别代表下列三种依赖关系：

(1) T 对 S 的循环携带依赖关系；

(2) S 对 T 的循环携带依赖关系；

(3) T 对 S 的循环无关依赖关系(仅当 S<T)。

我们不会有 S 对 T 的循环无关依赖关系，因为 S≤T。

例 12.16 测试如下循环中语句 S 和 T 的依赖关系：

```
L:          do  I = 10, 200, 5
    S:              X(7I+2)  =  …
    T:              …  =  …X(3I+17)…
            enddo
```

我们首先用 12.3 节的公式 $I = I'\theta + p$ 将此循环规范化：

```
L':         do  I' = 0, 38
```

$$S: \quad X(35I'+72) = \cdots$$
$$T: \quad \cdots = \cdots X(15I'+47)\cdots$$
$$\text{enddo}$$

应用算法 12.3 解此问题的步骤为

算法的输入是：

$a=35, a_0=72, b=15, b_0=47, q=38$。

1. $c \leftarrow b_0 - a_0 = -25$

2. $\psi_1 \leftarrow 0, \psi_{-1} \leftarrow 0, \psi_0 \leftarrow 0$

3. 因为 $a \neq b$, goto 步骤 7。

7. [由算法 12.1，求出 $\gcd(35,15)$ 和二个整数 i_0, j_0，使得 $35i_0 - 15j_0 = \gcd(35,15)$。]

    $g \leftarrow 5$

    $(i_0, j_0) \leftarrow (1, 2)$

    因为 $c \bmod g = 0$，继续。

8. $(a_1, b_1, c_1) \leftarrow (a/g, b/g, c/g) = (7, 3, -5)$。

9. 根据 b_1 的符号选择 $\text{case}(b_1 > 0)$。

    $\tau_1 \leftarrow \lceil -c_1 i_0 / b_1 \rceil = 2$

    $\tau_2 \leftarrow \lfloor (q - c_1 i_0)/b_1 \rfloor = 14$

    根据 a_1 的符号选择 $\text{case}(a1>0)$。

    $\tau_1 \leftarrow \max(\tau_1, \lceil -c_1 j_0 / a_1 \rceil) = 2$

    $\tau_2 \leftarrow \min(\tau_2, \lfloor (q - c_1 j_0)/a_1 \rfloor) = 6$

    因为 $\tau_1 \leq \tau_2$，继续。

10. $\xi \leftarrow c_1(i_0 - j_0)/(a_1 - b_1) = 5/4$。

    [因为 ξ 既不是整数，也不处在 τ_1 和 τ_2 之间，集合 ψ_0 为空。]

11. $\tau_3 \leftarrow \lceil \xi - 1 \rceil = 1$

    $\tau_4 \leftarrow \lfloor \xi + 1 \rfloor = 1$

    $\tau_5 \leftarrow \min(\tau_2, \tau_3) = 1$

    $\tau_6 \leftarrow \max(\tau_1, \tau_4) = 2$

    根据 $(a_1 - b_1)$ 的符号选择 $\text{case}(a_1 > b_1)$

    因为 $\tau_6 \leq \tau_2$，置

    $$\psi_1 \leftarrow \{(-5+3t, -10+7t) : 2 \leq t \leq 6\}。$$

12. 因为 $\psi_1 \neq 0$，故存在语句 T 对 S 的循环携带依赖关系。

    对应的距离集合是 $\{4t-5 : 2 \leq t \leq 6\}$。

因为集合 ψ_{-1} 和 ψ_0 均为空，故不存在 S 对 T 的循环携带依赖关系，也不存在 S 与 T 之间的循环无关依赖关系。

我们得到循环 L 中导致 T 依赖于 S 的索引值偶对集合

$$\psi_1 = \{(1,4), (4,11), (7,18), (10,25), (13,32)\}$$

通过应用关系式 $I = I'\theta + p$ 可得到循环 L 对应的索引值偶对集合：

$$\{(15,30), (30,65), (45,100), (60,135), (75,170)\}$$

因此,得出 T(30) 依赖于 S(15),T(65) 依赖于 S(30),等等。一共有五个这样的实例偶对。依赖距离集合是 $\{3,7,11,15,19\}$(注意,依赖距离是根据迭代点算出的)。

例 12.17 判定如下二层循环中所示变量引起的依赖问题。

L_1:   do $I_1 = 0, 100, 1$
    L_2:   do $I_2 = 0, 50, 1$
      S: $X(3I_1, 3I_2) = \cdots$
      T: $\cdots = \cdots X(2I_1+1, I_2+2) \cdots$
          enddo
    enddo

这个问题产生的依赖方程是

$$3i_1 - 2j_1 = 1 \tag{12.9}$$
$$3i_2 - j_2 = 2 \tag{12.10}$$

依赖约束是

$$\left. \begin{array}{l} 0 \leq i_1 \leq 100 \\ 0 \leq j_1 \leq 100 \end{array} \right\} \tag{12.11}$$

$$\left. \begin{array}{l} 0 \leq i_2 \leq 50 \\ 0 \leq j_2 \leq 50 \end{array} \right\} \tag{12.12}$$

我们注意到 I_2 的范围与 I_1 无关,二个数组元素的每一维下标表达式都只含一个索引变量并且对应下标具有相同的索引变量。因此,这种特殊的二层循环问题可以划分成二个不相交的单层循环问题:一个具有依赖方程(12.9)和依赖约束式(12.11),另一个具有依赖方程(12.10)和依赖约束式(12.12)。这便是我们前面谈到的简单情形 C。我们可用算法 12.3 解出各个子问题,然后汇合结果得到整个问题的解。我们不再机械地逐步写出执行算法 12.3 的各个步骤而只给出主要求解步骤。

由算法 12.2 和定理 12.1,得出

$$\left. \begin{array}{l} i_1 = 1 + 2t_1 \\ j_1 = 1 + 3t_1 \end{array} \right\} \tag{12.13}$$

其中,t_1 是参变量。用式(12.13)替换式(12.11)中的 i_1 和 j_1,得到不等式

$$0 \leq 1 + 2t_1 \leq 100$$
$$0 \leq 1 + 3t_1 \leq 100$$

化简后,得

$$-1/2 \leq t_1 \leq 99/2$$
$$-1/3 \leq t_1 \leq 33$$

因为 t_1 是整数,它同时满足这二个不等式当且仅当

$$0 \leq t_1 \leq 33 \tag{12.14}$$

由算法 12.1 和定理 12.1 解方程(12.10),得

$$\left. \begin{array}{l} i_2 = t_2 \\ j_2 = -2 + 3t_2 \end{array} \right\} \tag{12.15}$$

其中,t_2 是参变量,用式(12.15)替换式(12.12)中的 i_2,j_2,得到不等式

$$0 \leq t_2 \leq 50$$

$$0 \leq -2+3t_2 \leq 50$$

化简后得

$$0 \leq t_2 \leq 50$$

$$2/3 \leq t_2 \leq 52/3$$

因为 t_2 是一个整数,它同时满足这二个不等式当且仅当

$$1 \leq t_2 \leq 17 \tag{12.16}$$

如果我们取 t_1 的满足式(12.14)的任意整数值和 t_2 的满足式(12.16)的任意整数值,则分别由式(12.13)和式(12.15)计算出的 i_1,j_1,i_2,j_2 对应的整数值将满足方程(12.9)、(12.10)和约束式(12.11),式(12.12)。于是,存在着满足依赖方程和依赖约束的整数解,因此语句 S 和 T 之间存在着依赖关系。

我们可以通过指定一个特定方向向量限定要测试的依赖关系,并且仍然将此依赖问题视为分开的情形对待。假设我们想知道 T 是否以方向向量(1,1)依赖于 S,则需要寻找方程(12.9)、(12.10)的解 (i_1,j_1,i_2,j_2) 使之满足约束式(12.11),式(12.12)和条件 $i_1<j_1,i_2<j_2$。由式(12.13),$i_1<j_1$ 成立当且仅当 $t_1>0$。于是式(12.14)给出的 t_1 的取值范围收缩为 $1 \leq t_1 \leq 33$。类似地,由式(12.15),$i_2<j_2$ 成立当且仅当 $t_2>1$。由式(12.16)给出的 t_2 的取值范围收缩为 $2 \leq t_2 \leq 17$。因为 t_1 和 t_2 在附加条件下的取值范围非空,因此,语句 T 确实以方向向量(1,1)依赖于语句 S。这意味着依赖层次为 1。

使得 $T(j_1,j_2)$ 依赖于 $S(i_1,i_2)$ 且 $i_1<j_1,i_2<j_2$ 的实例偶对 $(S(i_1,i_2),T(j_1,j_2))$ 组成的集合由式(12.13)和式(12.15)给出,其中 $1 \leq t_1 \leq 33$ 和 $2 \leq t_2 \leq 17$。对应的依赖距离集合为

$$\{(t_1,2t_2-2):1 \leq t_1 \leq 33, 2 \leq t_2 \leq 17\}$$

下面,假设我们想求语句 S 是否以方向向量(1,-1)依赖于语句 T。于是附加条件分别为 $j_1<i_1$ 和 $j_2>i_2$。由式(12.13),$j_1<i_1$ 成立当且仅当 $t_1<0$。但是,如式(12.14)所示,t_1 不能取负值。因此,尽管方程(12.10)有满足式(12.12)和 $j_2>i_2$ 的解(如前所看到的),方程(12.9)、(12.10)却不存在同时满足约束式(12.11)、(12.12)和附加条件的解。因此,S 不以方向向量(1,-1)依赖于 T。

12.6 循环的向量化与并行化

向量化是转换标量循环操作至等价的向量指令的过程,并行化则转换串行代码至可在多个处理机上并行执行的形式。这二者的目的都是为了充分利用体系结构提供的向量指令或多处理机,以达到程序并行执行的目的。本节,我们给出可向量化循环、可并行化循环的定义并利用依赖关系分析来判别什么是可向量化循坏以及什么是可并行化循坏。

可向量化循环

我们用 FORTRAN 90 中的数组语句表示向量运算。设 A,B,C 为同形数组(即对应维数,维长相同的数组),则语句 $A=B\theta C$ 的向量执行是:先取出数组 B 和 C 的所有元素同时作 θ 运算,然后再将结果送数组 A。我们称将仅含赋值语句的循环 L 转换为等价的数组

赋值语句的变换称为循环向量化。

由于向量执行的顺序是"先同时取所有操作数,后同时赋值"且一次完成一条数组语句的所有运算,因此,对于单层循环 L,如果循环中仅含赋值语句且每个语句都可以在其后的语句开始执行之前执行完对应循环区间的每个实例并且结果与串行执行时相同,则称这个循环是**可向量化循环**。

例 12.18　下面的循环是可向量化循环:

```
            do I = 1, N
S:              A(I) = D(I) * E
T:              C(I) = A(I) + B(I)
            enddo
```

此循环的串行执行顺序以及向量执行顺序如下所示:

串行执行

　　　S(1):　　A(1) = D(1) * E
　　　T(1):　　C(1) = A(1) + B(1)
　　　S(2):　　A(2) = D(2) * E
　　　T(2):　　C(2) = A(2) + B(2)
　　　　⋮　　　　⋮
　　　S(N):　　A(N) = D(N) * E
　　　T(N):　　C(N) = A(N) + B(N)

向量执行

　　　S(1):　　A(1) = D(1) * E
　　　S(2):　　A(2) = D(2) * E
　　　　⋮　　　　⋮
　　　S(N):　　A(N) = D(N) * E
　　　T(1):　　C(1) = A(1) + B(1)
　　　T(2):　　C(2) = A(2) + B(2)
　　　　⋮　　　　⋮
　　　T(N):　　C(N) = A(N) + B(N)

显然,这二个执行序列产生相同的结果。

但是,如下循环是不可向量化循环,尽管它只含一个语句。

```
            do I = 1, N
S:              A(I) = A(I-1) + 1
            enddo
```

这个循环串行执行时,每一个实例 S(i) 均用上一个实例 S(i-1) 新定值的数组元素 A(i-1) 来定义 A(i)。循环的结果是对每一个元素 A(i),有 A(i) = A(0) + i (1≤i≤N)。若将此循环改为向量语句 A(1:N) = A(0:N-1) + 1,则执行结果是用元素 A(i-1) 的老值来更新 A(i),即对于每一个元素 A(i),有 A(i) = A(i-1) + 1 (0≤i≤N)。显然,这二个执行结果是不相同的。

例 12.19　我们再考虑二层循环的例子。

```
L₁:        do I = 1, M
L₂:            do J = 1, M
S:                 B(I,J) = A(I,J-1)
T:                 A(I,J) = B(I,J) * C(I,J)
               enddo
           enddo
```

一般地,向量化总是针对内层循环作改写。在这个二层循环中,类似于前一个例子的原因,我们不能将内层循环向量化。但是,如果交换 L_1 和 L_2 的顺序,则这个循环可以变换成如下的等价循环:

```
L₂:        do J = 1, M
L₁:            do I = 1, N
S:                 B(I,J) = A(I,J-1) + 1
T:                 A(I,J) = B(I,J) * C(I,J)
               enddo
           enddo
```

我们在 12.7 节将验证,这种变换是合法的。经变换后,内层循环是可向量化循环,它的执行结果与下面向量化后的循环执行结果相同。

```
           do J = 1, M
S:             B(1:N,J) = A(1:N,J-1) + 1
T:             A(1:N,J) = B(1:N,J) * C(1:N,J)
           enddo
```

为了保证循环向量化的正确性,我们用数据依赖关系分析理论给出可向量化循环的如下充分必要条件。

定理 12.5 对于循环嵌套 $\mathbf{L} = (L_1, L_2, \cdots, L_m)$,最内层循环 L_m 可向量化当且仅当满足条件:对循环体中的任意二个语句 S 和 T,当 S<T 时,不存在方向向量为 $\sigma = (0, \cdots, 0, 1)$ 的 S 对 T 的依赖关系(即 $T\delta S$);当 S=T 时,不存在方向向量 $\sigma = (0, \cdots, 0, 1)$ 的 S 对 T 的流依赖关系(即 $T\delta^f S$)。

证明:我们首先证明必要条件。假设当 S<T 时存在 $\sigma = (0, \cdots, 0, 1)$ 的 S 对 T 的依赖关系 $T\delta S$,则由依赖关系与方向向量的定义,存在着实例 S(**i**) 和 T(**j**) 且 $\mathbf{j} <_m \mathbf{i}$。因而在第 m 层上,实例 T(**j**) 必须先于 S(**i**) 而执行,故不可以向量化。假设当 S=T 时存在以同样方向向量的 S 对 S 的流依赖关系 $S\delta^f T$,则意味着在第 m 层上存在实例 S(**i**) 和 S(**j**) 且 $\mathbf{j} <_m \mathbf{i}$ 使得 S(**j**) 先对某个变量定值而 S(**i**) 后使用同一变量,因而也不能向量化。

现在证明充分条件。设当 S<T 时不存在 $\sigma = (0, \cdots, 0, 1)$ 的 S 对 T 的依赖关系 $T\delta S$,我们要证明的是其它形式方向向量的依赖关系不影响向量化。对于所有 $S\delta T$ 的依赖关系,因依赖顺序与语句顺序一致,故均不影响向量化。对于其它依赖关系 $T\delta S$,只有二类可能的方向向量,一类为 $(*, \cdots, *, 0)$,另一类为 $(*, \cdots, *, \pm)$。前一类方向向量的依赖关系是与循环 L_m 无关的依赖关系,它不妨碍 L_m 的向量化。对后一类方向向量,因为方向向量总是非负的且它不是 $(0, \cdots, 0, 1)$ 形式,因此一定存在前导元素 $\sigma_l > 0$ 且 $1 \leq l < m$,

即 TδS 是在第 1 层的依赖关系。由于向量化仅针对循环 L_m,外层的 L_1 仍保持串行执行,因此不会破坏 L_1 层的这个依赖关系,故 L_m 可以向量化。

定理 12.5 也可以用语句依赖图直观地表示为:若循环嵌套 $\mathbf{L}=(L_1,L_2,\cdots,L_m)$ 的语句依赖图中不存在 m 层上的反向依赖关系(即与语句词法顺序相反的依赖关系),则第 m 层循环可以向量化。

例 12.20 循环

```
        do I = 2, N-1
          do J = 2, N-1
S:        A(I,J) = B(I-1,J) + C
T:        B(I,J) = A(I,J+1)/2
          enddo
        enddo
```

不仅存在依赖关系 $T\delta^f_{(1,0)}S$,而且还存在 $T\delta^a_{(0,1)}S$,因此 J 循环不能向量化。此循环的依赖图如图 12.12 所示,图中含有层次为 2 的 T 至 S 的反依赖关系。

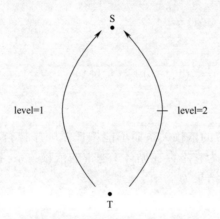

图 12.12 例 12.20 的语句依赖图

循环

```
        do I = 1, N
          do J = 1, N
S:        D(I,J) = A(I,J) + 1
T:        A(I+1,J+1) = T * B(I,J)
          enddo
        enddo
```

显然存在依赖关系 $T\delta_{(1,1)}S$,但其方向向量不是 $(0,1)$,因此 J 循环可以向量化。

可并行化循环

我们用 doall 语句表示并行执行的循环。例如

```
        doall I = 1, N
          A(I) = A(I-1) + A(I+1)
        enddo
```

的执行意味着此循环的每一个迭代均可以无需同步地由不同处理机以任意顺序执行。由于不同处理机的执行速度可能不一样,因此,这个循环的执行结果是不确定的。例如,执行 I=4 迭代的处理机将读取 A(3) 和 A(5);所读出的 A(3) 和 A(5) 可能是迭代 I=3 和 I=5 还未完成以前的值,也可能是这二个迭代已完成之后的值。因此,doall 语句与 do 语句不同,其语义不要求迭代间的执行顺序。我们这里称将 do 循环转换为 doall 循环的变换为**循环并行化**。

如果一个循环的各个迭代可按任何次序执行而结果与串行执行相同,则称这个循环是**可并行化循环**。

下面的循环是可并行化循环

```
do I=1,N
    A(I)=A(I)+B(I)
enddo
```

因为无论以怎样的顺序执行循环的各个迭代,总有 A(1)=A(1)+B(1),A(2)=A(2)+B(2),…

而循环

```
do I=1,N
    do J=1,M
        X(I,J)=X(I,J-1)+X(I,J+1)
    enddo
enddo
```

的内层由于存在循环 J 携带的依赖关系而不能按任意顺序执行,因此不能并行化。但外层循环是可并行化循环,因为它不存在循环 I 携带的依赖关系,我们可以按任意顺序执行 I 循环。对 I 循环并行化的结果为

```
doall I=1,N
    do J=1,M
        X(I,J)=X(I,J-1)+X(I,J+1)
    enddo
enddoall
```

它的执行是:外层循环分布到各个处理机去执行,每个处理机执行若干个迭代。而内层循环则在每个处理机内串行执行。

定理 12.6 循环嵌套 $\mathbf{L}=(L_1,L_2,\cdots,L_m)$ 中的第 l 层循环 L_l 是可并行化的当且仅当在 $\mathbf{L}$ 中不存在层次为 l 的依赖关系,即不存在方向向量为 $(0,\cdots,0,1,*,\cdots,*)$(含 l-1 个打头零)的依赖关系。

证明:必要条件是显然的,我们只证明充分条件。显然,在单层循环情况下,如果无循环携带的依赖关系则可以按任意顺序执行。我们这里要证明的是,在多层情况下,如果不存在为 $(0,\cdots,0,1,*,\cdots,*)$(含 l-1 个打头零)的方向向量,即第 l 层无循环携带的依赖关系,则 L_l 的并行执行不会破坏 $\mathbf{L}$ 中其它层循环的依赖关系。假设第 L_r 层存在依赖关系,其中 $1\leq r\leq m$ 且 $r\neq l$,则存在迭代 $H(\mathbf{i})\delta H(\mathbf{j})$ 且 $\mathbf{i}<_r\mathbf{j}$。由于 L_r 层存在依赖关系,此层在变换后的循环 $\mathbf{L}'$ 中仍保持为 do 循环,因此在 $\mathbf{L}'$ 中仍有 $\mathbf{i}<_r\mathbf{j}$,即 $H(\mathbf{i})$ 将在 $H(\mathbf{j})$ 之前被

执行,亦即第1层的依赖关系维持不变。

例 12.21
L_1:　　　　do $I_1 = 0,4$
L_2:　　　　　　do $I_2 = 0,4$
　　S:　　　　　　　　$X(I_1+1,I_2+2) = Y(I_1,I_2)+1$
　　T:　　　　　　　　$Y(I_1+2,I_2+1) = X(I_1,I_2)+1$
　　　　　　　　enddo
　　　　　enddo

此循环有 SδT,其唯一的距离向量为(1,2);另还有 TδS,其唯一的距离向量为(2,1)。二者的方向向量均为(1,1)。这表明在第一层循环有依赖关系,即循环 L_1 而非 L_2 携带的依赖关系。因此,L_1 不能改写成 doall 循环,但 L_2 可改成 doall 循环:

L_1:　　　　do $I_1 = 0,4$
L_2:　　　　　　doall $I_2 = 0,4$
　　　　　　　　　　$X(I_1+1,I_2+2) = Y(I_1,I_2)+1$
　　　　　　　　　　$Y(I_1+2,I_2+1) = X(I_1,I_2)+1$
　　　　　　　enddoall
　　　　　enddo

12.7　循环变换技术

前一节介绍了什么是可向量化循环和什么是可并行化循环,我们看到的可向量化循环和可并行化循环的例子都是比较简单和理想的情形。然而,在实际程序中,循环一般比较复杂,其中往往含有若干影响向量化或并行化的依赖关系,也往往还含有影响性能的其它因素,如并行循环的粒度较小或可向量化循环的长度太小等等。为了尽可能地挖掘出程序中的并行性,编译程序需要对循环施加一些等价变换以消除某些依赖关系使之满足并行所需条件,或增加循环的并行粒度,最大限度地利用并行机体系结构的特点。

本节中我们研究的对象仍然是 12.2 节给出的理想循环嵌套模型 **L** = ($L_1, L_2, \cdots, L_m$)。**L** 的**循环变换**是一种改变语句实例的执行顺序但不改变语句实例集合的技术。对 **L** 施加循环变换后得到的循环称为**变换循环**。变换循环 **L'** 等价于 **L**,如果对任意二个语句实例 S(**i**) 和 T(**j**),只要在 **L** 中 T(**j**) 依赖于 S(**i**),则在 **L'** 中一定有 T(**j**) 的执行后于 S(**i**)。如果对 **L** 施加一种循环变换后,变换循环 **L'** 等价于 **L**,则称此循环变换是合法的。

在代码优化一章我们已经学过的消除归纳变量,循环展开、循环合并等都属于循环变换。本节我们将通过例子非形式化地介绍若干种用于程序并行化的循环变换技术,目的是给出几种主要变换并说明如何用依赖关系分析来实现这些变换。

循环分布(loop distribution)

循环分布是一种语句级的变换,它将一个循环分解为多个循环,每个循环都有与原循环相同的迭代空间,但只包含原循环的语句子集。循环分布通常用于:

· 分解出可向量化或可并行化的循环;

· 分解原循环为较小循环从而改善指令 cache 和 TCB 的局部性;
· 创建紧嵌套循环;
· 分解原循环为若干较少变量引用的循环以增加寄存器的重复使用,减少寄存器不够而导致的数据移动。

循环分布变换以循环 L 的语句依赖图为依据,它将语句依赖图按强连通子图进行分解,然后按凝聚图(其结点为强连通子图)确定的偏序关系来执行分解后的各个子循环。下面我们来看二个循环分布的例子。

例 12.22 考虑循环

L: do I=4,100
  S_1: A(I)=B(I-2)+1
  S_2: C(I)=B(I-1)+F(I)
  S_3: B(I)=A(I-1)+2
  S_4: D(I)=D(I+1)+B(I-1)
  enddo

L 的语句集合有如下依赖关系

  $S_1 \delta^f S_3$, $S_3 \delta^f S_1$, $S_3 \delta^f S_2$, $S_3 \delta^f S_4$, $S_4 \delta^a S_4$

L 的语句依赖图 G 如图 12.13(a)所示,图 12.13(b)是 G 的凝聚图。

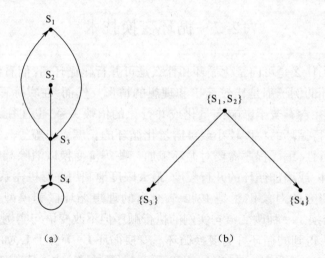

图 12.13 L 的语句依赖图

(a)G;(b)$\widetilde{G}$。

对 G 的每个强连通成员,我们通过删除 L 中不属于此强连通图的语句而形成一个循环。于是,与 $\{S_1,S_3\}$,$\{S_2\}$ 和 $\{S_4\}$ 对应的循环为

L_1: do I=4,100
  S_1: A(I)=B(I-2)+1
  S_3: B(I)=A(I-1)+2
  enddo

L_2:   do I = 4, 100
  S_2:   C(I) = B(I-1) + F(I)
     enddo

L_3:   do I = 4, 100
  S_4:   D(I) = D(I+1) + B(I-1)
     enddo

作用于 L 的循环分布改变语句实例的执行顺序为由如下规则定义的顺序：
(1) 首先执行循环 L_1；
(2) 当 L_1 执行完后，开始同时执行 L_2 和 L_3。

显然，只要在 L 中有 $S_b(j)$ 依赖于 $S_a(i)$，则在变换后的程序中就有 $S_b(j)$ 后于 $S_a(i)$ 而执行（$1 \leq a \leq 4, 1 \leq b \leq 4$），因为：
(1) S_1 和 S_3 的实例的相对执行顺序与在 L 中相同；
(2) S_2 的每个实例均在 S_3 的实例之后执行；
(3) S_4 的每个实例均在 S_3 的实例之后执行；且
(4) S_4 的实例的相对执行顺序与在 L 中相同。
因此，这一变换是合法的。

观察循环 L 的依赖图我们看出它既不是可向量化循环，也不是可并行化循环。然而，将它分解成三个循环后，L_2 可并行化，L_3 可向量化。除了同时执行 L_2 和 L_3 外，我们还可以按下面二种顺序来执行这三个循环：L_1, L_2, L_3 或者 L_1, L_3, L_2。

例 12.23 考虑二层循环：

L_1:   do I_1 = 0, 4
L_2:   do I_2 = 0, 4
  S: $A(I_1+1, I_2) = B(I_1, I_2) + C(I_1, I_2)$
  T: $B(I_1, I_2+1) = A(I_1, I_2+1) + 1$
  U: $D(I_1, I_2) = B(I_1, I_2+1) - 2$
     enddo
    enddo

我们在例 12.14 中已分析过它的依赖关系，它的语句依赖图如图 12.14(a) 所示。图 12.14(a) 有二个强连通部分 {S, T} 和 {U}，且第一部分先于第二部分。与 {S, T} 和 {U} 对应的子循环分别为

L_{l1}:   do I_1 = 0, 4
L_{l2}:   do I_2 = 0, 4
  S: $A(I_1+1, I_2) = B(I_1, I_2) + C(I_1, I_2)$
  T: $B(I_1, I_2+1) = A(I_1, I_2+1) + 1$
     enddo
     enddo

和

L_{21}:　　　　do $I_1 = 0,4$
L_{22}:　　　　　do $I_2 = 0,4$
　　　U：　　　　$D(I_1,I_2) = B(I_1,I_2+1) - 2$
　　　　　　　enddo
　　　　　enddo

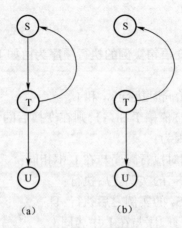

图 12.14　依赖图
(a) level≥1；(b) level≥2。

循环分布将首先执行(L_{11},L_{12})，然后再执行(L_{21},L_{22})。注意，(L_{21},L_{22})的每一个循环都可以改变成 doall 循环，因为二个层次上都没有依赖关系。

图 12.14(b)显示的是固定I_1时循环L_2的实例依赖图。施加循环分布于L_{12}，将产生下面二个循环：

L_{121}:　　　　do $I_2 = 0,4$
　　　T：　　　　$B(I_1,I_2+1) = A(I_1,I_2+1) + 1$
　　　　　　enddo
L_{122}:　　　　do $I_2 = 0,4$
　　　S：　　　　$A(I_1+1,I_2) = B(I_1,I_2) + C(I_1,I_2)$
　　　　　　enddo

我们得到二个循环L_{121}和L_{122}且L_{122}必须后于L_{121}。这二个循环都可以变为 doall 循环。因此，(L_{11},L_{12})等价于程序：

　　　　　do $I_1 = 0,4$
　　　　　　doall $I_2 = 0,4$
　　　T：　　　　$B(I_1,I_2+1) = A(I_1,I_2+1) + 1$
　　　　　　enddoall
　　　　　　doall $I_2 = 0,4$
　　　S：　　　　$A(I_1+1,I_2) = B(I_1,I_2) + C(I_1,I_2)$
　　　　　　enddoall
　　　　　enddo

原嵌套循环(L_1,L_2)等价于程序：
```
        do I₁ = 0,4
            doall I₂ = 0,4
T:              B(I₁,I₂+1) = A(I₁,I₂+1)+1
            enddoall
            doall I₂ = 0,4
S:              A(I₁+1,I₂) = B(I₁,I₂)+C(I₁,I₂)
            enddoall
        enddo
        doall I₁ = 0,4
            doall I₂ = 0,4
U:              D(I₁,I₂) = B(I₁,I₂+1)-2
            enddoall
        enddoall
```

利用循环分布，我们将原看似不可以并行化的循环(L_1,L_2)分解成了多个可并行化的循环。实际上，我们在进行循环分布时对循环L_{12}隐含地还进行了后面将介绍的语句重排变换，即改变了语句 S 和 T 的词法顺序。

现在，我们给出作用于循环嵌套的循环分布变换方法。设 $G=(V,\delta)$ 表示 **L** 的语句依赖图，$\widetilde{G}=(C,\leqslant)$ 为 G 的无环路凝聚图，C 为 G 的强连通成员集合，$\leqslant$ 为 G 的强连通成员集合之间的偏序关系。按最高非链依层次将这些成员划分成集合 $S_1,S_2,\cdots,S_n$（其中 n 为 $\widetilde{G}$ 的最长路径中的结点数），使得：

(1) 如果 i<j，则 S_i 中的成员无前驱在 S_j 中；
(2) 对于 $1<i\leqslant n$，S_i 中的每一个成员至少有一个直接前驱在 S_{i-1} 中。

对 G 的每一个强连通成员 C，定义一个循环嵌套，此循环嵌套通过删除不属于 C 的语句而获得。施加于 **L** 的循环分布变换是合法的，如果变换循环按如下规则定义的顺序执行：

(1) 同时执行 S_1 中的所有成员对应的循环嵌套；
(2) 对 $1<i\leqslant n$，只要在 S_{i-1} 中的 C 的所有直接前驱对应的循环嵌套已经完成，便开始执行 S_i 中成员 C 的循环嵌套。

例 12.24 假设一循环嵌套 **L** 有如图 12.15 所示的语句依赖图。

图 G 的强连通成员为
$C_1=\{v_1\}$，$C_2=\{v_2\}$，$C_3=\{v_3,v_6,v_8\}$，$C_4=\{v_4\}$，
$C_5=\{v_5\}$，$C_6=\{v_7\}$，$C_7=\{v_9\}$。

G 的凝聚图 $\widetilde{G}$ 如图 12.16 所示。

$\widetilde{G}$ 满足前面条件 1，2 的最高非链结点集合划分为
$S_1=\{C_1,C_2,C_7\}$
$S_2=\{C_3,C_4\}$

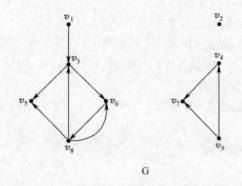

图 12.15 例 12.23 的语句依赖图

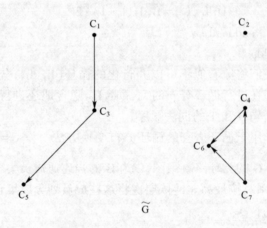

图 12.16 图 12.15 的凝聚图

$S_3 = \{C_5, C_6\}$

于是,循环嵌套 L 可分布成 7 个循环,这 7 个循环分别由强连通成员 $C_1, C_2, \cdots, C_7$ 各自在 L 中去掉不属于自己的语句而构成。由循环分布方法的规定,这 7 个循环应按如下顺序执行。

1. 首先同时执行 S_1 中的所有成员对应的循环,即 C_1, C_2, C_7 对应的循环。我们可以按任何次序执行这三个循环。

2. 只要 C_1 完成,就可以开始执行 C_3;只要 C_7 完成,就可以开始执行 C_4。若先执行完 S_1 中的所有成员对应的循环,再开始执行 S_2 中各成员的循环,则 S_2 中的成员可按任意顺序执行。

3. 只要 C_3 完成,就可以开始执行 C_5。只要 C_4 完成,就可以开始执行 C_6。

语句重排(statement reordering)

语句重排也是基于语句依赖图所作的一种程序变换。它改变循环中语句的词法顺序但不改变语句的依赖关系。语句重排常用于循环向量化。当循环 L 的语句依赖图不含环路时,可以用语句重排变换来将与语句执行顺序相反的依赖关系(也称为向上的依赖关系)改为与语句执行顺序一致的依赖关系(也称为向下的依赖关系),从而使循环可向量化。

例 12.25
$$\begin{array}{ll} L: & \text{do } I=2,N \\ S_1: & A(I)=B(I)+C(I+1) \\ S_2: & D(I)=A(I+1)+1 \\ S_3: & C(I)=D(I) \\ & \text{enddo} \end{array}$$

循环 L 含依赖关系 $S_2\delta^a S_1, S_1\delta^a S_3, S_2\delta^f S_3$。它的语句依赖图如图 12.17(a)所示。图中有从 S_2 至 S_1 的向上依赖关系妨碍向量化。当对 L 按 S_2, S_1, S_3 的语序作语句重排后,依赖图变为图 12.17(b)。于是,变换循环为

$$\begin{array}{ll} L': & \text{do } I=2,N \\ S_1: & D(I)=A(I+1)+1 \\ S_2: & A(I)=B(I)+C(I+1) \\ S_3: & C(I)=D(I) \\ & \text{enddo} \end{array}$$

它可向量化,向量化的结果如下:

$$\begin{array}{ll} S_2: & D(2:N)=A(3:N+1)+1 \\ S_1: & A(2:N)=B(2:N)+C(3:N+1) \\ S_3: & C(2:N)=D(2:N) \end{array}$$

显然,L' 也可以通过循环分布而改写成三个 doall 循环。

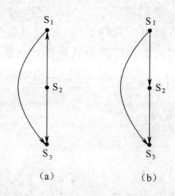

图 12.17 例 12.25 的语句依赖图
(a)初始的语句依赖图;(b)语句重排后的语句依赖图。

循环置换(Loop Permutations)

循环置换是改变循环嵌套 **L** 中的循环位置的一种变换,它属于迭代级的变换。最常见的循环交换是循环置换的一种特例。

循环置换是最具效率的一种程序变换技术,它可以在许多方面改善代码的性能,主要的有:

·置换外层无依赖的循环与内层有依赖的循环,使得内层可向量化;
·置换无依赖的循环至外层使整个循环嵌套并行执行,从而增加每次迭代的并行粒度和减少障碍同步的次数;

- 在有多层可向量化循环的情形下,置换范围较大的循环至外层,以增加向量的长度。

我们来看一个循环置换的简单例子。

例 12.26 考虑如下二层循环:

```
            do I₁ = 2, N
                do I₂ = 2, N
S:                  A(I₁,I₂) = (A(I₁-1,I₂)+A(I₁+1,I₂))/2
                enddo
            enddo
```

语句 S 以方向向量 (1,0) 流依赖于自身,也以方向向量 (1,0) 反依赖于自身。由于第一层存在依赖关系,因此第一层循环不能并行化。但第二层循环不存在依赖关系,它可以并行化。但是,由于它处在内层,并行化后的粒度仅仅为一条语句。如果可以变换二层循环的位置,使之变为如下的并行循环:

```
            doall I₂ = 2, N
                do I₁ = 2, N
S:                  A(I₁,I₂) = A(I₁-1,I₂)+A(I₁+1,I₂)/2
                enddo
            enddoall
```

则此并行循环的并行粒度将扩大为一个循环。显然,这样的并行循环效率将更高。

我们在前一节例 12.18 中还看到了一个利用循环交换使外层循环交换至内层而向量化的例子。在这二个例子中,我们都没有对循环交换的合法性作出保证。实际上,在给定一种循环置换时,首先必须解决的问题是"这种变换是合法的吗"。为了给出循环置换合法性的充分必要条件,我们用置换矩阵形式化地定义循环置换。

置换矩阵是通过置换一单位矩阵的行(或列)而得到的矩阵。精确地说,置换矩阵是一个方阵,其中:

(1) 每一个元素不是 0 就是 1;
(2) 每一行有且仅有一个元素为 1;
(3) 每一列有且仅有一个元素为 1。

设 P 表示任意 m×m 的置换矩阵。对 $1 \leq i \leq m$,令 $\pi(i)$ 表示在第 i 列中为 1 的元素所在的行号,则函数 $\pi: i \leftarrow \pi(i)$ 是集合 $\{1,2,\cdots,m\}$ 的一个置换,它完全确定了矩阵 P。

P 的一种紧凑表示是:

$$P = \begin{bmatrix} 1, & 2, & \cdots, & m \\ \pi(1), & \pi(2), & \cdots, & \pi(m) \end{bmatrix}$$

因为 P 的第一行总是与列的位置 1-1 对应,故也常将 P 写成更简洁的形式,如 $P = \lfloor \pi(1), \pi(2), \cdots, \pi(m) \rfloor$。

当 P 作用于一个 m 个成员的向量 **x** 时,它置换 **x** 的元素,使得 **xp** 的第 i 个元素是 **x** 的第 $\pi(i)$ 个元素。例如,如果置换矩阵

$$P = \begin{bmatrix} 3 & 1 & 2 \end{bmatrix} \equiv \begin{bmatrix} 1 & 2 & 3 \\ 3 & 1 & 2 \end{bmatrix} \equiv \begin{pmatrix} 0 & 1 & 0 \\ 0 & 0 & 1 \\ 1 & 0 & 0 \end{pmatrix}$$

则
$$(x_1,x_2,x_3)P=(x_3,x_1,x_2)$$
$$(x_3,x_2,x_1)P=(x_1,x_3,x_2)$$
$$(6,23,12)P=(12,6,23)$$

对于循环嵌套 $L=(L_1,L_2,\cdots,L_m)$,我们有迭代 $H(i)$ 先于迭代 $H(j)$ 而执行当且仅当 $i<j$。取任意 $m\times m$ 的置换矩阵 P,令 L_p 表示由 L 的迭代所组成的程序,但这些迭代已改变了原来在 L 中的执行顺序;在 L_p 中,迭代 $H(i)$ 先于迭代 $H(j)$ 而执行当且仅当 $i_p<j_p$。程序 L_p 称为由 P 所定义的变换程序,$L\rightarrow L_p$ 的变换称为由 P 所定义的 L 的循环置换。在循环置换中,索引变量仍保持它们的名字不变,改变了的仅仅是它们的顺序。同时各个循环也仍保持它与标号之间的对应性,但要记住,循环置换有可能改变循环的初值与终值。若 $P=[\pi(1),\pi(2),\cdots,\pi(m)]$,则变换 $L\rightarrow L_p$ 可以写为
$$(L_1,L_2,\cdots,L_m)\rightarrow(L_{\pi(1)},L_{\pi(2)},\cdots,L_{\pi(m)})$$

定理 12.7 设 P 是 $m\times m$ 的置换矩阵。由 P 所定义的 m 层循环嵌套 L 的置换是合法的当且仅当对于 L 的每一个方向向量 σ,均有 $\sigma P>0$ 成立。

我们这里略去了其证明,详细证明请参见参考文献[11]。

利用定理 12.7,我们可以验证例 12.17 和例 12.24 的循环交换均是合法的。对于例 12.17 的循环,它的方向向量 $\sigma=(0,1)$,置换矩阵 $P=\begin{bmatrix}1&2\\2&1\end{bmatrix}=\begin{pmatrix}0&1\\1&0\end{pmatrix}$,$\sigma P=(0,\ 1)\begin{pmatrix}0&1\\1&0\end{pmatrix}=(1,\ 0)$。它满足条件 $\sigma P>0$。因此,该循环交换是合法的,同样可证明例 12.24 的循环交换也是合法的。

例 12.27 考虑如下 p_i,q_i 为常数($1\leqslant i\leqslant 3$)的循环嵌套

```
do I₁ = p₁, q₁
    do I₂ = p₂, q₂
        do I₃ = p₃, q₃
            X(I₁,I₂,I₃) = X(I₁-3,I₂-4,I₃+2)+1
        enddo
    enddo
enddo
```

此循环有一个方向向量 $\sigma=(1,1,-1)$。假设我们想要用置换矩阵
$$P=\begin{bmatrix}1&2&3\\3&2&1\end{bmatrix}=\begin{pmatrix}0&0&1\\0&1&0\\1&0&0\end{pmatrix}$$

变换此循环,则变换循环为如下形式:

```
do I₃ = p₃, q₃
    do I₂ = p₂, q₂
        do I₁ = p₁, q₁
            X(I₁,I₂,I₃) = X(I₁-3,I₂-4,I₃+2)+1
        enddo
```

```
            enddo
        enddo
```
这个变换循环不等价于原循环,因为 $\sigma P = (-1,1,1) < 0$。因此这一循环置换是非法的。另一方面,我们若改变循环置换为如下情形:

```
        do I₂ = p₂, q₂
            do I₃ = p₃, q₃
                do I₁ = p₁, q₁
                    X(I₁,I₂,I₃) = X(I₁-3,I₂-4,I₃+2)+1
                enddo
            enddo
        enddo
```

则此变换循环等价于原循环,因为此时

$$P = \begin{bmatrix} 1 & 2 & 3 \\ 3 & 2 & 1 \end{bmatrix} = \begin{pmatrix} 0 & 0 & 1 \\ 1 & 0 & 0 \\ 0 & 1 & 0 \end{pmatrix}, \sigma P = (1,-1,1)$$

它不妨碍置换矩阵 P 所定义的循环置换。

对于大于零的方向向量 σ 和置换矩阵 P,如果 $\sigma P < 0$,则称 σ 妨碍由置换矩阵 P 所定义的循环置换。为了保证一个循环置换是合法的,我们必须找出所有妨碍循环置换的方向向量。当已知循环 **L** 中的所有方向向量时,我们可以用一方向矩阵 Δ 来表示它们。通过简单地计算乘积 ΔP,便可找出所有妨碍循环置换的方向向量。

例 12.28 设一循环嵌套 $\mathbf{L} = (L_1, L_2, L_3, L_4)$ 具有如下方向向量 $(0,1,1,-1)$,$(0,0,0,1)$,$(1,0,-1,0)$。可以将它们表示成方向矩阵

$$\Delta = \begin{pmatrix} 0 & 1 & 1 & -1 \\ 0 & 0 & 0 & 1 \\ 1 & 0 & -1 & 0 \end{pmatrix}$$

置换 $(L_1, L_2, L_3, L_4) \to (L_1, L_4, L_3, L_2)$ 交换循环 L_2 和 L_4。这种置换是非法的,因为它改变了方向向量 $(0,1,1,-1)$ 为负向量 $(0,-1,1,1)$。

置换 $(L_1, L_2, L_3, L_4) \to (L_1, L_3, L_4, L_2)$ 将循环 L_2 移至最内层。这一置换是合法的,它改变方向矩阵 Δ 为

$$\begin{pmatrix} 0 & 1 & -1 & 1 \\ 0 & 0 & 1 & 0 \\ 1 & -1 & 0 & 0 \end{pmatrix}$$

这是变换循环的方向矩阵。在变换循环中的依赖级别为 1,2,3,但在原循环中的依赖级别是 1,2,4。

在前面的讨论中,我们均忽略了循环的边界问题。一般地,对于矩形边界的循环(即循环初值、终值均为常数),循环置换不改变各循环原有的边界,如例 12.25 以及其前的例子。当循环边界非矩形时,循环置换则可能改变循环的初值和终值。由于篇幅所限,我们这里不展开讨论此问题,而只给出一个例子以提请读者注意。

例 12.29 考虑二层循环:

L_1:　　　　　　do $I_1 = 10, 50$
L_2:　　　　　　　do $I_2 = 10, I_1$
　　　　　　　　　　　$H(I_1, I_2)$
　　　　　　　　　enddo
　　　　　　　enddo

它的索引空间如图 12.18 所示。在循环交换后,得到一个索引向量为 (I_2, I_1) 的双层循环。我们现在需要用二个新的不等式集合来描述图 12.18 中的三角形区域:在第一个集合中,I_2 应当以常数为初值和终值;在第二个集合中,I_1 应当以 I_2 的函数作为初值。从图 12.18 看出,I_2 的变化范围是从 10 至 50,而对于给定的 I_2 值,有 $I_2 \leq I_1 \leq 50$。因此,循环交换将给定循环转变成了如下形式的二层循环:

L_2:　　　　　　do $I_2 = 10, 50$
L_1:　　　　　　　do $I_1 = I_2, 50$
　　　　　　　　　　　$H(I_1, I_2)$
　　　　　　　　　enddo
　　　　　　　enddo

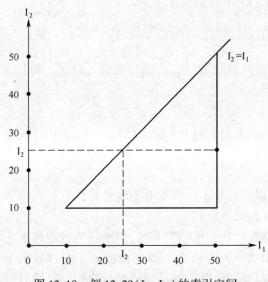

图 12.18　例 12.29(L_1, L_2) 的索引空间

循环逆转(Loop reversal)

循环逆转颠倒一个循环中迭代执行的顺序,是一种改变循环迭代方向的变换。由于迭代方向的逆转,它也使得在变换循环中的方向向量发生了逆转。因此,循环逆转常同循环交换一起使用。此外,单从一般优化的意义上来看,循环逆转还可减少循环开销,因为它使索引变量递减至零,这使得在某些机器上可只用一条判零转移指令来结束循环,从而消除了多余的比较与测试指令。

对于循环嵌套 $\mathbf{L} = (L_1, L_2, \cdots, L_m)$,如果其中 $L_r (1 \leq r \leq m)$ 被逆转,则对于 $\mathbf{L}$ 中的每一个方向向量 $\sigma = (\sigma_1, \cdots, \sigma_r, \cdots, \sigma_m)$,在变换循环 $\mathbf{L}'$ 中的相应方向向量将变为 $\sigma' = (\sigma_1, \cdots, \sigma_r, \cdots, \sigma_m)$。如果 $\mathbf{L}'$ 中的每个方向向量 σ' 均是正向量,则 $\mathbf{L}'$ 等价于 $\mathbf{L}$,我们称此循环逆转

是合法的。

例如,如果一个循环嵌套只有方向向量$(0,1)$和$(1,-1)$,则此循环的内层循环可以逆转,因为变换循环中相应的方向向量仍然为正向量。下面的例子说明了如何用循环逆转使得循环交换合法化。

例 12.30
```
        do I = 1,100
            do J = 1,5
                A(I,J) = A(I-1,J+1) +1
            enddo
        enddo
```

这个循环仅有方向向量$(1,-1)$,其内层循环可以并行化,但不幸的是,它只有五个迭代,并行化的效果不会好。而外层循环含有跨迭代的依赖关系导致不能并行化,循环交换也不能进行,这时我们可先将内层循环逆转,得到如下循环:

```
        do I = 1,100
            do J = 5,1,-1
                A(I,J) = A(I-1,J+1) +1
            enddo
        enddo
```

循环逆转后,其方向向量变为$(1,1)$,循环交换可行了。循环交换后得到如下循环:

```
        do J = 1,5
            do I = 1,100
                A(I,J) = A(I-1,J+1) +1
            enddo
        enddo
```

这时,内层循环可以并行化了。由于有 100 个迭代并行执行,效率将会提高。

圈收缩(Cycle Shrinking)

当循环中存在妨碍并行化的依赖关系时,如果其依赖距离大于1,则编译程序仍然可以在某种程度上挖掘出其中的并行性。较典型的方法是圈收缩变换。圈收缩是将一个串行循环分成二个紧嵌套循环,其中外层循环串行执行,内层循环则并行执行[Poly 87]。圈收缩主要用于开发小粒度并行性。

例 12.31
```
              do I = 0,N
    S:            A(I+K) = B(I)
    T:            B(I+K) = A(I) +C(I)
              enddo
```

其中,K 是正常数。在这个循环中,A(I+K)先在迭代 i 时被语句 S 定值,后在迭代 I+K 时被语句 T 所引用,因而存在依赖关系 $S\delta^f T$。类似地,B(I)和B(I+K)也导致依赖关系 $T\delta^f S$。这二个依赖关系的距离向量均为 K。图 12.19(a)是语句依赖图。此图中含有一个环路,因而此循环既不能向量化,也不能并行化。图 12.19(b)是当 K=4 时的前 8 个迭代依赖图。从中可以看出,迭代 1~4 之间无依赖关系,因此,只要保证前 K 个迭代全部执行完后,再开始执行后 K 个迭代,则此循环的迭代可以按 K 个迭代一组一组地串行执行。而在每一组内的 K 个迭代则并行执行。于是圈收缩改写上循环为如下形式的并行循环:

```
           do TI = 0, N, K
               doall I = TI, TI+K-1
S:                 A(I+K) = B(I)
T:                 B(I+K) = A(I)+C(I)
               enddoall
           enddo
```

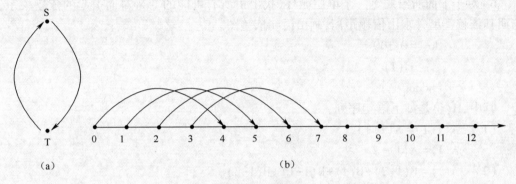

图 12.19　依赖图

(a)语句依赖图;(b)当 K=4 时的前 8 个迭代依赖图。

其结果是使循环并行效率提高 K 倍。

在实际程序中,K 一般比较小,最常见的是 2 或 3。因而这种变换技术通常局限于指令级并行优化。

练　习

1. 证明对于 $\mathbf{Z}^m$ 中给定的二个方向向量 $\mathbf{i}$ 和 $\mathbf{j}$,下面的关系式中只能有一个成立:$\mathbf{i}=\mathbf{j}$;或者对于某个 l,$\mathbf{i}<_l \mathbf{j}$;或者对于某个 k,$\mathbf{j}<_k \mathbf{i}$。

2. 对于给定的向量 $\mathbf{i}$ 和 $\mathbf{j}$,关系式 $\mathbf{i}<_l \mathbf{j}$ 可以对多个 l 值成立吗?为什么?

3. 画出如下二层循环的索引空间图。

```
L₁:           do I₁ = p₁, q₁
L₂:               do I₂ = p₂, q₂
                      S(I₁, I₂)
                      T(I₁, I₂)
                  enddo
              enddo
```

其中,(1) $p_1=12, q_1=31, p_2=-4, q_2=14$

(2) $p_1=0, q_1=20, p_2=I_1+1, q_2=I_1+16$

(3) $p_1=0, q_1=10, p_2=0, q_2=\min(5, I_1)$

对于每一种情形,计算索引点个数并描述语句实例的执行顺序。

4. 填空:

(1) T 对 S 的依赖关系是由循环 L_l 携带的,当且仅当存在着此依赖关系的距离向量 d,使得_____。

(2) T 对 S 的依赖关系是由循环 L_l 携带的,当且仅当存在着此依赖关系的方向向量 σ,使得_____。

(3) T 对 S 的依赖关系是循环无关的,当且仅当距离(方向)向量满足条件_____。

5. "迭代依赖图总是无环路的"。这种说法对吗?

6. 对于下面所给的每一个单层循环,找出由所有可能的变量对而引起的依赖关系,指明其依赖类型并求出依赖距离,画出语句依赖图。

    do I = 0,100
      H(I)
    enddo

其中,H(I)是如下语句序列:

(1)   A(I+1) = A(I) +1
    A(I) = A(I) +2
(2)   A(I) = B(I+2) +B(I) +B(I-1) +B(I-3)
    B(I) = A(I-1) -1
(3)   B(I) = A(I) +3
    A(I-1) = C(2I+5) -1
    A(I) = 2
(4)   A(2I) = B(I) +1
    A(I) = C(I) +2
(5)   A(I) = A(I) +B(I+2)
    A(I-1) = A(I-1) +B(I+1)
(6)   A(I) = C(I) +1
    B(I) = A(I-1) +A(2I-5)

7. 对下面给出的每一个双层循环,找出由所有可能的变量对而引起的依赖关系,指明其依赖类型,求出其依赖距离向量、方向向量和层次。画出语句依赖图和迭代依赖图。

    do I_1 = 3,100
      do I_2 = 4,70
        H(I_1,I_2)
      enddo
    enddo

其中,循环体 H 由如下语句组成:

(1)   A(I_1,I_2) = A(I_1-2,I_2+1) +1
(2)   A(I_1-2,I_2+1) = A(I_1,I_2) +1
(3)   A(I_1,I_2) = A(I_1,I_2+6) +A(I_1-4,I_2)

(4) $A(I_1,I_2) = A(I_2,I_1) + 1$

(5) $A(I_1,I_2) = A(2I_1+1, I_2+3) + 1$

(6) $A(3I_1,I_2) = A(I_1, 2I_2) + 3$

(7) $A(I_1,I_2) = C(I_1,I_2) - 1$
   $A(I_1-2, I_2+1) = B(I_1,I_2) + 1$

(8) $A(I_1+2, I_2) = B(2I_1, I_2) - 3$
   $B(2I_1, I_2-1) = A(I_1, I_2+2) + 12$

(9) $A(I_1,I_2) = B(I_1+4, I_2-2) + B(I_1+2, I_2-3) + B(I_1, I_2+3)$
   $B(I_1,I_2) = C(I_1,I_2) + 12$

8. 当循环 L 的初值、终值、增量取如下值时,求出其索引空间和迭代空间。

　　(1) $p=0, q=9, \theta=1$

　　(2) $p=17, q=39, \theta=5$

　　(3) $p=-15, q=20, \theta=2$

　　(4) $p=10, q=-13, \theta=-3$

9. 求例 12.14 中所给循环当循环控制语句改变如下时的依赖方程和依赖约束。

　　L: 　　do I = 1, 100, 2

　　L: 　　do I = 1, 100, -2

在每一种情形下,判断是 T 间接依赖于 S 还是 S 间接依赖于 T 或二者同时存在。

10. 应用算法 12.2,求 $g = \gcd(10,14)$ 和二个整数 x_0, y_0,使得 $10x_0 - 14y_0 = g$,列出各个求解步骤。应用定理 12.3 和 x_0, y_0 之值,求出方程 $10x - 14y = 6$ 的通解。

11. 应用算法 12.3 计算下述循环中语句 S 和 T 的依赖关系。

(1) L: 　　do I = 3, 100, 1
　　S: 　　　　X(9I+22) = …
　　T: 　　　　… = …X(6I-17)…
　　　　enddo

(2) L: 　　do I = 0, 100, 2
　　S: 　　　　X(3I) = …
　　T: 　　　　… = …X(36)…
　　　　enddo

(3) L: 　　do I = 100, -10, -3
　　S: 　　　　X(4I+16) = …
　　T: 　　　　… = …X(4I-4)…
　　　　enddo

(4) L: 　　do I = 100, -10, -2
　　S: 　　　　X(4I+16) = …
　　T: 　　　　… = …X(4I-4)…
　　　　enddo

(5) L: 　　do I = 0, 100, 1
　　S: 　　　　X(2I, 2I+1) = …

T: ⋯ = ⋯X(3I+1,3I+2)⋯
          enddo

12. 在下面的程序中,测试语句 S 与 T 之间的各种依赖关系,求出所有的距离向量、方向向量和依赖层次。

L_1:   do I_1 = 10,100,2
L_2:   do I_2 = 100,0,-2
L_3:   do I_3 = 20,100,1
S: X($2I_1-1, 3I_2-1, I_3$) = ⋯
T: ⋯ = ⋯X($2I_1+1, I_2+2, 5$)⋯
           enddo
         enddo
       enddo

13. 应用算法 12.3 计算下述二层循环的依赖问题。

       do I_1 = 1,1000
         do I_2 = 0,200
S: u = ⋯
T: ⋯ = ⋯v⋯
         enddo
       enddo

其中

(1) u = X($I_1+1, 2I_2+2$), v = X($2I_1+3, 2I_2+8$)
(2) u = X($2I_1+1, 2I_2+2$), v = X($4I_1+4, 2I_2+8$)
(3) u = X($3I_2, 2I_1$), v = X($4I_2+1, 6I_1+2$)

14. 解释下述循环(1)~(3)为什么不等价于双层循环:

L_1:   do I_1 = 5,100
L_2:   do I_2 = 3,100
               A(I_1, I_2) = A(I_1-1, I_2+1)
             enddo
           enddo

(1) do I_2 = 3,100
      do I_1 = 5,100
        A(I_1, I_2) = A(I_1-1, I_2+1)
      enddo
    enddo

(2) do I_1 = 5,100
      doall I_2 = 3,100
        A(I_1, I_2) = A(I_1-1, I_2+1)
      enddoall

       enddo
   （3） doall $I_1 = 5,100$
           do $I_2 = 3,100$
               $A(I_1,I_2) = A(I_1-1,I_2+1)$
           enddo
       enddoall

15. 对下述循环施加循环分布变换,指出变换循环中哪个是可并行化循环(doall 循环)。

   L：   do I = 4,200
      S： $A(I) = B(I) + C(I)$
      T： $B(I+2) = A(I-1) + C(I-1)$
      U： $A(I+1) = B(2I+3) + 1$
           enddo

L_1：   do $I_1 = 20,200$
      L_2：   do $I_2 = 10, I_1 + 400$
        S： $A(I_1,I_2) = B(I_1,I_2) + C(I_1,I_2+1)$
        T： $C(I_1,I_2) = A(I_1,I_2-1) + 1$
        U： $D(I_1,I_2) = C(I_1,I_2-2) - 2$
               enddo
           enddo

16. 对于例 12.26 的矩形边界循环,用下面的语句替换其循环体。求它的所有合法循环置换。

   $X(I_1,I_2,I_3) = X(I_1-3,I_2+1,I_3-2) + X(I_1,I_2-1,I_3+3)$

参 考 文 献

[1] Alfred V A,Ravi S,Ullman J D. Compilers:Principles,Techniques,and Tools[M].Addison-Wesley Publishing Company,1986.
[2] 陈火旺,钱家骅,孙永强. 程序设计语言编译原理[M]. 北京:国防工业出版社,1984.
[3] Charles N F,Richard J L,Jr..Crafting A Compiler[M]. The Benjamin/Cummings Publishing Company,1988.
[4] Karen A L. Fundamentals of Compilers-An Introduction to Computer Language Translation. CRC Press,1992.
[5] Karen A L. Design of Compilers-Techniques of Programming Language Translation[M]. CRC Press,1992.
[6] Terrence W P,Marvin V Z. Programming Languages:Design and Implemeutation[M]. Prentice Hall,1996.
[7] Des W. High-level Languages and Their Compilers[M]. Addison-Wesley Publishing Company,1989.
[8] Allen I H. Compiler Design in C. International Editions[M]. Prentice-Hall,1990.
[9] John R A,Ken K. Automatic Loop Interchanges[J]. In:Proceedings of the SIGPLAN'84 Symposium on Compiler Construction. Montreal,Canada,June 17-22,1984. Available as SIGPLAN Notices 1984,(19),233-246.
[10] John R A,Ken K. Automatic Translation of FORTRAN Programs to Vector Form[M]. In:ACM Transactions on Programming Languages and Systems.1987(9):491-542.
[11] Utpal B. Loop Transformations for Restructuring Compilers:The Foundations[M]. Norwell,Massachusetts:Kluwer Academic Publishers,1993.
[12] Utpal B. Loop Transformations for Restructuring Compilers:Loop Parallelization[M]. Norwell,Massachusetts:Kluwer Academic Publishers,1994.
[13] Utpal B. Dependence Analysis[M]. Norwell,Massachusetts:Kluwer Academic Publishers,1994.
[14] Kai H. Advanced Computer Architecture:Parallelism,Scalability,Programmability[M]. McGraw-Hill,1993.
[15] Donald E K. The Art of Computer Programming,Volume 1/Fundamental Algorithms[M]. 2nd ed. Massachusetts:Addison Wesley Publishing Company,1973.
[16] Donald E K. The Art of Computer Programming,Volume 2/Seminumberical Algorithms[M]. 2nd ed. Massachusetts:Addison Wesley Publishing Company,1981.
[17] Constantine E P. Compiler Optimizations for Enhancing Parallelism and Their Impact on Architecture Design[J]. In:IEEE Transactions on Computers.1988(8):991-1004.
[18] Alexandar S. Theory of Linear and Integer Programming[M]. New York:John Wiley&Sons,1987.
[19] Michael W. The Definition of Dependence Distance[J]. In:ACM Transactions on Programming Languages and Systems. 1994(16),1114-1116.
[20] 陈意云. 编译原理和技术[M],合肥:中国科学技术大学出版社,1997.
[21] 高伸仪,金茂忠. 编译原理及编译程序构造[M]. 北京:北京航空航天大学出版社,1990.
[22] 姜文清. 编译技术原理[M]. 北京:国防工业出版社,1994.
[23] 杜淑敏,王永宁. 编译程序设计原理[M]. 北京:北京大学出版社,1990.
[24] 迟忠先. 编译方法[M]. 北京:科学出版社,1992.
[25] 邱玉圃,刘椿年,刘建丽. 编译程序构造[M]. 北京:科学出版社,1991.
[26] 赵雄芳,白克明,易忠兴,等. 编译原理例解析[M]. 长沙:湖南科技出版社,1986.
[27] 郭浩志. PASCAL语言结构程序设计[M]. 长沙:国防科技大学出版社,1988.
[28] 郭浩志. 程序设计语言概论[M]. 长沙:国防科技大学出版社,1989.
[29] 何炎祥. 编译程序构造[M]. 武汉:武汉大学出版社,1988.
[30] Aho AV,Ullman J D. Principles of Compiler Design[M]. Addison Wesley Publishing Company,1977.
[31] Gries D E. Compiler Construction for Digital Computers[M]. John Wiley&Sons,1971.
[32] 王兵山,吴兵. 形式语言[M]. 长沙:国防科技大学出版社,1988.
[33] 易文韬,陈颖平. Java手册[M]. 北京:科学出版社,1997.

[34] Kleens S C. Representation of Events in Nerve Nets, Automata Studies[M]. Princeton: Princeton University Press, 1956.
[35] Huffman D A. The Synthesis of Sequential Switching Machines[M]. Franklin J. Inst., 1954.
[36] Moore E F. Gedanken Experiments on Sequential Machines, Automata Studies[M]. Princeton: Princeton University Press, 1956.
[37] Minsky M. Computation: Finite and Infinite Machines[M]. Prentice-Hall, 1967.
[38] 霍普克罗夫特, 厄尔曼. 形式语言及其与自动机的关系[M]. 北京: 科学出版社, 1979.
[39] Salomaa A. Formal Languages[M]. Academic Press, 1975.
[40] Johnson W L. Automatic Generation of Efficient Lexical Analyzers Using Finite Techniques[J]. In: Communications of ACM. 11:12, 1968.
[41] Lesk M E. LEX-A Lexical Analyzer Generator[M]. CSTR 39, Bell Lab., 1975.
[42] Arthur B P. Compiler Design and Constuction[M]. Van Nostrand Reihold Company, 1980.
[43] 齐治昌, 谭庆平, 宁洪. 软件工程[M]. 北京: 高等教育出版社, 1997.
[44] 董士海. 计算机软件工程环境和软件工具[M]. 北京: 科学出版社, 1990.
[45] 郭浩志. 计算机软件实践教程——系统软件部分[M]. 西安: 西安电子科技大学出版社, 1994.
[46] Mordell L J. Diophantine Equations[M]. New York: Academic Press, 1969.

内 容 简 介

本书是在陈火旺、钱家骅、孙永强三位教授编写的《程序设计语言编译原理》的基础上,结合编译技术的最新研究成果和作者多年的教学经验编写而成的。

本书比较全面、系统地介绍了编译程序构造的一般原理和基本实现方法,内容包括词法分析、语法分析、属性文法与语法制导翻译、语义分析与中间代码产生、符号表与运行时存储空间组织、优化与目标代码生成、并行编译技术。与原教材相比,本书将编译技术的最新发展,例如属性文法、面向对象语言的编译技术、并行编译技术、编译程序自动构造工具等内容系统地融合到教材中;在语言背景方面,以 C 和 Pascal 替代原教材中的 FORTRAN 和 Algol;并在一些重要的章节中增加了必要的例题,以帮助读者理解和自学。

本书可作为高等(理、工)院校计算机科学(或工程)专业的教材,也可作为教师、研究生、高年级学生或软件工程技术人员的参考书。

《程序设计语言编译原理》配套用书

《编译原理学习指导与典型题解析》

作者:刘春林　王挺　周会平　钟求喜
定价:26.00元

国防工业出版社出版

　　本书依据中国计算机学会、全国高校计算机教育研究会制定的"计算机科学与技术教程(CCC2002)"对编译原理课程教学的基本要求,并以陈火旺院士等编写的《程序设计语言编译原理(第3版)》教材的结构和内容为主线编写而成,旨在帮助学生正确理解书中的概念和原理,把握重点和难点,掌握解题技巧。书中每一章均包括学习要点、典型题解析和习题与解答3部分。学习要点中简要归纳该部分的主要内容和需要重点掌握的知识点,着重理清其中的概念、原理和方法,为学生理解和掌握课程内容提供指导;典型题解析针对那些具有普适性的问题,特别是针对学生在学习中遇到的重点和疑难问题,详尽地进行分析和讨论,旨在帮助学生拓宽思路,加深对课程内容的理解,提高分析和解决问题的能力;每章都选编了适当数量的各类习题,提供给读者练习,所有习题均给出了参考解答。在附录中还收录了几所大学的考研全真试卷以供读者参考。

　　本书不仅是计算机专业编译原理课程的学习指导书,也是研究生入学考试的复习参考书,对于参加计算机专业自学考试和各类软件考试的考生以及其他需学习或了解编译原理的人员也有一定的参考价值。